机械制造工艺学

主　编　王玉玲　李长河
副主编　杨发展　胡耀增　王鑫慧

北京理工大学出版社
BEIJING INSTITUTE OF TECHNOLOGY PRESS

内 容 简 介

本书共7章，主要内容包括绪论、机械加工工艺规程设计、机床夹具设计、机械加工精度、典型零件加工工艺分析、机械加工表面质量及其控制和机器装配工艺规程设计。

本书可以作为高等院校机械类、近机械类相关专业的教材，也可以作为工程技术人员的参考用书。

图书在版编目（CIP）数据

机械制造工艺学/王玉玲，李长河主编. —北京：北京理工大学出版社，2018.9（2023.8 重印）
ISBN 978-7-5682-6343-6

I. ①机…　II. ①王…　②李…　III. ①机械制造工艺－高等学校－教材　IV. ①TH16

中国版本图书馆 CIP 数据核字（2018）第 211879 号

出版发行 / 北京理工大学出版社有限责任公司
社　　址 / 北京市海淀区中关村南大街 5 号
邮　　编 / 100081
电　　话 /（010）68914775（总编室）
（010）82562903（教材售后服务热线）
（010）68944723（其他图书服务热线）
网　　址 / http://www.bitpress.com.cn
经　　销 / 全国各地新华书店
印　　刷 / 三河市华骏印务包装有限公司
开　　本 / 787 毫米×1092 毫米　1/16
印　　张 / 23
字　　数 / 540 千字
版　　次 / 2018 年 9 月第 1 版　2023 年 8 月第 5 次印刷
定　　价 / 59.00 元

责任编辑 / 江　立
文案编辑 / 赵　轩
责任校对 / 周瑞红
责任印制 / 李志强

前言

随着科学技术的迅猛发展，制造技术有了飞速的发展，传统的制造技术目前已进入现代制造技术的新阶段。先进的制造工艺是先进制造技术的核心，机械制造工艺学是现代制造技术的基础。所以，机械制造工艺学如何适应科技发展的需要，进行内容的变更，就成为一个亟待解决的问题。

本书是为机械类专业或近机械类专业开设的“机械制造工艺学”课程而编写的教学用书。为了更好地实现创新型应用人才培养的目标，全书参考了许多兄弟院校近年来所出版的教材，并在体系、内容等方面都作了调整，以机械加工工艺和装配工艺为主线，高标准高要求进行编写，归纳起来有以下主要特点：

（1）编写形式新颖活泼，第2～7章均由教学要求开头，指出本章学习目标和知识要点，引导学生进入每章的学习，使学生学习前就明确学习目标，增强本书的可读性。

（2）注重前后相关知识的关联性。学习和借鉴优秀教材的写作思路、写作方法及章节安排。在保证基本内容的基础上，删减了过时的内容，扩充了现代制造技术的新知识，将机床夹具设计内容融入机械制造工艺中，增加了典型零件加工工艺分析一章，且在该章中采用任务式的模式进行编写，各节以“教学目标”“任务引入”“任务实施”等模块为载体，介绍典型零件工艺设计的相关知识；将机械制造工艺的最新技术和未来发展趋势等内容增加到相关的知识链接中介绍给学生。在介绍某些重点、难点的时候点明知识点与其他课程的关联性，让学生清楚机械制造工艺学的重要地位，以最大限度引起学生的兴趣。

（3）强化案例式教学，强调应用能力的培养。以学生就业所需的专业知识和操作技能为着眼点，在适度的基础知识与理论体系覆盖下，着重讲解应用型人才培养所需的内容和关键点。在编写过程中有机融入大量的实例及操作性较强的案例，并对实例进行有效的分析，提高本书的可读性，突出实用性和可操作性，以适应创新型应用人才培养的需要。

（4）以学生为本，坚持理论联系实际。每章后都附有一定的习题，引导学生思维，帮助学生掌握要点，培养学生综合分析问题和解决问题的能力。

本书内容共7章：第1章绪论，第2章机械加工工艺规程设计，第3章机床夹具设计，第4章机械加工精度，第5章典型零件加工工艺分析，第6章机械加工表面质量及其控制，第7章机器装配工艺规程设计。

本书由青岛理工大学机械与汽车学院王玉玲、李长河担任主编，杨发展、胡耀增及青岛理工大学琴岛学院王鑫慧担任副主编。编写分工为：第1章、第2章、第5章由王玉玲编写；

第 3 章、第 6 章由李长河编写，第 4 章由杨发展编写，第 7 章由胡耀增、王鑫慧编写。本书在编写过程中得到了北京理工大学出版社和一些兄弟院校的大力支持，在此一并表示感谢。

由于编者水平有限，书中难免存在疏漏和不足之处，恳请广大读者批评指正。

编　者

目　录

第 1 章

绪　论

1.1　制造技术的发展现状

现代制造技术或先进制造技术是 20 世纪 80 年代提出来的，但它的工作基础已经历了半个多世纪。机械制造业是为国民经济和国防建设提供装备，为人民日常生活提供耐用消费品的装备产业。

至今，机械制造业已经成为我国工业中具有相当规模和一定技术基础的较大产业之一。

人类的制造技术大体上可以分为三个阶段。

（1）手工业生产阶段

起初，制造主要靠工匠的手艺来完成，加工方法和工具都比较简单，多靠手工、畜力或极简单的机械，如凿、劈、锯、碾和磨等来加工，制造的手段和水平比较低，为个体和小作坊生产方式；有简单的图样，也可能只有构思，基本是体力与脑力结合，设计与制造一体，技术水平取决于制造经验，基本上适应了当时人类发展的需求。

（2）大工业生产阶段

由于经济发展和市场需求，以及科学技术的进步，制造手段和水平有了很大的提高，形成了大工业生产方式。生产发展与社会进步使制造进行了大分工，首先是设计与工艺分开了，单元技术急速发展又形成了设计、装配、加工、监测、试验、供销、维修、设备、工具和工装等直接生产部门和间接生产部门，加工方法丰富多彩。除传统加工方法，如车、钻、刨、铣等方法外，非传统加工方法，如电加工、超声波加工、电子束加工、离子束加工、激光束加工等新方法均有了很大发展。同时，出现了以零件为对象的加工流水线和自动生产线，以部件或产品为对象的装配线，适应了大批量生产的需求。

这一时期从 18 世纪开始至 20 世纪中叶发展很快，它奠定了现代制造技术的基础，对现代工业、农业、国防工业的成长和发展影响深远。由于人类生活水平的不断提高和科学技术的日新月异，产品更新换代的速度不断加快，因此，快速响应多品种单件小批生产的市场需求就成了一个突出问题。

（3）虚拟现实工业生产阶段

要快速响应市场需求，进行高效的单件小批生产，可借助于信息技术、计算机技术、网络技术，采用集成制造、并行工程、计算机仿真、虚拟制造、动态联盟、协同制造、电子商务等举措，将设计与制造高度结合，进行计算机辅助设计、计算机辅助工艺设计和数控加工，使产品在设计阶段就能发现在制造中的问题，进行协同解决。同时，可集全世界的制造资源来进行全世界范围内的合作生产，缩短了上市时间，提高了产品质量。这一阶段充分体现了体脑高度结合，对手工业生产阶段的体脑结合进行了螺旋式的上升和扩展。

虚拟现实工业生产阶段采用功能强大的软件，在计算机上进行系统完整的仿真，从而可以避免在生产制造时才能发现的一些问题及其造成的损失。因此，它既是虚拟的，又是现实的。

1.2 制造技术的发展趋势

机械制造技术的发展主要沿着“广义制造”的方向发展，可以分为四个方面，即现代设计技术、现代成形和改性技术、现代加工技术、制造系统和管理技术。当前发展的重点是创新设计、并行设计、现代成形与改型技术、材料成形过程仿真和优化、高速和超高速加工、精密工程与纳米技术、数控加工技术、集成制造技术、虚拟制造技术、协同制造技术和工业工程。

《中国制造 2025》确定了十大重点发展领域和五大工程，利好先进装备制造业。十大重点领域为新一代信息通信技术产业、高档数控机床和机器人、航空航天装备、海洋工程装备及高技术船舶、轨道交通装备、节能与新能源汽车、电力装备、新材料、生物医药及高性能医疗器械、农业机械装备。五项重点工程包括国家制造业创新中心建设、智能制造、工业强基、绿色制造、高端装备创新。每一个重点领域和重点工程的发展都与制造技术密切相关，离不开制造技术的支撑和发展。

而世界范围内的制造技术的发展，以制造强国德国为例，早在 2013 年就提出了“工业 4.0”的概念，用来形容第四次工业革命，人们在这一阶段可以通过应用信息通信技术和互联网将虚拟系统与物理系统相结合，进而完成各行各业的产业升级。美国通用电气公司也提出了与“工业 4.0”相类似的“工业互联网”概念，它将智能设备、人和数据连接起来，并以智能的方式利用这些可以交换的数据。

当前我国已是一个制造大国，世界制造中心将可能转移到中国，这对我国制造业既是一个机遇，又是一个严峻的挑战。要形成我国自己的世界制造中心就必须掌握先进制造技术，掌握核心技术，要有很高的制造技术水平，才能在技术方面不受制于人，才能从制造大国发展成制造强国。要做到这一点，就要提倡自力更生、自强不息、发奋图强的爱国主义精神。因此，要把握时机，迎接挑战，变被动为主动，使我国自己的世界制造中心真正成为独立自主又具有国际水平的制造中心。

1.3　制造技术的重要性

制造技术的重要性从以下四个方面可以体现。

（1）社会的发展离不开制造技术

现代制造技术是当今世界各国研究和发展的主题，在市场经济繁荣的今天，它更占据着十分重要的地位。

人类的发展过程就是一个不断制造的过程，在发展初期，为了生存制造了石器工具，以便于狩猎。此后，相继出现了陶器、青铜器、铁器和一些简单的机械，如刀、剑、弓、箭等兵器，锅、盆、罐等用具，犁、磨、水车等农用工具，这些工具等的制造过程都是简单的，都是围绕生活必需和存亡征战的，制造资源、规模和技术水平都很有限。随着社会的发展，制造技术涵盖的领域和规模不断扩大，技术水平也不断提高，向文化、艺术、工业发展。到了资本主义社会和社会主义社会，出现了大工业生产，使得人类的物质生活和文明有了很大的提高，对精神和物质有了更高的要求，科学技术有了更快、更新的发展，从而与制造技术的关系就更为密切。蒸汽机制造技术的问世带来了工业革命和大工业生产，内燃机制造技术的出现和发展形成了现代汽车、火车和舰船，喷气涡轮发动机制造技术促进了现代喷气客机和超音速飞机的发展，集成电路制造技术的进步左右了现代计算机的水平，纳米技术的出现开创了微型机械的先河。因此，人类的活动与制造密切相关，人类活动的水平受到了制造水平的极大约束，宇宙飞船、航天飞机、人造卫星及空间工作站等制造技术的出现，使人类走出了地球，走向了太空。

（2）制造技术是科学技术物化的基础

从设想到现实，从精神到物质，是靠制造来转化的，制造是科学技术物化的基础，科学技术的发展反过来又提高了制造水平。信息技术的发展被引入制造技术，使制造技术产生了革命性的变化，出现了制造系统和制造科学，从此制造就以系统的新概念问世。它由物质流、能量流和信息流组成，物质流是本质，能量流是动力，信息流是控制，制造技术与系统论、方法论、信息论、控制论和协同论相结合就形成了新的制造学科，即制造系统工程学（图 1-1）。制造系统是制造技术发展的新里程碑。

（3）制造技术是所有工业的支柱

制造技术的涉及面非常广，冶金、建筑、水利、机械、电子、信息、运载、农业等各个行业都要有制造业的支持，如冶金行业需要冶炼、轧制设备，建筑行业需要塔吊、挖掘机和推土机等工程机械，因此，制造业是一个支柱产业，在不同的历史时期有不同的发展重点，但需要制造技术的支持是永恒的。当然，各个行业有其本身的主导技术，如农业需要生产粮、棉等农产品，有很多的农业生产技术，像现代农业就少不了农业机械的支持，制造技术必然成为其重要组成部分。因此，制造技术既有普遍性、基础性的一面，又有特殊性、专业性的一面，制造技术既有共性，又有个性。

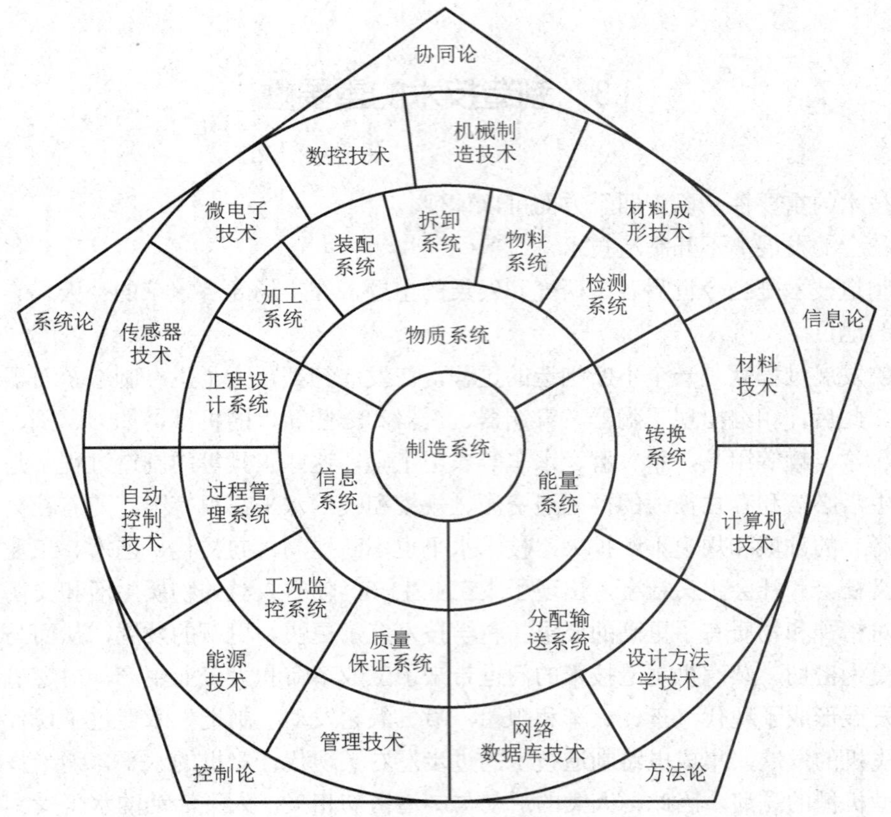

图 1-1　制造系统工程学的体系结构

（4）国力的体现，国防的后盾

一个国家的国力主要体现在政治实力、经济实力、军事实力上，而经济和军事实力与制造技术的关系十分密切，只有在制造上是一个强国，才能在军事上是一个强国，因此必须有自己的军事工业。有了国力和国防才能够有国际地位，才能立足于世界。

1.4　机械制造工艺的主要任务

机械制造业是一切制造业之母。只有机械制造业本身的设备技术、基础零部件质量提高了，才有可能制造出为其他行业服务的高质量的设备和零部件，才能制造出高质量的各种产品。“机械制造，工艺为本”，工艺水平不够，就不可能生产出有生命力的、高质量的产品，这是通过对机械制造工业发展的分析，对机械制造过程的实践经验总结出的一条重要规律。只有充分认识这一规律，抓住机械制造工艺这一根本不放，才能使我国机械工业在国内外市场竞争中以雄厚的工艺实力和应变能力，以质优价廉的产品尽快地立足于胜利者的行列。

我国机械工业各部门间的工艺水平差别比较大，当前机械工艺工作的主要任务如下：

（1）提高产品质量

提高产品零部件的加工精度和装配精度，是提高产品性能指标和使用可靠性的基础手段。

目前的情况是，许多产品就设备条件和技术水平而言完全可以满足精度要求，而往往由于工艺混乱或执行不力而严重影响质量，甚至使用时出现事故。

（2）不断开发新技术

信息技术等各种现代科学技术的发展对机械制造工艺提出了更高、更新的要求，体现了机械制造业作为高新技术产业化载体在推动整个社会技术进步和产业升级中不可替代的基础作用。企业必须不断开发新的机械制造工艺技术和方法，提高科研开发和产品创新能力，及时调整产品结构，积极应对市场需求的变化，才能改变企业生产技术陈旧，新工艺、新材料开发应用迟缓，热加工工艺落后的局面，使机械制造工艺技术随着新的技术和新的产业发展而共同进步，并充分体现先进制造技术向智能化、柔性化、网络化、精密化、绿色化和全球化方向发展的总趋势和时代特征。

（3）提高生产专业化水平

对多数企业来说，生产专业化仍是提高劳动生产率和经济效益的有效途径。实行专业化生产可以采用先进的专用装置，充分发挥设备和工人的潜力。企业的多品种生产，应置于高技术的基础上，应尽快改善企业“大而全，小而全”的状况，大、中、小企业之间应努力形成专业化协作的产业结构：大、中、小企业在行业市场中占位层次明确，大企业集团大而强，从事规模化经营，小企业小而专，为大企业搞专业化配套，形成以大带小、以小促大的战略格局。

（4）节约材料，降低成本

经济效益最大化是企业一直以来追求的目标，从工艺上采取措施是降低成本的有效手段。例如，采用先进的铸、锻技术，能节省大量的材料和减少机加工工时，使产品系列化、部件通用化、零件标准化，能大幅度降低生产成本。目前，采用各种技术措施来节约材料和能源消耗，提高经济效益，是具有很大潜力的。

1.5　机械制造工艺学课程的主要内容

机械装备都是由零部件组成的，机械零件如轴、套、箱体、活塞、连杆、齿轮等，都是采用不同的材料经冷热加工后达到图样规定的结构、几何形状和质量要求，然后经过装配成组件、部件，最终总装成满足性能要求的产品。不同的机械产品，其用途和零件结构差别较大，但它们的制造工艺有异曲同工之处。从传统的专业划分来说，机械制造工艺学所研究的对象主要是机械零件的冷加工和装配工艺中具有的共同规律。加工工艺对保证和提高产品质量、提高生产率、节约能源和降低原材料消耗，取得更大的技术经济效益，以及改善企业管理具有重要的作用。机械制造工艺的好坏，应从“优质、高产、低耗”（即质量、生产率、经济性）三个方面的指标来衡量。

围绕机械制造工艺的三个指标，本课程中安排的教学内容如下：

1）首先是加工质量。保证产品质量是制造的灵魂，考虑加工质量首先涉及各种零件加工质量的保证问题。为此，本书在第 2 章安排机械加工工艺规程制订的内容，阐述编制工艺规程的原则、步骤和方法，介绍工艺技术人员在完成一台机械的零件加工工艺过程的全面分析和方案比较以后，如何以工艺文件的方式填写下来，供生产准备和车间组织和指导生产之用。

2）分析了影响加工精度的因素、质量的全面控制、加工误差的统计分析及提高加工精度的途径，强调了误差的检测与补偿和加工误差综合分析实例。在表面质量部分，分析了影响表面质量的因素及其控制，阐述了表面改性处理及防治机械振动的方法等问题。

3）零件机械加工工艺过程制订，论述了制订的指导思想、内容、方法和步骤。分析了余量、工艺尺寸链等问题，并阐述了成组技术、数控加工技术和计算机辅助工艺过程设计等先进制造技术内容。同时以实例分析制订工艺过程。

4）装配工艺过程设计，论述了装配工艺过程的制订及典型部件装配举例、结构的装配工艺性、装配工艺方法和装配尺寸链介绍。

5）机床夹具设计原理和方法加强了成组夹具、随行夹具和计算机辅助夹具设计等内容，以适应当前制造自动化的需求。

6）机械制造工艺技术的发展从精密工程和纳米技术、制造系统自动化的角度论述了现代制造工艺技术、先进制造模式，扩大了制造工艺的范围。

本课程的特点可以归纳为以下几点：

1）“机械制造工艺学”是一门专业课，随着科学技术和经济的发展，课程内容上需要不断的更新和充实。由于制造工艺是非常复杂的，影响因素很多，本课程在理论上和体系上正在不断完善和提高。

2）本课程的实践性很强，与生产实际的联系十分密切，有实践知识才能在学习时理解得比较深入和透彻，因此要注意实践知识的学习和积累。

3）本课程具有工程性，有不少设计方法方面的内容，需要从工程应用的角度去理解和掌握。

4）掌握本课程的知识内容要有习题、课程设计、实验、实习等各环节的相互配合，每个环节都是重要的，不可缺少的，各教学环节之间应密切结合和有机联系，形成一个整体。

5）每一门课程都有先修课程的要求，在学习“机械制造工艺学”时应具备“金属工艺学”“金工实习”“互换性与技术测量基础”“金属切削原理”“金属切削刀具”“金属切削机床”等知识。当前教学计划和课程设置变化很大，因此本课程若在“工程训练”和“机械制造基础”等培训和授课后再学习，则可能效果更好些。

1.6 本课程的学习方法

本课程的学习方法应根据个人的情况而定，这里只提出一些基本方法供参考。

1）注意掌握基本概念，如工件在加工时的定位、尺寸链的产生、加工精度和加工表面质量等。有些概念的建立是很不容易的。

2）注意学习一些基本方法，如工艺尺寸链和装配尺寸链的方法、制订零件加工工艺过程和机器装配工艺过程的方法、机床夹具设计方法等，并通过设计等环节来加深理解和掌握。

3）注意和实际结合，要向实际学习，积累实际知识。

4）要重视与课程有关的各教学环节的学习，使之产生相辅相成的效果。

第2章

机械加工工艺规程设计

学习目标

1）了解机械加工工艺过程的组成。
2）掌握生产类型的划分及各生产类型的特点。
3）掌握制订机械加工工艺规程的原始资料及步骤。
4）了解工艺分析及毛坯选择原则。
5）了解基准的分类，掌握粗、精基准选择原则。
6）掌握工艺路线的拟订方法。
7）了解影响加工余量的因素及确定加工余量的方法。
8）掌握时间定额的组成和各部分的含义。
9）工艺过程的技术经济分析。

知识要点

1）生产过程、工艺过程、工序、工步、工位、安装、走刀的概念。
2）零件生产纲领，单件生产、成批生产、大量生产的特点。
3）制订工艺规程的基本原则、原始资料及步骤。
4）零件结构工艺性，毛坯的选择原则。
5）设计基准、工艺基准，粗基准选择原则、精基准选择原则。
6）加工方法的选择，加工阶段的划分，工序的集中与分散，加工顺序安排。
7）加工余量，工序余量影响因素，工序余量的确定方法。
8）时间定额组成、工艺成本。

2.1 机械加工工艺规程的基本概念

2.1.1 机械产品生产过程和工艺过程

1. 生产过程的概念

机械产品生产过程是指从原材料开始到成品出厂的全部劳动过程，它不仅包括毛坯的制造，零件的机械加工和热处理，机器的装配、检验、测试和涂装等主要劳动过程，还包括专用工具、夹具、量具和辅具的制造，机器的包装，工件和成品的储存及运输，加工设备的维修，以及动力（电、压缩空气、液压等）供应等辅助劳动过程。

由于机械产品的用途、复杂程度和生产数量不同，其生产过程也会多种多样。由于机械产品的主要工作过程都使被加工对象的尺寸、形状和性能产生一定的变化，即与生产过程有直接关系，因此称为直接生产过程。而机械产品的辅助劳动过程虽然不使加工对象产生直接变化，但也是非常必要的，因此称为辅助生产过程。所以，机械产品的生产过程是由直接生产过程和辅助生产过程所组成的。

对于复杂的机械产品，工厂的生产过程又可按车间分为若干车间的生产过程。某一车间的成品可能是另一车间的原材料或半成品。例如，锻造车间的成品是机械加工车间的原材料或半成品；机械加工车间的成品又是装配车间的原材料或半成品等。

为了提高企业的应变能力和市场竞争能力，现代企业逐步用系统的观点看待生产过程的各个环节及它们之间的关系，即将生产过程看成一个具有输入/输出的生产系统。用系统工程学的原理和方法组织生产和指导生产，能使企业的生产和管理科学化，使企业按照市场动态及时改进和调节生产，不断更新产品以满足社会的需要，使生产的产品质量更好、周期更短、成本更低。

2. 工艺过程的概念

机械加工工艺过程是机械产品生产过程的一部分，是直接生产过程，其原意是指采用金属切削刀具或磨具来加工工件，使之达到所要求的形状、尺寸、表面粗糙度和力学/物理性能，成为合格零件的生产过程。由于制造技术的不断发展，现在所说的加工方法除切削和磨削外，还包括其他加工方法，如电火花加工、超声加工、电子束加工、离子束加工、激光束加工及化学加工等绝大部分的加工方法。

2.1.2 机械加工工艺过程的组成

机械加工工艺过程由若干个工序组成，毛坯依次通过这些工序就成为成品。机械加工中的每一个工序又可依次细分为一个或若干个安装、工位、工步和走刀。

1. 工序

机械加工工艺过程中的工序是指一个（或一组）工人在一个工作地点对一个（或同时对几个）工件连续完成的那一部分工艺过程。根据这一定义，只要工人、工作地点、工作对象

（工件）之一发生变化或不是连续完成的，则应称为另一个工序。因此，同一个零件，同样的加工内容可以有不同的工序安排。若生产规模不同，则工序的划分及每一道工序所包含的技工内容有所不同。以图 2-1 所示的阶梯轴加工为例，在单件小批生产时，其工艺过程如表 2-1 所示；若成批生产，则其工艺过程如表 2-2 所示。

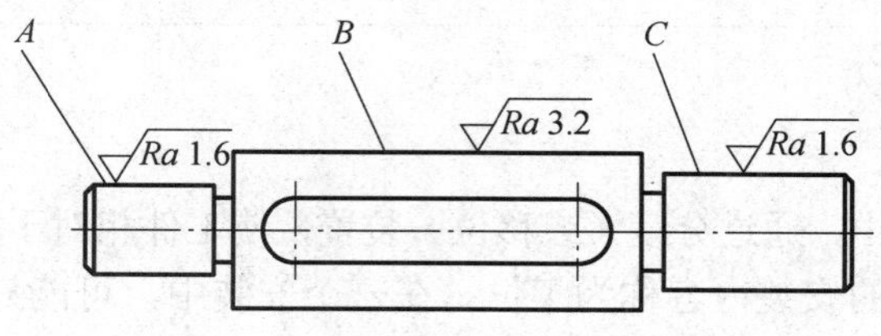

图 2-1　阶梯轴

表 2-1　单件小批生产阶梯轴的工艺过程

工序号	工序内容	设备
1	车一端面，钻中心孔，掉头车另一端面，钻中心孔	车床
2	车外圆 *A*、*B*，切槽，倒角；掉头车外圆 *C*，切槽，倒角	车床
3	铣键槽，去毛刺	铣床
4	磨外圆 *A*、*C*	磨床

表 2-2　成批生产阶梯轴的工艺过程

工序号	工序内容	设备
1	铣端面，打中心孔	铣端面打中心孔机床
2	车外圆 *A*、*B*，切槽，倒角	车床
3	车外圆 *C*，切槽，倒角	车床
4	铣键槽	铣床
5	去毛刺	钳工台
6	磨外圆 *A*、*C*	磨床

一般在单件小批生产时，将工艺过程划分到工序，写明工序内容，画出必要的工序图；但在成批生产时，为保证加工质量和生产率，就必须对工艺过程进行更细的划分。

2. 安装

如果在一个工序中需要对工件进行几次装夹，则每次装夹下完成的那部分工序内容称为一个安装。例如，表 2-3 中的工序 1，在一次装夹后尚需有三次掉头装夹，才能完成全部工序内容，因此该工序共有四个安装；表 2-1 中工序 2 是在一次装夹下完成全部工序内容的，故该工序只有一个安装（表 2-3）。

表 2-3　工序和安装

工序号	安装号	工序内容	设备
1	1	车小端面，钻小端中心孔；粗车小端外圆，倒角	车床
	2	车大端面，钻大端中心孔；粗车大端外圆，倒角	
	3	精车大端外圆	
	4	精车小端外圆	
2	1	铣键槽，手工去毛刺	铣床

特别提示

零件加工过程中，应尽量减少安装次数。因为安装次数太多，往往会降低加工精度和增加工件的装卸时间。

3. 工位

在工件的一次安装中，通过分度（或移位）装置，使工件相对于机床床身变换加工位置，则把每一个加工位置上的安装内容称为工位。在一个安装中，可能只有一个工位，也可能需要有几个工位。

图 2-2 是通过立轴式回转工作台使工件变换加工位置的例子，在该例中共有六个工位，依次为装卸工件工位、预钻孔工位、钻孔工位、扩孔工位、粗铰孔工位和精铰孔工位，实现了在一次装夹中同时进行钻孔、扩孔和铰孔加工。

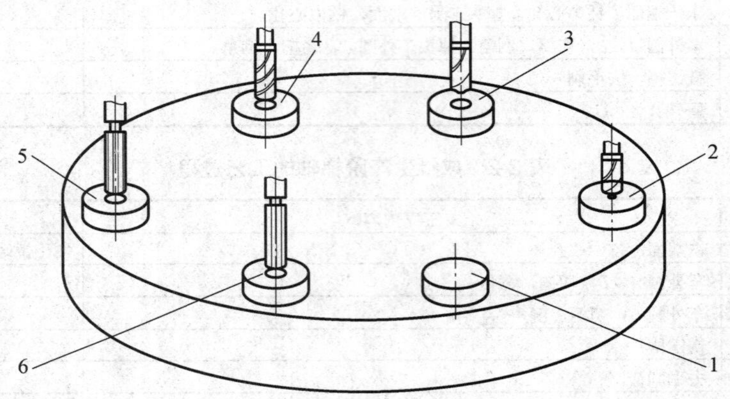

图 2-2　多工位加工

1—装卸工件工位；2—预钻孔工位；3—钻孔工位；4—扩孔工位；5—粗铰孔工位；6—精铰孔工位

可以看出，如果一个工序只有一个安装，并且该安装中只有一个工位，则工序内容是安装内容，同时也是工位内容。

4. 工步

加工表面、切削刀具、切削速度和进给量都不变的情况下所完成的工位内容，称为一个工步。

按照工步的定义，带回转刀架的机床（转塔车床、加工中心），其回转刀架的一次转位所完成的工位内容应属一个工步，此时若有几把刀具同时参与切削，该工步称为复合工步。图 2-3 是立轴转塔车床回转刀架示意图，图 2-4 是用该刀架加工齿轮内孔及外圆的一个复合工步。在工艺过程中，复合工步有广泛应用。

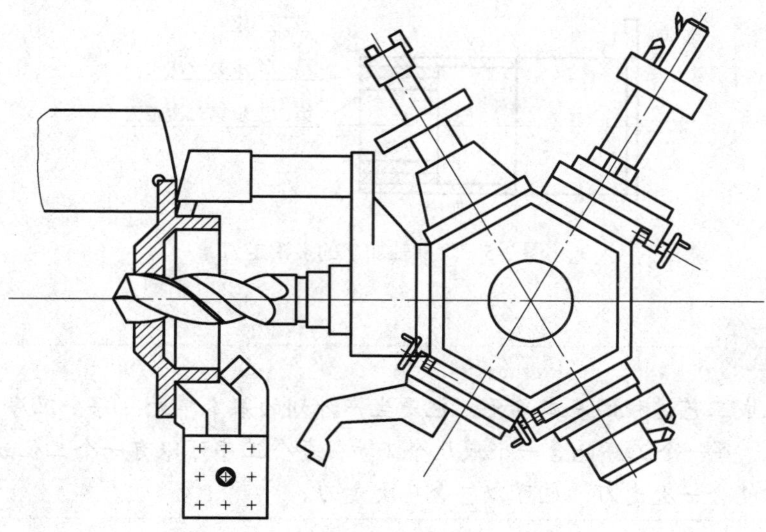

图 2-3　立轴转塔车床回转刀架示意图

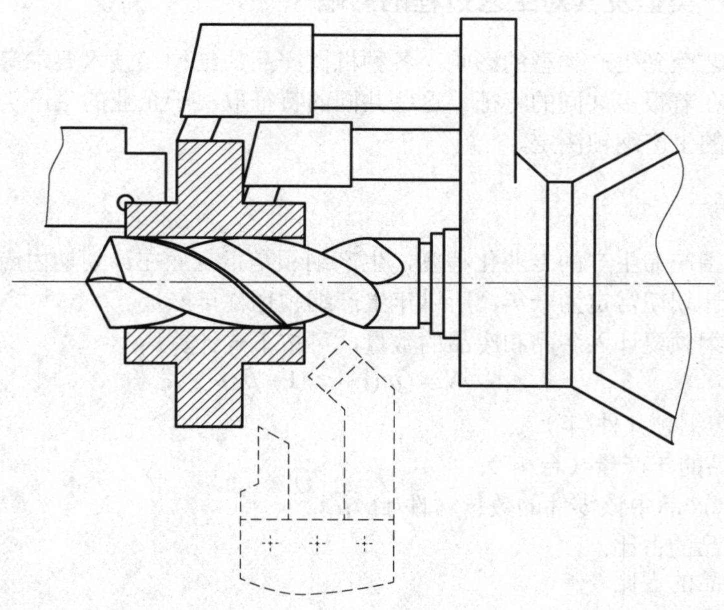

图 2-4　立轴转塔车床的一个复合工步

5. *走刀*

车削刀具在加工表面上切削一次所完成的工步内容，称为一次走刀。一个工步可包括一次或数次走刀。若需要切去的金属层很厚，不能在一次走刀下切完，则需分几次走刀（图 2-5），走刀次数又称行程次数。

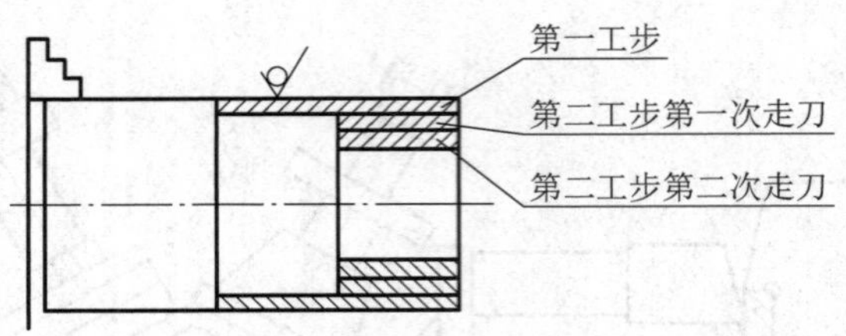

图 2-5　阶梯轴加工的多次走刀

特别提示

工序是组成工艺过程的基本单元，也是生产计划的基本单元。每个工序中可以一次安装或多次安装，每一个工序包含一个或几个工步，每个工序可以有一个工位或多工位加工，每个工步通常包含一次走刀，也可以包含几次走刀。

2.1.3　生产类型及其对工艺过程的影响

机械加工工艺受到生产类型的影响。各种机械产品的结构、技术要求等差异很大，但它们的制造工艺存在着很多共同的特征。这些共同的特征取决于企业的生产类型，而企业的生产类型又由企业的生产纲领决定。

1. 生产纲领

生产类型是指产品生产的专业化程度，生产纲领是指企业在计划期内应当生产的产品产量和进度计划。计划期常定为一年，所以年生产纲领也称年产量。

零件的生产纲领要计入备品和废品的数量，可按下式计算：

$$N = Qn(1+\alpha)(1+\beta) \tag{2-1}$$

式中　N——生产纲领（件/年）；

Q——产品的年产量（台/年）；

n——每台产品中该零件的数量（件/台）；

α——备品的占比；

β——废品的占比。

2. 生产类型

生产类型是指企业（或车间、工段、班组、工作地）生产专业化程度的分类。根据零件的生产纲领或生产批量可以划分出不同的生产类型：单件生产、成批生产、大量生产。

1）单件生产。其基本特点是生产的产品品种繁多，每种产品仅制造一个或几个，少重复生产。重型机械制造、专用设备制造、新产品试制等都属于单件生产。

2）成批生产。基本特点是一年中分批次生产相同的零件，生产呈周期性重复。机床、工程机械、液压传动装置等许多标准通用产品的生产都属于成批生产。

3）大量生产。基本特征是同一产品的生产数量很大，通常是同一工作长期进行同一种零件的某一道工序的加工。汽车、拖拉机、轴承等的生产都属于大量生产。

对于成批生产而言，每一次投入或产出的同一产品（或零件）的数量简称批量。批量可根据年产量及一年中的生产批数计算确定。一年的生产批数根据用户的需要、零件的特征、流动资金的周转、仓库容量等具体情况确定。在一定的范围内，各种生产类型之间并没有十分严格的界限。按批量的多少，成批生产又可分为小批、中批和大批生产三种。在工艺上，小批生产和单件生产相似，常合称为单件小批生产；大批生产和大量生产相似，常合称为大批量生产。生产类型的具体划分，可根据生产纲领和产品及零件的特征或工作地每月承担的工序数确定，如表 2-4 所示。

表 2-4　生产类型和生产纲领的关系

生产类型	生产纲领/（件/年或台/年）			工作地每月担负的工序数/（工序数/月）
	小型机械或轻型零件	中型机械或中型零件	重型机械或重型零件	
单件生产	≤100	≤10	≤5	不作规定
小批生产	100～500	10～150	5～100	20～40
中批生产	500～5 000	150～500	100～300	10～20
大批生产	5 000～50 000	500～5 000	300～1 000	1～10
大量生产	>50 000	>5 000	>1 000	1

特别提示

在生产过程中，习惯性地将生产类型称为单件小批生产、成批生产、大批量生产三种。

表 2-4 中的轻型、中型和重型零件可参考表 2-5 所列数据确定。

表 2-5　不同机械产品的零件质量型别

机械产品类别	零件的质量/kg		
	轻型零件	中型零件	重型零件
电子机械	≤4	4～30	>30
机床	≤15	15～50	>50
重型机械	≤100	100～2 000	>2 000

根据上述划分生产类型的方法可以发现，同一企业或车间可能同时存在几种生产类型的生产。企业或车间的生产类型，应根据企业或车间中占主导地位的工艺过程的性质来确定。随着科学技术的发展和市场需求的变化及竞争的加剧，产品更新换代的周期越来越短，产品向多样化、个性化发展，制造业中单件或多品种、小批量生产占多数并有逐渐增加的趋势。

3. 各种生产类型的工艺特征

生产批量不同时，采用的工艺过程也有所不同。一般对于单件小批量生产，只需制订一个简单的工艺路线；对于大批量生产，则应制订一个详细的工艺规程，对每个工序、工步和工作过程都要进行设计和优化，并在生产中严格遵照执行。详细的工艺规程，是工艺装备设计制造的依据。

为了获得最佳的经济效益，对于不同的生产类型，其生产组织、生产管理、车间管理、毛坯选择、设备工装、加工方法和操作者的技术等级要求均有所不同。各种生产类型的工艺特征如表 2-6 所示。

表 2-6 各种生产类型的工艺特征

工艺特征	生产类型		
	单件小批	中批	大批量
零件的互换性	配对制造，互换性低，多采用钳工修配	多数互换，部分试配或修配	全部互换，高精度偶件采用分组装配、配磨
毛坯的制造方法及加工余量	自由锻造，木模手工造型；毛坯精度低，余量大	部分采用模锻，金属模造型；毛坯精度及余量中等	广泛采用模锻，机器造型等高效方法；毛坯精度高，加工余量小
机床设备及布置形式	通用机床按机群式排列；部分采用数控机床及柔性制造单元	通用机床和部分专用机床及高效自动机床，机床按零件类别分工段排列	广泛采用自动机床、专用机床，采用自动线或专用机床流水线排列
夹具及尺寸保证	通用夹具、标准附件或组合夹具；划线试切保证尺寸	通用夹具，专用或成组夹具；定程法保证尺寸	高效专用夹具；定程及自动测量控制尺寸
刀具与量具	通用刀具，标准量具	专用或标准刀具、量具	专用刀具、量具，自动测量
对工人的要求	需要技术熟练的工人	需要一定熟练程度的技术工人	对操作工人的技术要求较低，对调整工人的技术要求较高
工艺规程	编制简单的工艺过程卡片	编制详细的工艺规程及关键工序的工序卡片	编制详细的工艺规程、工序卡片、调整卡片
生产率	用传统加工方法，生产率低，用数控机床可提高生产率	中等	高
成本	较高	中等	低
发展趋势	采用成组工艺、数控机床、加工中心及柔性制造单元	采用成组工艺、柔性制造系统或柔性自动线	用计算机控制的自动化制造系统、车间无人工厂，实现自适应控制

表 2-6 中一些项目的结论是在传统的生产条件下归纳的。由于大批量生产采用专用高效设备及工艺装备，因而产品成本低，但往往不能适应多品种生产的要求；而单件小批生产由于采用通用设备及工艺装备，因此容易适应品种的变化，但产品成本高，有时还跟不上市场的需求。因此，目前各种生产类型的企业既要适应多品种生产的要求，又要提高经济效益，它们的发展趋势是既要朝着生产过程柔性化的方向发展，又要上规模、扩大批量，以提高经济效益。成组技术为这种发展趋势提供了重要的基础，随着成组技术的应用和数控机床的普及，各种生产类型下的工艺特征也在发生着相应的变化，各种先进制造技术也都是在这种要求下应运而生的。

2.1.4 机械加工工艺规程的概念、作用及格式

机械加工工艺规程是一份技术性文件，所有生产人员都应严格执行、认真贯彻。生产规模的大小、工艺水平的高低及解决各种工艺问题的方法和手段都要通过机械加工工艺规程来体现。因此，机械加工工艺规程设计是一项重要而又严肃的工作。它要求设计者必须具备丰富的生产实践经验和广博的机械制造工艺基础理论知识。

经过审批确定的机械加工工艺规程，不得随意变更，若要修改与补充必须经过认真讨论和重新审批。

1. 工艺规程的概念

规定产品或零部件制造工艺过程和操作方法等的工艺文件称为工艺规程。其中，规定零部件机械加工工艺过程和操作方法等的工艺文件称为机械加工工艺规程。它是在具体的生产条件下，最合理或较合理的工艺过程和操作方法，并按规定的形式书写成工艺文件，经审批后用来指导生产的。

2. 机械加工工艺规程的作用

1）根据机械加工工艺规程进行生产准备（包括技术准备）。在产品投入生产以前，需要做大量的生产准备和技术准备工作，例如，关键技术的分析与研究；刀具、夹具、量具的设计、制造或采购；设备改装与新设备的购买或定做等。这些工作都必须根据机械加工工艺规程来展开。

2）机械加工工艺规程是生产计划、调度，工人的操作、质量检查等的依据。

3）新建或扩建车间（或工段），其原始依据也是机械加工工艺规程。根据机械加工工艺规程确定机床的种类和数量、机床的布置和动力配置、生产面积的大小和工人的数量等。

3. 机械加工工艺规程格式

通常，机械加工工艺规程被填写成表格（卡片）的形式。虽然我国对机械加工工艺规程的表格没有作统一的规定，但各机械制造厂商所使用表格的基本内容是相同的。机械加工工艺规程的详细程度与生产类型、零件的设计精度和工艺过程的自动化程度有关。一般说来，采用普通加工方法的单件小批生产，只需填写简单的机械加工工艺过程卡片（表 2-7）。在中批生产中，多采用较详细的机械加工工艺卡（表 2-8）。大批量生产类型要求有严密、细致的组织工作，因此各工序都要填写工序卡（表 2-9），对有调整要求的工序要有调整卡，检验工序要有检验卡。对于技术要求高的关键零件的关键工序，即使是普通加工方法的单件小批生产也应制订较详细的机械加工工艺规程（包括填写工序卡和检验卡等），以确保产品质量。若机械加工工艺过程中有数控工序或全部由数控工序组成，则无论生产类型如何都必须对数控工序作出详细规定，填写数控加工工序卡、刀具卡等必要的与编程有关的工艺文件，以利于编程。

表 2-7 机械加工工艺过程卡片

（工厂名）	机械加工工艺过程卡片	产品名称及型号			零件名称			零件图号				
		材料	名称		毛坯	种类		零件质量/kg	毛重			第 页
			牌号			尺寸			净重			共 页
			性能		每料件数			每台件数		每批件数		
工序号	工序内容				加工车间	设备名称及编号	工艺装备名称及编号			技术等级	时间定额/min	
							夹具	刀具	量具		单件	准备—终结
	…											
更改内容												
编制		抄写		校对			审核			批准		

表 2-8　机械加工工艺卡片

（工厂名）	机械加工工艺卡片	产品名称及型号			零件名称			零件图号			
		材料	名称		毛坯	种类		零件质量/kg	毛重		第　页
			牌号			尺寸			净重		共　页
			性能		每料件数			每台件数		每批件数	

工序	安装	工步	工序内容	同时加工零件数	切削用量				设备名称及编号	工艺装备名称及编号			技术等级	工时定额/min	
					背吃刀量/mm	切削速度/(m·min^{-1})	主轴转速/(r·min^{-1})或双行程/(n·min^{-1})	进给量/(mm·r^{-1})或/(mm·min^{-1})		夹具	刀具	量具		单件	准备—终结
			…												

更改内容									
编制		抄写		校对		审核		批准	

表 2-9　机械加工工序卡片

（工厂名）	机械加工工序卡片	产品名称及型号	零件名称	零件图号	工序名称	工序号	第　页
							共　页
（画工序简图处）			车间	工段	材料名称	材料牌号	力学性能
			同时加工件数	每料件数	技术等级	单件时间/min	准备—终结时间/min
			设备名称	设备编号	夹具名称	夹具编号	工作液
			更改内容				

工步号	工步内容	计算数据/mm			工作行程数	切削用量				工时定额/min			刀具、量具及辅助工具				
		直径或长度	进给长度	单边余量		背吃刀量/mm	进给量/(mm·r^{-1})或/(mm·min^{-1})	主轴转速/(r·min^{-1})或双行程/(n·min^{-1})	切削速度/m·min^{-1}	基本时间	辅助时间	工作地点服务时间	工步号	名称	规格	编号	数量
	…																

编制		抄写		校对		审核		批准	

2.1.5　机械加工工艺规程的设计原则、步骤和内容

1. 机械加工工艺规程的设计原则

设计机械加工工艺规程应遵循如下原则：

1）可靠地保证零件图样上所有技术要求的实现。在设计机械加工工艺规程时，如果发现图样上某一技术要求规定得不适当，只能向有关部门提出建议，不得擅自修改图样或不按图样上的要求去做。

2）必须能满足生产纲领的要求。

3）在满足技术要求和生产纲领要求的前提下，一般要求工艺成本最低。

4）尽量减轻工人的劳动强度，保障生产安全。例如，对于铸件应了解其分型面，浇口和铸钢件冒口的位置、铸件公差和起模斜度等这些都是设计机械加工工艺规程时不可缺少的原始资料。毛坯的种类和质量与机械加工关系密切。例如，精密铸件、压铸件、精铸件等，毛坯质量好，精度高，它们对保证加工质量、提高劳动生产率和降低机械加工工艺成本具有重要作用。当然，这里所说的降低机械加工成本是以提高毛坯制作成本为代价的。因此，在选择毛坯的时候，除了要考虑零件的作用、生产纲领和零件的结构以外，还必须综合考虑产品的制作成本和市场需求。

2. 设计机械加工工艺规程的步骤和内容

1）阅读装配图和零件图。了解产品的用途、性能和工作条件，熟悉零件在产品中的地位和作用。

2）工艺审查。审查图样上的尺寸、视图和技术要求是否完整、正确和统一；找出主要技术要求和分析关键的技术问题；审查零件的结构工艺性。

3）熟悉或确定毛坯。确定毛坯的主要依据是零件在产品中的作用、生产纲领及零件本身的结构。常用毛坯种类有铸件、锻件、型材、焊接件和冲压件等。毛坯的选择通常由产品设计者来完成，工艺人员在设计机械加工工艺规程之前，首先要熟悉毛坯的特点。

4）拟订机械加工工艺路线。这是制订机械加工工艺规程的核心。其主要内容有选择定位基准，确定加工方法，安排加工顺序，安排热处理、检验和其他工序等。

5）确定满足各工序要求的工艺装备（包括机床、夹具、刀具和量具等）对需要改装或重新设计的专用工艺装备应提出具体设计任务书。

6）确定各主要工序的技术要求和检验方法。

7）确定各工序的加工余量、计算工序尺寸和公差。

8）确定切削用量。

9）确定时间定额。

10）填写工艺文件。

制订工艺路线时需要考虑的主要问题有怎样选择定位基准；怎样确定加工方法；怎样安排加工顺序及热处理、检验等其他工序。

2.2 加工工艺分析及毛坯选择

2.2.1 工艺分析

工艺分析是制订工艺规程的基础。必须根据不同产品、不同的生产规模和工厂的具体情况，进行细致的工艺分析，才能制订出合理的工艺规程。工艺分析时一般应考虑以下问题：

1. 分析产品图样

首先应分析该零件的零件图，以及该零件所在的部件或总成的装配图。图样上应有足够的投影和剖面，注明各部分的尺寸、加工符号、公差和配合、零件材料规格和数量等。所有不能用图形或符号表示的要求，一般应以技术条件来表明，如热处理的种类及要求、某些特殊要求（如动平衡、校正重量、耐蚀处理等）。在分析图样的同时可以考虑这些要求的合理性，在现有生产条件下能否达到，以便采取适当措施。

2. 审查零件的材料及热处理是否恰当

工艺分析中审核选材时主要考虑：如果没有零件图中所要求的材料，则需考虑材料代用问题；对该种材料所规定的热处理要求能否实现，如不能实现，则考虑代用热处理工艺问题。

3. 结构工艺性分析

一个好的机器产品和零件结构，不仅要满足使用性能的要求，而且要便于制造和维修，即满足结构工艺性的要求。在产品技术设计阶段，工艺人员要对产品结构工艺性进行分析和评价；在产品工作图设计阶段，工艺人员应对产品和零件结构工艺性进行全面审查并提出意见和建议。制订机械加工工艺规程前，要进行结构工艺性分析。结构工艺性包含零件的结构工艺性和产品的结构工艺性两个方面。

（1）零件的结构工艺性

零件的结构工艺性是指所设计的零件在能满足使用要求的前提下制造的可行性和经济性。它由零件结构要素的工艺性和零件整体结构的工艺性两部分组成，包括零件的各个制造过程中的工艺性，有零件结构的铸造、锻造、冲压、焊接、热处理、切削加工等工艺性。

由此可见，零件结构工艺性涉及面很广，具有综合性，必须综合全面地分析。

1）零件结构要素的工艺性。组成零件的各加工表面称为结构要素，零件的结构对其机械加工工艺过程的影响很大。使用性能完全相同而结构不同的两个零件，它们的加工难易和制造成本可能有很大差别。所谓良好的工艺性，首先是这种结构便于机械加工，即在同样的生产条件下能够采用简便和经济的方法加工出来。此外，零件结构还应适应生产类型和具体生产条件的要求。

零件结构要素的工艺性主要表现在以下几个方面。

① 各要素形状尽量简单，面积尽量小，规格尽量统一和标准，以减少加工时调整刀具的次数。

② 能采用普通设备和标准刀具进行加工，刀具易进入、退出和顺利通过，避免内端面加工，防止碰撞已加工面。

③ 加工面与非加工面应明显分开，加工时应使刀具有较好的切削条件，以提高刀具的使用寿命和保证加工质量。

2）零件整体结构的工艺性。零件整体结构的工艺性，主要表现在以下几个方面。

① 尽量采用标准件、通用件和相似件。

② 有位置精度要求的表面应尽量在一次装夹下加工出来。例如，箱体零件上的同轴线孔，其孔径应当同向或双向递减，以便在单向或双面镗床上一次装夹把它们加工出来。

③ 零件应有足够的刚性，防止在加工过程中变形，以便于采用高速和多刀切削，保证加工精度。例如，图 2-6b）所示的零件有加强肋，图 2-6a）所示的零件无加强肋，显然是有加强肋的零件刚性好，便于高速切削，从而提高生产率。

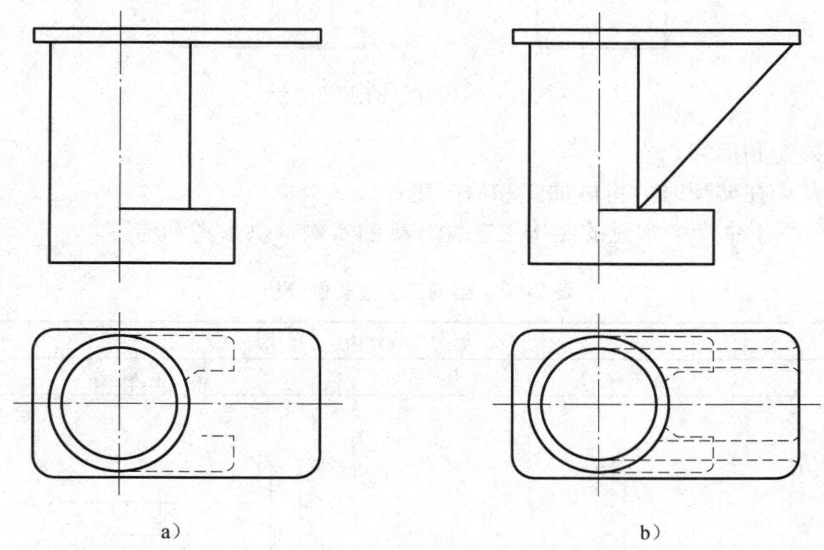

图 2-6　增设加强肋以提高零件的刚性

a）无加强肋；b）有加强肋

④ 有便于装夹的基准和定位面。图 2-7 所示为机床立柱，应在其上增设工艺凸台，以便加工时作为辅助定位基准。

⑤ 节省材料，减轻质量。

（2）产品结构工艺性

产品结构工艺性是指所设计的产品在满足使用要求的前提下，制造、维修的可行性和经济性。制造的可行性和经济性是指制造的全过程，包括毛坯制造、机械加工和装配等。下面重点分析产品结构的装配工艺性。

产品结构的装配工艺性可以从以下几个方面来分析。

1）独立的装配单元。其是指机器结构能够划分成独立的部件、组件，这些独立的部件和组件可以各自独立地进行装配，最后再将它们总装成一台机器。这样就可以组织平行流水装配，使装配工作专业化，有利于提高装配质量，最大限度地缩短装配周期，提高装配劳动生产率。

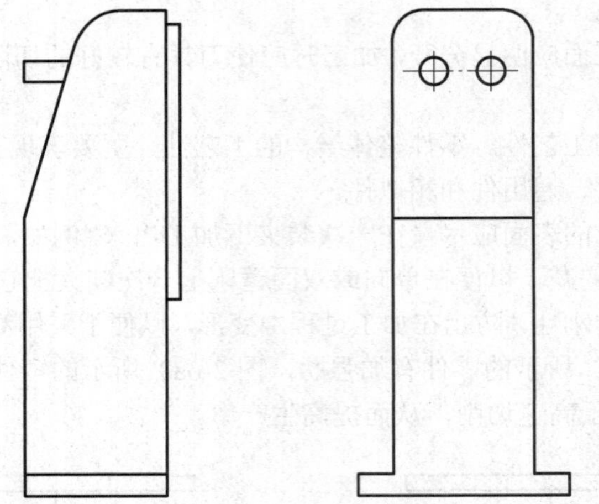

图 2-7　机床立柱的工艺凸台

2）便于装配和拆卸。

3）尽量减少在装配时的机械加工和修配工作。

表 2-10 列举了生产中常见的结构工艺性分析的实例，供参考和借鉴。

表 2-10　结构工艺性实例分析

序号	零件结构			
	工艺性不好		工艺性好	
1	孔离箱壁太近，①钻头在圆角处易引偏；②箱壁高度尺寸大，需要加长钻头才能钻孔			a. 加长箱耳，不需要加长钻头可钻孔 b. 将箱耳设计在某一端，则不需要加长箱耳，可方便加工
2	车螺纹时，螺纹根部易打刀；人工操作紧张且不能清根			有退刀槽可使螺纹清根，操作相对容易，可避免打刀
3	插键槽时，底部无退刀空间，易打刀			留出退刀空间，避免打刀

续表

序号	零件结构			
	工艺性不好		工艺性好	
4	键槽底与左孔母线齐平，插键槽时，插到左孔表面	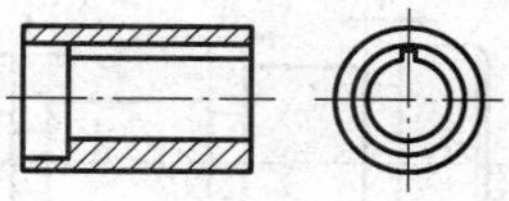	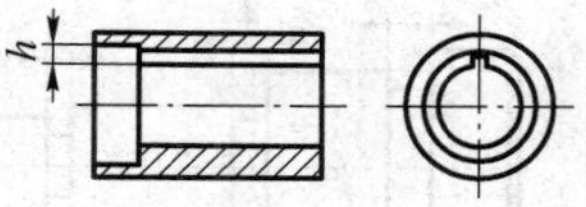	左孔尺寸稍加大时，可避免划伤左孔
5	小齿轮无法加工，插齿无退刀空间	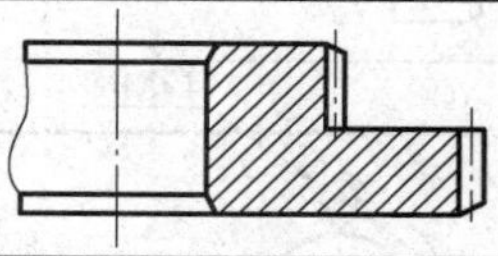	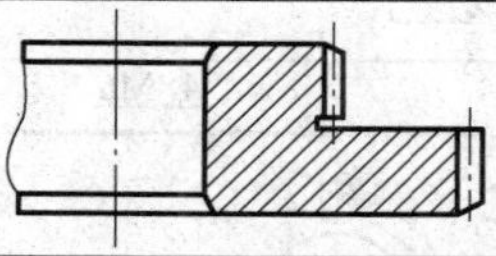	大齿轮可以滚齿或插齿，小齿轮可以插齿加工
6	两端轴径需磨削加工，因砂轮圆角而不能清根	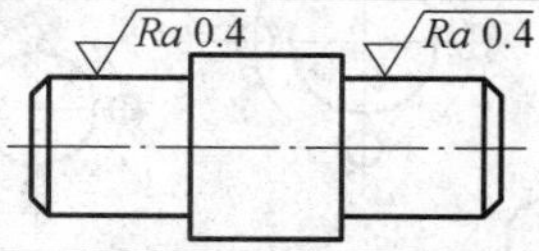 Ra 0.4　Ra 0.4	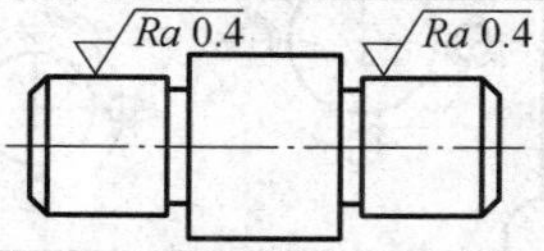 Ra 0.4　Ra 0.4	留有砂轮越程槽，磨削时可以清根
7	斜面钻孔，钻头易引偏	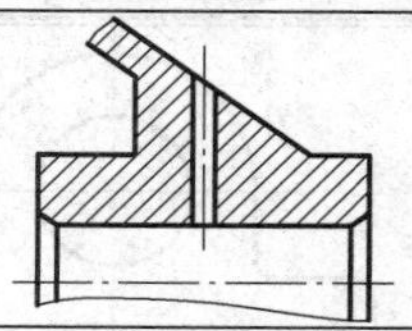	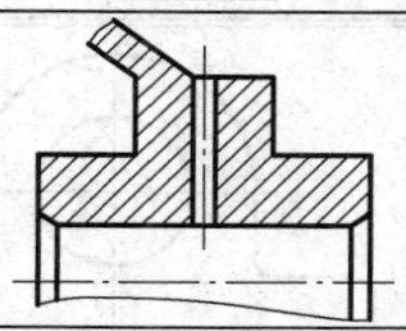	只要结构允许，留出平台可直接钻孔
8	锥面需磨削加工，磨削时易碰伤圆柱面，并且不能清根	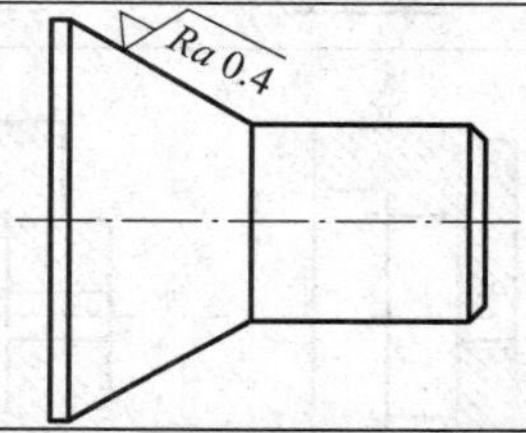 Ra 0.4	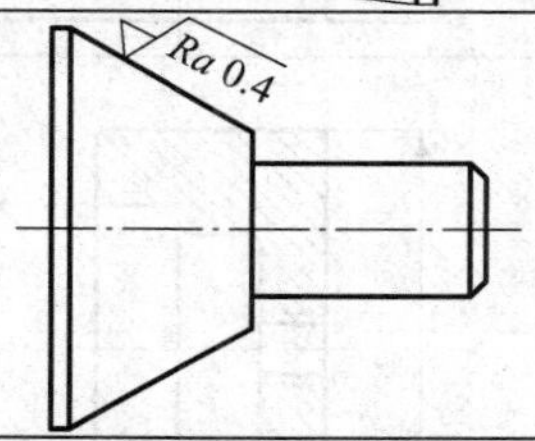 Ra 0.4	可方便地对锥面进行磨削加工
9	加工面设计在箱体内，加工时调整刀具不方便，观察也困难	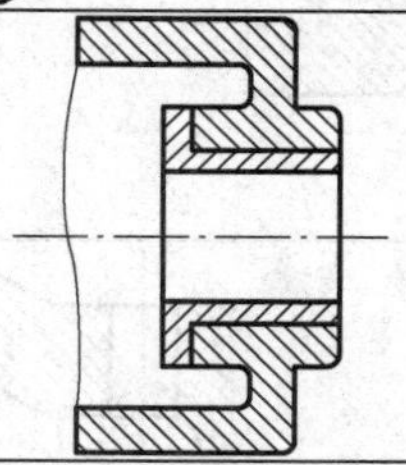	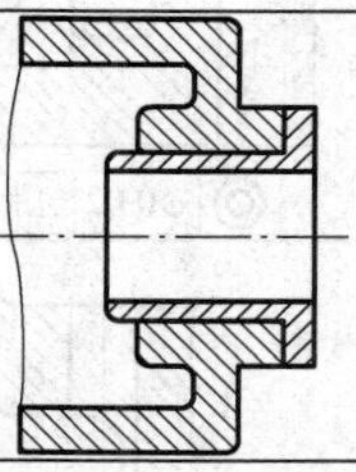	加工面设计在箱体外部，加工方便
10	加工面高度不同需两次调整刀具加工，影响生产率	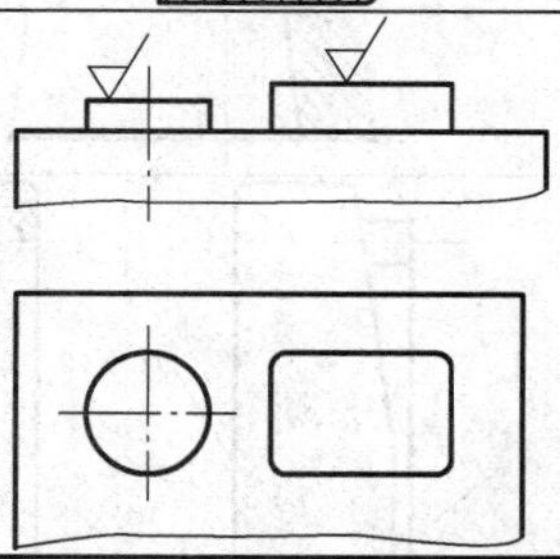	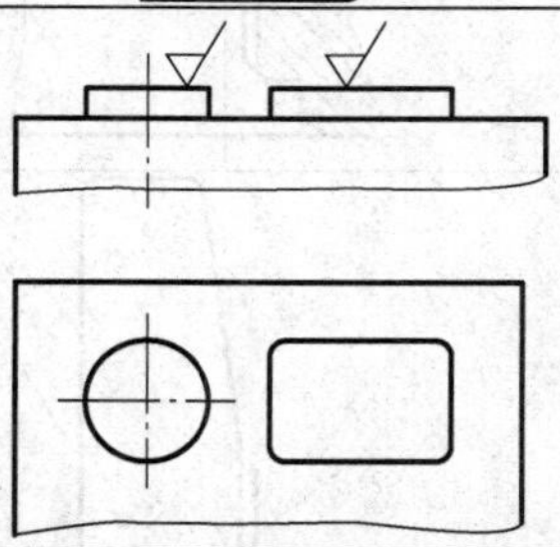	加工面在同一高度，一次调整刀具，可加工两个平面

续表

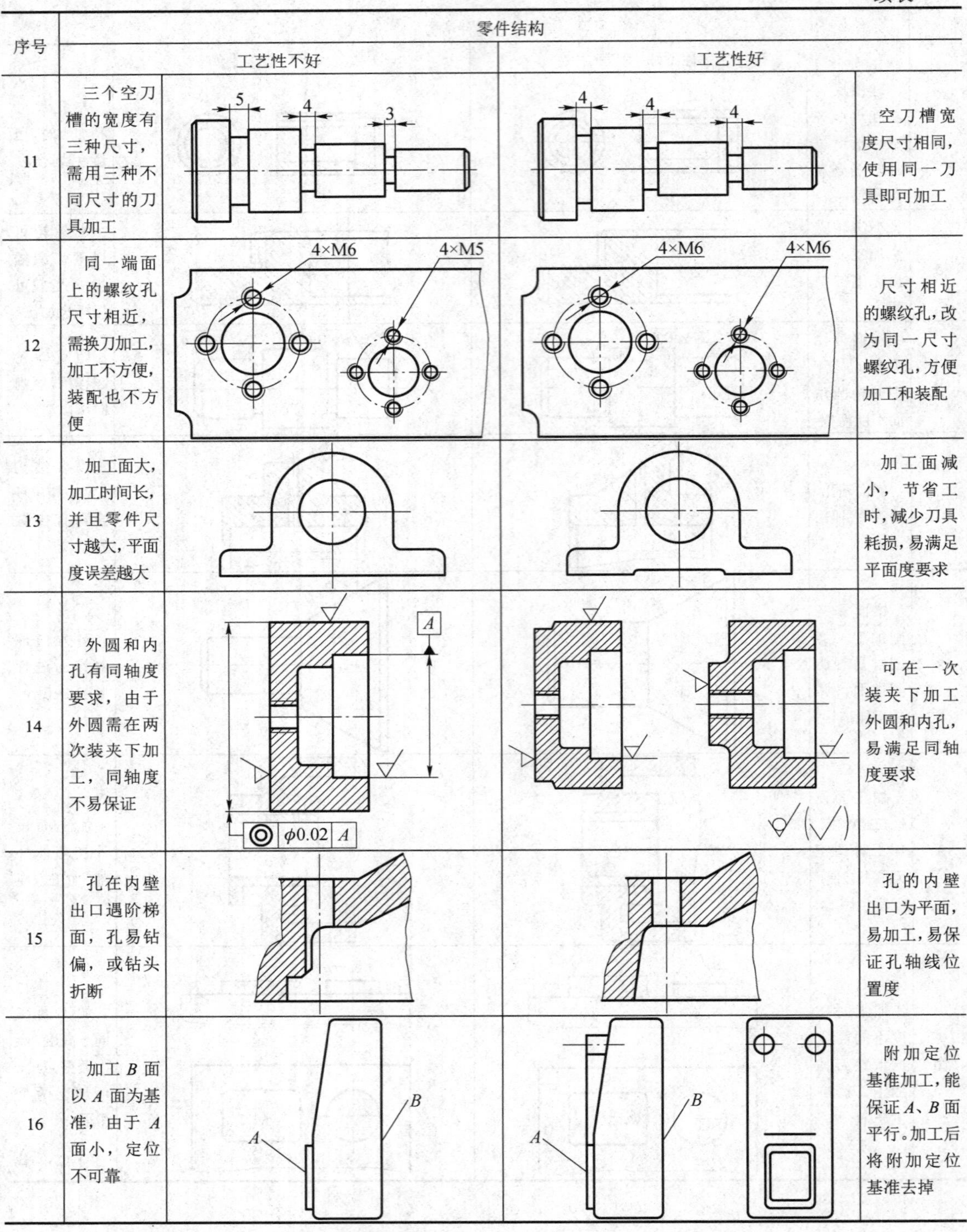

序号	零件结构			
	工艺性不好		工艺性好	
11	三个空刀槽的宽度有三种尺寸，需用三种不同尺寸的刀具加工			空刀槽宽度尺寸相同，使用同一刀具即可加工
12	同一端面上的螺纹孔尺寸相近，需换刀加工，加工不方便，装配也不方便			尺寸相近的螺纹孔，改为同一尺寸螺纹孔，方便加工和装配
13	加工面大，加工时间长，并且零件尺寸越大，平面度误差越大			加工面减小，节省工时，减少刀具耗损，易满足平面度要求
14	外圆和内孔有同轴度要求，由于外圆需在两次装夹下加工，同轴度不易保证			可在一次装夹下加工外圆和内孔，易满足同轴度要求
15	孔在内壁出口遇阶梯面，孔易钻偏，或钻头折断			孔的内壁出口为平面，易加工，易保证孔轴线位置度
16	加工 *B* 面以 *A* 面为基准，由于 *A* 面小，定位不可靠			附加定位基准加工，能保证 *A*、*B* 面平行。加工后将附加定位基准去掉

续表

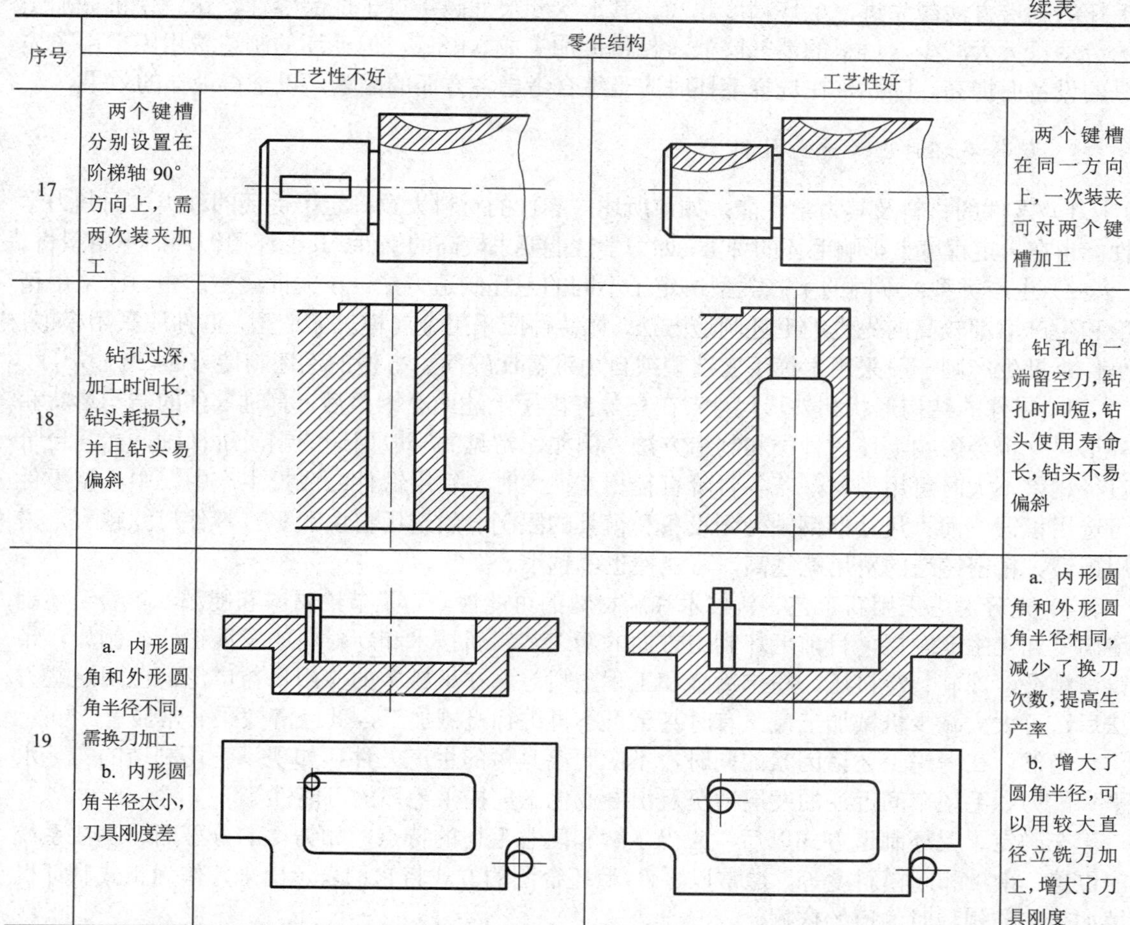

序号	零件结构			
	工艺性不好		工艺性好	
17	两个键槽分别设置在阶梯轴 90°方向上，需两次装夹加工			两个键槽在同一方向上，一次装夹可对两个键槽加工
18	钻孔过深，加工时间长，钻头耗损大，并且钻头易偏斜			钻孔的一端留空刀，钻孔时间短，钻头使用寿命长，钻头不易偏斜
19	a. 内形圆角和外形圆角半径不同，需换刀加工 b. 内形圆角半径太小，刀具刚度差			a. 内形圆角和外形圆角半径相同，减少了换刀次数，提高生产率 b. 增大了圆角半径，可以用较大直径立铣刀加工，增大了刀具刚度

2.2.2　毛坯选择

在制订零件机械加工工艺规程前，还要确定毛坯，包括选择毛坯类型及制造方法、确定毛坯精度。零件机械加工的工序数量、材料消耗和劳动量，在很大程度上与毛坯有关。

1. 毛坯种类

常用的毛坯种类有以下几种。

1）铸件：适用于做复杂形状的零件毛坯。

2）锻件：适用于要求强度较高、形状比较简单的零件。

3）型材：热轧型材的尺寸较大，精度低，多用作一般零件的毛坯。冷拉型材尺寸较小，精度较高，多用于制造毛坯精度要求较高的中小型零件，适宜于自动化加工。

4）焊接件：对于大件来说，焊接件简单方便，特别是单件小批生产可以大大缩短生产周期，但焊接的零件变形较大，需要经过时效处理后才能进行机械加工。

5）冷冲压件：适用于形状复杂的板料零件，多用于中小尺寸零件的大批量生产。

一般说来，当设计人员设计零件并选好材料后，也就大致确定了毛坯的种类。例如，铸铁材料毛坯均为铸件，钢材料毛坯一般为锻件或型材。各种毛坯的制造方法很多，概括来说，毛坯的制造方法越先进，毛坯精度越高，其形状和尺寸越接近于成品零件，这就使机械加工的劳动量大大减少，材料的消耗降低，使机械加工成本降低，但毛坯的制造费用因采用了先进的设备而提高。因此，在选择毛坯时应当综合考虑各方面的因素，以求得最佳的效果。

2. 选择毛坯时应考虑的因素

1）零件的材料及其力学性能：如前所述，零件的材料大致确定了毛坯的种类，而其力学性能也在一定程度上影响毛坯的种类，如力学性能要求较高的钢件，其毛坯用锻件而不用型材。

2）生产类型：不同的生产类型决定了不同的毛坯制造方法。在大批量生产中，应采用精度和生产率都较高的先进的毛坯制造方法，如铸件应采用金属模机器造型，锻件应采用模锻；单件小批生产则一般采用木模手工造型或自由锻等比较简单方便的毛坯制造方法。

3）零件的结构形状和外形尺寸：在充分考虑了上述两个因素后，有时零件的结构形状和外形尺寸也会影响毛坯的种类和制造方法。例如，常见的一般用途的钢质阶梯轴，当各台阶直径相差不大时可用型材，若各台阶直径相差很大时，宜用锻件；成批生产中，中小型零件可选用模锻，而大尺寸的钢轴受到设备和模具的限制一般选用自由锻等。零件尺寸越大，采用模锻、精密铸造的费用就越高，可能性也就越小。

4）充分考虑采用新工艺、新技术和新材料的可能性。为了节约材料和能源，随着毛坯制造向专业化生产发展，目前毛坯制造方面的新工艺、新技术和新材料的发展很快。例如，精铸、精锻、冷轧、冷挤压、粉末冶金和工程塑料等，在机械中的应用日益广泛。应用这些方法后，可大大减少机械加工量，有时甚至可不再进行机械加工，其经济效果非常显著。

当然，在考虑上述诸因素的同时，不应脱离具体的生产条件，如现场毛坯制造的实际水平和能力、毛坯车间近期的发展情况及由专业化工厂提供毛坯的可能性等。

在确定了毛坯制造方式以后，应当了解和熟悉毛坯的特点，如铸件的分型面、浇注系统的位置、余量和起模斜度等。通常以零件-毛坯合图的方式将它们表示出来，作为正式制订机械加工工艺规程时的原始依据。

2.3 工件加工时的定位和基准的选择

2.3.1 基准的概念

基准就是“根据”的意思，也就是在零件上用来确定其他点、线、面的位置的那些点、线、面。如果要计算和度量某些点、线、面的位置尺寸，基准就是计算和度量的起点和依据。根据基准的功能不同，可以分类如下。

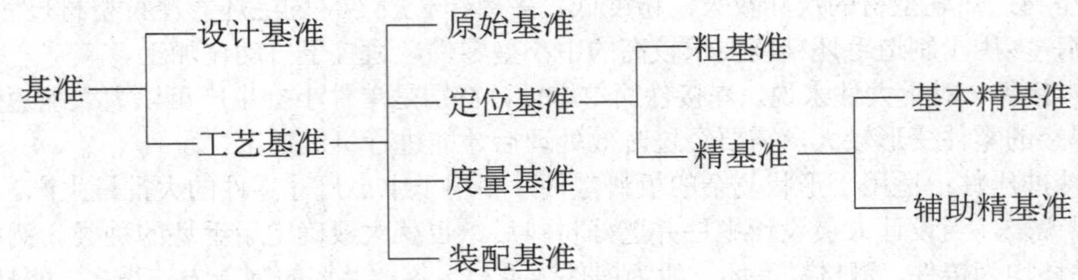

2.3.2　基准的选择

基准的选择，主要是指定位基准的选择，这对加工精度有很大的影响。应该注意的是，作为基准的点或线，在工件上不一定具体存在，而常由某些具体表面来体现。

案 例 分 析

例如，在车床上用自定心卡盘夹持圆轴，实际定位表面是外圆柱面，而它所体现的基准是轴中心线，因此选择定位基准的问题常常就是选择定位基面的问题。

零件加工的第一道工序只能用毛坯的铸造或轧制表面来作定位基准，这种基准称为粗基准。在以后的加工工序中应尽量采用已加工过的表面来作定位基准，这种基准称为精基准。有时，工件上没有能作为定位基准的恰当表面，有必要在工件上专门加工出一个定位基准，这个基准就称为辅助基准。辅助基准在零件功能上没有任何用处，它仅为加工的需要而设置。

1. 粗基准的选择

粗基准的选择对零件的加工会产生重要的影响，下面先分析一个简单的例子。

案 例 分 析

图 2-8 所示零件的毛坯，在铸造时孔 3 和外圆 1 难免有偏心。加工时，如果采用不加工的外圆 1 作为粗基准装夹工件（夹具装夹，用自定心卡盘夹住外圆 1）进行加工，则加工面 2 与不加工外圆 1 同轴，可以保证壁厚均匀，但是加工面 2 的加工余量则不均匀，如图 2-8a）所示。

如果采用该零件的毛坯孔 3 作为粗基准装夹工件（直接找正装夹，用单动卡盘夹住外圆 1，按毛坯孔 3 找正）进行加工，则加工面 2 与该面的毛坯孔 3 同轴，加工面 2 的余量是均匀的，但是加工面 2 与不加工外圆 1 则不同轴，即壁厚不均匀，如图 2-8b）所示。

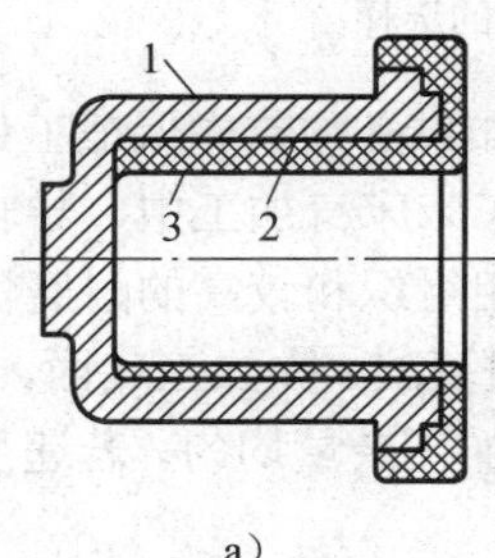

a）

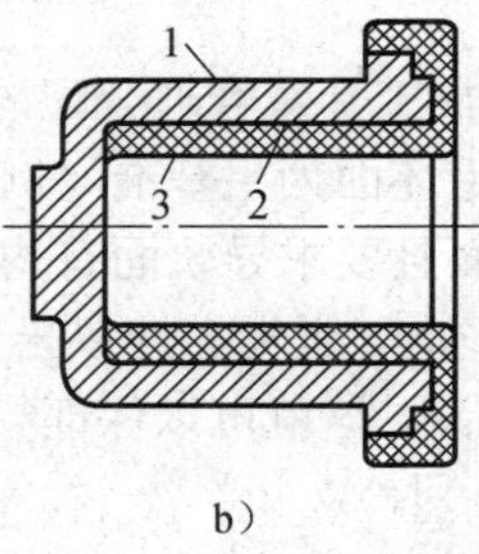

b）

图 2-8　两种粗基准选择对比

a）以外圆 1 为粗基准：孔的余量不均匀，但加工后壁厚均匀；b）以毛坯孔 3 为粗基准：孔的余量均匀，但加工后壁厚不均匀
1—外圆；2—加工面；3—毛坯孔

由此可见，粗基准的选择将影响加工面与不加工面的相互位置，或影响加工余量的分配，所以，正确选择粗基准对保证产品质量有重要影响。在选择粗基准时，一般应遵循下列原则：

1）保证相互位置要求的原则。如果必须保证工件上加工面与不加工面的相互位置要求，则应以不加工面作为粗基准。

例如，在图 2-8 中的零件，一般要求壁厚均匀，因此图 2-8a）的选择是正确的。又如，对于图 2-9 所示的拨杆，虽然不加工面很多，但由于要求 ϕ22H9mm 孔与 ϕ40mm 外圆同轴，因此在钻 ϕ22H9mm 孔时应选择 ϕ40mm 外圆作为粗基准。

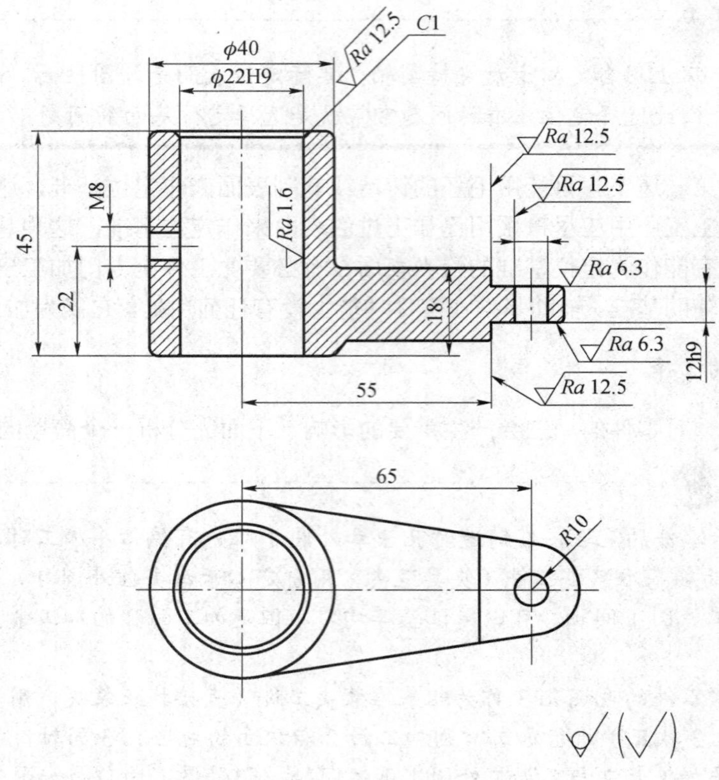

图 2-9　粗基准的选择

2）保证加工表面加工余量合理分配的原则。如果必须首先保证工件某重要表面的余量均匀，应选择该表面的毛坯面为粗基准。例如，在车床床身加工中，导轨面是最重要的表面，它不仅精度要求高，而且要求导轨面有均匀的金相组织和较高的耐磨性，因此希望加工时导轨面去除余量要小且均匀。此时，应以导轨面为粗基准，先加工底面，然后以底面为精基准，加工导轨面［图 2-10a）］。这就可以保证导轨面的加工余量均匀。若违反本原则必将造成导轨余量不均匀［图 2-10b）］。

3）便于工件装夹的原则。选择粗基准时，必须考虑定位准确、夹紧可靠、夹具结构简单、操作方便等问题。为了保证定位准确、夹紧可靠，要求选用的粗基准尽可能平整、光洁和有足够大的尺寸，不允许有锻造飞边、铸造浇、冒口或其他缺陷。

4）粗基准一般不得重复使用的原则。如果能使用精基准定位，则粗基准一般不应重复使用。

这是因为若毛坯的定位面很粗糙，在两次装夹中重复使用同一粗基准，就会造成相当大的定位误差（有时可达几毫米）。例如，图 2-11 所示零件为铸件，其内孔、端面及 3×ϕ7mm 孔都需要加工。若工艺安排为先在车床上加工大端面、钻镗 ϕ16H7mm 孔及 ϕ18mm 空刀，再在钻床上钻 3×ϕ7mm 孔，并且两次安装都选不加工面ϕ30mm 外圆为基准（都是粗基准），则孔ϕ16H7mm 的中心线与 3×ϕ7mm 的定位尺寸ϕ48mm 圆柱面轴线必然有较大偏心。如果第二次装夹用已加工出来的ϕ16H7mm 和端面作精基准，就能较好地解决上述偏心问题。

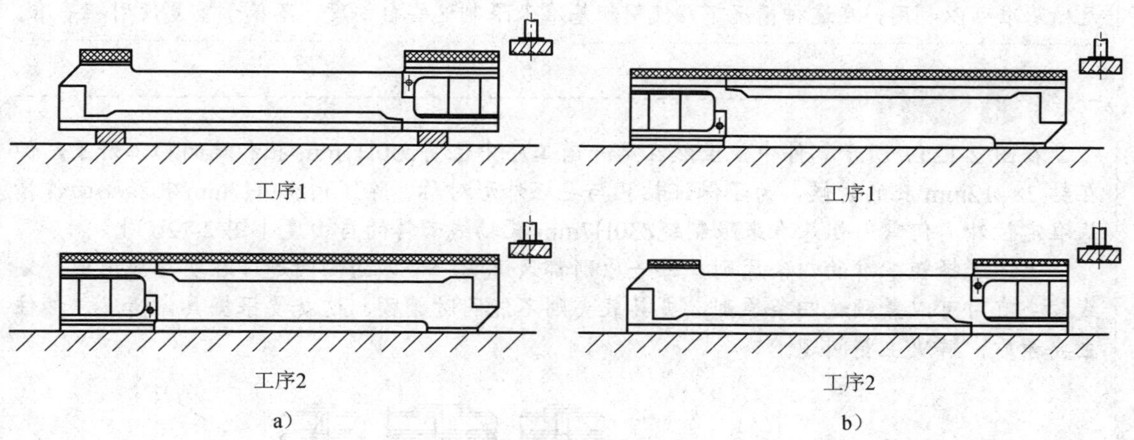

图 2-10　床身加工粗基准选择对比

a）正确；b）不正确

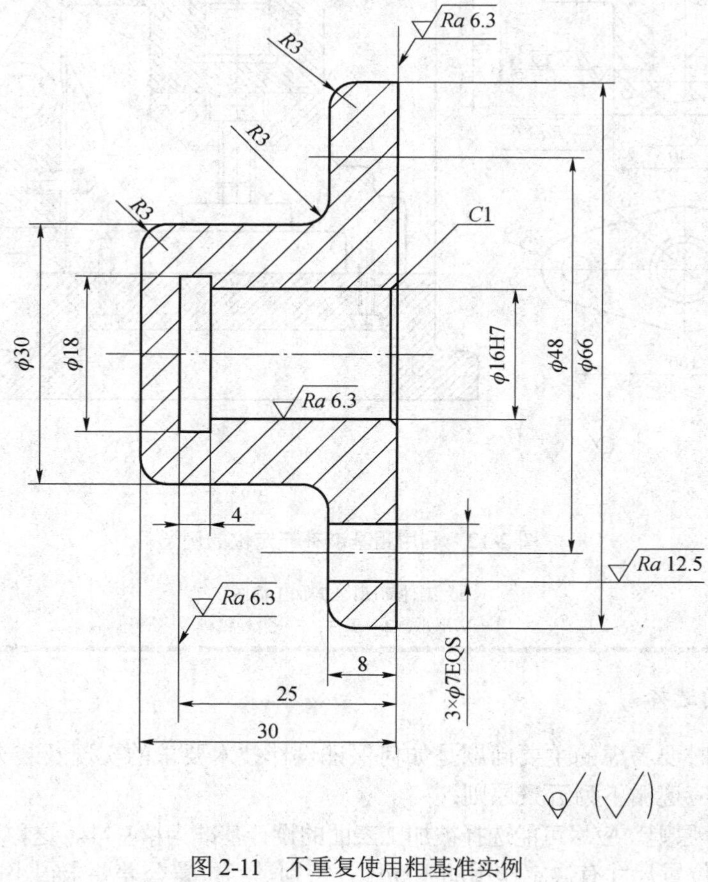

图 2-11　不重复使用粗基准实例

特别提示

有的零件在前几道工序中必然已经加工出一些表面，但对某些自由度的定位来说，仍无精基准可以利用，在这种情况下，使用粗基准来限制这些自由度，不属于重复使用粗基准。

案 例 分 析

在图 2-12a）所示零件中，虽然在第一道工序中已将ϕ30H7mm 孔和端面加工好了，但在钻 2×ϕ12mm 孔的时候，为了保证钻孔与毛坯外形对称，除了用ϕ30H7mm 孔和端面作精基准定位外，仍需用粗基准来限制绕ϕ30H7mm 孔轴线回转的自由度［图 2-12b）］。

上述选择粗基准的四条原则，每一原则都只说明一个方面的问题。在实际应用中，划线装夹有时可以兼顾这四条原则，夹具装夹则不能同时兼顾，这就要根据具体情况，抓住主要矛盾，解决主要问题。

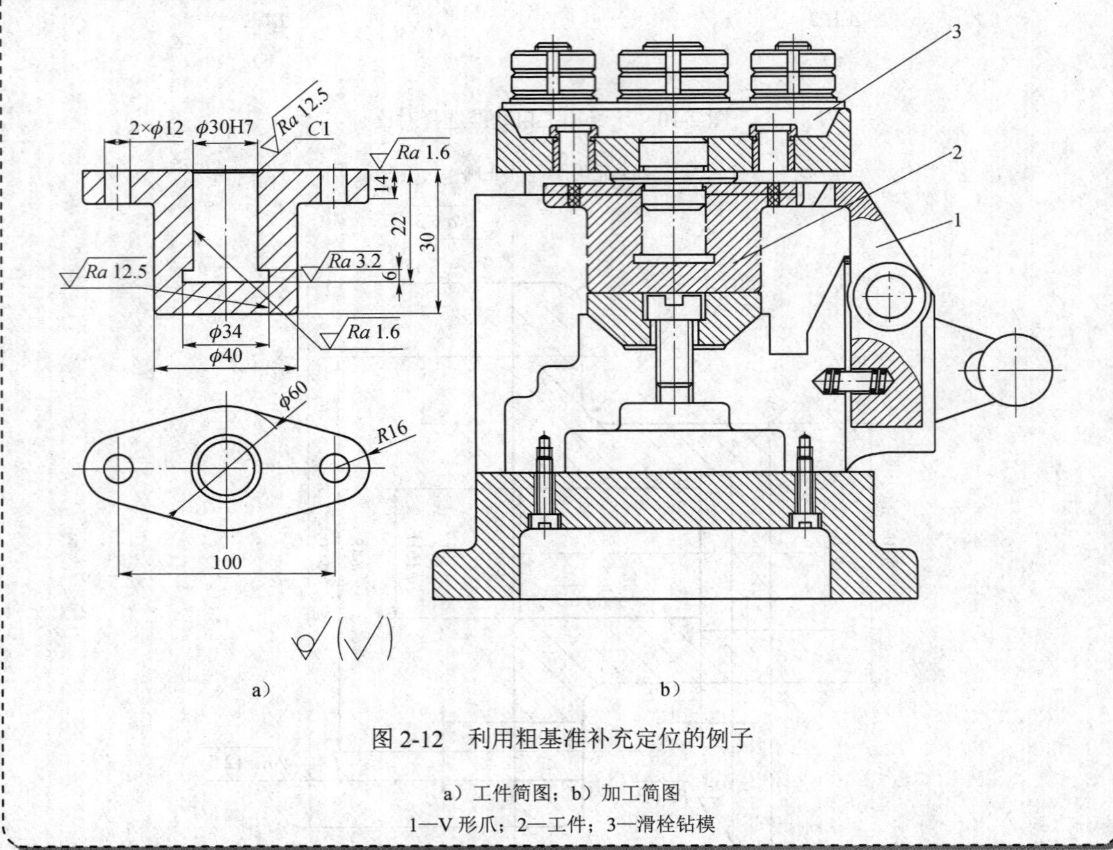

图 2-12　利用粗基准补充定位的例子

a）工件简图；b）加工简图

1—V 形爪；2—工件；3—滑栓钻模

2. 精基准的选择

选择精基准时要考虑的主要问题是如何保证设计技术要求的实现及装夹准确、可靠、方便。为此，一般应遵循下列五条原则：

1）基准重合原则。应尽可能选择被加工表面的设计基准为精基准。这称为基准重合原则。

在对加工面位置尺寸有决定作用的工序中，特别是当位置公差要求很小的时候，一般不应违反这一原则。因为违反了这一原则就必然产生基准不重合误差（详见 2.7 节），增大加工难度。

2）统一基准原则。当工件以某一精基准定位，可以比较方便地加工其他大多数（或所有）表面时，应尽早地把这个基准面加工出来，并达到一定精度，以后工序均以它为精基准加工其他表面。这称为统一基准原则。

案例分析

表 2-11 是某厂大批量生产加工车床主轴箱体的工艺路线，是应用统一基准原则的一个实例。

表 2-11　箱体的工艺路线和基准转换表（统一基准）

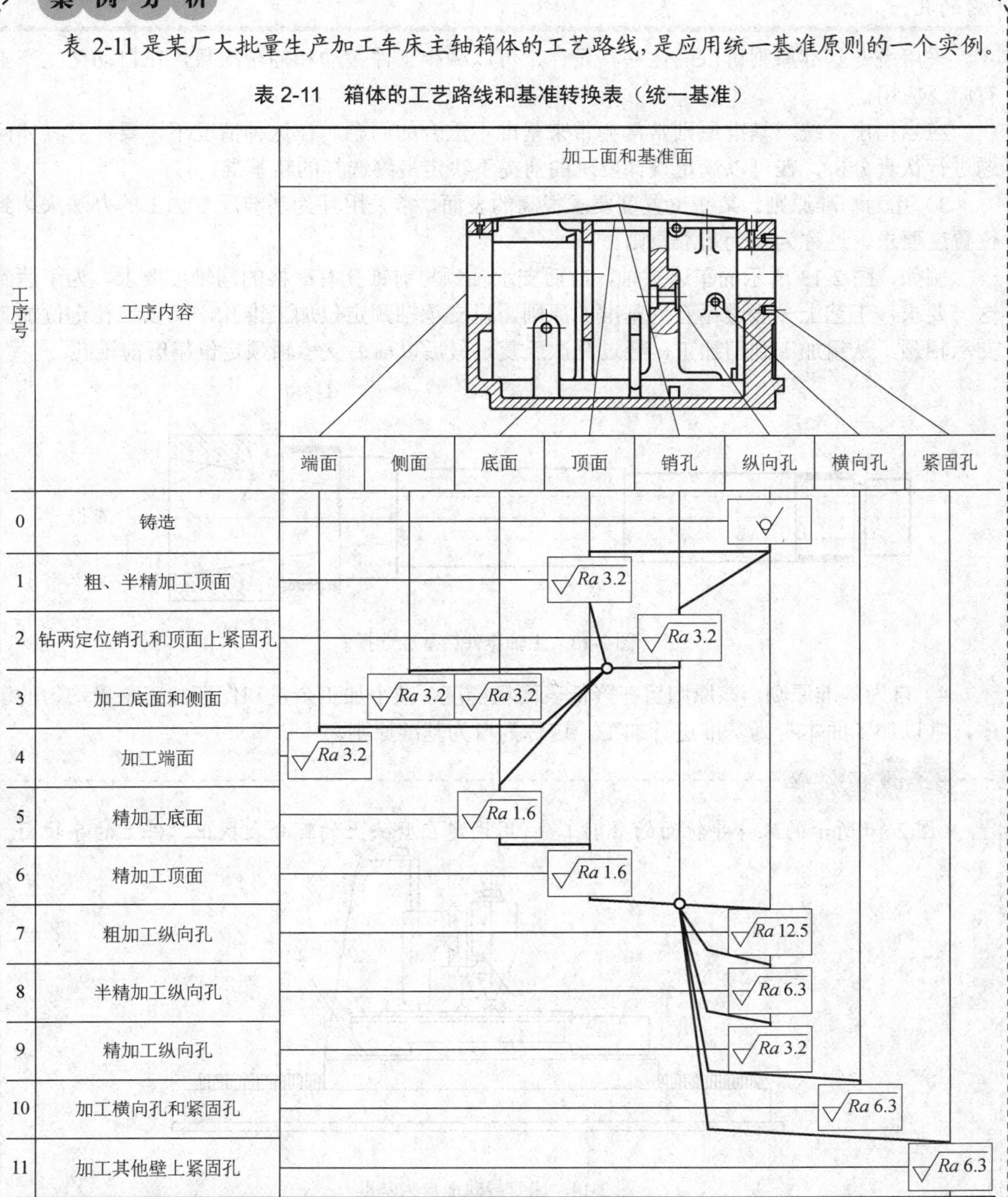

工序号	工序内容	加工面和基准面							
		端面	侧面	底面	顶面	销孔	纵向孔	横向孔	紧固孔
0	铸造						○√		
1	粗、半精加工顶面				√Ra 3.2				
2	钻两定位销孔和顶面上紧固孔					√Ra 3.2			
3	加工底面和侧面		√Ra 3.2	√Ra 3.2					
4	加工端面	√Ra 3.2							
5	精加工底面			√Ra 1.6					
6	精加工顶面				√Ra 1.6				
7	粗加工纵向孔						√Ra 12.5		
8	半精加工纵向孔						√Ra 6.3		
9	精加工纵向孔						√Ra 3.2		
10	加工横向孔和紧固孔							√Ra 6.3	
11	加工其他壁上紧固孔								√Ra 6.3

注：表中方框上方的粗实线指向本工序的定位基准，表中的圆圈表示定位基准的组合。

在该工艺路线中，所用的统一基准是主轴箱体的顶面和顶面上的两个销孔（这两个销孔是根据机械加工工艺需要而专门设计的定位基准，即附加基准）。工序 1、2 先加工出统一基准，工序 3、4、5 是以它为精基准加工所有其他平面。在工序 6 中，利用精加工以后的底面为基准精修一次顶面，然后以提高精度后的统一基准在工序 7、8、9、10、11 中加工所需的孔。

采用统一基准原则可以简化夹具设计，可以减少工件搬动和翻转次数，在自动化生产中有广泛应用。

应当指出，统一基准原则常常会带来基准不重合的问题。在这种情况下，要针对具体问题进行认真分析，在可以满足设计要求的前提下决定最终选择的精基准。

3）互为基准原则。某些位置度要求很高的表面，常采用互为基准反复加工的办法来达到位置度要求。这称为互为基准原则。

例如，图 2-13 所示的车床主轴，前后支承轴颈与前锥孔有严格的同轴度要求，为了达到这一要求，工艺上一般遵循互为基准的原则，以支承轴颈定位加工锥孔，又以锥孔定位加工支承轴颈，从粗加工到精加工，经过几次反复，最后以前后支承轴颈定位精磨前锥孔。

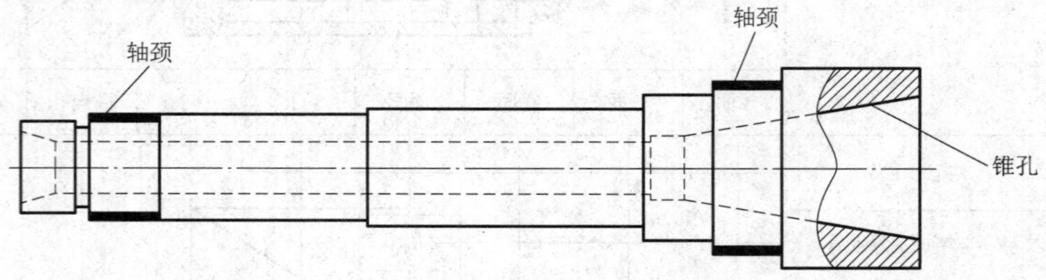

图 2-13　主轴零件精基准选择

4）自为基准原则。该原则旨在降低表面粗糙度，减小加工余量和保证加工余量均匀的工序，常以加工面本身为基准进行加工。这称为自为基准原则。

案例分析

图 2-14 所示的床身导轨面的磨削工序，用固定在磨头上的百分表找正工件上的导轨面。

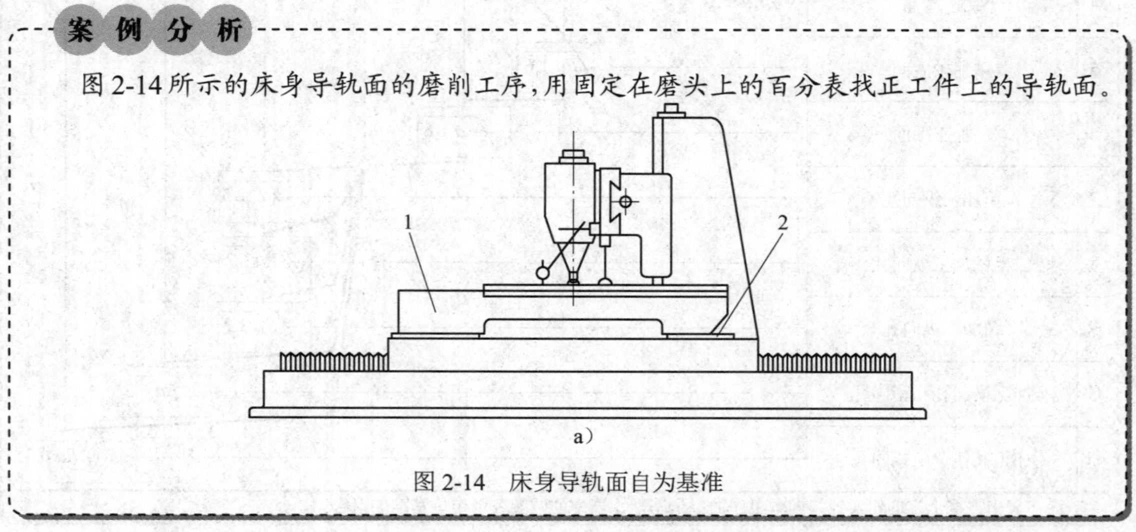

图 2-14　床身导轨面自为基准

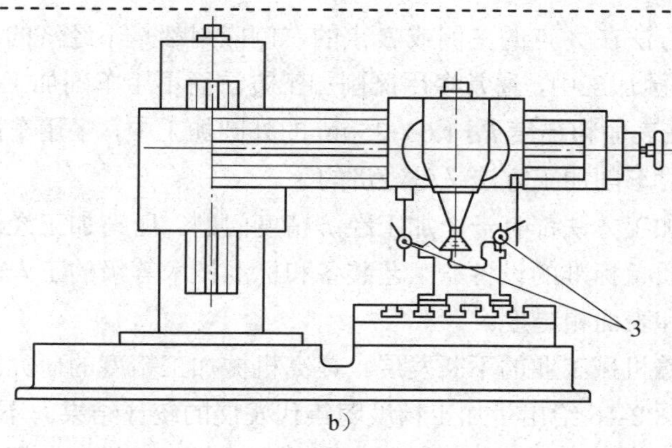

图 2-14　床身导轨面自为基准（续）

1—工件；2—调整用楔铁；3—找正用百分表

在图 2-14 中，当工作台纵向移动时，调整工件下部的四个楔铁，使百分表的指针基本不动为止，夹紧工件，加工导轨面，即以导轨面自身为基准进行加工。工件下面的四个楔铁只起支承作用。还可以举出其他一些例子，如拉孔、推孔、珩磨孔、铰孔、浮动镗刀块镗孔等都是自为基准加工的典型例子。

5）便于装夹原则。所选择的精基准，应能保证定位准确、可靠，夹紧机构简单，操作方便。这称为便于装夹原则。

在上述原则中，前四条都有它们各自的应用条件，唯有最后一条，即便于装夹原则是始终不能违反的。在考虑工件如何定位的同时必须认真分析工件夹紧问题，遵守夹紧机构的设计原则。

2.4　加工经济精度与加工方法的选择

2.4.1　加工经济精度

各种加工方法（车、铣、刨、磨、钻、镗、铰等）所能达到的加工精度和表面粗糙度，都是有一定范围的。任何一种加工方法，只要精心操作、细心调整，选择合适的切削用量，就可以保证加工精度和加工表面粗糙度。但是，加工精度要求得越高，表面粗糙度越小，所耗费的时间与成本也会越大。

生产上加工精度的高低是用其可以控制的加工误差的大小来表示的。加工误差小，则加工精度高；加工误差大，则加工精度低。统计资料表明，加工误差和加工成本之间成反比例关系。如图 2-15 所示，δ表示加工误差，S表示加工成本。可以看出：对一种加工方法来说，加工误差小到一定程度（如曲线中 A 点的左侧），加工成本提高很多，加工误差却降低很少；加工误差大到一定程度后（如曲线中 B 点的右侧），即使加工误差增大很多，加工成本却降低很少。

说明一种加工方法在 A 点的左侧或 B 点的右侧应用都是不经济的。例如，在表面粗糙度 Ra 小于 0.4μm 的外圆加工中，通常多用磨削加工方法而不用车削加工方法。因为车削加工方法不经济。但是，在表面粗糙度 Ra 1.6～25μm 的外圆加工中，多用车削加工方法而不用磨削加工方法，因为这时车削加工方法又是经济的了。

实际上，每种加工方法都有一个加工经济精度问题。所谓加工经济精度是指在正常加工条件下（采用符合质量标准的设备、工艺装备和标准技术等级的工人，不延长加工时间）所能保证的加工精度和表面粗糙度。

应该指出，随着机械工业的不断发展，提高机械加工精度的研究工作一直在进行，加工精度在不断提高。图 2-16 给出了加工精度随年代发展的统计结果。不难看出，20 世纪 40 年代的精密加工精度大约只相当于 20 世纪 80 年代的一般加工精度。因此，各种加工方法的加工经济精度的概念也在发展，其指标在不断提高。

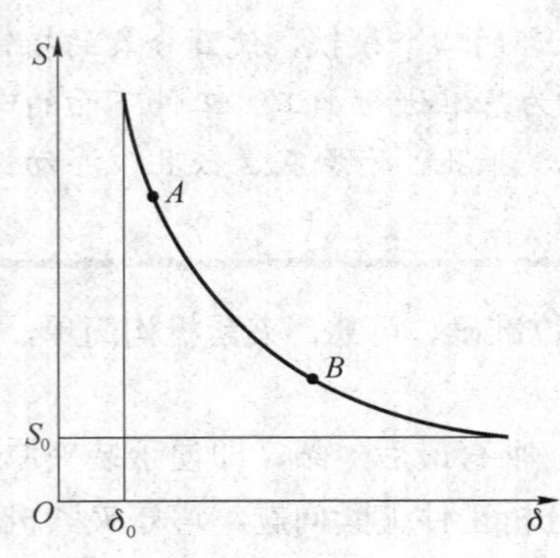

图 2-15 加工误差与加工成本关系

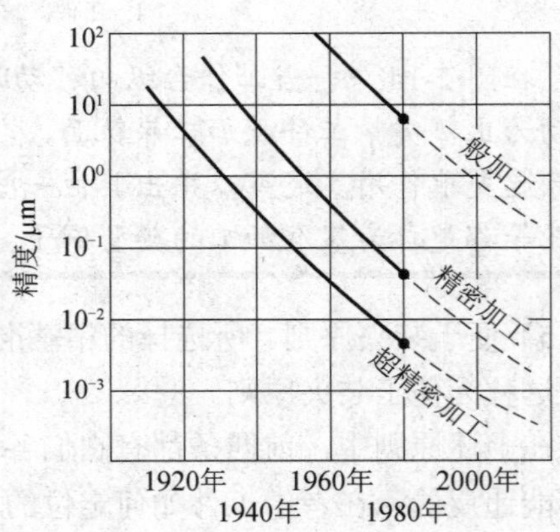

图 2-16 加工精度发展趋势

2.4.2 加工方法的选择

根据零件表面（平面、外圆、孔、复杂曲面等）、零件材料和加工精度，以及生产率的要求，考虑本厂（或车间）现有工艺条件，以及加工经济精度等因素，选择加工方法。

案例分析

例如：①有 ϕ50mm 的外圆，材料为 45 钢，公差等级要求是 IT6，表面粗糙度要求 Ra 0.8μm，其终加工工序应选择精磨。②有色金属材料宜选择一般切削加工方法，不宜选择磨削加工方法，因为有色金属易堵塞砂轮工作面。③为满足大批量生产的需要，齿轮内孔通常多采用拉削加工方法加工。

表 2-12～表 2-14 介绍了各种加工方法的加工经济精度，供选择加工方法时参考。

表 2-12　外圆加工中各种加工方法的加工经济精度及表面粗糙度

加工方法	加工情况	加工公差等级（IT）	表面粗糙度 *Ra*/μm	加工方法	加工情况	加工公差等级（IT）	表面粗糙度 *Ra*/μm
车				外磨	粗磨	8～9	1.25～10
	粗车	12～13	10～80		半精磨	7～8	0.63～2.5
	半精车	10～11	2.5～10		精磨	6～7	0.16～1.25
	精车	7～8	1.25～5		精密磨（精修整砂轮）	5～6	0.08～0.32
	金刚石车（镜面车）	5～6	0.02～1.25		镜面磨	5	0.008～0.08
				抛光			0.008～1.25
铣				研磨	粗研	5～6	0.16～0.63
	粗铣	12～13	10～80		精研	5	0.04～0.32
	半精铣	11～12	2.5～10		精密研	5	0.008～0.08
	精铣	1.25～5	8～9	超精加工	精	5	0.08～0.32
					精密	5	0.01～0.16
车槽	一次行程	11～12	10～20	砂带磨	精磨	5～6	0.02～0.16
	二次行程	10～11	2.5～10		精密磨	5	0.01～0.04
				滚压		6～7	0.16～1.25

注：加工有色金属时，表面粗糙度取 *Ra* 小值。

表 2-13　孔加工中各种加工方法的加工经济精度及表面粗糙度

加工方法	加工情况	加工公差等级（IT）	表面粗糙度 *Ra*/μm	加工方法	加工情况	加工公差等级（IT）	表面粗糙度 *Ra*/μm
钻				铰	半精铰	8～9	1.25～10
	ϕ15mm 以下	11～13	5～80		精铰	6～7	0.32～5
	ϕ15mm 以上	10～12	20～80		手铰	5	0.08～1.25
扩	粗扩	12～13	5～20	拉	粗拉	9～10	1.25～5
	一次扩孔（铸孔或冲孔）	11～13	10～40		一次拉孔（铸孔或冲孔）	10～11	0.32～5
	精扩	9～11	1.25～10		精拉	7～9	0.08～1.25
推	半精推	6～8	0.32～1.25	珩磨	粗珩	5～6	0.16～1.25
	精推	6	0.08～0.32		精珩	5	0.04～0.32
镗	粗镗	12～13	5～20	研磨	粗研	5～6	0.16～0.63
	半精镗	10～11	2.5～10		精研	5	0.04～0.32
	精镗（浮动镗）	7～9	0.63～5		精密研	5	0.008～0.08
	金刚镗	5～7	0.16～0.25				
内磨	粗磨	9～11	1.25～10	挤	滚珠、滚柱扩孔器，挤压头	6～8	0.01～1.25
	半精磨	9～10	0.32～1.25				
	精磨	7～8	0.08～0.63				
	精密磨（精修整砂轮）	6～7	0.04～0.16				

注：加工有色金属时，表面粗糙度取 *Ra* 小值。

表 2-14　平面加工中各种加工方法的加工经济精度及表面粗糙度

加工方法	加工情况	加工公差精度（IT）	表面粗糙度 Ra/μm
周铣	粗铣	11～13	5～20
	半精铣	8～11	2.5～10
	精铣	6～8	0.63～5
端铣	粗铣	11～13	5～20
	半精铣	8～11	2.5～10
	精铣	6～8	0.63～5
车	半精车	8～11	2.5～10
	精车	6～8	1.25～5
	细车（金刚石车）	6	0.02～1.25
刨	粗刨	11～13	5～20
	半精刨	8～11	2.5～10
	精刨	6～8	0.63～5
	宽刀精刨	6	0.16～1.25
插			2.5～20
拉	粗拉（铸造或冲压表面）	10～11	5～20
	精拉	6～9	0.32～2.5
平磨	粗磨	8～10	1.25～10
	半精磨	8～9	0.63～2.5
	精磨	6～8	0.16～1.25
	精密磨	6	0.04～0.32
刮	（25×25）mm² 内点数 8～10		0.63～1.25
	10～13		0.32～0.63
	13～16		0.16～0.32
	16～20		0.08～0.16
	20～25		0.04～0.08
研磨	粗研	6	0.16～0.63
	精研	5	0.04～0.32
	精密研	5	0.008～0.08
砂带磨	精磨	5～6	0.04～0.32
	精密磨	5	0.01～0.04
滚压		7～10	0.16～2.5

2.4.3　机床的选择

根据产品变换周期的长短、生产批量的大小、零件表面的复杂程度等因素，决定选择数控机床或普通机床。一般说来，产品变换周期短、生产批量大，宜选数控机床；普通机床加工有困难或无法加工的复杂曲线、曲面，宜选数控机床；产品基本不变的大批量生产，宜选用专用组合机床。由于数控机床特别是加工中心价格昂贵，因此在新购置设备时，还必须考虑企业的经济实力和投资的回收期限（详见本章 2.6 节）。无论普通机床还是数控机床，其精度都有高低之分，高精度机床与普通精度机床的价格相差很大，因此，应根据零件的精度要求选择精度适中的机床。选择时，可查阅产品目录或有关手册来了解各种机床的精度。

对那些有特殊要求的加工表面，例如，相对于本厂工艺条件来说尺寸特别大或尺寸特别小，技术要求高，加工有困难的加工表面，就需要考虑是否需要外协加工，或者增加投资来增添设备，开展必要的工艺研究，以扩大工艺能力，满足加工要求。

2.5　工艺路线的拟订

外圆、内孔和平面加工量大而面广，习惯上把机器零件的这些表面称为典型表面。根据这些表面的精度要求选择一个最终的加工方法，然后辅以先导工序的预加工方法，就组成一条加工路线。长期的生产实践考验出一些比较成熟的加工路线，熟悉这些加工路线对编制工艺规程有指导作用。

2.5.1　外圆表面的加工路线

零件的外圆表面主要采用图 2-17 所示的四条基本加工路线来加工。

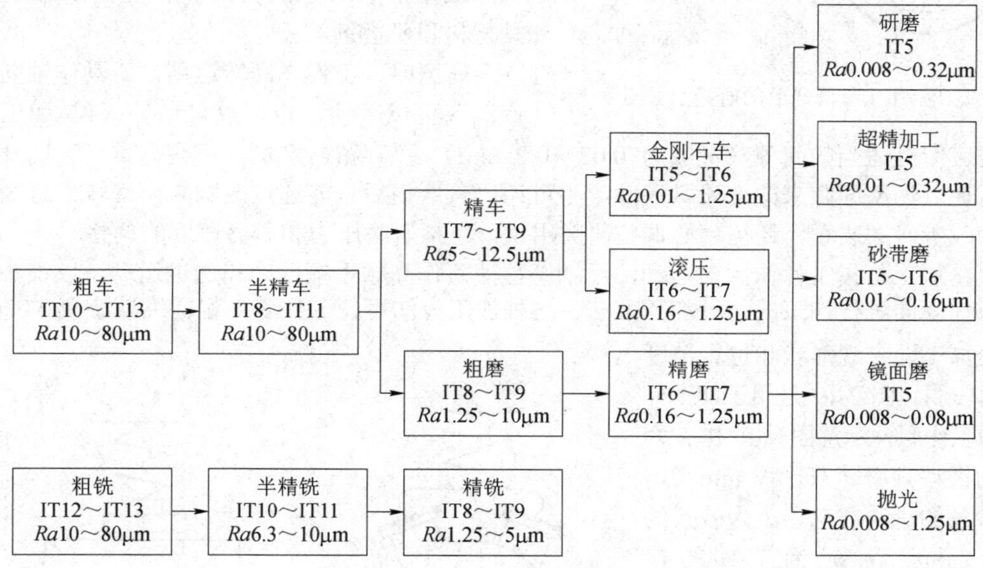

图 2-17　外圆表面的加工路线

1）粗车—半精车—精车。这是应用最广泛的一条加工路线。只要工件材料可以切削加工，公差等级不高于 IT7，表面粗糙度不小于 *Ra*0.8μm 的外圆表面都可以在这条加工路线中加工。如果加工精度要求较低，可以只取粗车；也可以只取粗车—半精车。

2）粗车—半精车—粗磨—精磨。对于黑色金属材料，特别是对半精车后有淬火要求，公差等级不高于 IT6，表面粗糙度不小于 *Ra*0.16μm 的外圆表面，一般可安排在这条加工路线中加工。

3）粗车—半精车--精车—金刚石车。该加工路线主要适用于工件材料为有色金属（如铜、铝），不宜采用磨削加工方法加工的外圆表面。

金刚石车是在精密车床上用金刚石车刀进行车削，精密车床的主运动系统多采用液体静压轴承或空气静压轴承，送进运动系统多采用液体静压导轨或空气静压导轨，因而主运动平稳，送进运动比较均匀，少爬行，可以有比较高的加工精度和比较小的表面粗糙度。目前，这种加工方法已应用于尺寸精度为0.1μm数量级和表面粗糙度为Ra0.01μm数量级的超精密加工之中。

4）粗车—半精车—粗磨—精磨—研磨、超精加工、砂带磨、镜面磨或抛光。这是在前面加工路线2的基础上又加进精密、超精密加工或光整加工工序。这些加工方法多以减小表面粗糙度，提高尺寸精度、形状精度为主要目的，有些加工方法，如抛光、砂带磨等则以减小表面粗糙度为主要目的。

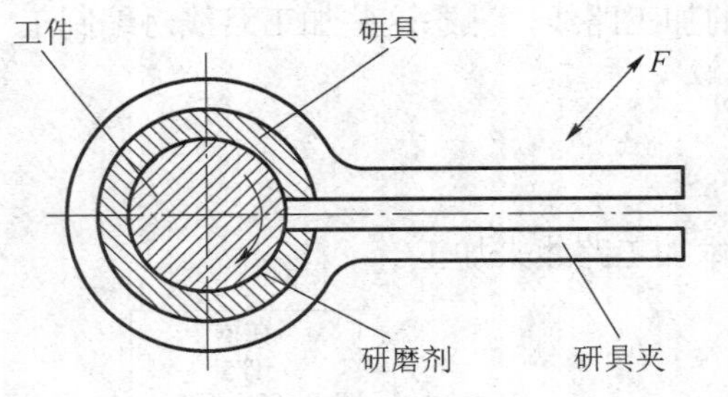

图2-18　用于外圆研磨的研具示意图

图2-18是用于外圆研磨的研具示意图。

研具材料一般为铸铁、铜、铝或硬木等。研磨剂一般为氧化铝、碳化硅、金刚石、碳化硼及氧化铁、氧化铬微粉等，用切削液和添加剂混合而成。

根据研磨对象的材料和精度要求来选择研具材料和研磨剂。

研磨时，工件作回转运动，研具作轴向往复运动（可以手动，也可以机动）。研具和工件表面之间应留有适当的间隙（一般为 0.02～0.05mm），以存留研磨剂。可调研具（轴向开口）磨损后通过调整间隙来改变研具尺寸，不可调研具磨损后只能通过改制来研磨较大直径的外圆。为改善研磨质量，还需精心调整研磨用量，包括研磨压力和研磨速度的调整。

超精加工是指工件作回转运动，用细磨粒油石作高频短幅振动和送进运动，以很小的压力对工件表面进行加工的一种加工方法。这种加工方法可使工件表面粗糙度减小至0.02μm，但改变加工面宏观形状和位置精度的能力较弱。图2-19是用于加工外圆面的工作原理示意图。其中 f 为砂条的振动频率（双行程·min^{-1}），F 为砂条的进给方向，a 为砂条的振幅（mm），n 为工件转速（r·min^{-1}），D 为工件直径（mm）。

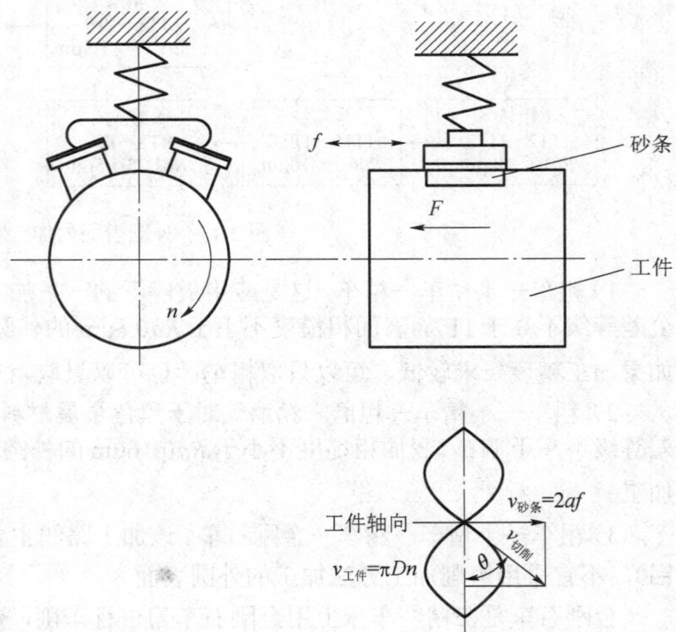

图2-19　用于加工外圆面的工作原理示意图

砂带磨削是以粘满砂粒的砂带高速回转，工件缓慢转动并作送进运动对工件进行磨削加工的加工方法。图2-20a）和b）是闭式砂带磨削原理图。图2-20c）是开式砂带磨削原理图。其中，图2-20a）和c）是通过接触轮使砂带与工件接触。可以看出其磨削方式和砂轮磨削类似，但磨削效率可以很高。图2-20b）是砂带直接和工件接触（软接触），主要用于减小表面粗糙度的加工。由于砂带基底质软，接触轮也是在金属骨架上浇注橡胶制成的，也属软质，所以砂带磨有抛光性质。高精度砂带磨可使工件表面粗糙度减小至 0.02μm。

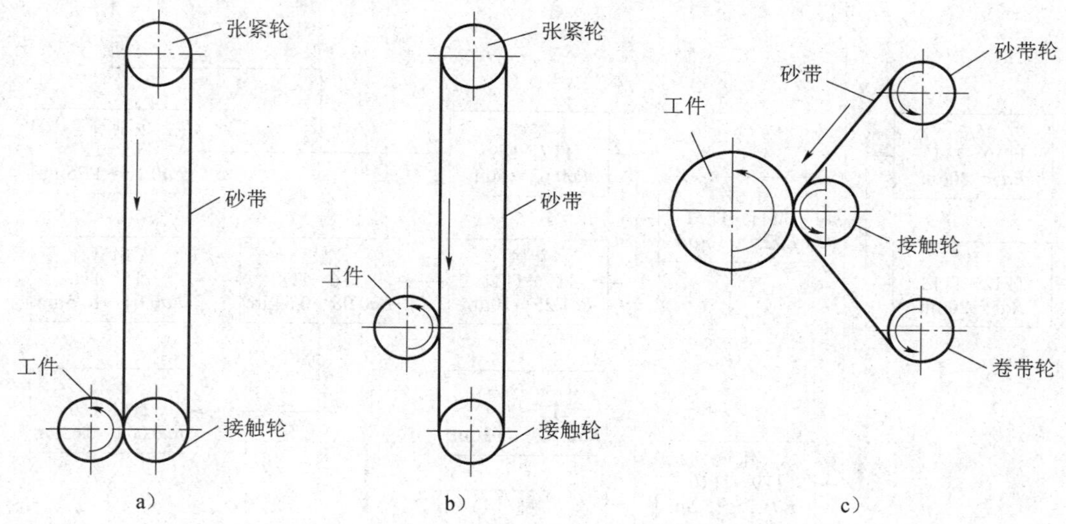

图 2-20　砂带磨加工原理

镜面磨削是指磨削后工件表面粗糙度可减小至 0.01μm 或更小的磨削加工。这种磨削方式的最大特点是不仅可以加工出表面粗糙度很小的光整表面，而且可得到很高的形状和位置精度。镜面磨削对机床、砂轮粒度、硬度、修整用量及磨削用量等都有很高的要求。

抛光是用敷有细磨粉或软膏磨料的布轮、布盘或皮轮、皮盘等软质工具，靠机械滑擦和化学作用，减小工件表面粗糙度的加工方法。这种加工方法去除余量通常小到可以忽略，不能提高尺寸和位置精度。

2.5.2　孔的加工路线

图 2-21 是常见的孔的加工路线框图，可分为下列四条基本的加工路线。

1）钻—粗拉—精拉。这条加工路线多用于大批量盘套类零件的圆孔、单键孔和花键孔加工，其加工质量稳定、生产效率高。当工件上没有铸出或锻出毛坯孔时，第一道工序需安排钻孔；当工件上已有毛坯孔时，第一道工序需安排粗镗孔，以保证孔的位置精度。如果模锻孔的精度较好，也可以直接安排拉削加工。拉刀是定尺寸刀具，经拉削加工的孔一般为公差等级 H7 的基准孔。

2）钻—扩—铰—手铰。这是一条应用最为广泛的加工路线，在各种生产类型中都有应用，多用于中、小孔加工。其中，扩孔有纠正位置精度的功能，铰孔只能保证尺寸、形状精度和减小孔的表面粗糙度，不能纠正位置精度。当对孔的尺寸精度、形状精度要求比较高，表面粗糙度要求又比较小时，往往安排一次手铰加工。有时用端面铰刀手铰，可用来纠正孔的轴线与端面之间的垂直度误差，铰刀也是定尺寸刀具，所以经过铰孔加工的孔一般为公差等级 H7 的基准孔。

3）钻或粗镗—半精镗—精镗—浮动镗或金刚石镗。下列情况下的孔，多在这条加工路线中加工：

① 单件小批生产中的箱体孔系加工。

② 位置精度要求很高的孔系加工。

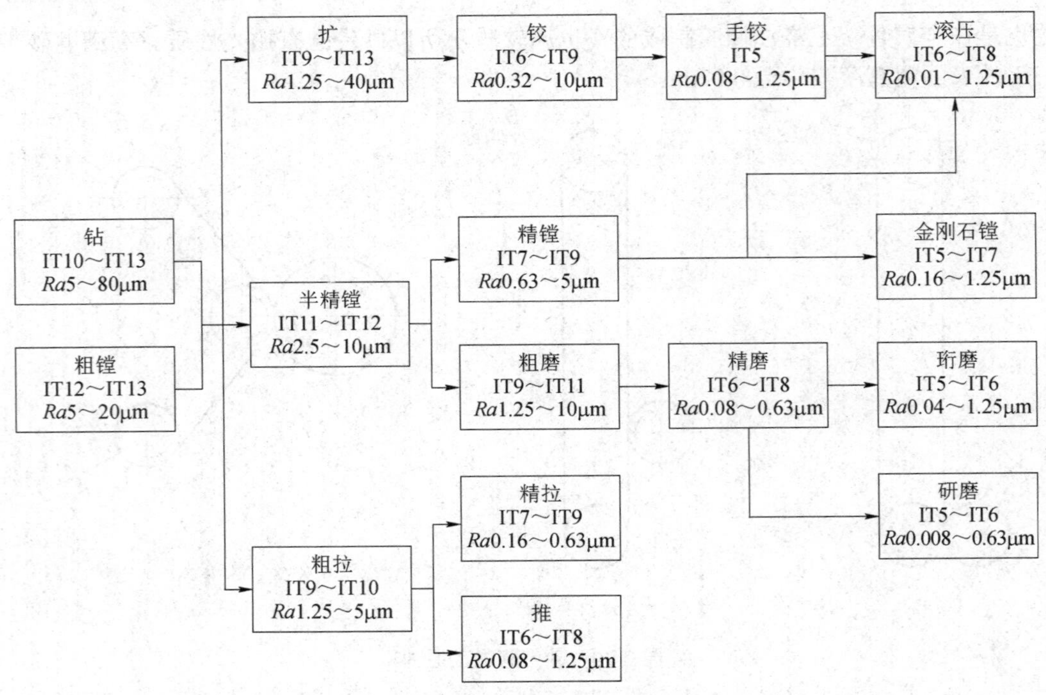

图 2-21　常见的孔的加工路线框图

③ 在各种生产类型中，直径比较大的孔，如ϕ80mm 以上，毛坯上已有位置精度比较低的铸孔或锻孔。

④ 材料为有色金属，需要由金刚镗来保证其尺寸、形状和位置精度及表面粗糙度的要求。

在这条加工路线中，当工件毛坯上已有毛坯孔时，第一道工序安排粗镗，无毛坯孔时则第一道工序安排钻孔。后面的工序视零件的精度要求，可安排半精镗，也可安排半精镗—精镗或半精镗—精镗—浮动镗、半精镗—精镗—金刚镗。

浮动镗刀块属定尺寸刀具，它安装在镗刀杆的方槽中，沿镗刀杆径向可以自由滑动(图 2-22)，其加工精度和表面粗糙度都比较好，生产效率高。浮动镗刀块的结构如图 2-23 所示。

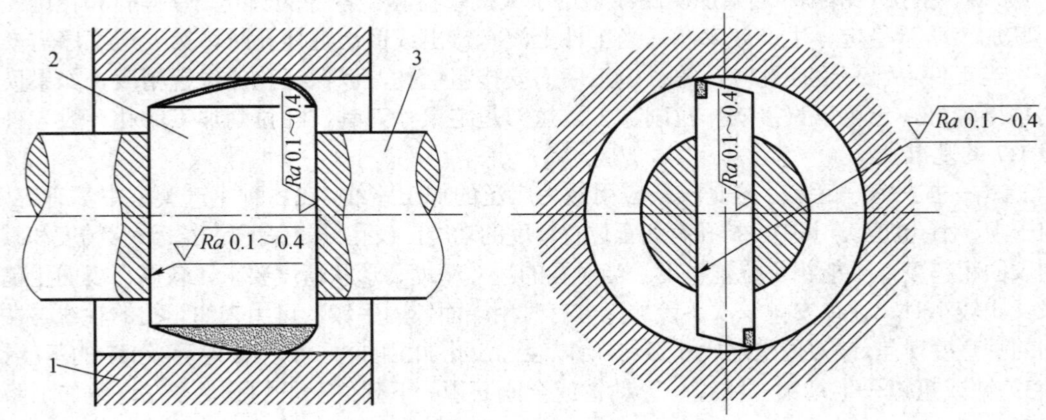

图 2-22　镗刀块在镗杆方槽内可以浮动

1—工件；2—镗刀块；3—镗杆

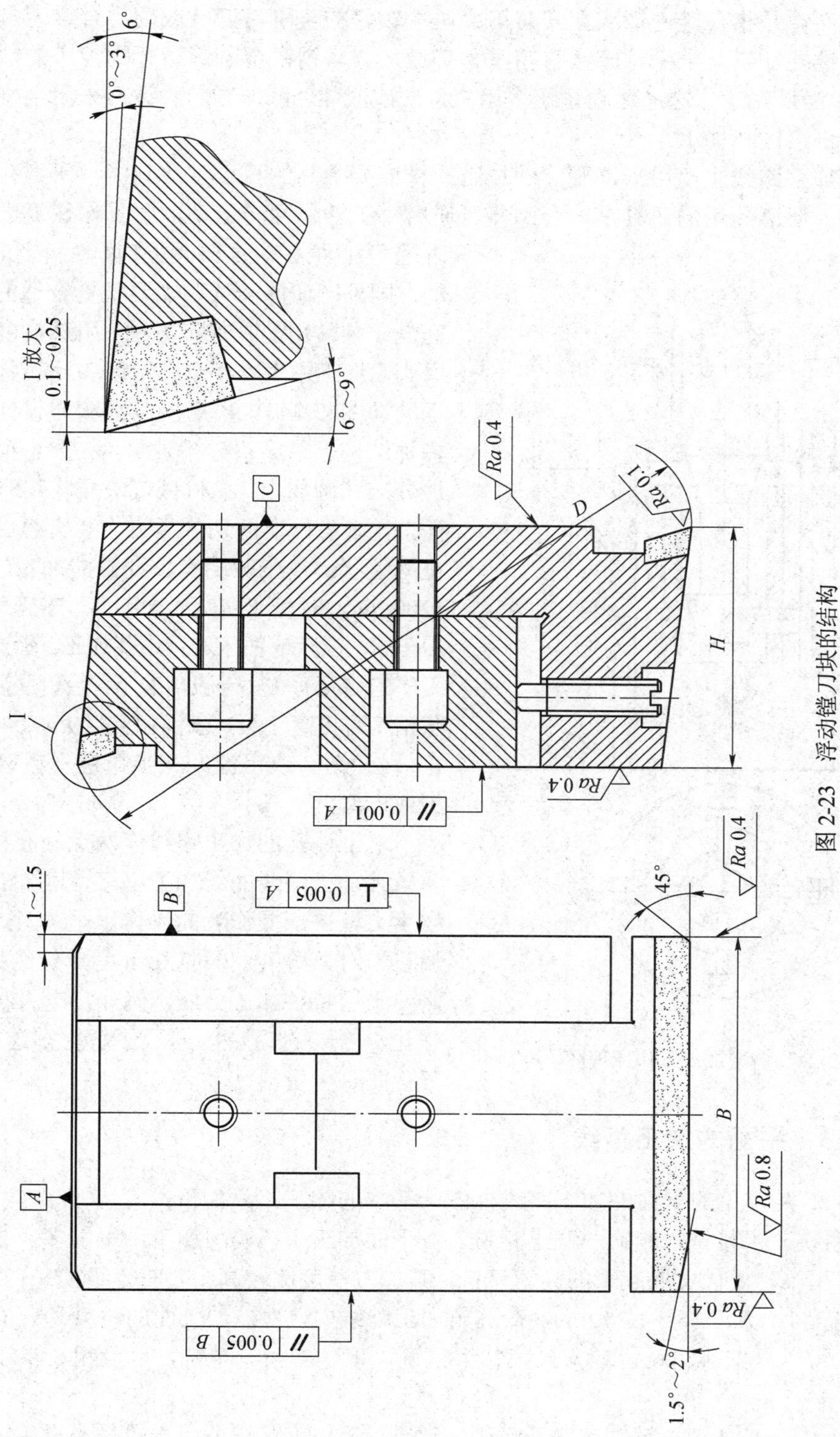

图 2-23　浮动镗刀块的结构

金刚石镗是指在精密镗头上安装刃磨质量较好的金刚石刀具或硬质合金刀具进行高速、小进给精镗孔加工。金刚镗床也有精密和普通之分。精密金刚镗指金刚镗床的镗头采用空气（或液体）静压轴承，送进运动系统采用空气（或液体）静压导轨，镗刀采用金刚石镗刀进行高速、小进给镗孔加工。

这条加工路线主要用于淬硬零件加工或精度要求高的孔加工。其中，研磨孔是一种精密加工方法。研磨孔用的研具是一个圆棒。研磨时工件作回转运动，研具作往复送进运动。有时也可工件不动，研具同时作回转和往复送进运动，同外圆研磨一样，需要配置合适的研磨剂。珩磨是一种常用的孔加工方法。用细粒度砂条组成珩磨头，加工中工件不动，珩磨头回转并作往复送进运动（图 2-24）。珩磨头需经精心设计和制作，有多种结构，珩磨头砂条数量为 2～8 根不等，均匀地分布在圆周上，靠机械或液压作用胀开在工件表面上，产生一定的切削压力。经珩磨后的工件表面呈网纹状，加工范围宽，通常能加工的孔径为 1～1200mm，对机床精度要求不高。若无珩磨机，可利用车床、镗床或钻床进行珩孔加工。珩磨精度与前道工序的精度有关，一般情况下，经珩磨后的尺寸和形状精度可提高一级，表面粗糙度 Ra0.04～1.25μm。

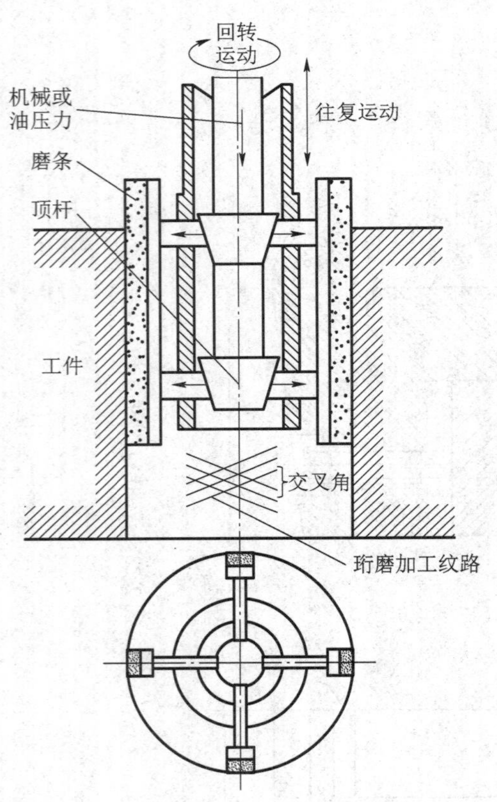

图 2-24　珩磨加工工作原理图

4）钻（或粗镗）—半精镗—粗磨—精磨—研磨或珩磨。

对上述孔的加工路线作两点补充说明：①上述各条孔加工路线的终加工工序，其加工精度在很大程度上取决于操作者的操作水平（刀具刃磨、机床调整、对刀等）；②对以μm 为单位的特小孔加工，需要采用特种加工方法，例如，电火花打孔、激光打孔、电子束打孔等。若要了解更多这方面的知识，可查阅有关资料。

2.5.3　平面的加工路线

图 2-25 是常见的平面的加工路线框图，基本的加工路线如下：

1）粗铣—半精铣—精铣—高速精铣。在平面加工中，铣削加工用得最多。这主要是因为铣削生产率高。近代发展起来的高速精铣，其加工精度比较高（公差等级 IT6～IT7），表面粗糙度也比较小（Ra0.16～1.25μm）。在这条加工路线中，视被加工面的精度和表面粗糙度的技术要求，可以只安排粗铣，或安排粗、半精铣，粗、半精、精铣，以及粗、半精、精、高速精铣。

2）粗刨—半精刨—精刨—宽刀精刨、刮研。该加工路线适用于单件小批生产，特别适合于窄长平面的加工。

刮研是获得精密平面的传统加工方法。由于刮研的劳动量大、生产率低，因此在批量生产的一般平面加工中常被磨削加工所取代。

同铣平面的加工路线一样，可根据平面精度和表面粗糙度要求选定最终工序，截取前半部分作为加工路线。

3）粗铣（刨）—半精铣（刨）—粗磨—精磨—研磨、精密磨、砂带磨或抛光。如果被加工平面有淬火要求，则可在半精铣（刨）后安排淬火。淬火后需要安排磨削工序，视平面精度和表面粗糙度要求，可以只安排粗磨，亦可只安排粗磨—精磨，还可以在精磨后安排研磨或精密磨。

4）粗拉—精拉。这条加工路线，生产率高，适用于有沟槽或有台阶面的零件。例如，某些内燃机汽缸体的底平面、连杆体和连杆盖半圆孔以及分界面等就是在一次拉削中直接完成的。由于拉刀和拉削设备昂贵，因此这条加工路线只适合在大批量生产中采用。

5）粗车—半精车—精车—金刚石车。这条加工路线主要用于有色金属零件的平面加工，这些平面有时就是外圆或孔的端面。如果被加工零件是黑色金属，则精车后可安排精密磨、砂带磨或研磨、抛光等。

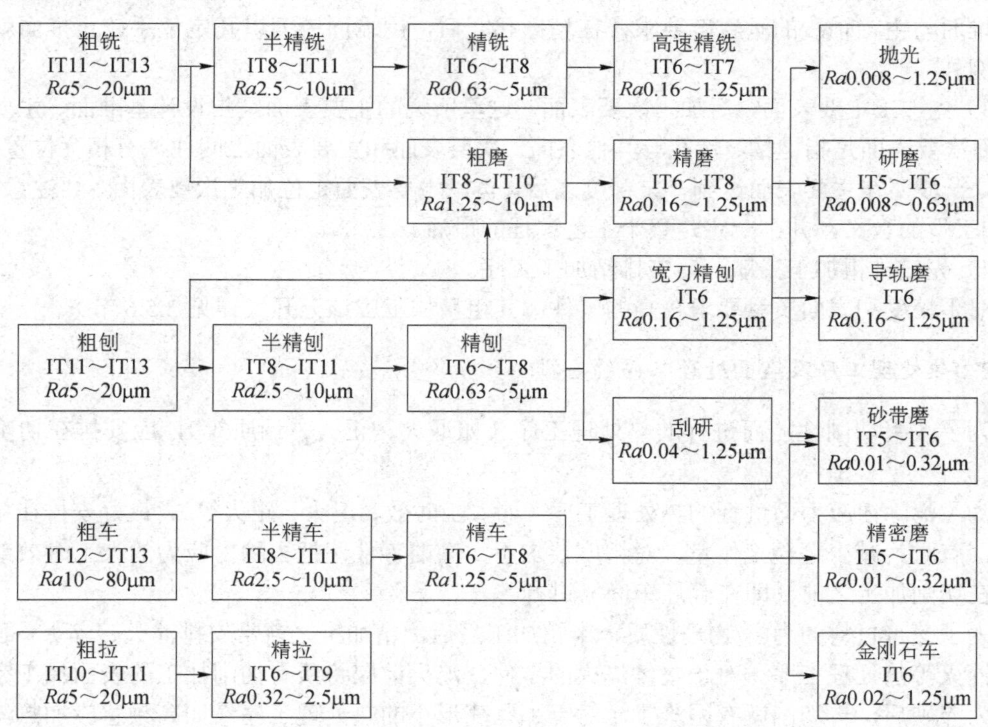

图 2-25　常见的平面的加工路线框图

2.5.4　工艺顺序的安排

零件上的全部加工表面应安排在一个合理的加工顺序中加工，这对保证零件质量、提高效率、降低加工成本都至关重要。

1. 工艺顺序的安排原则

1）先加工基准面，再加工其他表面。这条原则有两个含义：①工艺路线开始安排的加工面应该是选作定位基准的精基准面，然后以精基准定位加工其他表面。②为保证一定的定位精度，当加工面的精度要求很高时，精加工前一般应先精修一下精基准。例如，精度要求较高的轴类零件（机床主轴、丝杠，汽车发动机曲轴等），其第一道机械加工工序就是铣端面，打中心孔，然后以顶尖孔定位加工其他表面。又如，箱体类零件（如车床主轴箱，汽车发动机中的气缸体、气缸盖、变速器壳体等），也都是先安排定位基准面的加工（多为一个大平面，两个销孔），再加工其他平面和孔系。

2）先加工平面，后加工孔。这条原则的含义：①当零件上有较大的平面可作定位基准时，可先加工出来作定位面，以面定位，加工孔。这样可以保证定位稳定、准确，装夹工件往往也比较方便。②在毛坯面上钻孔，容易使钻头引偏，若该平面需要加工，则应在钻孔之前先加工平面。

在特殊情况下（如对某项精度有特殊要求）也有例外。例如，为了保证车床主轴箱主轴孔止推面与主轴轴线的垂直度要求，在精镗孔之后，用端面铰刀以孔定位手铰止推面就属于这种例外。

3）先加工主要表面，后加工次要表面。这里所说的主要表面是指设计基准面、主要工作面。而次要表面是指键槽、螺孔等其他表面。次要表面和主要表面之间往往有相互位置要求。因此，一般要在主要表面达到一定精度之后，再以主要表面定位加工次要表面。要注意的是，“后加工”的含义，并不一定是整个工艺过程的最后。

4）先安排粗加工工序，后安排精加工工序。

对于精度和表面质量要求较高的零件，其粗精加工应该分开（详见 2.5.6 节）。

2. 热处理工序及表面处理工序的安排

为了改善切削性能而进行的热处理工序（如退火、正火、调质等），应安排在切削加工之前。

为了消除内应力而进行的热处理工序（如人工时效、退火、正火等），最好安排在粗加工之后。有时为减少运输工作量，对精度要求不太高的零件，把去除内应力的人工时效或退火安排在切削加工之前（即在毛坯车间）进行。

为了改善材料的力学/物理性质，半精加工之后，精加工之前常安排淬火、淬火—回火、渗碳淬火等热处理工序。对于整体淬火的零件，淬火前应将所有切削加工的表面加工完。这是因为淬硬后，再切削就有困难了。对于那些变形小的热处理工序（如高频感应加热淬火、渗氮），有时允许安排在精加工之后进行。

对于高精度精密零件（如量块、量规、铰刀、样板、精密丝杠、精密齿轮等），在淬火后安排冷处理（使零件在低温介质中继续冷却到-80℃），以稳定零件的尺寸。

为了提高零件表面耐磨性或耐蚀性而安排的热处理工序，以及以装饰为目的而安排的热处理工序和表面处理工序（如镀铬、阳极氧化、镀锌、发蓝处理等），一般放在工艺过程的最后。

3. 其他工序的安排

检查、检验工序，去毛刺、平衡、清洗工序等也是工艺规程的重要组成部分。

检查、检验工序是保证产品质量合格的关键工序之一。每个操作工人在操作过程中、工作结束以后都必须自检。在工艺规程中，下列情况下应安排检查工序：①零件加工完毕之后；②从一个车间转到另一个车间的前后；③工时较长或重要的关键工序的前后。

除了一般性的尺寸检查（包括几何误差的检查）以外，X 射线检查、超声波探伤检查等多用于工件（毛坯）内部的质量检查，一般安排在工艺过程的开始。磁力探伤、荧光检验主要用于工件表面质量的检验，通常安排在精加工的前后进行。密封性检验、零件的平衡、零件的重量检验一般安排在工艺过程的最后阶段进行。

切削加工之后，应安排去毛刺处理。零件表层或内部的毛刺影响装配操作、装配质量，以至会影响整机性能，因此应给以充分重视。

工件在进入装配之前，一般应安排清洗。工件的内孔、箱体内腔易存留切屑，清洗时应特别注意。研磨、珩磨等光整加工工序之后，砂粒易附着在工件表面上，要认真清洗，否则会加剧零件在使用中的磨损。采用磁力夹紧工件的工序（如在平面磨床上用电磁吸盘夹紧工件），工件被磁化，应安排去磁处理，并在去磁后进行清洗。

2.5.5　工序的集中与分散

同一个工件，同样的加工内容，可以安排两种不同形式的工艺规程：一种是工序集中，另一种是工序分散。所谓工序集中，是使每个工序中包括尽可能多的工步内容，从而使总的工序数目减少，夹具的数目和工件的安装次数也相应减少。所谓工序分散，是将工艺路线中的工步内容分散在更多的工序中去完成，从而每道工序的工步少，工艺路线长。

工序集中和工序分散的特点都很突出。工序集中有利于保证各加工面间的相互位置精度要求，有利于采用高生产率机床，节省安装工件的时间，减少工件的搬动次数。工序分散可使每个工序使用的设备和夹具比较简单，调整、对刀也比较容易，对操作工人的技术水平要求较低。由于工序集中和工序分散各有特点，因此生产上都有应用。

传统的流水线、自动线生产多采用工序分散的组织形式（个别工序亦有相对集中的形式，如对箱体类零件采用专用组合机床加工孔系）。这种组织形式可以实现高生产率生产，但是适应性较差，特别是那些工序相对集中、专用组合机床较多的生产线，转产比较困难。

采用数控机床（包括加工中心、柔性制造系统）以工序集中的形式组织生产，除了上述工序集中的优点以外，还具有生产适应性强、转产容易的特点，特别适合于多品种小批量生产的成组加工。

当零件的加工精度要求比较高时，常需要把工艺过程划分为不同的加工阶段，在这种情况下，工序必然相对比较分散。

2.5.6　加工阶段的划分

当零件的精度要求比较高时，若将加工面从毛坯面开始到最终的精加工或精密加工都集中在一个工序中连续完成，则难以保证零件的精度要求，或浪费人力、物力资源。这是因为：

1）粗加工时，切削层厚，切削热量大，无法消除因热变形带来的加工误差，也无法消除因粗加工留存工件表层的残余应力产生的加工误差。

2）后续加工容易把已加工好的加工面划伤。

3）不利于及时发现毛坯的缺陷。若在加工最后一个表面时才发现毛坯有缺陷，则前面的加工就白白浪费了。

4）不利于合理地使用设备。把精密机床用于粗加工，使精密机床会过早地损失精度。

5）不利于合理地使用技术工人。让高技术工人完成粗加工任务是人力资源的一种浪费。

因此，通常可将高精度零件的工艺过程划分为几个加工阶段。根据精度要求的不同，可以划分为以下阶段：

1）粗加工阶段。在粗加工阶段，以高生产率去除加工面多余的金属。

2）半精加工阶段。在半精加工阶段减小粗加工中留下的误差，使加工面达到一定的精度，为精加工做好准备。

3）精加工阶段。在精加工阶段，应确保尺寸、形状和位置精度达到或基本达到（精密件）图样规定的精度要求及表面粗糙度要求。

4）精密、光整加工阶段。对于那些精度要求很高的零件，在工艺过程的最后安排珩磨、研磨、精密磨、超精加工、金刚石车、金刚镗或其他特种加工方法加工，以达到零件最终的精度要求。

高精度零件的中间热处理工序，自然地把工艺过程划分为几个加工阶段。

零件在上述各加工阶段中加工，可以保证有充足的时间消除热变形和粗加工产生的残余应力，提高后续加工精度。另外，在粗加工阶段发现毛坯有缺陷时，就不必进行下一加工阶段的加工，避免浪费。此外，还可以合理地使用设备，低精度机床用于粗加工，精密机床专门用于精加工，以保持精密机床的精度水平；合理地安排人力资源，高技术工人专门从事精密、超精密加工，这对保证产品质量、提高工艺水平来说都是十分重要的。

特别提示

光整加工阶段的主要任务是降低表面粗糙度，或进一步提高尺寸精度和形状精度，但一般不能纠正表面间位置误差。

2.6 加工余量、工序尺寸及公差的确定

2.6.1 加工余量的概念

1. 加工总余量（毛坯余量）与工序余量

毛坯尺寸与零件设计尺寸之差称为加工总余量。加工总余量的大小取决于加工过程中各个工步切除金属层厚度的大小。每一工序所切除的金属层厚度称为工序余量。加工总余量和工序余量的关系可用下式表示：

$$Z_0 = Z_1 + Z_2 + \cdots + Z_n = \sum_{i=1}^{n} Z_i \tag{2-2}$$

式中　Z_0——加工总余量；

Z_i——工序余量；

n——机械加工工序数目。

Z_1为第一道粗加工工序的加工余量。它与毛坯的制造精度有关，实际上与生产类型和毛坯的制造方法有关。若毛坯制造精度高（如大批量生产的模锻毛坯），则第一道粗加工工序的加工余量小；若毛坯制造精度低（如单件小批生产的自由锻毛坯），则第一道粗加工工序的加工余量就大（具体数值可参阅有关毛坯余量的手册）。工序余量还可定义为相邻两工序公称尺寸之差。按照这一定义，工序余量有单边余量和双边余量之分。零件非对称结构的非对称表面，其加工余量为单边余量［图 2-26a)］，可表示为

$$Z_i = l_{i-1} - l_i \tag{2-3}$$

式中　Z_i——本道工序的工序余量；

l_i——本道工序的公称尺寸；

l_{i-1}——上道工序的公称尺寸。

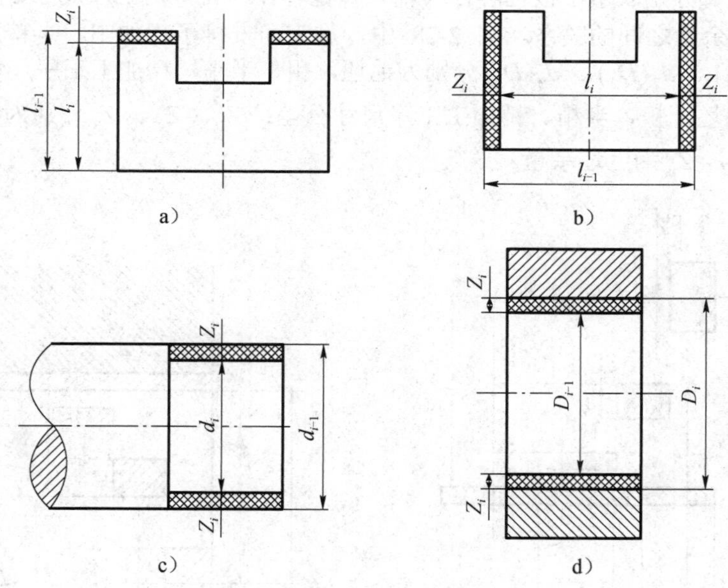

图 2-26　单边余量与双边余量

零件对称结构的对称表面，其加工余量为双边余量［图 2-26b)］，可表示为

$$2Z_i = l_{i-1} - l_i \tag{2-4}$$

回转体表面（内、外圆柱面）的加工余量为双边余量，对于外圆表面［图 2-26c)］有

$$2Z_i = d_{i-1} - d_i \tag{2-5}$$

对于内圆表面［图 2-26d)］有

$$2Z_i = D_i - D_{i-1} \tag{2-6}$$

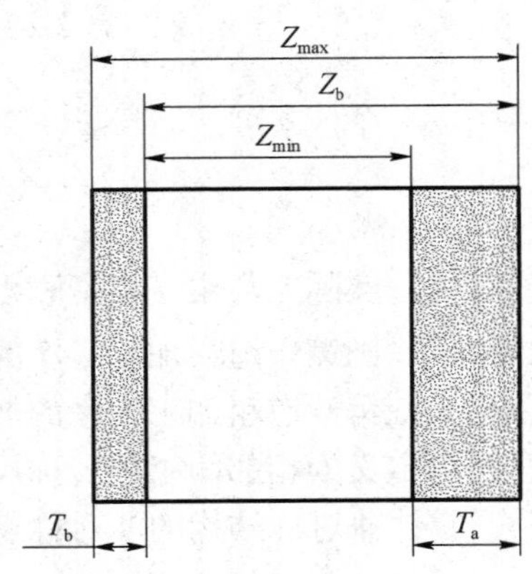

图 2-27　被包容件的加工余量及公差

由于工序尺寸有公差，因此加工余量也必然在某一公差范围内变化。其公差大小等于本道工序工序尺寸公差与上道工序工序尺寸公差之和。因此，如图 2-27 所示，工序余量有标称余量（简称余量）、最大余量和最小余量的分别。从图 2-27 中可以知道，被包容件的余量 Z 包含上道工序工序尺寸公差，余量公差可表示如下：

$$T_z = Z_{max} - Z_{min} = T_b + T_a \tag{2-7}$$

式中　T_z——工序余量公差；

Z_{max}——工序最大余量；

Z_{min}——工序最小余量；

T_b——加工面在本道工序的工序尺寸公差；

T_a——加工面在上道工序的工序尺寸公差。

一般情况下，工序尺寸的公差按入体原则标注，即对被包容尺寸（轴的外径，实体长、宽、高），其最大加工尺寸就是公称尺寸，上极限偏差为零。对包容尺寸（孔的直径、槽的宽度），其最小加工尺寸就是公称尺寸，下极限偏差为零。毛坯尺寸公差按双向对称偏差形式标注。图 2-28a 和 b 分别表示了被包容件（轴）和包容件（孔）的工序尺寸、工序尺寸公差、工序余量和毛坯余量之间的关系。图 2-28 中，加工面安排了粗加工、半精加工和精加工。$d_坯(D_坯)$、$d_1(D_1)$、$d_2(D_2)$、$d_3(D_3)$ 分别为毛坯，粗、半精、精加工工序尺寸；$T_坯/2$、T_1、T_2 和 T_3 分别为毛坯，粗、半精、精加工工序尺寸公差；Z_1、Z_2、Z_3 分别为粗、半精、精加工工序标称余量，Z_0 为毛坯余量。

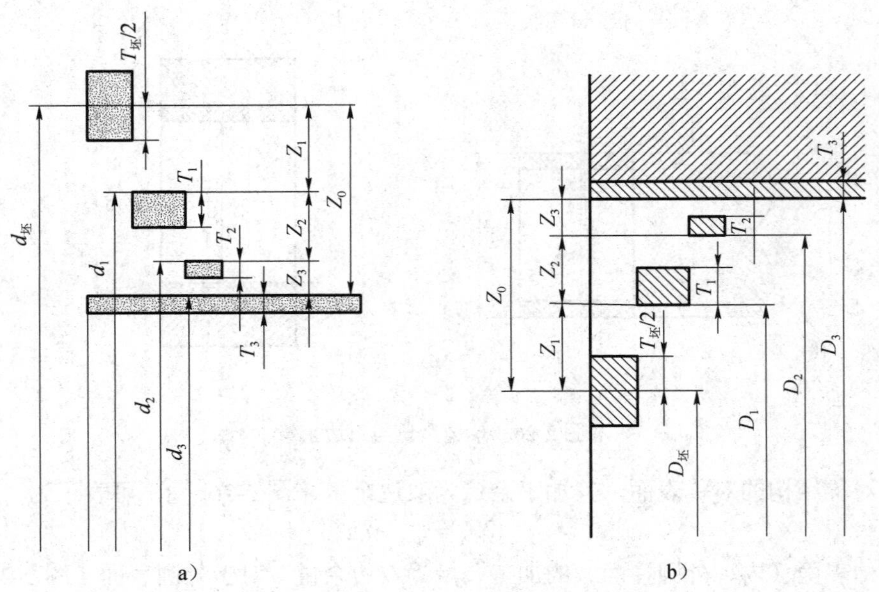

图 2-28　工序余量示意图

a）被包容件粗、半精、精加工的工序余量；b）包容件粗、半精、精加工的工序余量

2. 工序余量的影响因素

工序余量的影响因素比较复杂，除前述第一道粗加工工序余量与毛坯制造精度有关以外，其他工序的工序余量主要有以下几个方面的影响因素。

1）上工序的尺寸公差，如图 2-28 所示。本工序的加工余量包含上工序的工序尺寸公差，即本工序应切除上工序可能产生的尺寸误差。

2）上工序产生的表面粗糙度 *Rz*（轮廓最大高度）和表面缺陷层深度 *Ha*（图 2-29）各种加工方法的 *Rz* 和 *Ha* 的数值大小可参考表 2-15 中的实验数据。

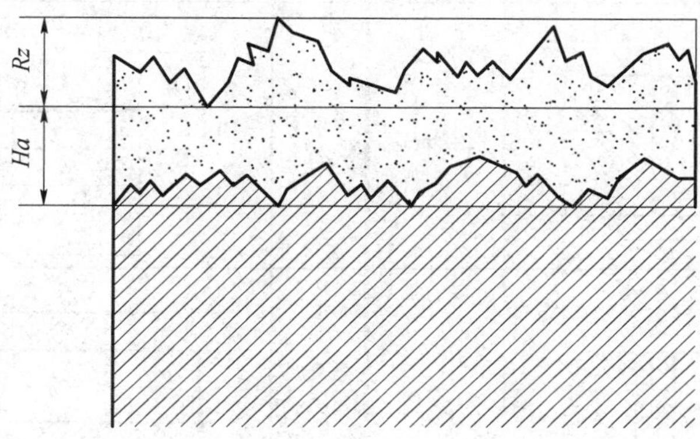

图 2-29　工件表层结构示意图

表 2-15　各种加工方法的表面粗糙度 *Rz* 和表面缺陷层 *Ha* 的数值　（单位：μm）

加工方法	*Rz*	*Ha*	加工方法	*Rz*	*Ha*
粗车内外圆	15～100	40～60	磨端面	1.7～15	15～35
精车内外圆	5～40	30～40	磨平面	1.5～15	20～30
粗车断面	15～225	40～60	粗刨	15～100	40～50
精车端面	5～54	30～40	精刨	5～45	25～40
钻	45～225	40～60	粗插	25～100	50～60
粗扩孔	25～225	40～60	精插	5～45	35～50
精扩孔	25～100	30～40	粗铣	15～225	40～60
粗铰	25～100	25～30	精铣	5～45	25～40
精铰	8.5～25	10～20	拉	1.7～35	10～20
粗镗	25～225	30～50	切断	45～225	60
精镗	5～25	25～40	研磨	0～1.6	3～5
磨外圆	1.7～15	15～25	超精加工	0～0.8	0.2～0.3
磨内圆	1.7～15	20～30	抛光	0.06～1.6	2～5

3）上工序留下的空间误差 *e*。这里所说的空间误差是指图 2-30 所示的轴线直线度误差和表 2-16 中所列的各种位置误差。形成上述误差的情况各异，有的可能是上工序加工方法带来的，有的可能是热处理后产生的，也有的可能是毛坯带来的，虽经前面工序加工，但仍未得到完全纠正。因此，其量值大小需根据具体情况进行具体分析。有的可查表确定，有的则需抽样检查进行统计分析。

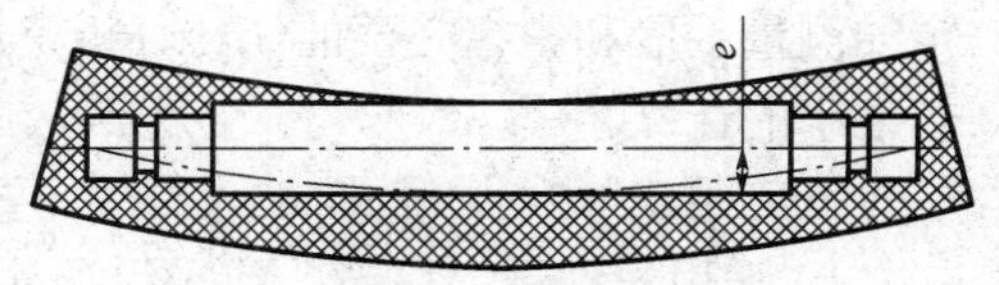

图 2-30　轴线弯曲造成余量不均匀

表 2-16　零件各项位置精度对加工余量的影响

位置精度	简图	加工余量	位置精度	简图	加工余量
对称度	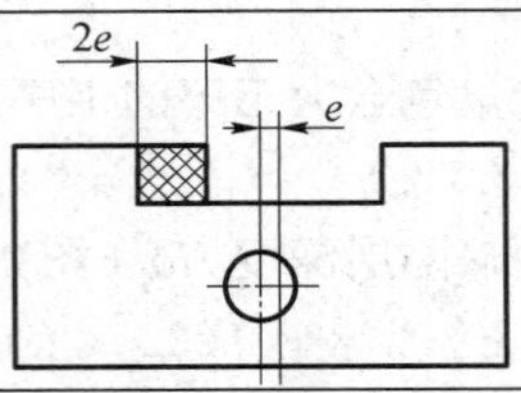	$2e$	轴线偏心（e）	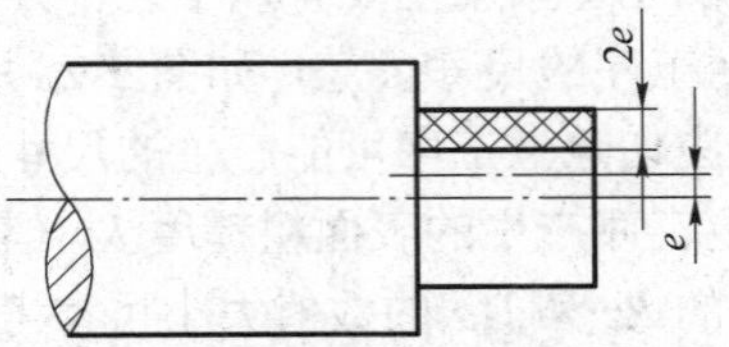	$2e$
位置度	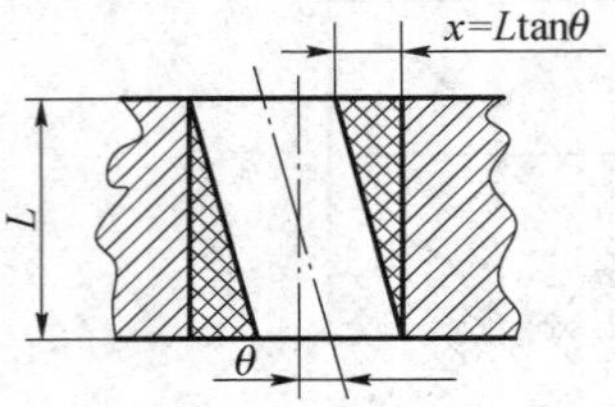	$x=L\tan\theta$	平行度（a）	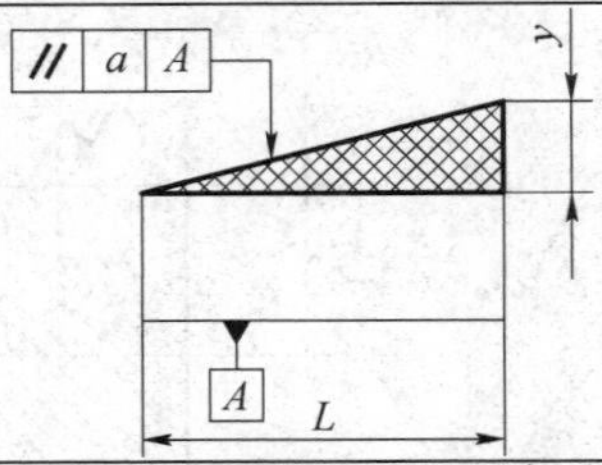	$y=a$
位置度	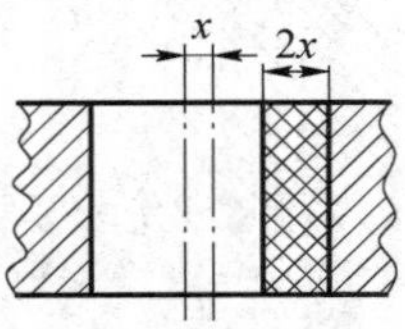	$2x$	垂直度（b）	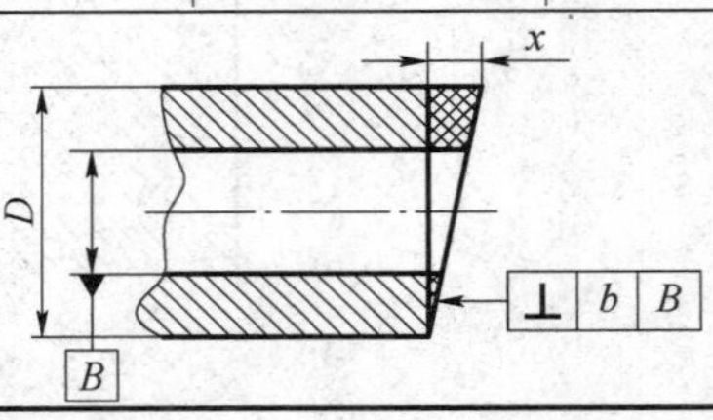	$X=b$

4）本工序的装夹误差 ε_b 。由于该误差会直接影响被加工表面与切削刀具的相对位置，因此加工余量都应包括这项误差。

由于空间误差和装夹误差都是有方向的，因此要采用矢量相加的方法取矢量和的模进行余量计算。

综合上述各影响因素，可有如下余量计算公式：

① 对于单边余量：

$$Z_{\min}=T_a+Ry+Ha+\left|e_a+\varepsilon_b\right| \tag{2-8}$$

② 对于双边余量：

$$Z_{\min}=T_a/2+Ry+Ha+\left|e_a+\varepsilon_b\right| \tag{2-9}$$

2.6.2　加工余量的确定

确定加工余量的方法有三种：计算法、查表法和经验法。

1. 计算法

在影响因素清楚的情况下，计算法比较准确。要做到对余量影响因素清楚，必须具备一定的测量手段和掌握必要的统计分析资料。只有掌握了各种误差的大小，才能进行余量的比较准确的计算。

在应用式（2-8）和式（2-9）时，要针对具体的加工方法进行简化，例如：

1）采用浮动镗刀块镗孔或采用浮动铰刀铰孔或采用拉刀拉削孔，这些加工方法不能纠正

孔的位置误差，因此式（2-9）可简化为

$$Z_{\min} = T_a/2 + Ha + Ry \tag{2-10}$$

2）无心外圆磨床磨外圆无装夹误差，故有

$$Z_{\min} = T_a/2 + Ha + Ry + |e_a| \tag{2-11}$$

3）研磨、珩磨、超精加工、抛光等光整加工工序，其主要任务是去掉前一工序留下的表面痕迹，其余量计算公式为

$$Z_{\min} = Ry \tag{2-12}$$

总之，计算法不能离开具体的加工方法和条件，要具体情况具体分析。不准确的计算会使加工余量过大或过小。余量过大不仅浪费材料，而且增加加工时间，增大机床和刀具的负荷。余量过小则不能纠正上工序的误差，造成局部加工不到的情况，影响加工质量，甚至造成废品。

2. 查表法

此法主要以工厂生产实践和实验研究积累的经验所制成的表格为基础，并结合实际加工情况加以修正，确定加工余量。这种方法方便、迅速，生产上应用广泛。

3. 经验法

由一些有经验的工程技术人员或工人根据经验确定加工余量的大小。由于主观上怕出废品，因此经验法确定的加工余量往往偏大。这种方法多在人工操作的单件小批生产中采用。

2.6.3　工序尺寸与公差的确定

生产上绝大部分加工面是在基准重合（工艺基准和设计基准重合）的情况下进行加工的。所以，掌握基准重合情况下工序尺寸与公差的确定过程非常重要，现介绍如下：

1）确定各加工工序的加工余量。

2）从终加工工序开始，即从设计尺寸开始，到第一道加工工序，逐次加上每道加工工序余量，可分别得到各工序公称尺寸（包括毛坯尺寸）。

3）除终加工工序以外，其他各加工工序按各自所采用加工方法的加工经济精度确定工序尺寸公差（终加工工序的公差按设计要求确定）。

4）填写工序尺寸并按入体原则标注工序尺寸公差。

案例分析

某轴直径为 ϕ50mm，其公差等级要求为 IT5，表面粗糙度要求为 Ra0.04μm，并要求高频淬火，毛坯为锻件。其工艺路线为粗车—半精车—高频淬火—粗磨—精磨—研磨。现在来计算各工序的工序尺寸及公差。

先用查表法确定加工余量。由工艺手册查得研磨余量为 0.01mm，精磨余量为 0.1mm，粗磨余量为 0.3mm，半精车余量为 1.1mm，粗车余量为 4.5mm，由式（2-2）可得加工总余量为 6.01mm，取加工总余量为 6mm，把粗车余量修正为 4.49mm。

计算各加工工序公称尺寸。研磨后工序公称尺寸为 50mm（设计尺寸），其他各工序公称尺寸依次为

精磨：$50mm + 0.01mm = 50.01mm$。

粗磨：$50.01mm + 0.1mm = 50.11mm$。

半精车：$50.11mm + 0.3mm = 50.41mm$。

粗车：$50.41mm + 1.1mm = 51.51mm$。

毛坯：$51.51mm + 4.49mm = 56mm$。

确定各工序的加工经济精度和表面粗糙度。由表2-12查得：研磨后为IT5，*Ra*0.04μm（零件的设计要求）；精磨后选定为IT6，*Ra*0.16μm；粗磨后选定为IT8，*Ra*1.25μm；半精车后选定为IT11，*Ra*5μm；粗车后选定为IT13，*Ra*16μm。

根据上述经济加工精度查公差表，将查得的公差数值按入体原则标注在工序公称尺寸上。查工艺手册可得锻造毛坯公差为±2mm。

为清楚起见，把上述计算和查表结果汇总于表2-17，供参考。

表2-17　工序尺寸、公差、表面粗糙度及毛坯尺寸的确定

工序名称	工序间余量/mm	工序		工序公称尺寸/mm	标注工序公称尺寸公差/mm
		经济精度/mm	表面粗糙度 *Ra*/μm		
研磨	0.01	h5 $\left({}^{0}_{-0.011}\right)$	0.04	50	$\phi50^{0}_{-0.011}$
精磨	0.1	h6 $\left({}^{0}_{-0.016}\right)$	0.16	50+0.01=50.01	$\phi50.01^{0}_{-0.016}$
粗磨	0.3	h8 $\left({}^{0}_{-0.039}\right)$	1.25	50.01+0.1=50.11	$\phi50.11^{0}_{-0.039}$
半精车	1.1	h11 $\left({}^{0}_{-0.16}\right)$	5	50.11+0.3=50.41	$\phi50.41^{0}_{-0.16}$
精车	4.49	h13 $\left({}^{0}_{-0.39}\right)$	16	50.41+1.1=51.51	$\phi51.51^{0}_{-0.39}$
毛坯（锻造）		±2		51.51+4.49=56	$\phi56\pm2$

在工艺基准无法同设计基准重合的情况下，确定了工序余量之后，需通过工艺尺寸链进行工序尺寸和公差的换算。具体换算方法将在工艺尺寸链中介绍。

2.7　工艺尺寸链

在工艺过程中，由同一零件上的与工艺相关的尺寸所形成的尺寸链称为工艺尺寸链。在工艺尺寸链中，直线尺寸链和平面尺寸链应用最多，故本节针对直线尺寸链在工艺过程中的应用和求解进行介绍。

在工艺尺寸链中，全部组成环平行于封闭环的尺寸链称为直线尺寸链。

1. 直线尺寸链的基本计算公式

（1）极值法计算公式

1）封闭环的公称尺寸等于各组成环公称尺寸的代数和：

$$L_0 = \sum_{i=1}^{n-1} L_i \tag{2-13}$$

式中　L_0——封闭环的公称尺寸；

L_i——组成环的公称尺寸；

n——尺寸链的总环数（包括封闭环和组成环）；

$n-1$——组成环的环数。

2）封闭环的公差等于各组成环的公差之和：

$$T_0 = \sum_{i=1}^{n-1} T_i \tag{2-14}$$

式中　T_0——封闭环的公差；

T_i——组成环的公差。

3）封闭环的上极限偏差等于所有增环的上极限偏差之和减去所有减环的下极限偏差之和：

$$\mathrm{ES}_0 = \sum_{p=1}^{m} \mathrm{ES}_p - \sum_{q=m+1}^{n-1} \mathrm{EI}_q \tag{2-15}$$

式中　ES_0——封闭环的上极限偏差；

ES_p——增环的上极限偏差；

EI_q——减环的下极限偏差；

m——增环环数。

4）封闭环的下极限偏差等于所有增环的下极限偏差之和减去所有减环的上极限偏差之和：

$$\mathrm{EI}_0 = \sum_{p=1}^{m} \mathrm{EI}_p - \sum_{q=m+1}^{n-1} \mathrm{ES}_q \tag{2-16}$$

式中　EI_0——封闭环的下极限偏差；

EI_p——增环的下极限偏差；

ES_q——减环的上极限偏差。

（2）概率法计算公式

1）将极限尺寸换算成平均尺寸：

$$L_\Delta = \frac{L_{\max} + L_{\min}}{2} \tag{2-17}$$

式中　L_Δ——平均尺寸；

$L_{\max}$——上极限尺寸；

$L_{\min}$——下极限尺寸。

2）将极限偏差换算成中间偏差：

$$\varDelta = \frac{\mathrm{ES} + \mathrm{EI}}{2} \tag{2-18}$$

式中　$\varDelta$——中间偏差；

ES——上极限偏差；

EI——下极限偏差。

3）封闭环中间偏差的平方等于各组成环中间偏差平方之和：

$$T_{0q}=\sqrt{\sum_{i=1}^{n-1}T_i^2} \tag{2-19}$$

式中　T_{0q}——封闭环的平方公差。

2. 直线尺寸链在工艺过程中的应用

（1）工艺基准和设计基准不重合时工艺尺寸的计算

1）测量基准和设计基准不重合。

【例 2-1】　某车床主轴箱体Ⅲ轴和Ⅳ轴的中心距为(127±0.07)mm［图 2-31a)］，该尺寸不便直接测量，拟用游标卡尺直接测量两孔内侧或外侧母线之间的距离来间接保证中心距的尺寸要求。已知Ⅲ轴孔直径为$\phi80_{-0.018}^{+0.004}$ mm，Ⅳ轴孔直径为$\phi65_{0}^{+0.030}$ mm。现决定采用外卡测量两孔内侧母线之间的距离。为求得该测量尺寸，需要按尺寸链的计算步骤计算尺寸链。其尺寸链图如图 2-31b）所示。

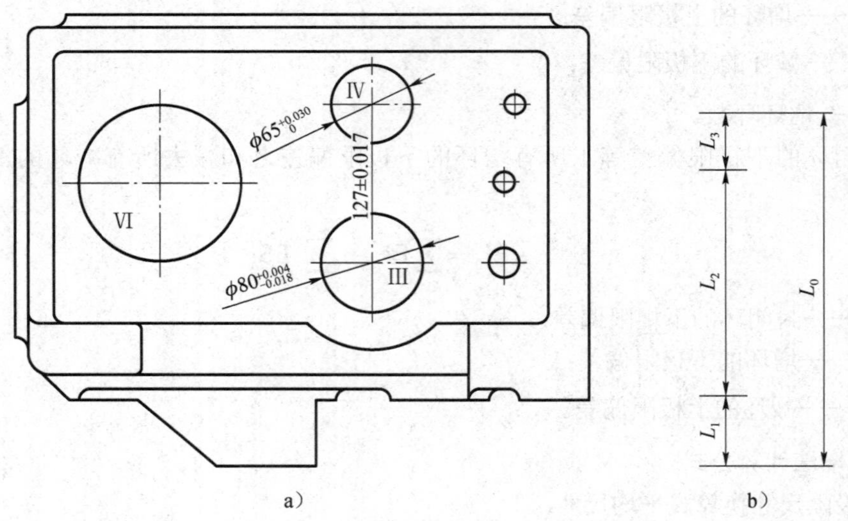

图 2-31　主轴箱Ⅲ、Ⅳ轴孔中心距测量尺寸链

图 2-31 中，$L_0=\left(127\pm0.07\right)$mm，$L_1=40_{-0.009}^{+0.002}$mm，$L_2$为待求测量尺寸，$L_3=32.5_{0}^{+0.015}$mm。$L_1$、$L_2$、$L_3$为增环，$L_0$为封闭环。

把上述已知数据代入式（2-13）、式（2-15）、式（2-16）可得$L_2=54.5_{-0.061}^{+0.053}$mm。只要实测结果在$L_2$的公差范围之内，就一定能够保证Ⅲ轴和Ⅳ轴中心距的设计要求。

特别提示

按上述计算结果，若实测结果超差，却不一定都是废品。这是因为直线尺寸链的极值算法考虑的是极限情况下各环之间的尺寸联系，从保证封闭环的尺寸要求来看，这是一种保守算法，计算结果可靠。但是，正因为保守，计算中便隐含有假废品问题。

本例中，若两孔的直径尺寸都在公差的上限，即半径尺寸$L_1 = 40.002\text{mm}$，$L_3 = 32.515\text{mm}$，则L_2的尺寸便允许做成$L_2 = (54.5 - 0.087)\text{mm}$。因为此时，$L_1 + L_2 + L_3 = 126.93(\text{mm})$，恰好是中心距设计尺寸的下极限尺寸。

生产上为了避免假废品的产生，在发现实测尺寸超差时，应实测其他组成环的实际尺寸，然后在尺寸链中重新计算封闭环的实际尺寸。若重新计算结果超出了封闭环设计要求的范围即可确认为废品，否则仍为合格品。

由此可见，产生假废品的根本原因在于测量基准和设计基准不重合。组成环环数越多，公差范围越大，出现假废品的可能性越大。因此，在测量时应尽量使测量基准和设计基准重合。

2）定位基准和设计基准不重合。

【例 2-2】　图 2-32a）表示了某零件高度方向的设计尺寸。生产上，按大批量生产采用调整法加工A、B、C面。

其工艺安排是前面工序已将A、B面加工好（互为基准加工），本工序以A面为定位基准加工C面。因为C面的设计基准是B面，定位基准与设计基准不重合，所以需进行尺寸换算。

所画尺寸链图如图 2-32b）所示。在这个尺寸链中，因为调整法加工可直接保证的尺寸是L_2，所以L_0就只能间接保证了。L_0是封闭环，L_1为增环，L_2为减环。

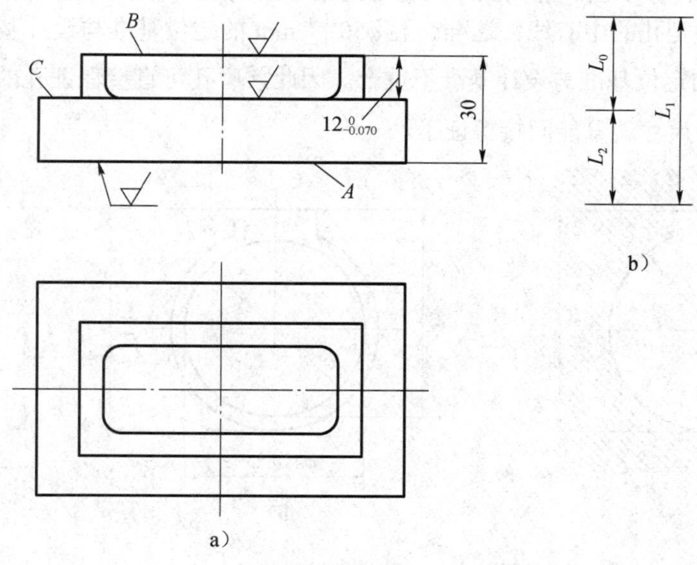

图 2-32　定位基准和设计基准不重合举例

在设计尺寸中，L_1 未注公差（公差等级低于 IT13，允许不标注公差），L_2 需经计算才能得到。为了保证 L_0 的设计要求，首先必须将 L_0 的公差分配给 L_1 和 L_2。这里按等公差法进行分配。令

$$T_1 = T_2 = \frac{T_{0L}}{2} = 0.035\text{mm}$$

按入体原则标注 L_1（或 L_2）的公差得

$$L_1 = 30_{-0.035}^{\ 0}\ \text{mm}$$

由式（2-13）、式（2-15）、式（2-16）计算 L_2 的公称尺寸和偏差得 $L_2 = 18_{\ 0}^{+0.035}$ mm。

加工时，只要保证了 L_1 和 L_2 的尺寸都在各自的公差范围之内，就一定能满足 $L_0 = 10_{-0.070}^{\ 0}$ mm 的设计要求。

从本例可以看出，L_1 和 L_2 本没有公差要求，但由于定位基准和设计基准不重合，就有了公差的限制，增加了加工的难度，封闭环公差越小，增加的难度就越大。本例若采用试切法，则 L_0 的尺寸可直接得到，不需求解尺寸链。但同调整法相比，试切法生产率低。

（2）一次加工满足多个设计尺寸要求的工艺尺寸计算

【例 2-3】 一个带有键槽的内孔，其设计尺寸如图 2-33a）所示。该内孔有淬火处理的要求，因此有如下工艺安排：

① 镗内孔至 $\phi 49.8_{\ 0}^{+0.046}$ mm。

② 插键槽。

③ 淬火处理。

④ 磨内孔，同时保证内孔直径 $\phi 50_{\ 0}^{+0.03}$ mm 和键槽深度 $53.8_{\ 0}^{+0.30}$ mm 两个设计尺寸的要求。

显然，插键槽工序可采用已镗孔的下切线为基准，用试切法保证插键槽深度。这里插键槽深度未知，需经计算求出。磨孔工序应保证磨削余量均匀（可按已镗孔找正夹紧），因此其定位基准可以认为是孔的中心线。这样，孔 $\phi 50_{\ 0}^{+0.03}$ mm 的定位基准与设计基准重合，而键槽深度 $53.8_{\ 0}^{+0.30}$ mm 的定位基准与设计基准不重合。因此，磨孔可直接保证孔的设计尺寸要求，而键槽深度的设计尺寸就只能间接保证了。

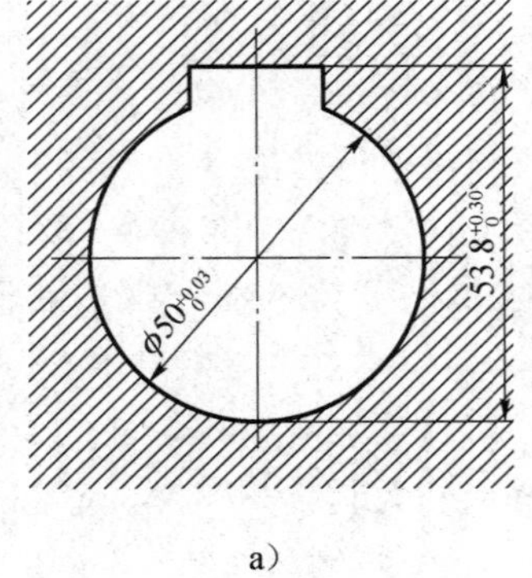

a）

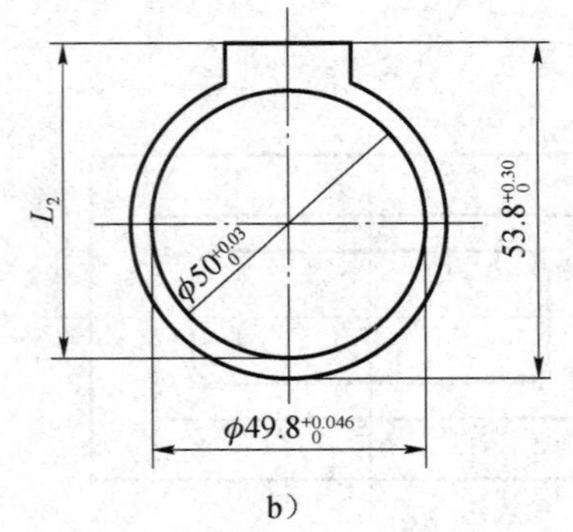

b）

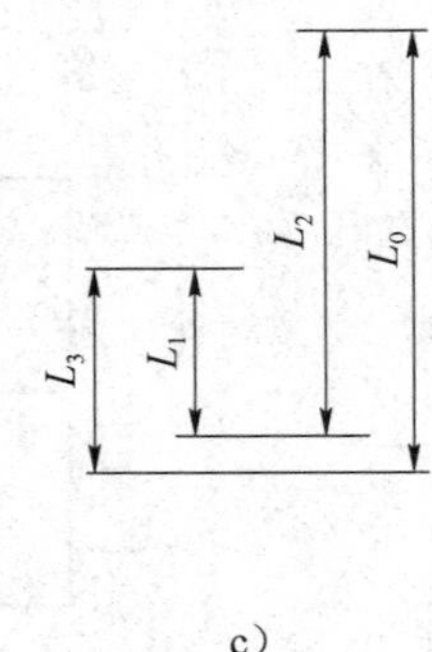

c）

图 2-33　内孔插键槽工艺尺寸链

将有关工艺尺寸标注在图 2-33b）中，按工艺顺序画工艺尺寸链图如图 2-33c）所示。在

尺寸链图中，键槽深度的设计尺寸 L_0 为封闭环，L_2 和 L_3 为增环，L_1 为减环。画尺寸链图时，先从孔的中心线（定位基准）出发，画镗孔半径 L_1，再以镗孔下母线为基准画插键槽深度 L_2，以孔中心线为基准画磨孔半径 L_3，最后用键槽深度的设计尺寸 L_0 使尺寸链封闭。其中：

$$L_0 = 53.8^{+0.30}_{0}\text{mm}$$

$$L_1 = 24.9^{+0.023}_{0}\text{mm}$$

$$L_3 = 25^{+0.015}_{0}\text{mm}$$（L_2 为待求尺寸）

求解该尺寸链得 $L_2 = 53.7^{+0.285}_{+0.023}\text{mm}$。

从本例中可以看出：

① 把镗孔中心线看作磨孔的定位基准是一种近似，因为磨孔和镗孔是在两次装夹下完成的，存在同轴度误差。只是当该同轴度误差很小时，例如，同其他组成环的公差相比小于一个数量级，才允许上述近似计算。若该同轴度误差不是很小，则应将同轴度也作为一个组成环画在尺寸链图中。

【例 2-4】 设例 2-3 中磨孔和镗孔的同轴度公差为 0.05mm（工序要求），则在尺寸链中应注成：$L_4 = (0 \pm 0.025)\text{mm}$。此时的工艺尺寸链如图 2-34 所示，求解此工艺尺寸链得 $L_2 = 53.7^{+0.260}_{+0.048}\text{mm}$。

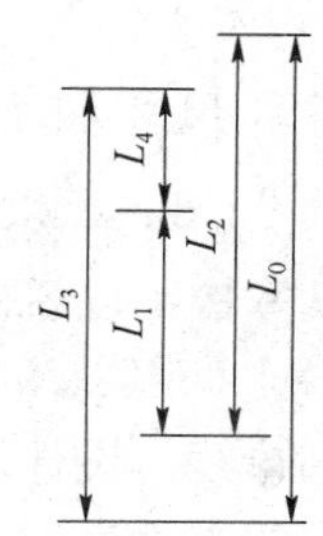

图 2-34　内孔插键槽含同轴度公差工艺尺寸链

可以看出，正是由于尺寸链中多了一个同轴度组成环，使得插键槽工序的键槽深度 L_2 的公差减小，减小的数值正好等于该同轴度公差。

此外，按设计要求，键槽深度的公差范围是 0～0.30mm，但是插键槽工序只允许按 0.023～0.285mm（不含同轴度公差），或 0.048～0.260mm（含同轴度公差）的公差范围来加工。究其原因，仍然是工艺基准与设计基准不重合。因此，在考虑工艺安排的时候，应尽量使工艺基准与设计基准重合，否则会增加制造难度。

② 正确地画出尺寸链图，并正确地判定封闭环是求解尺寸链的关键。画尺寸链图时，应按工艺顺序从第一个工艺尺寸的工艺基准出发，逐个画出全部组成环，最后用封闭环封闭尺寸链图。封闭环有如下特征：封闭环一定是工艺过程中间接保证的尺寸；封闭环的公差值最大，它等于各组成环公差之和。

（3）表面淬火、渗碳层深度及镀层、涂层厚度工艺尺寸链

对那些要求淬火或渗碳处理，加工精度要求又比较高的表面，常常在淬火或渗碳处理之后安排磨削加工，为了保证磨后有一定厚度的淬火层或渗碳层，需要进行有关的工艺尺寸计算。

【例 2-5】 图 2-35a）所示的偏心轴零件，表面 P 的表层要求渗碳处理，渗碳层深度规定为 0.5～0.8mm，为了保证对该表面提出的加工精度和表面粗糙度要求，其工艺安排如下：

① 精车 P 面，保证尺寸 $\phi 38.4^{0}_{-0.1}\text{mm}$。

② 渗碳处理，控制渗碳层深度。

③ 精磨 P 面，保证尺寸 $\phi 38^{0}_{-0.016}\text{mm}$，同时保证渗碳层深度 0.5～0.8mm。

根据上述工艺安排，画出工艺尺寸链图如图 2-35b）所示。因为磨后渗碳层深度为间接保证的尺寸，所以是尺寸链的封闭环，用 L_0 表示。图 2-35 中 L_2、L_3 为增环，L_1 是减环。

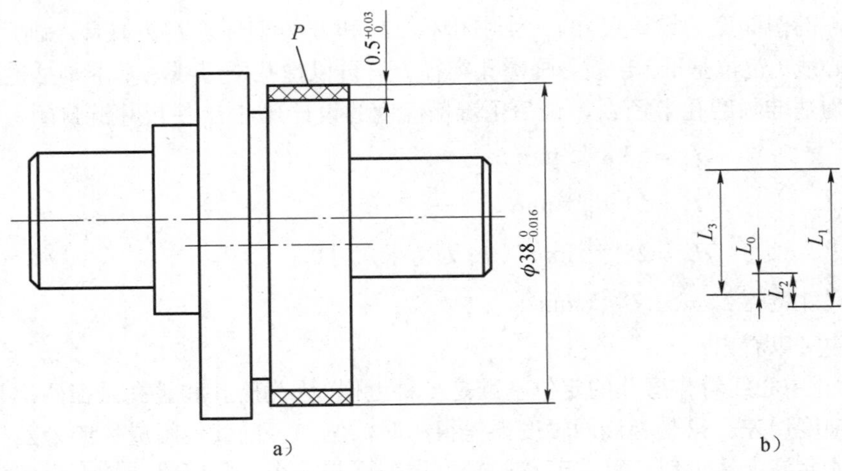

图 2-35　偏心轴渗碳磨削工艺尺寸链

各环尺寸如下：$L_0 = 0.5^{+0.3}_{0}$ mm，$L_1 = 19.2^{\ 0}_{-0.05}$ mm，L_2 为磨前渗碳层深度（待求），$L_3 = 19^{\ 0}_{-0.008}$ mm。求解该尺寸链得 $L_2 = 0.7^{+0.25}_{+0.008}$ mm。

从本例可以看出，这类问题的分析和前述一次加工需保证多个设计尺寸要求的分析类似。在精磨 P 面时，P 面的设计基准和工艺基准都是轴线，而渗碳层深度 L_0 的设计基准是磨后 P 面外圆母线，设计基准和定位基准不重合，才有了上述的工艺尺寸计算问题。

有的零件表层要求涂（或镀）一层耐磨或装饰材料，涂（或镀）后不再加工，但有一定的精度要求。

【例 2-6】　如图 2-36 所示，轴套类零件的外表面要求镀铬，镀层厚度规定为 0.025～0.04mm，镀后不再加工，并且外径的尺寸为 $\phi28^{\ 0}_{-0.045}$ mm。这样，镀层厚度和外径的尺寸公差要求只能通过控制电镀时间来保证，其工艺尺寸链如图 2-36b）所示。图 2-36 中，L_0（轴套半径）是封闭环，L_1 和 L_2 都是增环，各环的尺寸：$L_0 = 14^{\ 0}_{-0.0225}$ mm，L_1 是镀前磨削工序的工序尺寸（待求），$L_2 = 0.025^{+0.015}_{0}$。求解该尺寸链得 $L_1 = 13.975^{-0.015}_{-0.0225}$ mm。于是，镀前磨削工序的工序尺寸可注成 $\phi27.95^{-0.03}_{-0.045}$ mm。

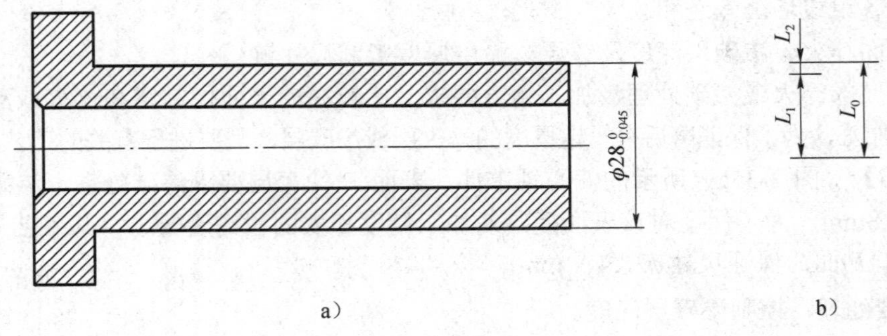

图 2-36　轴套镀铬工艺尺寸链

（4）余量校核

在工艺过程中，加工余量过大会影响生产率，浪费材料，并且对精加工工序还会影响加工质量。但是，加工余量也不能过小，过小则有可能造成零件表面局部加工不到，产生废品。因此，校核加工余量，对加工余量进行必要的调整是制订工艺规程时不可少的工艺工作。

【例 2-7】　图 2-37a）所示的零件中，其轴向尺寸(30 ± 0.02)mm 的工艺安排如下：

① 精车 A 面，自 B 处切断，保证两端面距离尺寸 $L_1=(31\pm0.1)$mm。

② 以 A 面定位，精车 B 面，保证两端面距离尺寸 $L_2=(30.4\pm0.05)$mm，精车余量为 Z_2。

③ 以 B 面定位磨 A 面，保证两端距离尺寸 $L_3=(30.15\pm0.02)$mm，磨削余量为 Z_3。

④ 以 A 面定位磨 B 面，保证最终轴向尺寸 $L_4=(30\pm0.02)$mm，磨削余量为 Z_4。

现在对上述工艺安排中的 Z_2、Z_3 和 Z_4 进行余量校核。先按上述工艺顺序，将有关工艺尺寸（含余量）画在图 2-37b）中，再将其分解为三个基本尺寸链［图 2-37c)］。在基本尺寸链中，加工余量只能通过测量加工前和加工后的实际尺寸间接求出，因此是封闭环。

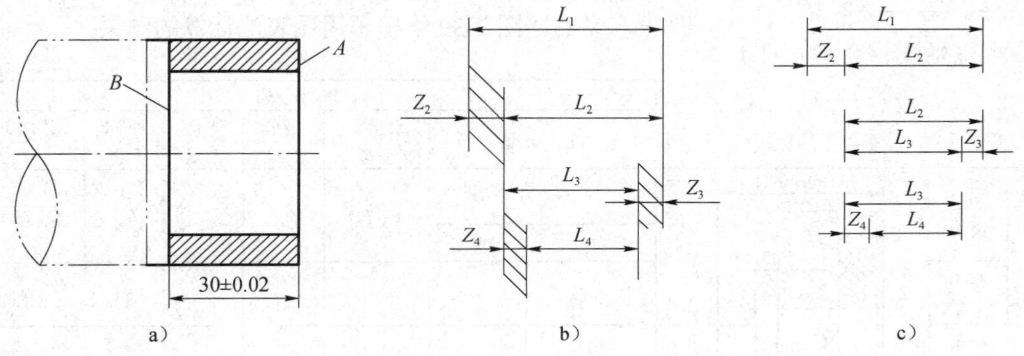

图 2-37　加工余量校核举例

在以 Z_2 为封闭环的尺寸链中，可求出 $Z_2=(0.6\pm0.15)$mm；在以 Z_3 为封闭环的尺寸链中，可求出 $Z_3=(0.25\pm0.07)$mm；在以 Z_4 为封闭环的尺寸链中，可求出 $Z_4=(0.15\pm0.04)$mm。

从计算结果可知，磨削余量偏大，应该进行适当的调整。余量调整的主要依据是各工序（特别是重点工序）的加工经济精度、工人的操作水平及现场测量条件等。调整结果如下：

在图 2-37b 中，令 $Z_4=(0.1\pm0.04)$mm，则在含 Z_4 的基本尺寸链中可求得如 $L_3=(30.1\pm0.02)$mm。Z_3 与前工序精车的加工经济精度有关，暂令精车后的尺寸为 $L_2=(30.25\pm0.05)$mm，可求得 $Z_3=(0.15\pm0.07)$mm。令 Z_2 不变，于是在含 Z_2 的基本尺寸链中可求得 L_1 的工序尺寸为 $L_1=(30.85\pm0.1)$mm，或写成 $L_1=30.8^{+0.15}_{-0.05}$mm。

经上述调整后，加工余量的大小相对合理一些，由此可见，余量调整是一项重要而又细致的工作，常常需要反复进行。

3. 工序尺寸与加工余量计算图表法

当零件在同一方向上加工尺寸较多，并需多次转换工艺基准时，建立工艺尺寸链，进行余量校核都会遇到困难，并且易出错。利用图表法能准确地查找出全部工艺尺寸链，并且能把一个复杂的工艺过程用箭头直观地在表内表示出来，列出有关计算结果，清晰、明了、信息量大。下面结合一个具体的例子，介绍这种方法。

【例 2-8】　加工图 2-38 所示零件，其轴向有关表面的工艺安排如下：

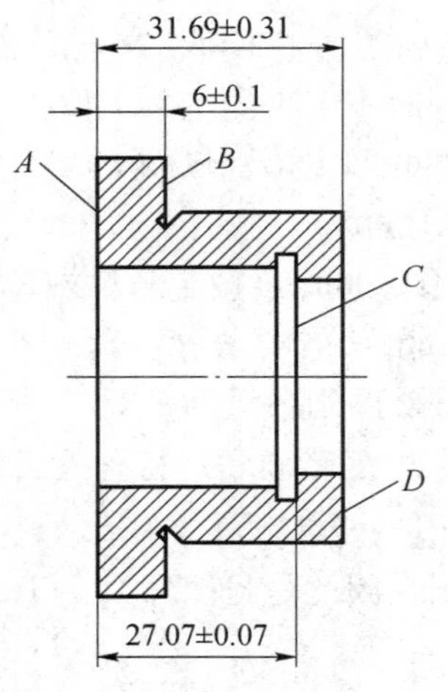

图 2-38　某轴套零件的轴向尺寸

① 轴向以 D 面定位粗车 A 面，又以 A 面为基准（测量基准）粗车 C 面，保证工序尺寸 L_1 和 L_2（图 2-39）。

② 轴向以 A 面定位，粗车和精车 B 面，保证工序图尺寸 L_3；粗车 D 面，保证工序尺寸 L_4。

③ 轴向以 B 面定位，精车 A 面，保证工序尺寸 L_5；精车 C 面，保证工序尺寸 L_6。

④ 用火花磨削法磨 B 面，控制磨削余量 Z_7。

从上述工艺安排可知，A、B、C 面各经过了两次加工，都经过了基准转换。要正确得出各个表面在每次加工中余量的变动范围，求其最大、最小余量，以及计算工序尺寸和公差都不是很容易的。图 2-39 给出了用图表法计算的结果。

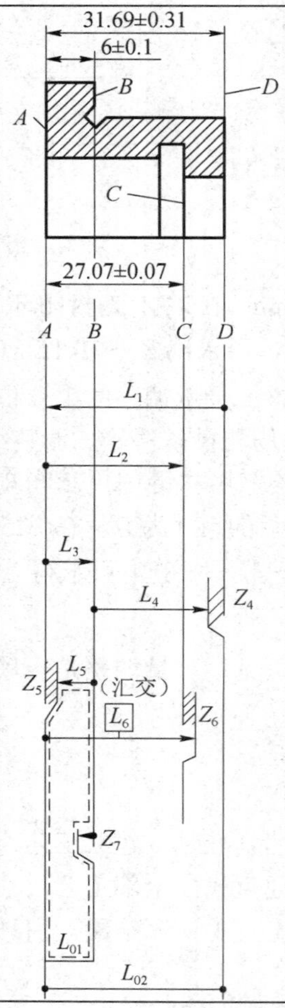

顺序号	加工内容	计算项目/mm 工序公差 $\pm\frac{1}{2}T_i$ 初拟	调整后	余量变动量 $\pm\frac{1}{2}T_{Zi}$	最小余量 $Z_{i\min}$	平均余量 Z_{iM}	平均尺寸 L_{iM}	注成单向偏差 L_{i0}^{+Ti} 或 L_{i-Ti}^{0}
Ⅰ	粗车 A 面	±0.5					34	34.5_{-1}^{0}
	粗车 C 面	±0.3					26.7	$26.4_{0}^{+0.6}$
Ⅱ	粗、精车 B 面	±0.1					6.58	$6.68_{-0.2}^{0}$
	粗车 D 面	±0.3	±0.23	±0.83			25.59	$25.82_{-0.46}^{0}$
Ⅲ	精车 A 面	±0.1	±0.08	±0.18			6.1	$6.18_{-0.16}^{0}$
	精车 C 面	±0.07		±0.55			27.07	$27_{0}^{+0.14}$
Ⅳ	用火花磨 B 面	±0.02		±0.02	0.08	0.1		
结果尺寸		±0.1 ±0.31					6 31.69	
符号说明		●工艺基准　●→工艺尺寸　→|加工表面　●—●结果尺寸　余量						

图 2-39　工序尺寸图表法

其作图和计算过程如下：

（1）绘制加工过程尺寸联系图

按适当比例将工件简图绘于图表左上方，标注出与计算有关的轴向设计尺寸。从与计算有关的各个端面向下（向表内）引竖线，每条竖线代表不同加工阶段中有余量差别的不同加工表面。在表的左侧，按加工过程从上到下，严格地排出加工顺序；在表的右侧列出需要计算的项目。

然后按加工顺序，在对应的加工阶段中画出规定的加工符号：箭头指向加工表面；箭尾用圆点画在工艺基准上（测量基准或定位基准）；加工余量用带剖面线的符号示意，并画在加工区“入体”位置上；对于加工过程中间接保证的设计尺寸（称结果尺寸，即尺寸链的封闭环）注在其他工艺尺寸的下方，两端均用圆点标出（图表中的 L_{01} 和 L_{02}）；对于工艺基准和设计基准重合，不需要进行工艺尺寸换算的设计尺寸，用方框框出（图表中的 L_6）。把上述作图过程归纳为几条规定：①加工顺序不能颠倒，与计算有关的加工内容不能遗漏；②箭头要指向加工面，箭尾圆点落在定位基准上；③加工余量按“入体”位置示意，被余量隔开的上方竖线为加工前的待加工面。这些规定不能违反，否则计算将会出错。按上述作图过程绘制的图形称为尺寸联系图。

（2）工艺尺寸链查找

在尺寸联系图中，从结果尺寸的两端出发向上查找，遇到圆点（工艺基准面）不拐弯继续往上查找，遇到箭头拐弯，逆箭头方向水平找工艺基准面，直至两条查找路线汇交为止。查找路线路径的尺寸是组成环，结果尺寸是封闭环。

这样，在图 2-39 中，沿结果尺寸 L_{01} 两端向上查找，可得到由 L_{01}、Z_7 和 L_5 组成的一个工艺尺寸链（图中用带箭头虚线示出）。在该尺寸链中，结果尺寸 L_{01} 是封闭环，Z_7 和 L_5 是组成环［图 2-40a)］。沿结果尺寸 L_{02} 两端向上查找，可得到由 L_{02}、L_4 和 L_5 组成的另一个工艺尺寸链。L_{02} 是封闭环，L_4 和 L_5 是组成环［图 2-40b)］。除 Z_7（靠火花磨削余量）以外，沿 Z_4、Z_5、Z_6 两端分别往上查找，可得到如图 2-40c)～e) 所示的三个以加工余量为封闭环的工艺尺寸链。

因为靠火花磨削是操作者根据磨削火花的大小，凭经验直接磨去一定厚度的金属，磨掉金属的多少与前道工序和本道工序的工序尺寸无关。所以，靠火花磨削余量 Z_7，在由 L_{01}、Z_7 和 L_5 组成的工艺尺寸链中是组成环，不是封闭环。

（3）计算项目栏的填写

图 2-39 右侧列出了一些计算项目的表格，该表格是为计算有关工艺尺寸而专门设计的，其填写过程如下：

① 初步选定工序公差 T_i，必要时作适当调整。确定工序最小余量 $Z_{i\min}$。

② 根据工序公差计算余量变动量 T_{Zi}。

③ 根据最小余量和余量变动量，计算平均余量 Z_{iM}。

④ 根据平均余量计算平均工序尺寸。

⑤ 将平均工序尺寸和平均公差改注成公称尺寸和上、下极限偏差形式。

下面对填写时可能遇到的几方面问题进行说明：

在确定工序公差的时候，若工序尺寸就是设计尺寸，则该工序公差取图样标注的公差（如

图 2-39 中工序尺寸 L_6），对中间工序尺寸（图 2-39 中的 L_1、L_2、L_3、L_4、L_5、Z_7）的公差，可按加工经济精度或根据实际经验初步拟订，靠磨余量 Z_7 的公差，取决于操作者的技术水平，本例中取 $Z_7=(0.1\pm0.02)\mathrm{mm}$。将初拟公差填入工序尺寸公差初拟项中。

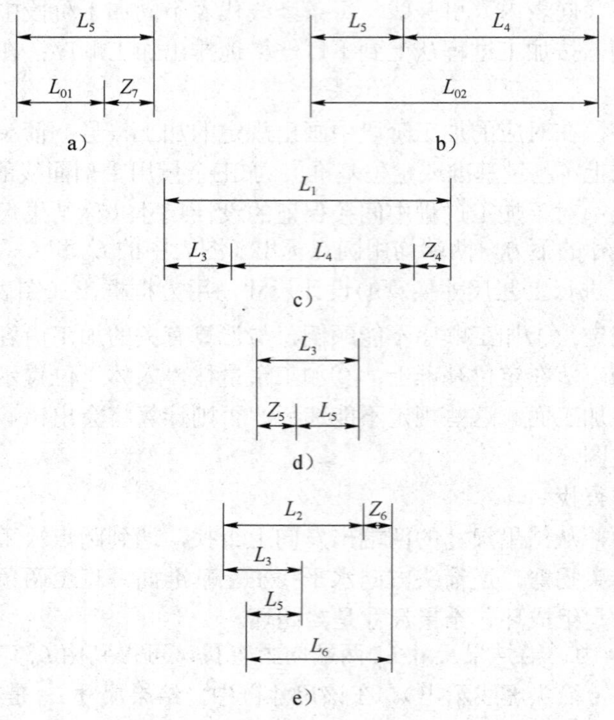

图 2-40　按图表法查找的工艺尺寸链

将初拟工序尺寸公差代入结果尺寸链中［图 2-40a）和 b)]，当全部组成环公差之和小于或等于图样规定的结果尺寸的公差（封闭环的公差）时，初拟公差可以确定下来，否则需对初拟公差进行修正。修正的原则之一是首先考虑缩小公共环的公差；原则之二是考虑实际加工可能性，优先缩小那些不会给加工带来很大困难的组成环的公差。修正的依据仍然是使全部组成环公差之和等于或小于图样给定的结果尺寸的公差。

在图 2-40a）和 b）所示尺寸链中，按初拟工序公差验算，结果尺寸 L_{01} 和 L_{02} 均超差。考虑 L_5 是两个尺寸链的公共环，先缩小 L_5 的公差至 ±0.08mm，并将压缩后的公差分别代入两个尺寸链中重新验算，L_{01} 不超差，L_{02} 仍超差。在 L_{02} 所在的尺寸链中，考虑缩小 L_4 的公差不会给加工带来很大困难，故将 L_4 的公差缩小至 ±0.23mm，再将其代入 L_{02} 所在尺寸链中验算，不超差。于是，各工序尺寸公差便可以确定下来，并填入“调整后”一栏。

最小加工余量 $Z_{i\min}$，通常是根据手册和现有资料结合实际经验修正确定的。

表内余量变动量一项，是由余量所在的尺寸链中，根据式（2-14）计算求得，如在图 2-40c）所示尺寸链中：

$$T_{z4}=T_1+T_3+T_4=\pm(0.5+0.1+0.23)\mathrm{mm}=\pm0.83\mathrm{mm}$$

表内平均余量一项是按下式求出的：

$$Z_{iM} = Z_{i\min} + \frac{1}{2}T_{zi}$$

例如，$Z_{5M} = Z_{5\min} + \frac{1}{2}T_{z5} = (0.3 + 0.18)\text{mm} = 0.48\text{mm}$。

表内平均尺寸 L_{iM} 可以通过尺寸链计算得到。在各尺寸链中，先找出只有一个未知数的尺寸链，求出该未知数，然后逐个将所有未知尺寸求解出来，也可利用工艺尺寸联系图，沿着拟求尺寸两端的竖线向下找后面工序与其有关的工序尺寸和平均加工余量，将这些工序尺寸分别和加工余量相加或相减求出拟求工序尺寸，例如，在图 2-39 中，平均尺寸如 $L_{3M} = L_{5M} + Z_{5M}$，$L_{5M} = L_{01M} + Z_{7M}$，$L_{2M} = L_{6M} + Z_{5M} - Z_{6M}$ 等。

表内最后一项要求将平均工序尺寸改注成公称尺寸和上、下极限偏差的形式。按入体原则，L_2 和 L_6 应注成单向正偏差形式，L_1、L_3、L_4 和 L_5 应注成单向负偏差形式。

从本例可知，图表法是求解复杂工艺尺寸的有效工具，但其求解过程仍然十分烦琐。按图表法求解的思路，编制计算程序，用计算机求解可以保证计算准确且节省计算时间。

2.8　时间定额和提高生产率的工艺途径

2.8.1　时间定额概念

所谓时间定额是指在一定生产条件下，规定生产一件产品或完成一道工序所需消耗的时间。它是安排作业计划、进行成本核算、确定设备数量、人员编制及规划生产面积的重要根据。因此，时间定额是工艺规程的重要组成部分。

时间定额定得过紧，容易诱发忽视产品质量的倾向，或者会影响工人的工作积极性和创造性。时间定额定得过松就起不到指导生产和促进生产发展的积极作用。因此，合理地制订时间定额对保证产品质量、提高劳动生产率、降低生产成本都是十分重要的。

2.8.2　时间定额的组成

（1）基本时间 $t_{基}$

直接改变生产对象的尺寸、形状、相对位置，以及表面状态或材料性质等的工艺过程所消耗的时间，称为基本时间。

对于切削加工来说，基本时间是切去金属所消耗的机动时间。机动时间可通过计算的方法来确定。不同的加工面，不同的刀具或者不同的加工方式、方法，其计算公式不完全一样。但是，计算公式中一般包括切入、切削加工和切出时间。例如，图 2-41 所示车削加工，其计算公式为

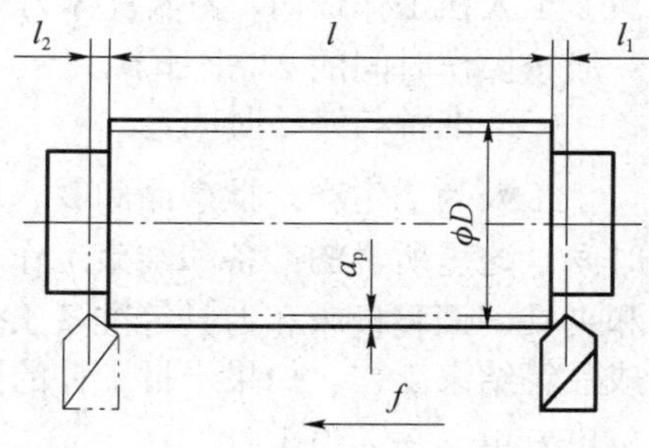

图 2-41　计算基本时间举例

$$t_{基} = \frac{l + l_1 + l_2}{fn} \tag{2-20}$$

$$i=\frac{Z}{a_p}，\ n=\frac{1000v}{\pi D}$$

式中 l——加工长度（mm）；

l_1——刀具的切入长度（mm）；

l_2——刀具的切出长度（mm）；

i——进给次数；

Z——加工余量（mm）；

a_p——背吃刀量（mm）；

f——进给量（$mm \cdot r^{-1}$）；

n——机床主轴转速（$r \cdot min^{-1}$）；

v——切削速度（$m \cdot min^{-1}$）；

D——加工直径（mm）。

各种不同情况下机动时间的计算公式可参考有关手册，针对具体情况予以确定。

（2）辅助时间 $t_{辅}$

为实现工艺过程而必须进行的各种辅助动作所消耗的时间，称为辅助时间。这里所说的辅助动作包括装、卸工件，开动和停止机床，改变切削用量，测量工件尺寸及进刀和退刀动作等。若这些动作由数控系统控制机床自动完成，则辅助时间可与基本时间一起，通过程序的运行精确得到。若这些动作由人工操作完成，辅助时间确定的方法主要有两种：①在大批量生产中，可先将各辅助动作分解，然后查表确定各分解动作所消耗的时间，并进行累加。②在中小批生产中，可按基本时间的百分比进行估算，并在实际中修改百分比，使之趋于合理。

上述基本时间和辅助时间的总和称为操作时间。

（3）布置工作地时间 $t_{布置}$

为使加工正常进行，工人照管工作地（如更换刀具、润滑机床、清理切屑、收拾工具等）所消耗的时间，称为布置工作地时间，又称工作地点服务时间，一般按操作时间的 2%～7%来计算。

（4）休息和生理需要时间 $t_{休}$

工人在工作班内，为恢复体力和满足生理需要所消耗的时间，称为休息和生理需要时间，一般按操作时间的2%来计算。

（5）准备与终结时间 $t_{准终}$

工人为了生产一批产品和零、部件，进行准备和结束工作所消耗的时间称为准备与终结时间。这里所说的准备和结束工作包括：在加工进行前熟悉工艺文件、领取毛坯、安装刀具和夹具、调整机床和刀具等准备工作，加工一批工件终了后需要拆下和归还工艺装备，发送成品等结束工作。如果一批工件的数量为 n，则每个零件所分摊的准备与终结时间为 $t_{准终}/n$ 。可以看出，当 n 很大时，$t_{准终}/n$ 可忽略不计。

2.8.3 单件时间和单件工时定额计算公式

（1）单件时间的计算公式：

$$T_{单件}=t_{基}+t_{辅}+t_{布置}+t_{休} \tag{2-21}$$

（2）单件工时定额的计算公式：

$$T_{定额} = T_{单件} + t_{准终}/n \tag{2-22}$$

在大量生产中，单件工时定额可忽略 $t_{准终}/n$，即

$$T_{定额} = T_{单件}$$

2.8.4　提高生产率的工艺途径

在机械制造范围内，围绕提高生产率开展的科学研究工作、技术革新和技术改造活动一直很活跃，取得了大量成果，推动了机械制造业的不断发展，使得机械制造业的面貌不断发生着新的变化。

研究如何提高生产率，实际上是研究怎样减少工时定额。因此，可以从时间定额的组成中寻求提高生产率的工艺途径。

1. 缩短基本时间

（1）提高切削用量缩短基本时间

提高切削用量的主要途径是进行新型刀具材料的研究与开发。

刀具材料经历了碳素工具钢—高速钢—硬质合金等几个发展阶段。在每一个发展阶段中，都伴随着生产率的大幅度提高。就切削速度而言，在 18 世纪末到 19 世纪初的碳素工具钢时代，切削速度仅为 6～12$m \cdot min^{-1}$。20 世纪初出现了高速钢刀具，使得切削速度提高了 2～4 倍。第二次世界大战以后，硬质合金刀具的切削速度又在高速钢刀具的基础上提高了 2～5 倍。可以看出，新型刀具材料的出现，使得机械制造业发生了阶段性的变化。一方面，生产率越过一个新的高度；另一方面，原本不能加工或不可加工的材料，可以加工了。

近代出现的立方氮化硼和人造金刚石等新型刀具材料，其刀具切削速度高达 600～1200$m \cdot min^{-1}$。这里需要说明两点：①随着新型刀具材料的出现，有许多新的工艺性问题需要研究，如刀具如何成形、刀具成形后如何刃磨等；②随着切削速度的提高，必须有相应的机床设备与之配套，如提高机床主轴转速、增大机床的功率提高机床的制造精度等。

在磨削加工方面，高速磨削、强力磨削、砂带磨的研究成果，使得生产率有了大幅度提高。高速磨削的砂轮速度已高达 80～125$m \cdot s^{-1}$（普通磨削的砂轮速度为 30～35$m \cdot s^{-1}$）；缓进给强力磨削的磨削深度 6～12mm；砂带磨同铣削加工相比，切除同样金属余量的加工时间仅为铣削加工的 1/10。

缩短基本时间还可在刀具结构和刀具的几何参数方面进行深入研究，如群钻在提高生产率方面的作用就是典型的例子。

（2）采用复合工步缩短基本时间

复合工步能使几个加工表面的基本时间重叠，节省基本时间。

1）多刀单件加工在各类机床上采用多刀加工的例子很多，图 2-42 为在卧式车床上安装多刀刀架实现多刀加工的例子。图 2-43 是在组合钻床上采用多把孔加工刀具，同时对箱体零件的孔系进行加工。图 2-44 是在铣床上应用多把铣刀同时加工零件上的不同表面。图 2-45 为在磨床上采用多个砂轮同时对零件上的几个表面进行磨削加工。

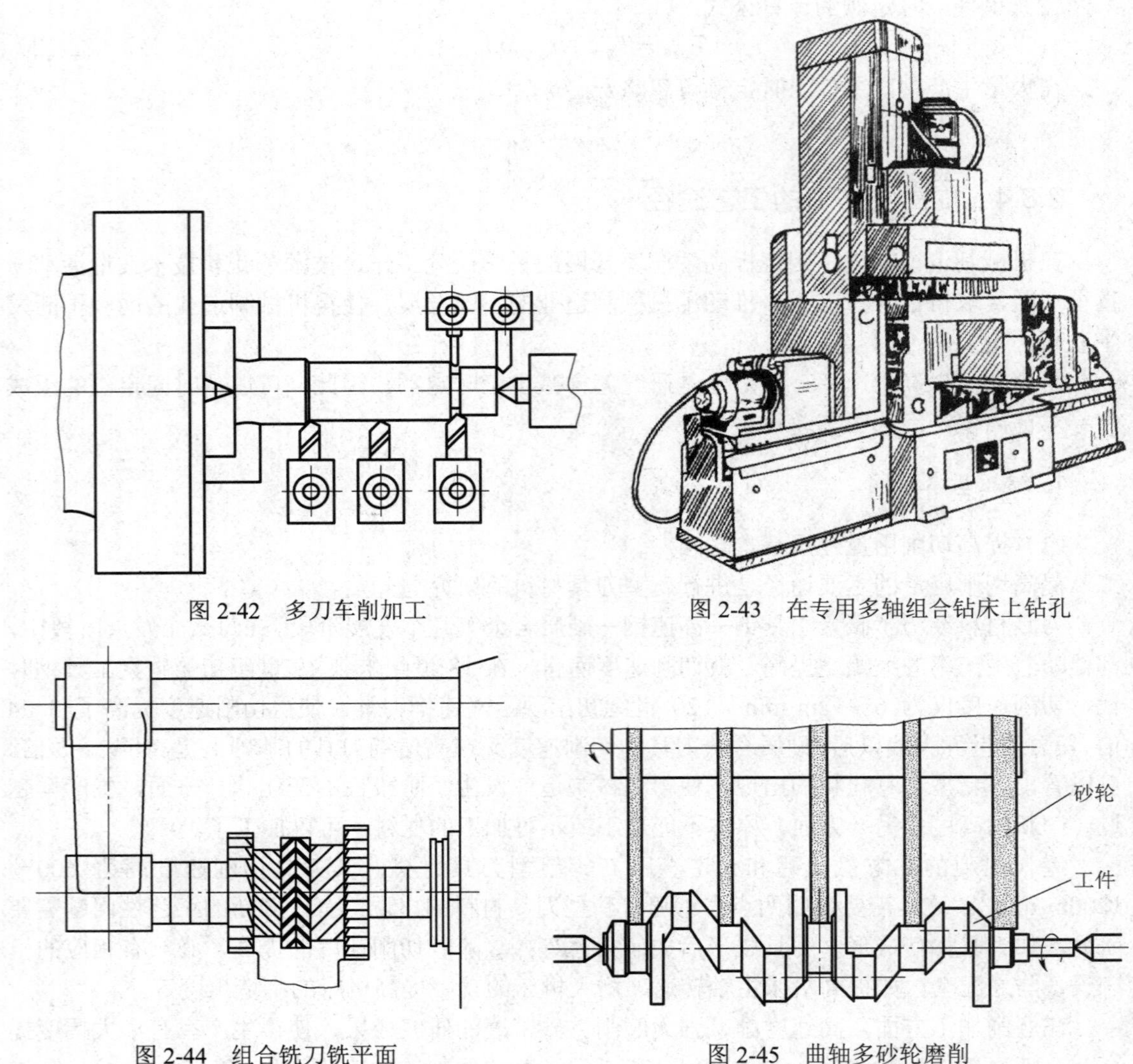

图 2-42　多刀车削加工

图 2-43　在专用多轴组合钻床上钻孔

图 2-44　组合铣刀铣平面

图 2-45　曲轴多砂轮磨削

2）单刀多件或多刀多件加工将工件串联装夹或并联装夹进行多件加工，可有效地缩短基本时间。

串联加工可节省切入和切出时间。例如，图 2-46 是在滚齿机上同时装夹两个齿轮进行滚齿加工。显然，同加工单个齿轮相比，其切入和切出时间减少了一半。在车床、铣床、刨床及平面磨床等其他机床上采用多件串联加工都能明显减少切入和切出时间，提高生产效率。

并联加工是将几个相同的零件平行排列装夹，一次进给同时对一个面或几个表面进行加工，图 2-47 是在铣床上采用并联加工方法同时对三个零件加工的例子。有串联且有并联的加工称为串并联加工。

图 2-48a）是在立轴平面磨床上采用串并联加工方法，对 43 个零件进行加工的例子。图 2-48b）表示在立式铣床上采用串并联加工方法对两种不同的零件进行加工。

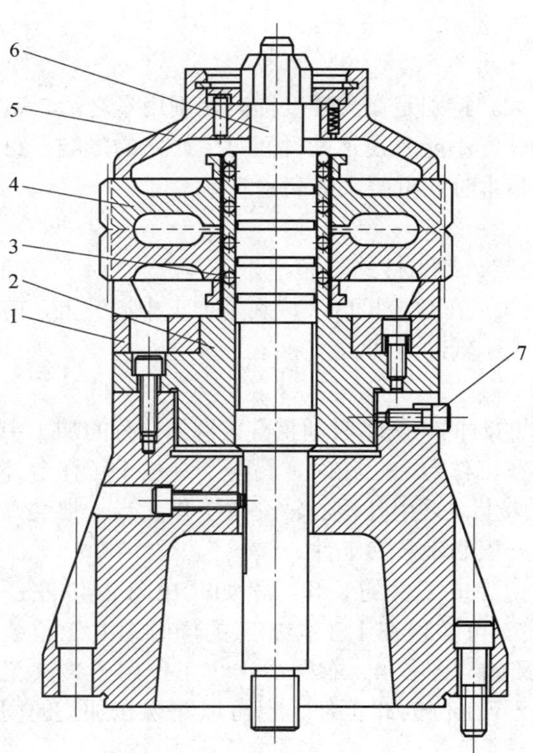

图 2-46　两个齿轮串联装夹加工

1—定位支座；2—心轴；3—滚珠；4—工件；5—压板；6—拉杆；7—调整螺钉

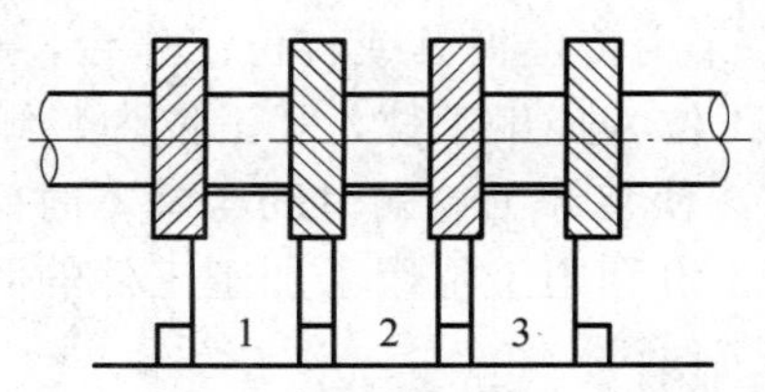

图 2-47　并联加工

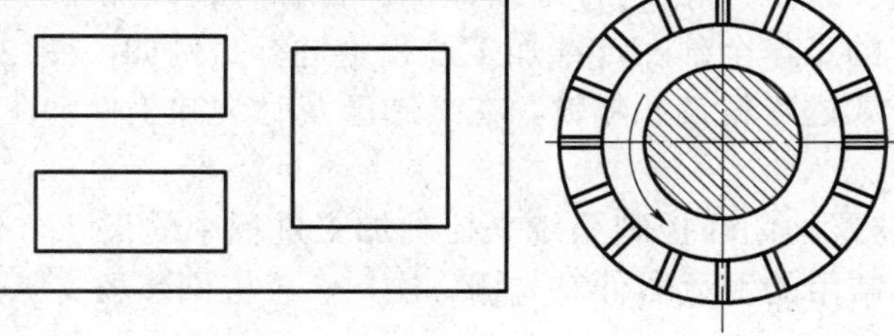

图 2-48　串并联加工

2. 减少辅助时间或辅助时间与基本时间重叠

在单件时间中，辅助时间所占比例一般比较大。特别是在大幅度提高切削用量之后，基本时间显著减少，辅助时间所占的比例更大。因此，不能忽视辅助时间对生产率的影响。可以采取措施直接减少辅助时间，或使辅助时间与基本时间重叠来提高生产率。

（1）减少辅助时间

1）采用先进夹具和自动上、下料装置，减少装、卸工件的时间。

2）提高机床自动化水平，缩短辅助时间。例如，在数控机床（特别是加工中心）上，前述各种辅助动作都由程序控制自动完成，有效减少了辅助时间。

（2）使辅助时间与基本时间重叠

1）采用可换夹具或可换工作台，使装夹工件的时间与基本时间重叠。例如，有的加工中心配有托盘自动交换系统，一个装有工件的托盘在工作台上工作时，另一个则位于工作台外装、卸工件。又如，在卧式车床、磨床或齿轮机床上，采用几根心轴交替工作，当一根装好工件的心轴在机床上工作时，可在机床外对另外一根心轴装夹工件。

2）采用转位夹具或转位工作台，可在加工中完成工件的装卸。例如，在图 2-49 左图中，Ⅰ工位为加工工位，Ⅱ工位为装卸工件工位，可实现在Ⅰ工位加工的同时对Ⅱ工位装卸工件，使装卸工件的时间与基本时间重叠。又如，图 2-49 右图中，Ⅰ工位用于装夹工件，Ⅱ工位和Ⅲ工位用于加工工件的四个表面，Ⅳ工位为卸工件，也可以实现在加工的同时装卸工件。

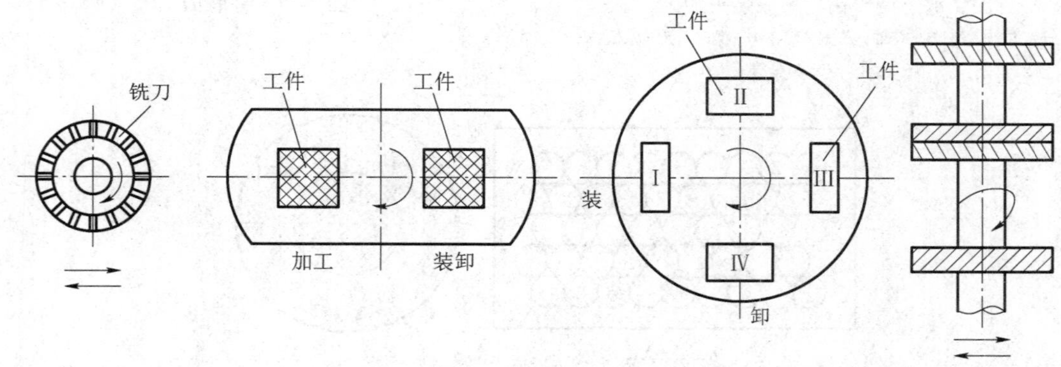

图 2-49 转位加工

3）用回转夹具或回转工作台进行连续加工。在各种连续加工方式中都有加工区和装卸工件区，装卸工件的工作全部在连续加工过程中进行。例如，图 2-50 是在双轴立式铣床上采用连续加工方式进行粗铣和精铣，在装卸区及时装卸工件，在加工区不停顿地进行加工。

4）采用带反馈装置的闭环控制系统来控制加工过程中的尺寸，使测量与调整都在加工过程中自动完成。常用的测量器件有光栅、磁尺、感应同步器、脉冲编码器和激光位移器等。

3. 减少布置工作地时间

在减少对刀和换刀时间方面采取措施，以减少布置工作地时间。例如，采用高度对刀块、对刀样板或对刀样件对刀，使用微调机构调整刀具的进刀位置及使用对刀仪对刀等。

减少换刀时间的另一个重要途径是研制新型刀具，延长刀具的使用寿命。例如，在车、铣加工中广泛采用高耐磨性的机夹可转位硬质合金刀片和陶瓷刀片，减少换刀次数，节省换刀时间。

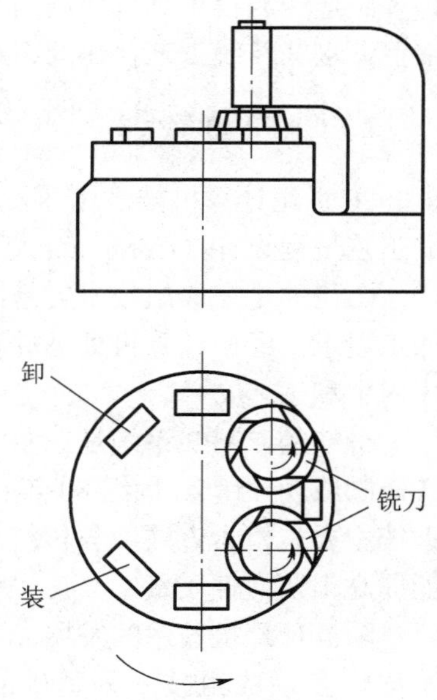

图 2-50　立铣连续加工

4. 减少准备与终结时间

在中小批生产的工时定额中，准备与终结时间占较大比例，应充分注意。

实际上，准备与终结时间的多少与工艺文件是否详尽清楚、工艺装备是否齐全、安装与调整是否方便等有关。采用成组工艺和成组夹具可明显缩短准备与终结时间，提高生产率。

2.9　计算机辅助工艺规程设计

2.9.1　概述

1. 传统工艺设计

机械制造是一种离散的生产过程。机械制造的基本特点是按照设计要求和工艺要求对毛坯进行加工，将设计信息和工艺信息逐步物化到毛坯上，使之转化成为加工后的零件，并按照设计要求，将加工后的零件与标准件、外购件一起装配成为产品。工艺设计大致包含以下两个方面。

（1）工艺路线生成

建立加工前零件的被加工工序序列，包含确定工序内容、选择加工设备、确定定位基准及装配面、确定加工顺序等。

（2）设计工艺规程

确定各个工序的实施方案，包括确定工序内容、选择加工设备、确定毛坯尺寸、工序尺寸及余量、选择刀具及工装卡具、选择加工参数、制订加工程序、确定检验方法、计算工时定额、估计加工成本、提出加工注意事项等，最后完成工艺设计文件。

传统工艺设计是由工艺师人工逐件设计的，工艺文件内容、质量及编制用时取决于工艺师的经验和技术娴熟程度，必然导致工艺文件的多样性、设计时间较长和质量的参差不齐；另外，对相似零件（如系列化产品）手工编制工艺时，不可避免地产生许多重复劳动，并且许多制造资源得不到有效利用，常常产生重复设计、制造或购买工装等辅具，造成制造资源浪费。这些传统工艺存在的不足与现代多品种小批量生产已不相适应。

2. CAPP 的产生

20 世纪计算机技术迅速发展，特别是在机械制造领域中应用日益广泛，出现了计算机辅助工艺规程设计（Computer Aided Process Planning，CAPP）这一新技术。

CAPP 是在成组技术的基础上，通过向计算机输入被加工零件的原始数据、加工条件和加工要求，经由计算机处理并自动进行编码、编程，直至最后输出经过优化的工艺路线、工序内容和工艺文件。

最初的 CAPP 系统是在 20 世纪 60 年代后期开始研究的，1976 年第一个派生式 CAPP 系统研制成功，到 20 世纪 80 年代才逐渐受到工业界重视，并得到迅速发展。早期开发的 CAPP 系统主要是检索方式，与传统工艺设计相比，可以减少工艺师重复烦琐的修改编写工作，并能提高工艺文件质量。

随着计算机技术的发展，CAPP 系统开发人员将成组技术和逻辑决策技术引入 CAPP，开发出许多以成组技术为基础的派生式 CAPP 系统和以决策规则为工艺生成基础的创成式 CAPP 系统，以及基于人工智能技术的专家系统，使 CAPP 系统向智能化方向发展；CAPP 系统的构成也由单一模式向多模式系统发展，使其更适用于不同对象的工艺编制需求；系统结构也由原先的单一孤立的系统向 CAD/CAM 集成化方向发展，使其成为 CAD 和 CAM 之间的纽带；另外，现在的 CAPP 系统也越来越注重制造资源在工艺文件中的管理，许多偏重于工艺管理的 CAPP 系统已开发出来，并在一些中小型企业中得到很好的应用。

实践经验证明，应用 CAPP 能显著提高工艺文件的质量和工作效率，主要体现在以下方面：

1）缩短生产准备周期。应用 CAPP 一方面可将工艺设计人员从繁杂的劳动中解放出来，另一方面大大减少工艺编制的时间和费用，缩短生产准备周期，降低制造成本，提高产品在市场上的竞争力。

2）减少工艺编制对工艺人员技能和经验的依赖。CAPP 本身具有的创成性，可以降低对工艺人员的技能要求，减少对工艺人员经验的依赖性。

3）保证工艺文件的一致性。由于相似零部件的工艺过程来源于同一标准工艺或基于同一知识库和同一推理机，因此便于编制出方案较优、一致性更好的工艺，有利于实现工艺过程的标准化。

4）有利于计算机集成制造系统集成。CAPP 是 CAD 与 CAM 系统信息集成的纽带，CAPP 不仅能利用计算机编制工艺，而且能利用计算机实现生产计划最优化及作业过程最优化，从而构成产品制造过程、制造资源计划（Manufacturing Resource Planning，MRP-Ⅱ）和企业资源计划（Enterprise Resource Planning，ERP）的重要组成部分。CAPP 是实现 CIMS 集成的关键技术，也是企业实施 CIMS 的重要保证。

2.9.2 CAPP 的组成及基本技术

1. CAPP 的组成

为了适应多变的产品种类、制造环境的要求，CAPP 系统应包括以下功能模块。

1）输入模块：将零件图或 CAD 系统中的零件信息通过直接的信息转换接口或人工方式输入，转化为生成工艺路线和进行工艺系统设计所需要的数据结构。

2）工艺规程设计模块：用来进行工艺流程的决策，生成工序卡，并对工序间尺寸进行计算，生成工序图；确定工序的各工步，选定机床和工夹量具确定加工余量和工艺参数，计算切削用量和工时定额，最终生成工步卡，并形成数控加工指令所需的刀位文件。

3）数控加工指令生成与加工过程动态仿真模块：根据刀位文件和具体数控机床的特点，生成数控加工指令，并利用仿真技术检验工艺过程及数控指令是否正确。

4）输出模块：输出工艺过程卡、工序卡、工步卡、工序图等各类文档，并可编辑修改，输出合格的工艺文件。

5）修改模块：进行现有规程的修改。

6）控制模块：对整个系统的控制和管理。

7）各类库存信息：工程数据库（包括材料、加工方法、机床、刀具、装夹方法、切削条件等）、数据词典库、工序子图库、工艺知识库、工艺规则库、工艺文件库、NC 代码等。

2. CAPP 基本技术

CAPP 系统的基本技术主要包括以下几方面。

1）成组技术：成组技术是 CAPP 系统的基础支撑技术。早期的 CAPP 系统一般是以成组技术为基础的派生式 CAPP 系统，其内核利用成组技术将零件编码分类形成若干加工族，再编制族中复合零件或主样件的标准工艺过程。

2）零件信息的描述与转换：零件信息是工艺信息，主要来自零件图、CAD 系统或集成化的产品模型并进行转化得到。如何描述与转换零件信息是 CAPP 系统的关键技术，也是 CAD/CAPP/CAM 系统有效集成的关键问题。

3）工艺设计决策：工艺设计决策的内容包括工艺流程、工步及工艺参数决策。其核心是特征型面的加工方法选择、零件加工工序及工步的安排与组合等，利用综合分析和动态优化及交叉设计等方法使工艺设计达到全局最优化。

4）工艺知识的获取与表示：工艺设计一般依赖于工艺设计人员的经验、技术水平。应总结出适应本企业零件加工的典型工艺及工艺决策方法，开展专家系统和知识库的建立工作，从而提高工艺设计的效率和质量。

5）工艺文件管理：工艺文件主要包括 CAPP 系统输出的文档，如工艺过程卡、工序图、工序卡、NC 加工指令、刀具清单、夹具清单、量具清单、机床设备清单等，应加强工艺文件库的建设工作，使资源得到充分的利用，也为企业实施产品数据管理（Product Data Management，PDM）打下良好的基础。

2.9.3　CAPP 的类型及基本原理

1. CAPP 系统的分类

在编制零件加工工艺时，不同的工艺过程往往与工艺人员的经验、零件数量及编制工艺过程的频繁程度密切相关，很难用一种通用的 CAPP 软件来满足各种不同零件的工艺编制。因此，按照工艺决策方法的不同，CAPP 系统可分为检索式 CAPP 系统、派生式 CAPP 系统、创成式 CAPP 系统、智能型 CAPP 系统（专家系统）及综合式 CAPP 系统五种类型。

2. 各种 CAPP 系统的基本原理

（1）检索式 CAPP 系统

检索式 CAPP 系统实际上是工艺过程的技术档案管理和文字处理系统。其自动化和智能化程度较低，工艺决策完全由工艺设计人员完成。检索式 CAPP 系统的基本原理是事先将已有零件的工艺过程存入计算机工艺文件数据库，进行工艺设计时，按零件编码或图号检索工艺文件数据库，再通过人机交互方式，对检索出的相似零件的工艺过程进行修改或重新编制新的工艺过程。图 2-51 为检索式 CAPP 系统的流程图。

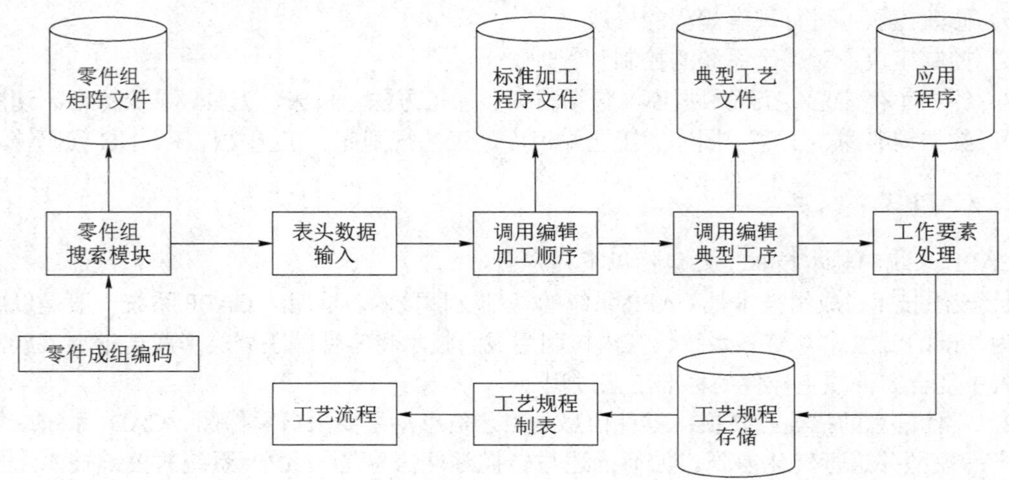

图 2-51　检索式 CAPP 系统的流程图

检索式 CAPP 系统在计算切削用量、工时、加工费用和查询工具/夹具/量具信息等方面能显著提高工艺编制的效率，简单实用，而且软件本身的开发和维护费用较低，能在多数中、小型企业中快速推广应用，具有良好的经济效益。

（2）派生式 CAPP 系统

派生式 CAPP 系统又称为变异型或修订型 CAPP 系统。其基本原理是在成组技术的基础上利用零件结构、尺寸和工艺的相似性将零件分成若干零件族，再编制零件族中复合零件典型工艺并储存在数据库中，当编制新零件工艺规程时，首先根据新零件的成组编码自定其所在的零件族，再根据新零件的具体要求对零件族的典型工艺进行编辑修改后，产生符合要求的新工艺规程，图 2-52 为派生式 CAPP 系统的流程图。

派生式 CAPP 系统根据零件信息的描述与输入方式不同又分为基于成组技术的 CAPP 系统和基于特征的 CAPP 系统两大类。

拥有科学合理的零件分类编码系统和正确获取零件信息的功能对派生式 CAPP 系统具有至关重要的作用，而复合零件的设计与典型工艺过程的制订则是开发派生式 CAPP 系统的关键。派生式 CAPP 系统工艺原理简单，容易开发，目前企业实际投入运行的 CAPP 系统大多属于该类型，缺点是柔性差，不能用于全新结构零件的工艺设计。

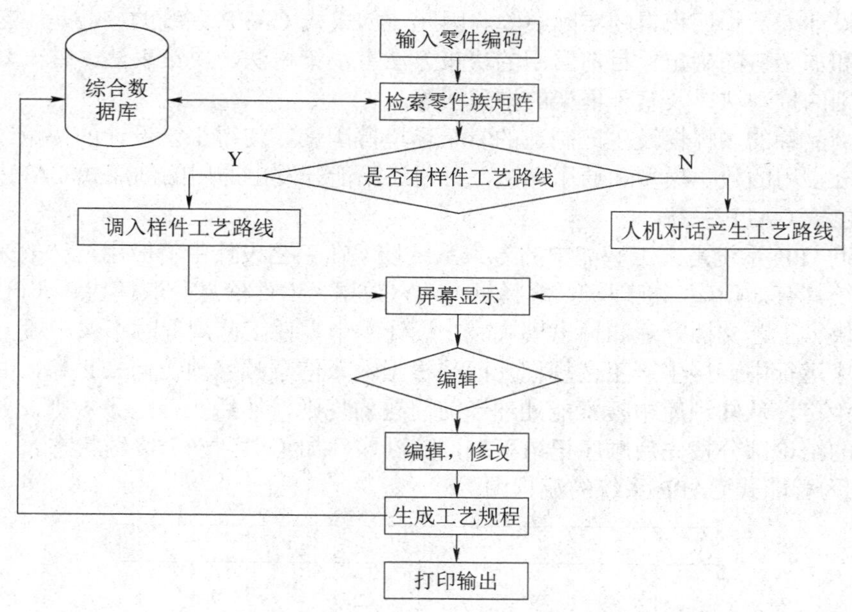

图 2-52　派生式 CAPP 系统的流程图

（3）创成式 CAPP 系统

创成式 CAPP 系统又称为生成式 CAPP 系统，其基本原理是根据零件输入的全面特征信息和工艺数据库的信息（如各种加工方法、加工对象、加工设备及刀具的适用范围等）在没有人工干预的情况下，运用一定的逻辑原理、规则、公式和算法自动“创成”一个新的优化的工艺过程。创成式 CAPP 系统的自动化与智能化程度要高于派生式 CAPP 系统，它没有预先设置的典型工艺过程，具有较多的机动决策功能，克服了派生法不能适用全新零件的缺点。图 2-53 为创成式 CAPP 系统的流程图。

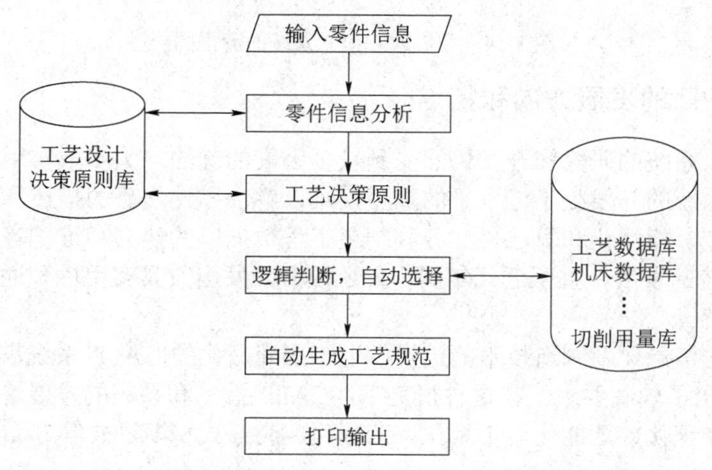

图 2-53　创成式 CAPP 系统的流程图

零件加工工艺过程的创成，就是按工艺逻辑推理以确定零件各型面特征的工艺方法及其加工链（一个或一组表面的加工工序序列）。加工链反映了工艺生成过程的逆向推理过程，也反映了工艺设计人员长期积累的实际经验。因此，创成式 CAPP 系统的核心是工艺设计的决策推理过程和加工链的确定。目前常用的决策方法有决策树法、决策表法、基于知识的决策法、基于规则的推理法以及基于框架的推理法等。

由于产品品种的多样性及生产制造的复杂环境等因素，使得工艺设计的决策过程错综复杂，难以建立实用的数学模型和通用算法，目前还不能开发出通用的创成式 CAPP 系统。

(4) 智能式 CAPP 系统

智能式 CAPP 系统是人工智能中的专家系统技术在工艺设计中的应用。一般来说，智能式 CAPP 系统具有知识库、推理机、解释机、动态数据、零件信息获取模块、人机接口模块、图形处理模块、工艺文档管理和输出模块。在设计一个零件工艺规程时不像一般 CAPP 系统那样，在程序运行中直接生产工艺规程，而是根据输入信息频繁地访问知识库，并通过推理机中的控制策略，从知识库中搜索能处理当前问题的规则，然后执行这条规则，并把每次执行规则得到的结论部分按先后顺序记录下来，直到零件加工达到一个终结状态。

图 2-54 为智能式 CAPP 系统的流程图。

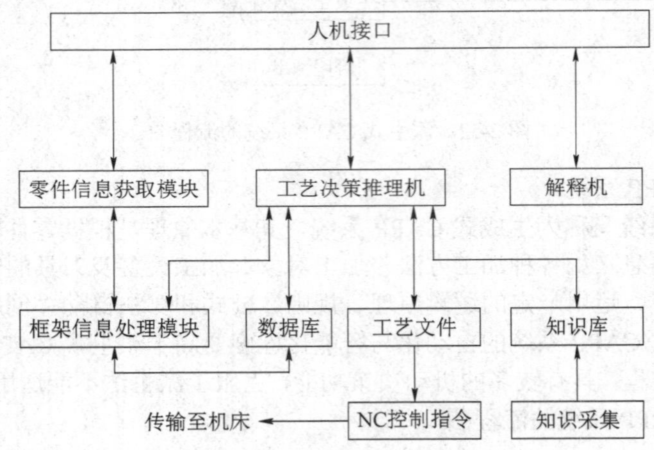

图 2-54　智能式 CAPP 系统的流程图

2.9.4　CAPP 的发展方向和特点

目前，CAPP 系统的研究和开发仍然受到较多因素的制约，大多数实用的应用系统的功能和范围，以及系统的开发处于低水平的重复，难以解决零件信息的描述和获取、决策逻辑推理及规则的制定、模型化和算法化、各种制造工程数据库的建立和维护等问题，这些都严重制约 CAPP 系统的发展，直至近几年国内外还没有开发出兼具实用性和通用性的自动工艺设计的 CAPP 系统。

随着制造业的信息化及制造技术的进步，近年来商品化的 CAPP 系统需要普及及应用，对 CAPP 系统提出了较高要求。在这种形势下，CAPP 技术和系统的发展趋势主要表现在集成化、网络化、知识化、智能化、工具化、工程化、交互式和渐进式等方面。

1. 集成化、网络化方向

集成化是 CAPP 的一个重要发展方向。所谓集成化就是 CAD/CAPP/CAM/CAE 的局部集成。CAPP 与 CAD 系统的集成，与 CAM 系统的集成，在集成化系统中采用统一的数据交换标准，从根本上解决了 CAPP 系统的零件信息 CAD 与获取问题，提高了自动化水平。

20 世纪 90 年代至今，直接从二维的或三维的 CAD 设计模型获取工艺输入信息，开发基于知识库和数据库、关键环节采用交互式设计方式并提供参考工艺方案的 CAPP 系统。此类系统在更高的层次上致力于加强 CAPP 系统的智能化工具能力，为 CAD/CAPP/CAM/CAE 的集成提供全面基础。

网络化是现代系统集成应用的必然要求，如 NC 设计信息、工艺路线设计和原材料计划由网络上的工厂级计算机完成，工序设计、NC 编程则由网络上的车间级计算机完成，企业内工程数据库和决策逻辑的知识库等分布在整个企业中；CAPP、CAD、CAM 及 CAE 等系统的集成应用都需要网络技术支撑，如与产品设计实现双向的信息交换与传递，与生产计划调度系统实现有效集成，与质量控制系统建立内在联系等。只有实现网络化才能实现企业级乃至更大范围的信息化。

2. 知识化、智能化方向

传统 CAPP 系统主要以解决事务性、管理性工作为主要任务。而基于知识化、智能化的 CAPP 系统除了作为工艺辅助工具外，还有将工艺专家的经验 CAPP 积累起来建立公用工艺数据与知识库并加以充分利用的任务。在知识化的基础上，CAPP 系统应该从实际出发，结合工艺设计在工序、特征形体层面或在全过程中提供备选的工艺方案，并根据操作者的工作记录进行各种层次的自学习、自适应。目前，人工智能已广泛应用于各种类型的 CAPP 系统中，并且可将神经元网络理论及基于实例的推理等方法用于 CAPP 系统。

3. 工具化、工程化方向

各企业的工艺环境管理模式千差万别，从既要使用各企业的具体环境，又要控制针对具体企业的实际工作量、提高通用性方面考虑，需要加强 CAPP 系统的工具化和工程化，使 CAPP 系统的工艺设计的共性（包括推力控制策略、公共算法，以及通用的、标准化的工艺数据与工艺决策知识）CAPP 设计的个性（包括与特定加工环境相关的工艺数据及工艺决策知识等）完全独立，使 CAPP 系统具有工具化思想的通用性。可以允许用户对现有的 CAPP 系统进行二次开发，将 CAPP 系统的功能分解成一个个相对独立的工具，用户能根据企业的具体情况输入数据和工艺知识，形成面向特定的制造和管理环境的 CAPP 系统。

4. 交互式、渐进式方向

CAPP 系统主要用来帮助而不是取代工艺设计人员，一个实用、通用的 CAPP 工具系统不宜追求完全的自动化，CAPP 与操作人员交互的功能。操作人员要有足够的工艺知识和判断能力，并有能力帮助 CAPP 系统作出关键决策。决策、判断对具备足够工艺判断能力的工艺人员来说不是很困难、烦琐的工作，但对计算机而言可能难以胜任。因此，需要逐步建立、验证、完善知识库及其使用法则，需要有目标、有计划地渐进式发展商品化的、基于知识的 CAPP 工艺系统。

2.10 其他计算机辅助提高劳动生产率的加工方法

随着科学技术的发展，近几十年出现了许多先进机械制造技术和方法，显著提高了劳动生产率，除上述成组技术和计算机辅助工艺规程设计外，还有计算机辅助制造、计算机集成制造系统、柔性制造系统等。

2.10.1 计算机辅助制造

计算机辅助制造（Computer Aided Manufacturing，CAM）就是用分级计算机来控制机械制造过程的各个环节。计算机辅助制造系统是由硬件和软件组成的。硬件包括数控机床、检测装置、数字计算机及其他相关装置。软件是指一个计算机编程系统的连接网，其功能是用来进行监测、处理和最终控制信息流与 CAM 的硬件。

1. 计算机在辅助制造系统中的应用

1）计算机过程检测：用计算机观察制造过程及相应的设备，并收集和记录工序数据，作为人工控制过程的指导。

2）计算机数字控制（Computer Numerical Control，CNC）：用小型计算机部分或全部代替传统数控机床的专用控制机，称为计算机数字控制。图 2-55 所示为计算机数字控制系统，零件程序输入小型（或微型）计算机的存储器内，已存在于计算机内的控制软件将零件程序处理后，经接口输入机床的伺服系统，驱动机床运动。用小型计算机数字控制机床的控制器（如图中虚线框部分）来代替传统数控机床的控制机。

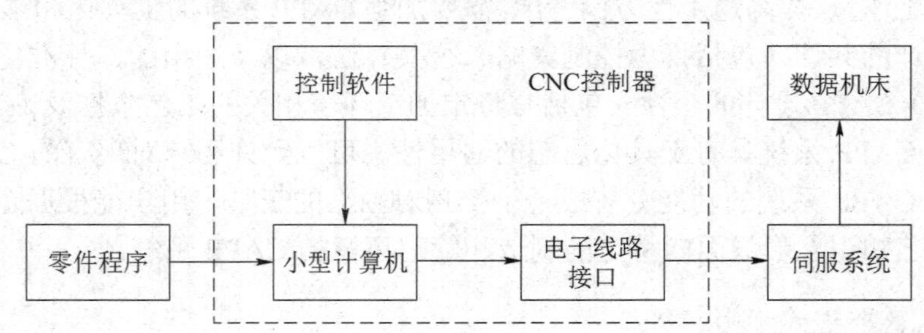

图 2-55 计算机数字控制系统

计算机数字控制系统的柔性是其最大的优点。在生产过程中由于逻辑功能是由计算机程序来实现的，修改和增删程序比较容易，因此扩展系统的功能范围就非常方便，于是可以提高劳动生产率。

3）直接数字控制（Direct Numerical Control，DNC）：用一台计算机来控制多台数控机床就称为直接数字控制，或称群控。在分时基础上采集各台数控机床的数据，并把指令信息输出给各台数控机床，以保证制造过程正常进行。制造过程的调整可自动进行，不用人工干预。

DNC 系统的具体构成如图 2-56 所示。它是由一台计算机和四种辅助装置（数控机床、通信线、主体记忆装置和控制台）构成的。主体记忆装置就是用来储存多种零件的数控加工指令、日程计划等各方面数据的装置。控制台设置在机床群之间，操作者使用控制台的键盘等工具就可与远距离的计算机对话、交流信息。把计算机与辅助装置连接起来就是通信线。

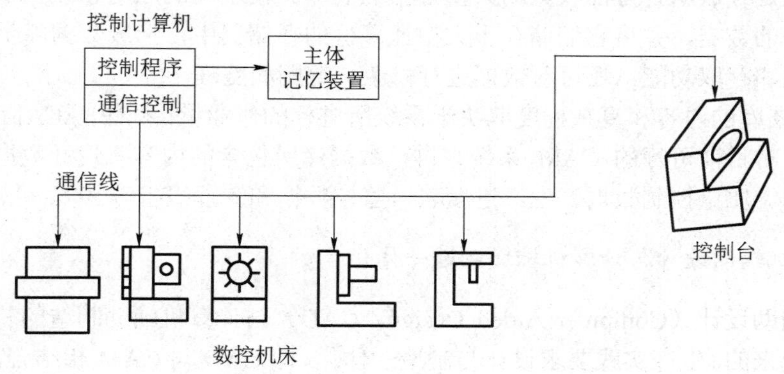

图 2-56　DNC 系统的具体构成

DNC 系统不仅可用于数控加工，也可用于利用输送装置将数控机床、自动仓库、工具及夹具管理室相连接，而且工件的装夹、取出和清理能自动进行的系统。

4）适应控制（Adaptive Control，AC）：由于数控机床只能按照预定的程序进行加工，而实际的加工情况并不完全与编程时所设想的一样。据估计大约有 30 种变量直接或间接地影响切削过程，如工件毛坯余量不均匀、材料硬度不一致，刀具在切削过程中变钝，刀具几何参数发生变化，工件在切削过程中变形，以及热传导、润滑、冷却等。当切削条件变化时数控系统不能及时作出反应，仍原封不动地按规定程序动作，结果不是刀具损坏就是工件报废。因此，只能在编程时采取保守的切削用量，这不仅降低了生产率，也影响加工一批零件时精度的一致性。为克服这一缺陷，在数控机床上采用适应控制系统。

图 2-57 所示为适应控制数控系统，该系统可用各种传感器测出加工过程中机床的温度、转矩、振动、位移、刀具磨损等信息，与事先由实验得到的最佳参数比较，若有误差，则通过指令自动修正，以达到最佳的控制效果。

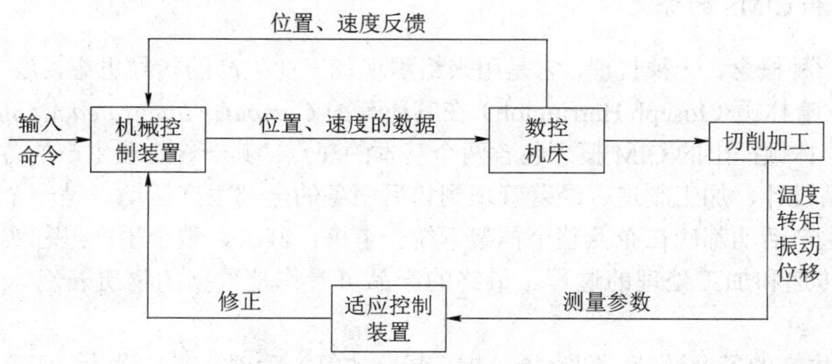

图 2-57　适应控制数控系统

2. 计算机辅助制造的数据库

数据库就是存放从各方面收集的大量数据的仓库。按不同的应用领域分别收集了大量按一定格式编好的数据，并将它们储存于大型计算机的存储器中，形成数据库供用户共享。它具有数据检索和存取功能，还可对数据进行修改、增删和整理。

CAM 数据库的内容和复杂程度取决于系统所进行的作业量。理想的 CAM 系统需要一个大的数据库。对目前可行的 CAM 系统来讲，数据库所包含的内容有设计数据、加工数据、切削参数数据、质量控制数据、生产进度表、监控数据和管理报告等。

3. 计算机辅助设计与计算机辅助制造一体化

计算机辅助设计（Computer Aided Design，CAD）与计算机辅助制造的软件系统是分别研制和发展起来的。生产实践要求设计与制造一体化，即 CAD 与 CAM 相结合，用 CAD/CAM 表示。由于 CAD 能建立数据库，以提供制造使用的数据，在理想的 CAD/CAM 系统中，产品设计与制造间建立直接的联系。CAD/CAM 的目标是不但要实现设计与制造的各阶段自动化，而且要实现从设计到制造的过渡自动化。这样从根本上改变传统的设计与制造相互分离，既费时间又使设计与工艺人员重复劳动。

2.10.2 计算机集成制造系统

20 世纪 70 年代中期，随着市场的进一步全球化，世界工业市场竞争不断加剧，给企业带来了巨大的压力，迫使企业纷纷寻求有效方法，加速推出高性能、高可靠性、低成本的产品，以期更有力地参与竞争。计算机的产生、发展及其在工业中的广泛应用，使机械工业的传统生产方式孕育着一次新的技术革命，这次技术革命的主要特征是由局部自动化走向全局自动化，即由原来局限于产品制造过程的自动化发展到产品设计过程、生产过程和经营管理过程的自动化，由此出现了计算机集成制造系统（Computer Intergrated Manufacturing System，CIMS）。

1. CIM 和 CIMS 的含义

CIM 是一种概念、一种哲理，它是用来组织现代工业生产的指导思想，是 1974 年由美国学者约瑟夫•哈林顿（Joseph Harrington）在其所著的 *Computer Integrated Manufacturing* 一书中提出的。哈林顿提出的 CIM 概念包含两个基本的观点：其一，企业生产的各个环节，从市场分析、产品设计、加工制造、经营管理到售后服务的全部生产活动，是一个不可分割的整体，单一的生产活动都应在企业整个框架下统一考虑；其二，整个生产过程实质上是一个数据的采集、传递和加工处理的过程，最终的产品可看作是数据的物质表现，可进一步阐述如下。

1）企业生产的各个环节，即市场分析、经营决策、管理、产品设计、工艺规划、加工制造、销售、售后服务等全部活动过程是一个不可分割的有机整体，要用系统的观点进行协调，进而实现全局优化。

2）企业生产的要素包括人、技术及经营管理。其中，尤其要继续重视发挥人在现代化企业生产中的主导作用。

3）企业生产活动包括信息流（采集、传递和加工处理）及物质流两大部分。现代企业尤其要重视信息流的管理运行及信息流与物质流间的集成，对于 CIMS 中的 M，不仅意味着制造，还应扩展到管理（Management）领域。

4）CIM 技术是基于现代管理技术、制造技术、信息技术、自动化技术及系统工程技术的一门综合性技术。具体地讲，它综合并发展了与企业生产各环节有关的计算机辅助技术，即计算机辅助经营管理与决策技术（MIS，即 Management Information System，管理信息系统），计算机辅助分析与设计技术（CAD、CAE、CAPP、CAM），计算机辅助制造技术（DNC、CNC、工业机器人、FMC、FMS），计算机辅助信息集成技术（网络、数据库、标准化、CASE、人工智能），计算机辅助建模、仿真、实验技术，计算机辅助质量管理与控制等。

CIMS 是基于 CIM 这种生产理念而产成的系统，是 CIM 的具体体现，是自动化生产的系统工程。CIMS 是工厂自动化的发展方向，是一种企业实现整体优化的理想模式，通过计算机及其软件将全部生产活动所需的各分散系统有机地集成起来，是适合于多品种、中小批量生产的总体高效益及高柔性制造系统，是提高劳动生产率的重要方法之一。

2. 集成制造系统的层次结构

CIMS 的关键是集成问题，但集成不是简单的组合，在机械厂这种多层次多环节的离散型生产系统中，各个子系统都是分散、随机地运行的。由于各个子系统处理数据和信息的能力有限，因此如何划分层析结构，正确处理集中和分散的关系并有效地集成，是 CIMS 的关键。这就需要建立一个与生产系统中各功能子系统连接起来的集成信息系统（集成数据库，用以保证企业各功能子系统所用信息数据的一致性、准确性、及时性和共享性）。一个企业可以由公司、工厂、车间、单元、工作站、设备六层组成，其职能分别为计划、管理、协调、控制及运行。在最高层公司和工厂层，有大量抽象信息和不确定性信息，其信息处理的周期长，越往下层，如设备层，信息越具体，有时实时信息甚至以毫秒、微秒来计算。计算机集成制造就要在这样一个十分广阔的信息范围内将其集成起来，进行数据的采集、通信和处理，因此，在集成制造系统中，计算机是采用分级管理的。图 2-58 表示了计算机集成制造系统的简要结构框图。

从图 2-58 可以看出，CIMS 的结构是层次性的结构。最高层是经营决策层，是 CIMS 的核心（CAD/CAM）。其下是设计计划层，此层可划分为两大部分，一部分是产品的计算机辅助设计和制造（CAD/CAM），另一部分是组织准备和管理，它是系统的支柱；作业层、FMS 与生产单元层是产品生产实施的层次，是系统的基础。图 2-58 中的箭头表示了 CIMS 各个层次的计算机之间的信息交换，最重要的信息将汇总到决策层，作为决策的依据，所以系统的计算机网络是系统的神经系统。MIS 系统贯穿 CIMS 各个层次，它的效率将决定产品生产是否能高效高质，以满足市场需求。

在 CIMS 中的一项关键技术就是解决 CAD/CAPP/CAM 的一体化问题，以及如何将设计、工艺和制造三者有机地集成起来，这一技术的解决有赖于对产品模型、数据交换标准和智能制造等先进技术的研究。目前，国内外都非常重视上述技术的研究和开发，并已取得了许多有应用价值的成果。

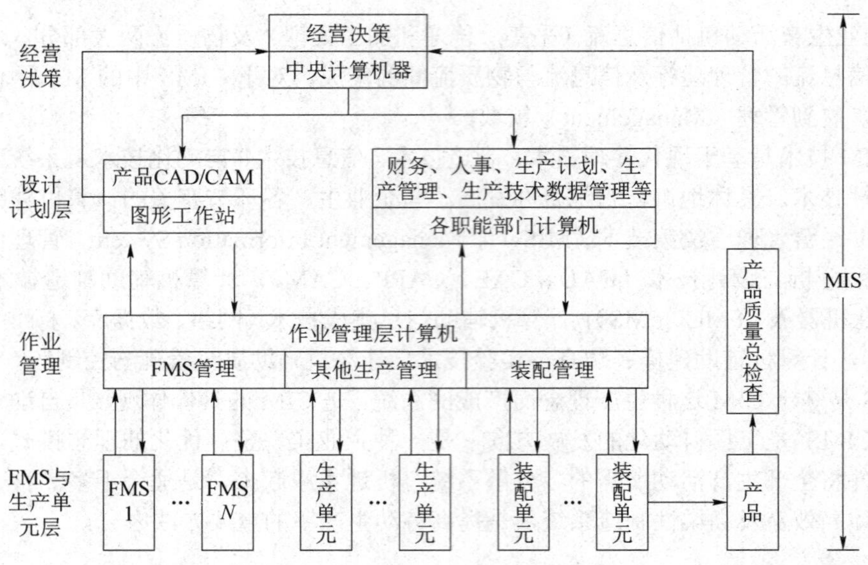

图 2-58　CIMS 简要结构图

3. 集成制造系统的组成

CIMS 一般由四个功能分系统和两个支撑分系统构成。图 2-59 表示 CIMS 其与外部信息的联系。四个功能分系统分别是管理信息分系统、产品设计与制造工程设计自动化分系统、制造自动化（柔性制造）CIMS、质量保证分系统；两个支撑分系统为计算机网络系统及数据库系统。企业在实施 CIMS 时，应根据企业自身的需求和条件，分步或局部实施。

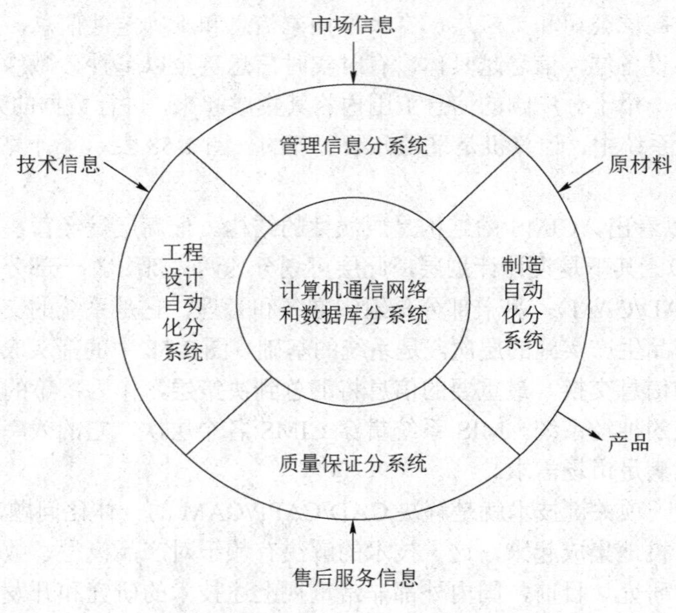

图 2-59　CIMS 组成

（1）管理信息系统（MIS）

管理信息系统以 MRP-II为核心，包括预测、经营决策、各级生产计划、生产技术准备、销售、供应、财务、成本、设备、工具、人力资源等管理信息功能，通过信息集成，达到缩短产品生产周期、降低流动资金占用率，提高企业应变能力的目的。因此，必须认真分析生产经营中物质流、信息流的运动规律，研究它们与企业各项经营、生产效益目标的关系，对企业生产经营活动中产生的各种信息进行筛选、分析、比较、加工、判断，从而实现信息集成与信息优化处理，保障企业能够有节奏、高效率地运行。管理信息系统有下列特点。

1）它是一个一体化的系统，把企业中各个子系统有机地结合起来。

2）它是一个开放系统，与 CIMS 的其他分系统有着密切的信息联系。

3）所有的数据来源于企业的中央数据库（这里是指逻辑上的），各子系统在统一的环境下工作。

（2）产品设计与制造工程设计自动化系统

它是指计算机辅助产品设计、制造准备及产品性能测试等阶段的工作，通常称为 CAD/CAPP/CAM 系统。它可以使产品开发工作高效、优质地进行。

1）CAD 系统包括产品结构的设计，定型产品的变型设计及模块化结构的产品设计。CAD 系统应具备以下主要功能。

① 产品方案设计的专家系统。该系统是将成熟的产品设计原则、方法等通过知识库形式存储在计算机中，需要时可以调用并进行推理决策。应用该系统能使不熟练的设计人员设计出好的产品方案，但计算机不能自动产生新的设计原则和方法，所以系统需要不断地随技术进步而更新扩展。

② 工程分析计算，即计算机辅助工程（Computer Aided Engineering，CAE）。

③ 几何特征造型。目前，几何造型是三维立体造型，通过立体造型可以使设计人员在产品还未生产出来之前就可以通过屏幕看到未来的产品。但是，几何造型没有考虑工艺问题。特征造型的研究方向是在设计造型时将工艺因素也考虑进去，以便真正实现 CAD/CAPP/CAM 完全自动化。

④ 计算机绘图和文档编辑。几何造型后的零件通过投影转换可以变成视图、剖面图等，然后通过人机对话的方式标注尺寸、文字，成为产品设计图。产品设计图是通过计算机的外围设备，即绘图机自动绘制出来的。

⑤ 工程信息的有效存储、管理和共享。本项功能的内容是工程数据库管理及如何通过计算机网络与企业各部门（甚至外界）交换信息。

2）CAPP 系统需要完成计算机按设计要求将原材料加工成产品所需要的详细工作指令的准备工作。

3）CAM 系统通常进行刀具路径的规划、刀位文件的生成、刀具轨迹仿真及 NC 代码的生成。

产品设计和制造过程，设计自动化系统在接到管理信息系统下达的产品设计指令后，进行产品设计、工艺过程设计和产品数控加工编程，并将设计文档、工艺规程、设备信息及工时定额送至管理信息系统，将 NC 加工等工艺指令送给制造自动化系统。

（3）制造自动化系统

它是在计算机的控制与调度下，按照 NC 代码将毛坯加工成合格的零件并装配成部件或产品。制造自动化系统的主要组成部分有加工中心、数控机床、运输小车、立体仓库及计算机控制管理系统等。

（4）质量保证系统

通过采集、存储、评价及处理存在于设计、制造过程中与质量有关的大量数据，从而提高产品的质量。

（5）两个支撑系统

1）网络系统。它是支持 CIMS 各个系统的开放型网络通信系统，采用国际标准和工业标准规定的网络协议（如 MAP、TCP/IP）等，可实现异种机互联，异构局域网及多种网络的互联，满足各应用分系统对网络支持服务的不同需求，支持资源共享、分布处理、分布数据库、分层递阶和实时控制等。

2）数据库系统。它支持 CIMS 各分系统，覆盖企业全部信息，以实现企业的数据共享和信息集成。通常采用集中与分布相结合的三层递阶控制体系结构——主数据管理系统、分布数据管理系统和数据控制系统，以保证数据的安全性、一致性及易维护性等。

4. 集成制造系统的特征

目前，在世界范围内 CIMS 正在不断发展，人们对 CIMS 的认识也正在不断深化。至今，对 CIMS 的发展还没有形成一种统一的模式，但集成制造作为一种制造哲理，已被广泛接受。尽管 CIMS 的发展还没有固定的模式，但从 CIMS 已走过的发展道路来看，具有以下特征。

1）CIMS 包含现在已经被制造企业采用的各种自动化单元技术，如加工过程的自动化技术；产品设计过程的自动化技术，如 CAD/CAM；生产管理过程的自动化技术，如物料需求计划（Material Requirements Planning，MRP）和全面质量控制（Total Quality Control，TQC）等。

2）CIMS 的集成，必须高度依赖于计算机网络及分布式数据库。关键之一是必须建立一种适用于工厂自动化的网络标准（如 TOP/MAP）和数据交换标准（如 IGES、STEP），并建立一个在逻辑上是全局性的、在物理上是分布性的综合数据库。

3）CIMS 特别强调提高企业经营管理效率，并使之与企业中其他单元系统相互协调集成。因此，CIMS 比工厂自动化（FA）具有更广泛的内涵。

4）CIMS 是一个复杂的大系统，技术复杂，投资大，周期长，风险也大。为了设计 CIMS，必须建立一整套自上而下的系统设计方法，同时必须按开放式体系结构的原则来设计，以便适应长远发展的需要。

5）CIMS 十分重视人的作用，尽管 CIMS 是建立在全部制造加工过程的广泛的支持基础上，但系统中人的作用始终是最重要的。

5. 实现 CIMS 的关键技术及我国在 CIMS 方面的发展

（1）实现 CIMS 的关键技术

如前所述，CIMS 是自动化技术、信息技术、生产技术、网络技术、传感技术等多学科技术的相互渗透而产生的集成系统。由于 CIMS 的技术覆盖面太广，因此不可能由某一厂家成套供应 CIMS 技术与设备，而必然出现许多厂家供应的局面。另外，现有的不同技术，如数据库、CAD、CAPP、CAM 及计算机辅助质量管理（Computer Aided Quality，CAQ）等是按其应用领域相对独立地发展起来的，这就带来不同技术设备和不同软件之间的非标准化问题。而标准化及相应的接口技术对信息的集成是至关重要的。目前，世界各国在解决软、硬件的兼容问题及各种编程语言的标准、协议标准、接口标准等方面作了大量工作，开发了如 MAP/TOP、IGES、STEP 等软件。

实现 CIMS 的另一个关键技术在于数据模型、异构分布数据管理系统及网络通信问题。这是因为一个 CIMS 涉及的数据类型是多种多样的，有图形数据、结构化数据（如关系数据）及非图形、非结构化数据（如 NC 代码）。如何保证数据的一致性及相互通信问题是一个至今没有很好解决的课题。现在人们探讨用一个全局数据模型，如产品模型来统一描述这些数据，这是未来 CIMS 的重要理论基础和技术基础。

第三个关键技术在于系统技术和现代管理技术。对这样复杂的系统 CIMS 如何描述、设计和控制，以便使系统在满意状态下运行，也是一个有待研究解决的问题。CIMS 会引起管理体制变革，所以生产规划、调度和集成管理方面的研究也是实现 CIMS 的关键技术之一。

（2）我国在 CIMS 方面的进展

各国高新技术的发展水平已成为衡量一个国家综合国力及其国际地位的主要标志。为跟踪国际高新技术的发展，参与国际竞争，我国在 1986 年 3 月制订了国家高技术研究发展计划（即 863 计划）。在这个计划中，明确地将计算机集成制造系统确定为自动化领域的研究主题之一。这对我国制造业工厂自动化技术的导向既有长远意义又有现实意义。

国家 CIMS 工程技术研究中心全称国家计算机集成制造系统工程技术研究中心，英文名称 National CIMS Engineering Research Center，简称 CIMS 工程研究中心或 CIMS-ERC。CIMS 工程研究中心是国家科技部于 1992 年批准组建的第一批国家工程研究中心，1995 年通过验收，并正式挂牌。

在 21 世纪初，我国 863/CIMS 主题战略目标：在一批企业实现各有特色的 CIMS，并取得综合效益，促进我国 CIMS 高技术产业的形成，建立先进的研究开发基地，攻克一批关键技术，造就一批 CIMS 人才，以 CIMS 技术促进我国制造业的现代化。为了实现这个战略目标，863/CIMS 主题按四个层次、十个专题进行研究和开发。

四个层次为应用工程、产品开发、技术攻关和应用基础研究。每个层次有不同的目标、评价指标和运行方式，各层次之间相互衔接，互为支持，形成一个有机整体。其中，应用工程是重点，选择了包括飞机、机床、纺织机、汽车、家电和服装等部门企业作为应用工厂，开展典型 CIMS 应用系统的开发。

十个专题为 CIMS 总体设计与实施、CIMS 发展战略及体系结构、CIMS 总体集成技术、集成产品设计自动化系统、集成工艺设计自动化系统、集成制造自动化系统、CIMS 管理与决策支持系统、集成质量控制系统、计算机网络与数据库系统及 CIMS 系统技术与方法十个方面。

十几年来，我国 863/CIMS 主题在“效益驱动、总体规划、重点突出、分步实施”十六字方针的指导下，CIMS 在我国的研究、开发与应用取得了重大进展，完成了一批 CIMS 前沿技术的研究，开发了一批具有实用价值的 CIMS 工具产品，建立了十多个典型 CIMS 工程。

总体来说，我国 CIMS 的发展经历了三个阶段：由 863/CIMS 主题确立时“CIMS 离我们还很远”的初始阶段，到典型 CIMS 示范企业建立时“CIMS 正向我们走来”的第二阶段，发展到目前“CIMS 就在我们身边”的推广应用阶段。CIMS 技术的进步和发展，为我国小面积推广应用、继续跟踪国际先进技术打下了良好的基础。

此外，CIMS 作为新型的生产模式，其本身也处于不断的发展和更新中，并且有着非常强的应用前景，制造业实际的变化和需要也会推动 CIMS 的研究和发展。人们围绕 CIMS 的总目标，将并行工程、精良生产、敏捷制造、智能制造、虚拟制造、绿色制造，以及全球制造等许多新概念、新思想、新技术、新方法引入 CIMS 中来。这些新的制造理念都有其自身特有的生产过程组织形式，并与特定的生产管理方法相联系，形成人、技术、管理的全面集成。同时，这些新的制造理念的提出和研究应用也推动了 CIMS 的发展，使制造业展现出前所未有的新的发展局面。

2.10.3 柔性制造系统

柔性制造系统（Flexible Manufacturing System，FMS）是由统一的信息控制系统、物料储运系统和一组数字柔性制造系统加工设备组成的，能适应加工对象变换的自动化机械制造系统。

1. 柔性制造系统分类

柔性制造系统可以分为柔性制造单元、柔性制造系统、柔性自动生产线三种类型。

（1）柔性制造单元

柔性制造单元（Flexible Manufacturing Cell，FMC）是在制造单元的基础上发展起来的具有柔性制造系统部分特点的一种单元。FMC 通常由一台具有零件缓冲区、换刀装置及托板自动更换装置的数控机床或加工中心与工件储存、运输装置组成，具有适应加工多品种产品的灵活性和柔性，可以作为加工中柔性制造系统的基本单元，也可将其视为一个规模最小的柔性制造系统，是柔性制造系统向廉价化及小型化方向发展的产物。

（2）柔性制造系统

柔性制造系统以数控机床或加工中心为基础，配以物料传送装置组成的生产系统。柔性制造系统通常包括两台或两台以上的 CNC 机床（或加工中心），由集中的控制系统及物料系统连接起来，该系统由电子计算机实现自动控制，可在不停机的情况下实现多品种、中小批量的加工管理。柔性制造系统是使用柔性制造技术最具代表性的制造自动化系统。柔性制造系统适合加工形状复杂、加工工序多、批量大的零件。其加工和物料传送柔性大，但人员柔性仍然较低。

（3）柔性自动生产线

柔性制造生产线（Flexible Manufacturing Line，FML）是把多台可以调整的机床（多为专用机床）连接起来，配以自动运送装置组成的生产线。该生产线可以加工批量较大的不同规格零件。柔性程度低的柔性制造生产线在性能上接近大批量生产用的制造生产线；柔性程度高的柔性制造生产线接近于小批量、多品种生产用的柔性制造系统。

2. 柔性制造系统的构成

就机械制造业的柔性制造系统而言，如图 2-60 所示为柔性制造系统构成，其基本组成部分包括以下几个子系统。

1）加工子系统：指以成组技术为基础，把外形尺寸（形状不必完全一致）、重量大致相似，材料相同，工艺相似的零件集中在一台或数台数控机床或专用机床等设备上加工的系统。

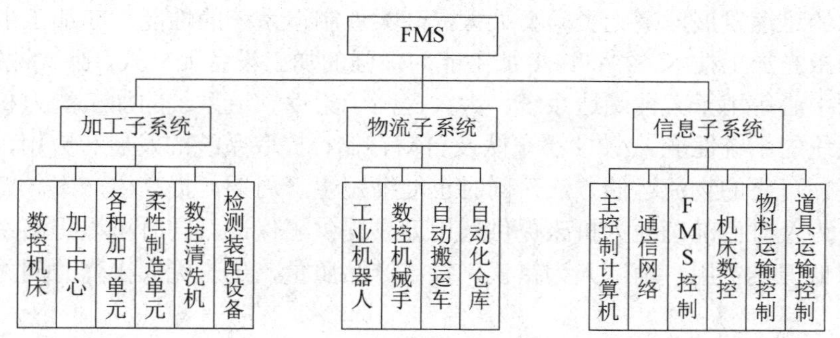

图 2-60　柔性制造系统构成

2）物流子系统：指由多种运输装置构成，如传送带、轨道一转盘及机械手等完成工件、刀具等的供给与传送的系统，它是柔性制造系统主要的组成部分。

3）信息子系统：指对加工和运输过程中所需各种信息收集、处理、反馈，并通过电子计算机或其他控制装置（液压、气压装置等），对机床或运输设备实行分级控制的系统。

3. 柔性制造系统的优点及发展趋势

（1）柔性制造系统的优点

柔性制造系统是一种技术复杂、高度自动化的系统，它将微电子学、计算机和系统工程等技术有机地结合起来，理想地解决了机械制造高自动化与高柔性化之间的矛盾。

具体优点如下。

1）设备利用率高。一组机床编入柔性制造系统后，产量比这组机床在分散单机作业时的产量提高数倍。

2）减少生产周期。

3）生产能力相对稳定。自动加工系统由一台或多台机床组成，发生故障时，有降级运转的能力，物料传送系统也有自行绕过故障机床的能力。

4）产品质量高。零件在加工过程中，装卸一次完成，加工精度高，加工形式稳定。

5）运行灵活。有些柔性制造系统的检验、装卡和维护工作可在第一班完成，第二班、第三班可在无人照看下正常生产。在理想的柔性制造系统中，其监控系统还能处理如刀具的磨损调换、物流的堵塞疏通等运行过程中不可预料的问题。

6）产品应变能力大。刀具、夹具及物料运输装置具有可调性，且系统平面布置合理，便于增减设备，满足市场需要。

（2）柔性制造系统的发展趋势

随着科学技术水平的日益提高，柔性制造系统将在各种技术发展的推动下继续迅速发展。

1）柔性制造系统与计算机辅助设计和辅助制造系统相结合，利用原有产品系列的典型工艺资料，组合设计不同模块，构成各种不同形式的具有物料流和信息流的模块化柔性系统。

2）现代企业已经实现从产品决策、产品设计、生产到销售的整个生产过程自动化，特别是管理层次自动化的计算机集成制造系统。在这个大系统中，柔性制造系统作为计算机集成制造系统的重要组成部分，必然随着计算机集成制造系统的发展而发展。

3）构成柔性制造系统的各项技术，如加工技术、运储技术、刀具管理技术、控制技术及网络通信技术的迅速发展，毫无疑问会大大提高柔性制造系统的性能。在加工中采用喷水切削加工技术和激光加工技术，并将许多加工能力很强的加工设备如立式、卧式镗铣加工中心，高效万能车削中心等用于柔性制造系统，大大提高了柔性制造系统的加工能力和柔性，提高了柔性制造系统的系统性能。AVG 小车队及自动存储、提取系统的发展和应用，为柔性制造系统提供了更加可靠的物流运储方法，同时也能缩短生产周期，提高生产率。刀具管理技术的迅速发展，为及时而准确地为机床提供适用刀具提供了保证，同时可以提高系统柔性、设备利用率，降低刀具费用，消除人为错误，提高产品质量，延长无人操作时间并最终提高劳动生产率。

习　题

2-1　什么是生产过程和工艺过程？

2-2　什么是工序、安装、工步、走刀和工位？

2-3　生产类型是根据什么划分的？常用的有哪几种生产类型？

2-4　什么叫基准？工艺基准包括哪几种？

2-5　基准分为哪两类？粗、精基准选择原则有哪些？

2-6　选择毛坯时，应考虑哪些因素？

2-7　表面加工方法选择时应考虑哪些因素？

2-8　工件加工质量要求较高时，应划分哪几个加工阶段？各加工阶段的主要任务是什么？划分加工阶段的原因是什么？

2-9　机械加工工序应如何安排？

2-10　什么是加工工序余量和加工总余量？加工余量的确定有哪几种方法？影响工序间加工余量的因素有哪些？

2-11　何为时间定额？批量生产时，时间定额由哪些部分组成？

2-12　安排热处理工序的目的是什么？有哪些热处理工序？

2-13　何谓工序集中？何谓工序分散？工序集中和工序分散各有何特点？决定工序集中与分散的主要因素是什么？为什么说目前和将来大多倾向于采用工序集中的原则来组织生产？

2-14　有色金属零件为什么不宜使用磨削加工的方法？是否绝对不能使用？

2-15　零件在进行机械加工前为什么要定位？

2-16　在大批量生产条件下，加工一批直径为 $\phi 25_{-0.03}^{\ 0}$ mm，长度 58mm 的光轴，其表面粗糙度 $Ra < 0.16\mu m$，该零件材料为 45 钢。请确定其加工方法。

2-17　某机床厂年产 CW6140 普通车床 500 台，已知机床主轴的备品率为 20%，废品率为 4%，试计算主轴的生产纲领。此主轴属于何种生产类型？工艺过程应有何特点？

第 3 章

机床夹具设计

学习目标

1）理解工件定位基本原理。
2）了解定位方式及定位元件。
3）掌握定位误差的分析与计算方法。
4）掌握工件在夹具中的夹紧。
5）了解各类机床夹具
6）掌握机床夹具的设计步骤与方法。

知识要点

1）工件定位基本原理。
2）定位方式及定位元件。
3）定位误差的分析与计算方法。
4）工件在夹具中的夹紧。
5）各类机床夹具。
6）机床夹具的设计步骤与方法。

3.1 机床夹具概述

3.1.1 工件的安装方法

工件在机床上加工时，由于加工精度和生产批量的不同，可能有不同的安装方法，归纳起来主要有以下几种。

1. 直接找正安装

直接找正安装方法是利用机床上的装夹面（如自定心卡盘、单动卡盘、平口钳、电磁吸

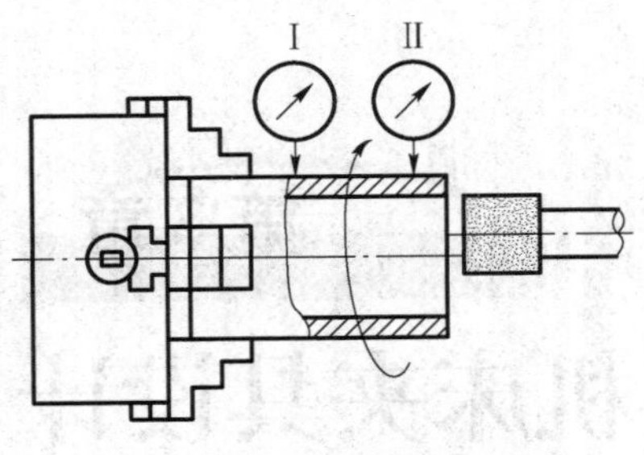

图 3-1　内圆磨削直接找正法

盘等）来对工件直接定位的，工件的定位是由操作者利用划针、百分表等量具直接校准工件的待加工表面，也可校准工件上某一个相关表面，从而使工件获得正确的位置。如图 3-1 所示，在内圆磨床上磨削一个与外圆表面有很高同轴度要求的筒形工件的内孔时，为保证工件定位的外圆表面轴心线与磨床头架回转轴线的同轴度要求，加工前可先把工件装在单动卡盘上，用百分表在位置Ⅰ和Ⅱ处直接对外圆表面找正，直至认为该外圆表面已取得正确位置后用卡盘将其夹牢固定。找正用的外圆表面即为定位基准。

图 3-2a）中工件的加工面 *A* 要求与工件的底面 *B* 平行，装夹时将工件的定位基准面 *B* 靠紧并吸牢在磁力工作台上即可；图 3-2b）中工件为一夹具底座，加工面 *A* 要求与底面 *B* 垂直并与底部已装好导向键的侧面平行，装夹时除将底面靠紧在工作台面上之外，还需使导向键侧面与工作台上的 T 形槽侧面靠紧；图 3-2c）中工件上的孔 *A* 只要求与工件定位基准面 *B* 垂直，装夹时将工件的定位基准面紧靠在钻床工作台面上即可。直接找正安装因其装夹时间长、生产率低，故一般多用于单件、小批量生产。定位精度要求特别高时往往用精密量具来直接找正安装。

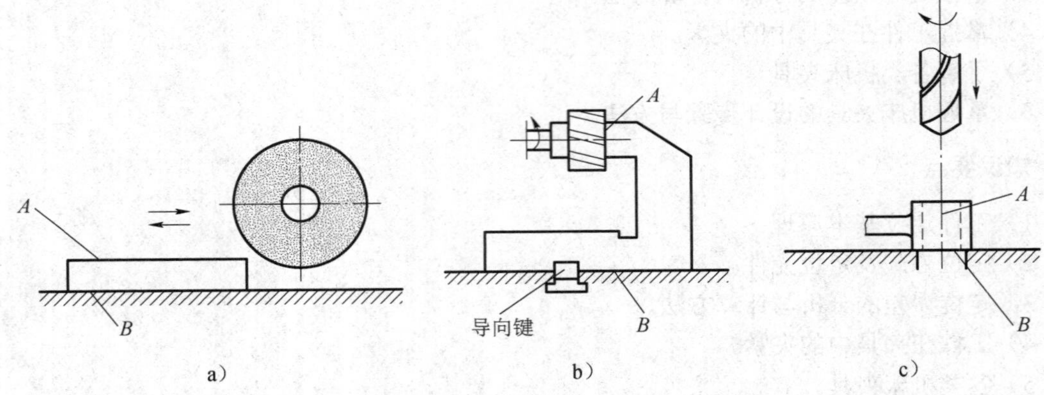

图 3-2　其他加工直接找正安装

a）加工面与底面平行；b）加工面与底面垂直；c）工件孔 *A* 与定位基准面垂直

直接找正安装比较普遍，如轴类、套类、圆盘类工件在卧式或立式车床上的安装；齿坯在滚齿机上的安装等。

用直接找正安装方法安装工件时，找正比较费时，且定位精度的高低主要取决于所用工具或量仪的精度，以及工人的技术水平，定位精度不易保证，生产效率低，通常用于单件、小批量生产。

2. 划线找正安装

按加工要求预先在待加工的工件表面上划出加工表面的位置线，然后在机床上按划出的线找正工件的方法，称为划线找正安装（图 3-3）。划线找正安装的定位精度比较低，一般为

0.2～0.5mm，因为划线本身有一定的宽度，所以划线又有划线误差，找正时还有观察误差等。这种方法广泛用于单件、小批量生产，更适用于形状复杂的大型、重型铸锻件及加工尺寸偏差较大的毛坯。

3. *用夹具安装*

夹具是根据加工某一零件某一工序的具体加工要求设计的，其上有专用的定位和夹紧装置，将零件直接装在夹具的定位元件上并夹紧，零件可以迅速而准确地装夹在夹具中。采用夹具装夹，是在机床上先安装好夹具，使夹具上的安装面与机床上的装夹面靠紧并固定，然后在夹具中装夹工件，使工件的定位基准面与夹具上定位元件的定位面靠紧并固定。由于夹具上定位元件的定位面相对夹具的安装面有一定的位置精度要求，故利用夹具装夹就能保证工件相对刀具及成形运动的正确位置关系。这种方法安装迅速方便，定位可靠，广泛应用于成批和大量生产中。例如，加工套筒类零件时（图 3-4），就可以用零件的外圆定位，用自定心卡盘夹紧进行加工，由夹具保证零件外圆和内孔的同心度。采用夹具装夹工件，易于保证加工精度、缩短辅助时间、提高生产效率、减轻工人劳动强度和降低对工人的技术水平要求，故特别适用于成批和大量生产。目前，对于成批、大量生产，已广泛使用组合夹具。

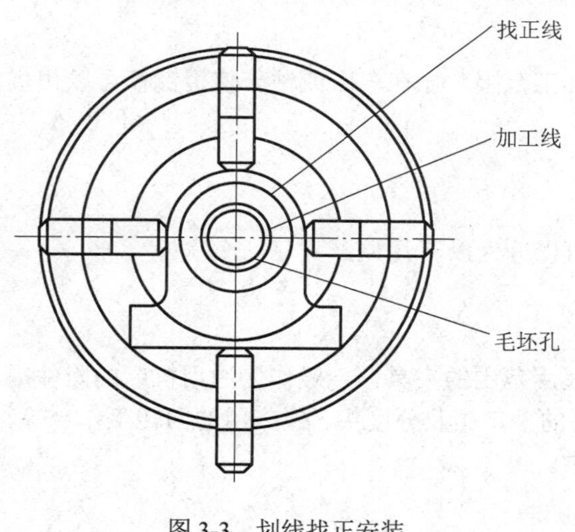

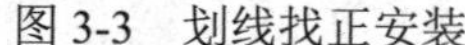
图 3-3　划线找正安装

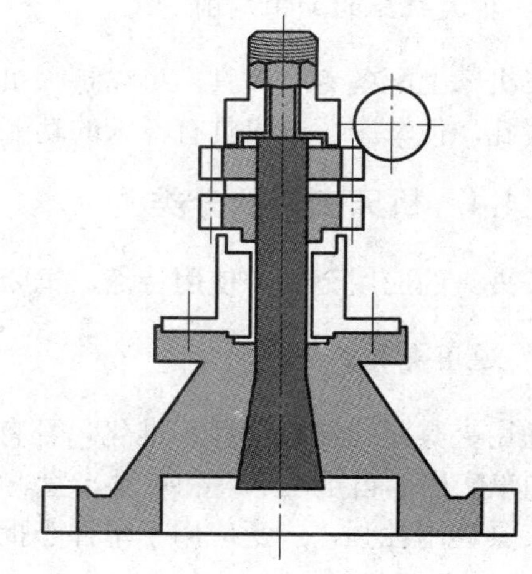

图 3-4　工件在夹具上装夹

3.1.2　机床夹具的定义

在成批、大量生产中，工件的装夹是通过机床夹具实现的。机床夹具是工艺系统的重要组成部分，它在生产中应用十分广泛。

在机床上加工工件时，为了使工件在该工序所加工表面达到图样规定的尺寸、形状和相互位置精度等要求，必须使工件在机床上占有正确的位置，这一过程称为工件的定位；为使该正确位置在加工过程中不发生变化，就需要使用特殊的工艺方法将工件夹紧、压牢，这一过程称为工件的夹紧。从定位到夹紧的全过程称为工件的装夹。机械加工中，在机床上用以确定工件位置并将其夹紧的工艺装备称为机床夹具。

3.1.3 机床夹具的作用

1. 保证加工精度

用机床夹具装夹工件，能准确确定工件与刀具、机床之间的相对位置关系，可以保证批量生产一批工件的加工精度。

2. 提高劳动生产率

机床夹具能快速地将工件定位和夹紧，可以减少辅助时间，提高生产效率。在生产批量较大时，比较容易实现多件、多工位加工，使装夹工件的辅助时间与基本时间重合；当采用自动化程度较高的夹具时，可进一步缩短辅助时间，从而大大提高劳动生产率。

3. 降低对工人技术水平的要求并减轻工人的劳动强度

采用夹具装夹工件，工件的定位精度由夹具本身保证，不需要操作者有较高的技术水平；机床夹具采用机械、气动、液动夹紧装置，可以减轻工人的劳动强度。

4. 扩大机床的加工范围

在机床上配备专用夹具，可以扩大机床的加工范围，如在车床或钻床使用镗模可以代替镗床镗孔，使车床、钻床具有镗床的功能。

3.1.4 机床夹具的分类

按夹具的应用范围和使用特点，机床夹具可以分为以下几类。

1. 通用夹具

通用夹具是指结构已经标准化，且有较大适用范围的夹具，一般作为通用机床的附件提供，如车床用的自定心卡盘和单动卡盘、铣床用的平口钳及分度头、镗床用的回转工作台等。这类夹具通用性强，广泛应用于单件小批生产中。

2. 专用夹具

专用夹具是针对某一工件的某道工序专门设计制造的夹具，它一般是在产品成批或大量生产中使用，是机械制造厂应用数量最多的一种机床夹具。此类夹具的优点是针对性强、结构紧凑、操作简便、生产率高；缺点是需专门设计制造，成本较高，当产品变更时无法继续使用。

3. 组合夹具

组合夹具是用一套预先制造好的标准元件和合件组装而成的夹具。组合夹具被用过之后可方便地拆开、清洗后存放，待组装成新的夹具。因此，组合夹具具有结构灵活多变，设计和组装周期短，夹具零部件能长期重复使用等优点，适于在多品种单件小批生产或新产品试制等场合应用。组合夹具的缺点是一次性投资较大。

4. 成组夹具

成组夹具是在采用成组加工时，为每个零件组设计制造的夹具，当改换加工同组内另一种零件时，只需调整或更换夹具上的个别元件，即可进行加工。成组夹具适于在多品种、中小批生产中应用。

5. 随行夹具

随行夹具是一种在自动线上使用的移动式夹具，在工件进入自动线加工之前，先将工件装在夹具中，然后夹具连同被加工工件一起沿着自动线依次从一个工位移到下一个工位，直到工件退出自动线加工时，才将工件从夹具中卸下。随行夹具是一种始终随工件一起沿着自动线移动的夹具。

此外，按使用机床的类型，夹具可分为车床夹具、钻床夹具、铣床夹具、镗床夹具、磨床夹具、拉床夹具、齿轮机床夹具及组合机床夹具等类型。按夹具动力源，夹具可分为手动夹紧夹具、气动夹紧夹具、液压夹紧夹具、气液联动夹紧夹具、电磁夹具、真空夹具等。

3.1.5 专用机床夹具的组成

机床夹具一般由下列元件或装置组成。

1. 定位元件

定位元件是用来确定工件正确位置的元件，被加工工件的定位基面与夹具定位元件直接接触或相配合，如图 3-5 中的定位心轴 6。

2. 夹紧装置

夹紧装置是使工件在外力作用下仍能保持其正确定位位置的装置，如图 3-5 中的锁紧螺母 5 和开口垫圈 4。

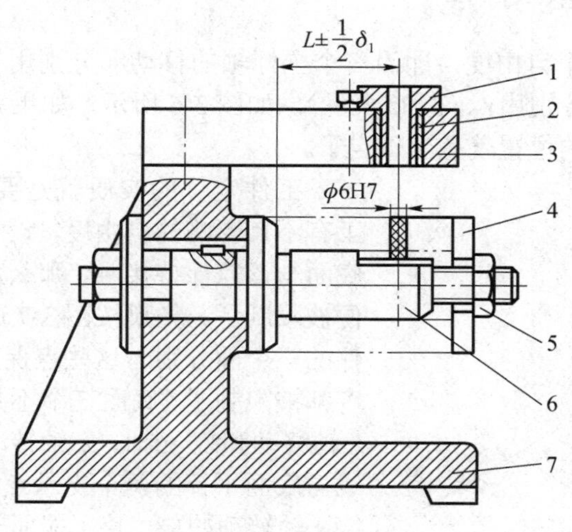

图 3-5 钻床夹具

1—钻套；2—衬套；3—钻模板；4—开口垫圈；5—锁紧螺母；6—定位心轴；7—夹具体

3. 对刀元件、导向元件

对刀元件、导向元件是指夹具中用于确定（或引导）刀具相对于夹具定位元件具有正确位置关系的元件，如钻套、镗套、对刀块等。图 3-5 中的钻套 1 即为导向元件。

4. 夹具体

夹具体是夹具的基础元件，用于连接并固定夹具上各元件及装置，使之成为一个整体。夹具通过夹具体与机床连接，使夹具相对机床具有确定的位置，如图 3-5 中的夹具体 7。

5. 其他元件及装置

根据加工要求，有些夹具尚需设置分度转位装置、靠模装置、工件抬起装置和辅助支承等装置。

应该指出，并不是每台夹具都必须具备上述的各组成部分。但一般说来，定位元件、夹紧装置和夹具体是每一夹具都应具备的基本组成部分。

3.2 工件在夹具中的定位

3.2.1 工件在夹具中定位的目的

工件在夹具中的定位，对保证加工精度起着决定性的作用。在使用夹具的情况下，就要使机床、刀具、夹具和工件之间保持正确的加工位置。工件在夹具中定位的目的就是使同一批工件在夹具中占有同一正确的加工位置。为此，必须选择合适的定位元件，设计相应的定位和夹紧装置，同时，要保证有足够的定位精度。

3.2.2 工件定位基本原理

物体在空间具有六个自由度，即沿三个坐标轴的移动（分别用符号 $\vec{x}$ 、$\vec{y}$ 和 $\vec{z}$ 表示）和绕三个坐标轴的转动（分别用$\overset{\frown}{x}$、$\overset{\frown}{y}$和$\overset{\frown}{z}$表示），如图 3-6 所示，如果完全限制了物体的这六个自由度，则物体在空间的位置就完全确定了。

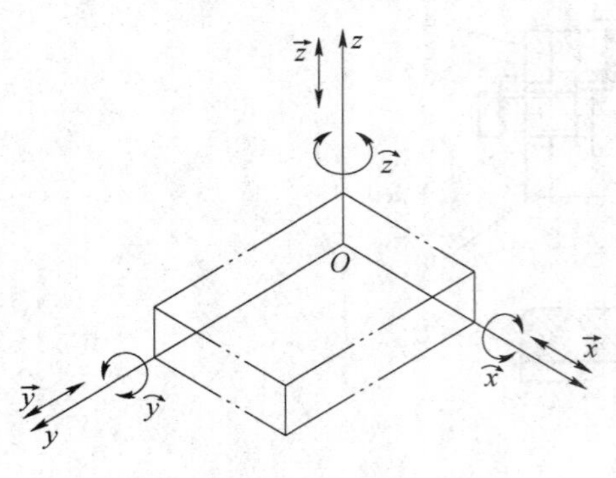

图 3-6 物体在空间的自由度

工件定位的实质就是要根据加工要求限制对加工有不良影响的自由度。设空间有一固定点，工件的底面与该点保持接触，那么工件沿 z 轴的位置自由度便被限制了。如果按图 3-7 所示设置六个固定点，工件的三个面分别与这些点保持接触，工件的六个自由度都被限制了（底面三个不共线的支承点限制工件沿 z 轴移动和绕 y 轴、x 轴转动的自由度；侧面两个连线与底面平行的两个支承点限制了工件沿 x 轴移动和绕 z 轴转动的自由度；端面一个支承点限制了工件沿 y 轴移动的自由度，如图 3-8 所示）。这些用来限制工件自由度的固定点称为定位支承点，简称支承点。

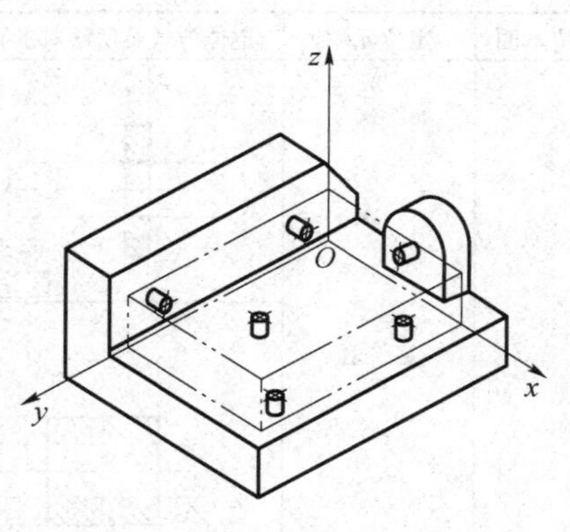

图 3-7 工件的六点定位

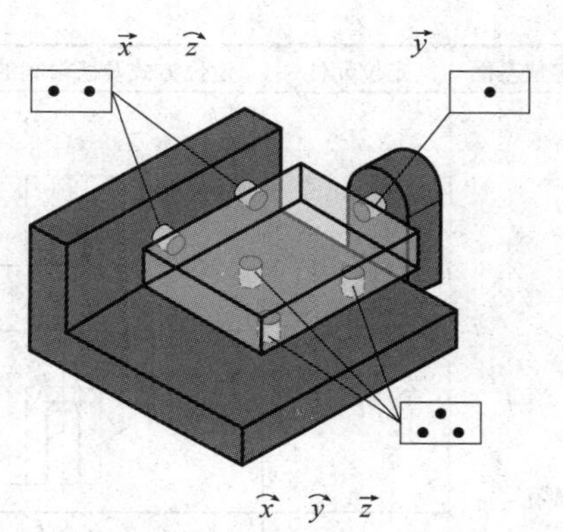

图 3-8 六个支承点限制工件的六个自由度

欲使工件在空间处于完全确定的位置，必须选用与加工工件相适应的六个支承点来限制工件的六个自由度，这就是工件定位的六点定位原理。

但应注意的是，有些定位装置的定位点不如上述例子直观，一个定位元件可以体现一个或多个支承点。要根据定位元件的工作方式及其与工件接触范围的大小而定，如一个较小的支承平面与尺寸较大的工件相接触时只相当于一个支承点，只能限制一个自由度；一个平面支承在某一方向上与工件接触，就相当于两个支承点，能限制两个自由度；一个支承平面在二维方向与工件接触，就相当于三个支承点，能限制三个自由度；一个与工件里孔的轴向接触范围小的圆柱定位销（短圆柱销）相当于两个支承点，限制两个自由度；一个与工件里孔在轴向有大范围接触的圆柱销（长圆柱销）相当于四个支承点，可以限制四个自由度等。另外，支承点的分布必须合理，如图 3-7 侧面上的两个支承点不能垂直布置，否则工件绕 z 轴转动的自由度不能限制。常用的典型定位元件及其所限制自由度情况如表 3-1 所示。

表 3-1 常用的典型定位元件及其所限制自由度情况

工件定位基面	定位元件	定位方式及所限制的自由度	工件定位基面	定位元件	定位方式及所限制的自由度
平面	支承钉	$\vec{x}\cdot\widehat{z}$；$\vec{y}$；$\vec{z}\cdot\widehat{x}\cdot\widehat{y}$	平面	固定支承与自位支承	$\vec{x}\cdot\widehat{z}$；$\vec{z}\cdot\widehat{x}\cdot\widehat{y}$
	支承板	$\vec{x}\cdot\widehat{z}$；$\vec{z}\cdot\widehat{x}\cdot\widehat{y}$		固定支承与辅助支承	$\vec{x}\cdot\widehat{z}$；$\vec{z}\cdot\widehat{x}\cdot\widehat{y}$

续表

工件定位基面	定位元件	定位方式及所限制的自由度	工件定位基面	定位元件	定位方式及所限制的自由度
圆孔	定位销（心轴）	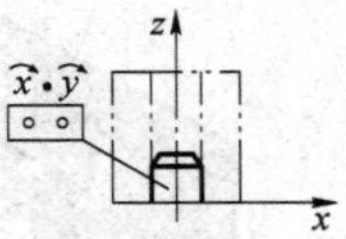 $\widehat{x}\cdot\widehat{y}$	外圆柱面	定位套	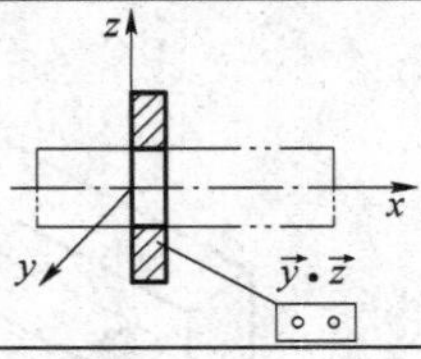 $\vec{y}\cdot\vec{z}$
		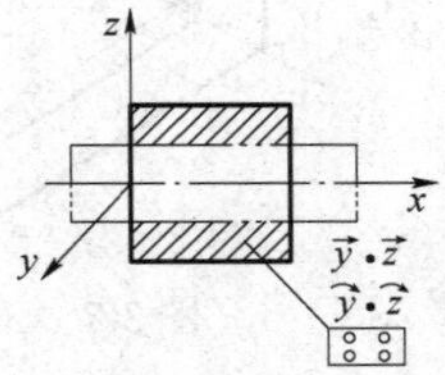 $\vec{x}\cdot\vec{y}$ $\widehat{x}\cdot\widehat{y}$			$\vec{y}\cdot\vec{z}$ $\widehat{y}\cdot\widehat{z}$
	锥销	$\vec{x}\cdot\vec{y}\cdot\vec{z}$			
		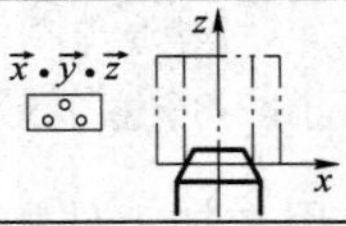 $\widehat{x}\cdot\widehat{y}$ $\vec{x}\cdot\vec{y}\cdot\vec{z}$		半圆孔	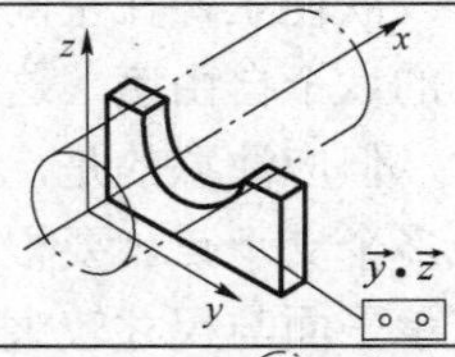 $\vec{y}\cdot\vec{z}$
外圆柱面	支承板或支承钉	$\vec{z}$			$\vec{y}\cdot\vec{z}$ $\widehat{y}\cdot\widehat{z}$
		$\vec{z}\cdot\widehat{y}$	锥孔	锥套	$\vec{x}\cdot\vec{z}\cdot\vec{y}$
	V形块	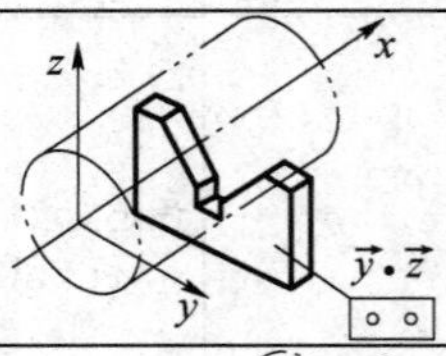 $\vec{y}\cdot\vec{z}$			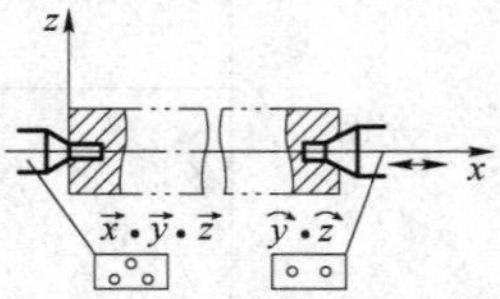 $\vec{x}\cdot\vec{y}\cdot\vec{z}$　$\widehat{y}\cdot\widehat{z}$
		$\vec{y}\cdot\vec{z}$ $\widehat{y}\cdot\widehat{z}$		顶尖	$\vec{x}\cdot\vec{y}\cdot\vec{z}$　$\widehat{y}\cdot\widehat{z}$
		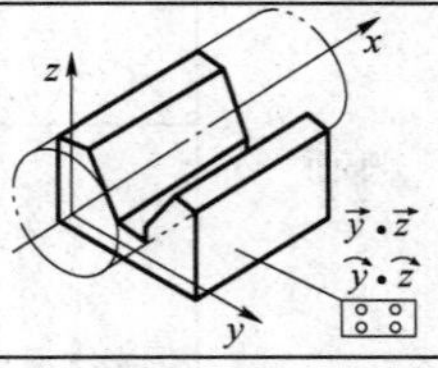 $\vec{y}$		锥心轴	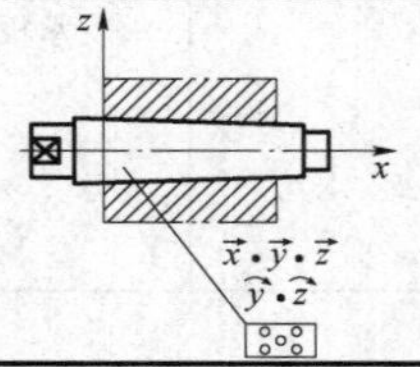 $\vec{x}\cdot\vec{y}\cdot\vec{z}$ $\widehat{y}\cdot\widehat{z}$

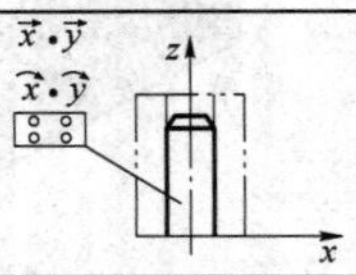

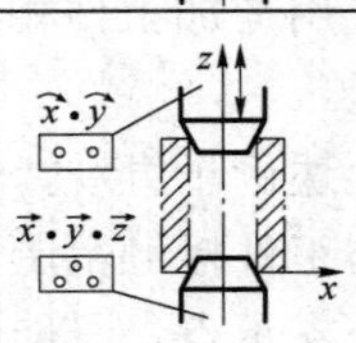

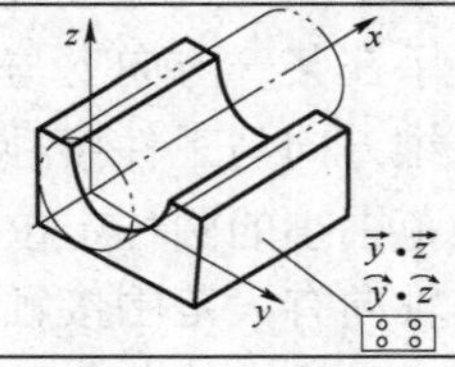

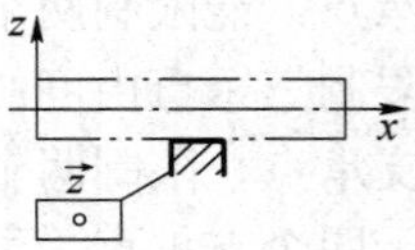

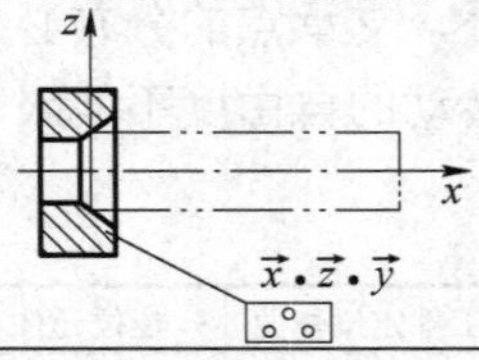

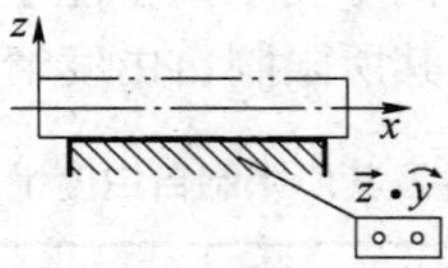

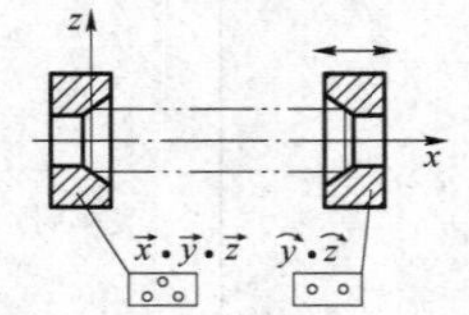

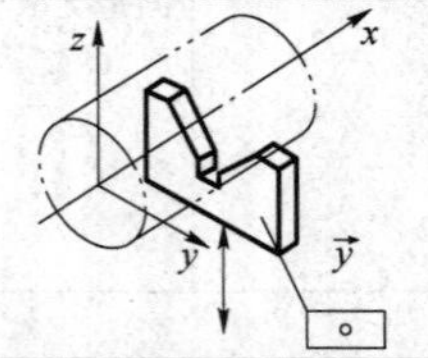

注：□内点数表示相当于支承点的数目，□外注表示定位元件所限制工件的自由度。

3.2.3　工件定位时的几种情况

加工时工件的定位需要限制几个自由度，完全由工件的加工要求所决定。

1. 完全定位

工件的六个自由度完全被限制的定位称为完全定位。例如，在图 3-9a）所示工件上铣一个槽，要求保证工序尺寸 A、B、C，保证槽的侧面和底面分别与工件的侧面和底面平行。为保证工序尺寸 A 及槽底和工件底面平行，工件的底面应放置在与铣床工作台面相平行的平面上定位，三点可以决定一个平面，这就相当于在工件的底面上设置了三个支承点，它限制了工件 $\vec{z}$、$\widehat{y}$ 和 $\widehat{x}$ 三个自由度；为保证工序尺寸 B 及槽侧面与工件侧面平行，工件的侧面应紧靠与铣床工作台纵向进给方向相平行的某一直线，两点可以决定一条直线，这就相当于让工件侧面靠在两个支承点上，它限制了工件 $\vec{x}$ 和 $\widehat{z}$ 两个自由度；为保证工序尺寸 C，工件的端面紧靠在一支承点，以限制工件 $\vec{y}$ 自由度。这样，工件的六个自由度完全被限制，满足了加工要求。

2. 不完全定位

在保证加工精度的前提下，并不需要完全限制工件的六个自由度，不影响加工要求的自由度可以不限制，称为不完全定位。例如，图 3-9b）所示工件上铣通槽，限制 $\vec{x}$、$\vec{z}$、$\widehat{x}$、$\widehat{y}$ 和 $\widehat{z}$ 五个自由度，就可以保证图 3-9b）所示工件的加工要求，工件沿 y 方向的移动自由度可以不加限制。

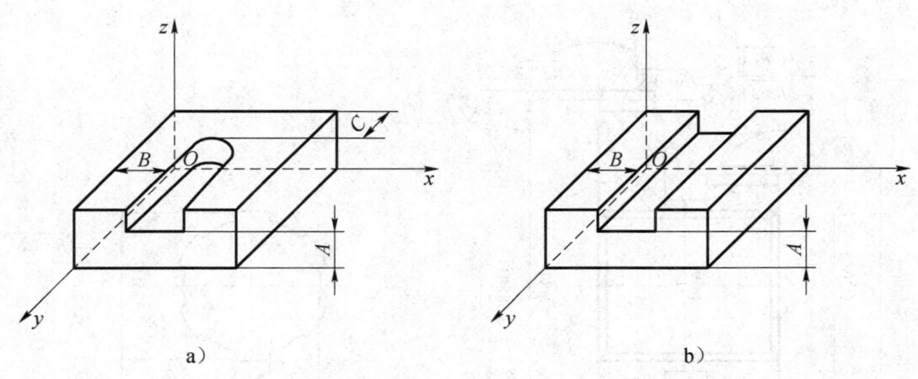

图 3-9　铣槽加工不同定位分析

a）完全定位分析；b）不完全定位和欠定位分析

3. 欠定位

根据加工要求，工件应该限制的自由度未被限制，称为欠定位。例如，图 3-9b）铣槽工序需限制 $\vec{x}$、$\vec{z}$、$\widehat{x}$、$\widehat{y}$ 和 $\widehat{z}$ 五个自由度，如果在工件侧面上只放置一个支承点，则工件的 $\widehat{z}$ 自由度就未被限制，加工出来的工件就不能满足尺寸 B 的要求，也不能满足槽侧面与工件侧面平行的要求，很显然欠定位不能保证加工要求，因此是不允许的。

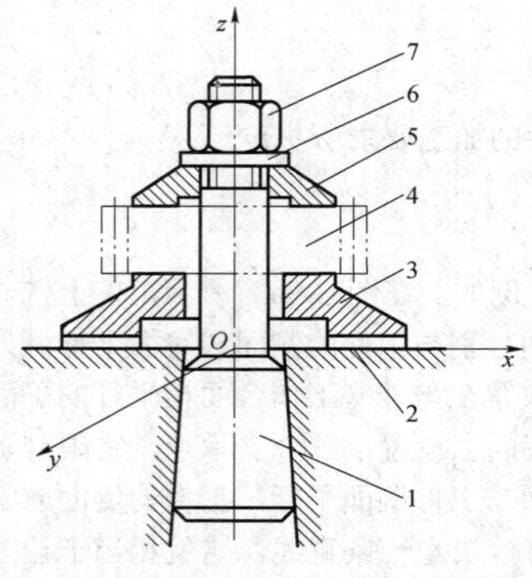

图 3-10 过定位分析示例

1—心轴；2—工作台；3—支承凸台；4—工件；5—压块；6—垫圈；7—压紧螺母

4. 过定位

几个定位元件重复限制工件某一自由度的定位现象，称为过定位。过定位一般是不允许的，因为它可能产生破坏定位、工件不能装入、工件变形或夹具变形。但如果工件与夹具定位面的精度比较高而不会产生干涉，过定位也是允许的，因为它可以提高工件的安装刚度和加工的稳定性。例如，图 3-10 为在滚齿机上加工齿轮简图，工件以里孔和端面作为定位基面装夹在滚齿机心轴 1 和支承凸台 3 上，心轴 1 限制了工件的$\vec{x}$、$\vec{y}$和$\widehat{x}$、$\widehat{y}$四个自由度，支承凸台 3 限制了工件的$\vec{z}$和$\widehat{x}$、$\widehat{y}$三个自由度，心轴 1 和支承凸台 3 同时重复限制了工件的$\widehat{x}$、$\widehat{y}$两个自由度，出现了过定位现象。由于工件孔中心线与端面存在垂直度误差，滚齿机心轴轴线与支承凸台平面存在垂直度误差，因此工件定位时，将出现工件端面与支承凸台不完全接触，用压紧螺母 7 将工件 4 压紧在支承凸台 3 上后，会使机床心轴产生弯曲变形或使工件产生翘曲变形，其结果都将破坏工件的定位要求，从而严重影响工件的定位精度。

图 3-11 为双联齿轮零件图，齿轮两端面对花键里孔大径轴线有跳动的位置公差要求，除了保证齿轮传动的使用要求外，还可以避免加工齿形由于过定位出现工件不能装入、工件变形或夹具变形等情况。

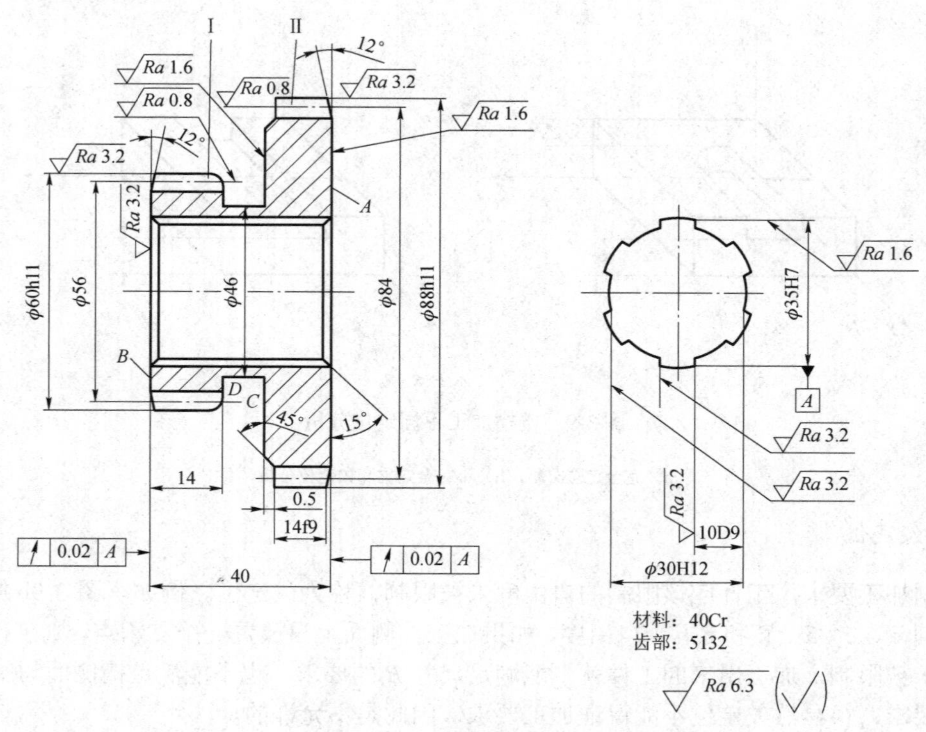

图 3-11 双联齿轮零件图

消除过定位一般有两个途径：一是改变定位元件的结构，以消除被重复限制的自由度，例如，将图 3-10 中的支承凸台 3 大端面改成小端面，或将心轴 1 和工件里孔接触范围缩小；二是提高工件定位基面之间及夹具定位元件之间的位置精度，以减少或消除过定位引起的干涉。

3.2.4　定位方式及定位元件

工件定位方式不同，夹具定位元件的结构形式也不同，这里只介绍几种常用定位方式及所用定位元件，实际生产中使用的定位元件都是这些基本定位元件的组合。

1. 工件以平面定位方式及常用定位元件

机械加工中，利用工件上一个或几个平面作为定位基准的定位方式称为平面定位方式。例如，各种箱体、支架、机座、连杆、圆盘等类工件，常以平面或平面与其他表面组合为定位基准进行定位。以平面作为定位基准所用的定位元件主要有支承钉、支承板、可调支承、自位支承及辅助支承等。平面定位是支承定位，通过工件定位基准平面与定位元件表面相接触而实现定位。

（1）支承钉

常用支承钉的结构形式如图 3-12 所示。平头支承钉［图 3-12a）］用于支承精基准面；球头支承钉［图 3-12b）］用于支承粗基准面；网纹顶面支承钉［图 3-12c）］能产生较大的摩擦力，但网槽中的切屑不易清除，常用在工件以粗基准定位且要求产生较大摩擦力的侧面定位场合。一个支承钉相当于一个支承点，限制一个自由度；在一个平面内，两个支承钉限制两个自由度；不在同一直线上的三个支承钉限制三个自由度。

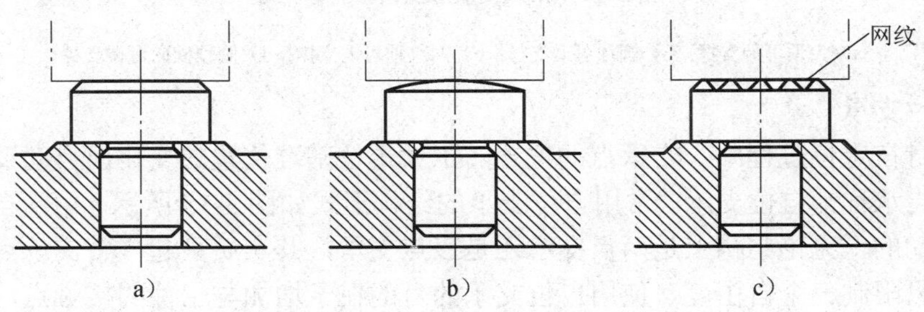

图 3-12　常用支承钉的结构形式

a）平头支承钉；b）球头支承钉；c）网纹顶面支承钉

（2）支承板

常用支承板的结构形式如图 3-13 所示。平面型支承板［图 3-13a）］结构简单，但沉头螺钉处清理切屑比较困难，适于作为侧面和顶面定位；带斜槽型支承板［图 3-13b）］，在带有螺钉孔的斜槽中允许容纳少许切屑，适于作为底面定位。当工件定位平面较大时，常用几块支承板组合成一个平面。一个支承板相当于两个支承点，限制两个自由度；两个（或多个）支承板组合，相当于一个平面，可以限制三个自由度。

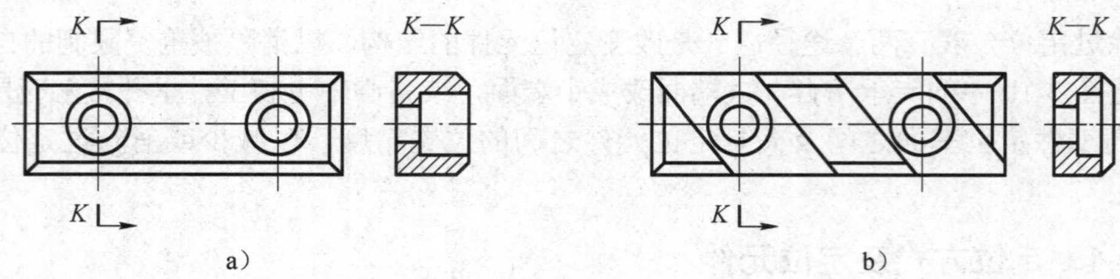

图 3-13　常用支承板的结构形式

a）平面型支承板；b）带斜槽型支承板

（3）可调支承

支承点的位置可以在一定范围内调整的支承称为可调支承。常用可调支承的结构形式如图 3-14 所示。可调支承多用于支承工件的粗基准面，支承点可以根据需要进行调整，调整到位后用螺母锁紧。一个可调支承限制一个自由度。

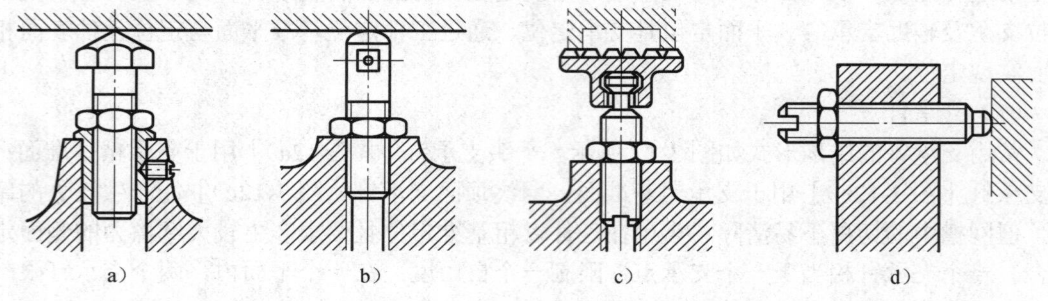

图 3-14　常用可调支承的结构形式

a）尖顶可调支撑；b）圆顶可调支撑；c）网纹顶可调支撑；d）圆顶横向可调支撑

（4）自位支承

支承本身在定位过程中，支承点的位置随工件定位基准位置的变化而自动调整并与之相适应的一类支承称为自位支承。常用自位支承的结构形式如图 3-15 所示。由于自位支承是活动的或是浮动的，无论结构上是两点支承还是三点支承，其实质只起一个支承点的作用，所以自位支承只限制一个自由度。使用自位支承的目的在于增加与工件的接触点，减小工件变形或减少接触应力。

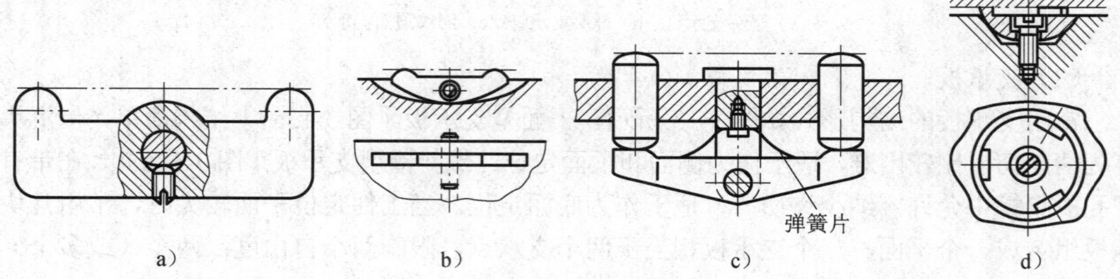

图 3-15　常用自位支承的结构形式

a）平底杠杆式；b）曲面杠杆式；c）组合杠杆式；d）卡爪式

（5）辅助支承

辅助支承只在工件定位后才参与支承，只起提高工件刚性和稳定性的作用，不限制工件自由度。因此，辅助支承不能作为定位元件。图 3-16 列出了辅助支承的几种结构形式。图 3-16a）为手动无止动销辅助支承，其结构简单，但在调整时支承钉要转动，会损坏工件表面，也容易破坏工件定位；图 3-16b）为手动带止动销辅助支承，该结构在旋转螺母 1 时，支承钉 2 受装在衬套 4 键槽中的止动销 3 的限制，只作直线移动；图 3-16c）为自动调节支承，支承销 6 受下端弹簧 5 的推力作用与工件接触。当工件定位夹紧后，回转手柄 9 通过锁紧螺钉 8 和斜面顶销 7 将支承销 6 锁紧；图 3-16d）为推式辅助支承，支承滑柱 11 通过推杆 10 向上移动与工件接触，然后回转手柄 13 通过钢球 14 和半圆键 12 将支承滑柱 11 锁紧。

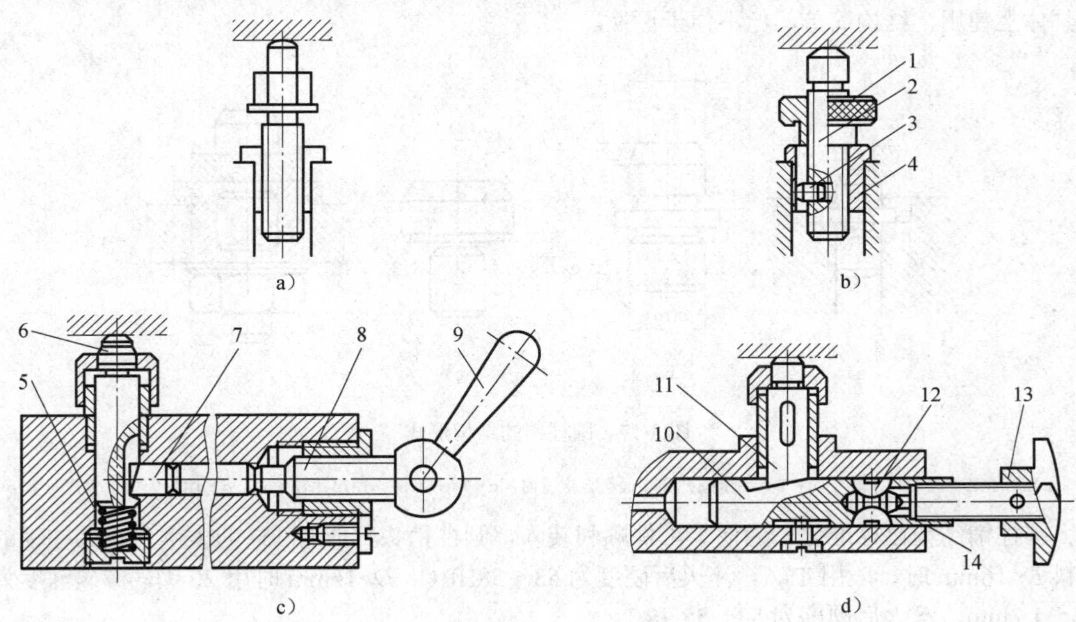

图 3-16　辅助支承的结构形式

a）手动无止动销辅助支承；b）手动带止动销辅助支承；c）自动调节支承；d）推式辅助支承

1—螺母；2—支承钉；3—止动销；4—衬套；5—弹簧；6—支承销；7—斜面顶销；

8—锁紧螺钉；9，13—回转手柄；10—推杆；11—支承滑柱；12—半圆键；14—钢球

以精基准大平面作为定位基面时，可采用数个平头支承钉或支承板作为定位元件，其作用相当于一个大平面，但几个支承板装配到夹具体上后须进行磨削，以保证支承平面等高，且与夹具体底面保持必要的位置精度。

支承钉或支承板的工作面应耐磨，以利于保持夹具定位精度。直径小于 12mm 的支承钉及小型支承板，一般用 T7A 钢制造，淬火后硬度 60～64HRC；直径大于 12mm 的支承钉及较大型的支承板一般采用 20 钢制造，渗碳淬火后硬度 60～64HRC。

2. 工件以孔定位方式及常用定位元件

工件以孔定位即工件以孔作为定位基准的定位方式，工件以孔定位常用的定位元件有定

位销和心轴等。定位孔与定位元件之间处于配合状态，能够保证孔轴线与夹具定位元件轴线重合，属于定心定位。

（1）定位销

定位销按定位元件的形状又可分为圆柱销和圆锥销。

1）圆柱销。图 3-17 为常用圆柱销的典型结构。当工件的孔径尺寸较小时，可选用图 3-17a）所示的结构；当工件同时以圆孔和端面组合定位时，则应选用图 3-17b）所示的带有支承端面的结构；当工件孔径尺寸较大时，选用图 3-17c）所示的结构；大批量生产时，为了便于圆柱销的更换，可采用图 3-17d）所示带衬套的结构形式。用定位销定位时，短圆柱销限制两个自由度；长圆柱销限制四个自由度。图 3-17a）～c）三种为固定式。固定式圆柱销直接装配在夹具体上使用，结构简单，但不便于更换。

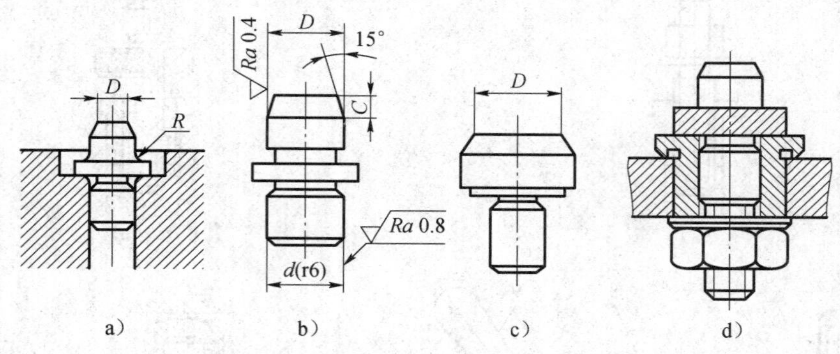

图 3-17　圆柱销的结构形式

a）用于工件孔径尺寸较小时；b）用于圆孔和端面组合定位时；c）用于工件孔径尺寸较大时；d）用于大批量生产时

圆柱销结构已标准化，为便于工件顺利装入，圆柱销头部应有 15° 的大倒角。圆柱销的材料 $D<16$mm 时一般用 T7A，淬火后硬度为 53～58HRC；$D>16$mm 时用 20 钢，渗碳深度为 0.8～1.2mm，淬火后硬度为 53～58HRC。

2）圆锥销。在实际生产中，也有圆柱孔用圆锥销定位的方式，如图 3-18 所示。这种定位方式是圆柱面与圆锥面接触，由于两者的接触为线接触，工件容易倾斜，故圆锥销常和其他定位元件组合定位。圆锥销比短圆柱销多限制一个沿轴向的移动自由度，即共限制工件三个移动方向的自由度。图 3-18a）用于粗基准定位，图 3-18b）用于精基准定位，这种定位方式也属于定心定位。

（2）心轴

心轴主要用于加工盘类或套类零件时的定位。心轴的结构形式很多，图 3-19 是几种常用的心轴结构形式。图 3-19a）为过盈配合心轴，限制工件四个自由度；图 3-19b）为间隙配合心轴，限制工件五个自由度，其中外圆柱部分限制四个自由度，轴凸台限制一个自由度；图 3-19c）为小锥度心轴，装夹工件时，通过工件孔和心轴接触表面的弹性变形夹紧工件，定位时，工件楔紧在心轴上，靠孔的弹性变形产生的少许过盈消除间隙，并产生摩擦力带动工件回转，而不需另外夹紧。使用小锥度心轴定位可获得较高的定位精度，它可以限制五个自由度。

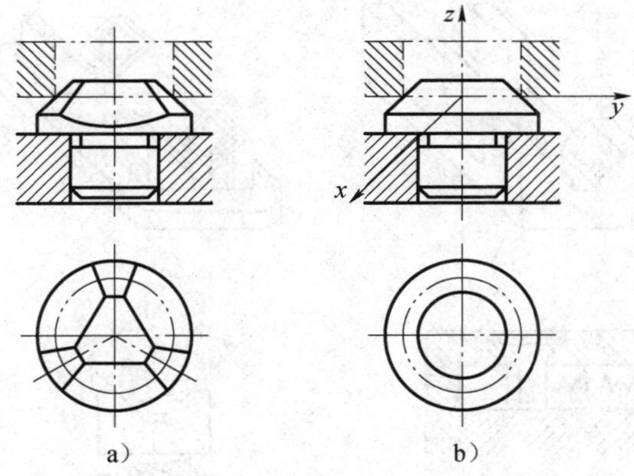

图 3-18　圆锥销的结构形式

a）用于粗基准定位；b）用于精基准定位

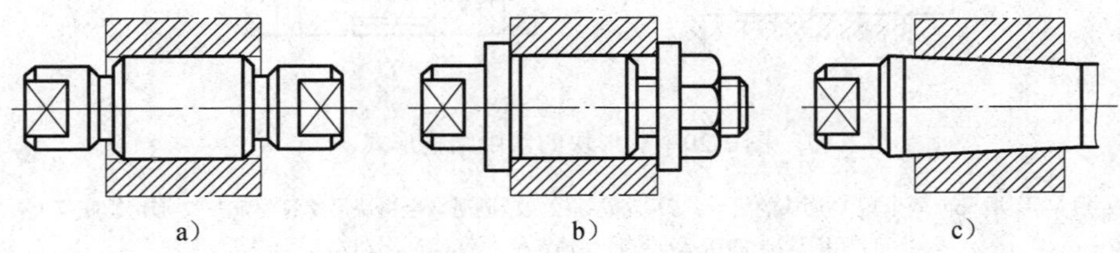

图 3-19　心轴的结构形式

a）过盈配合心轴；b）间隙配合心轴；c）小锥度心轴

3. 工件以外圆柱面定位方式及常用定位元件

工件以外圆柱面定位在生产中经常用到，如轴类零件、盘类零件、套类零件的加工中等。工件以外圆柱面定位常用的定位元件有 V 形块、定位套和半圆套。

（1）V 形块

外圆柱面采用 V 形块定位应用最广，V 形块两斜面间的夹角一般为 60°、90°和 120°。90°V 形块应用最多，其结构已标准化。V 形块的常用结构形式如图 3-20 所示。图 3-20a）为短 V 形块精基准定位；图 3-20b）为两个短 V 形块的组合，用于工件定位基面较长的精基准定位；图 3-20c）为淬硬钢镶块或硬质合金镶块用螺钉固定在 V 形铸铁底座上，用于工件长度和直径均较大的定位；图 3-20d）为用于较长的粗基准或阶梯轴定位，V 形块工作面的长度一般较短，以提高定位的稳定性；图 3-20e）和 f）是两种浮动式 V 形块结构。短 V 形块限制两个自由度，长 V 形块限制四个自由度，浮动式短 V 形块只限制一个自由度。

V 形块定位对中性好，即能使工件的定位基准（轴线）对中在 V 形块两斜面的对称面上，而不受工件直径误差的影响。此外，V 形块可用于非完整外圆表面的定位，并且安装方便。

V 形块的材料一般选用 20 钢，渗碳深度为 0.8～1.2mm，淬火后硬度为 60～64HRC。

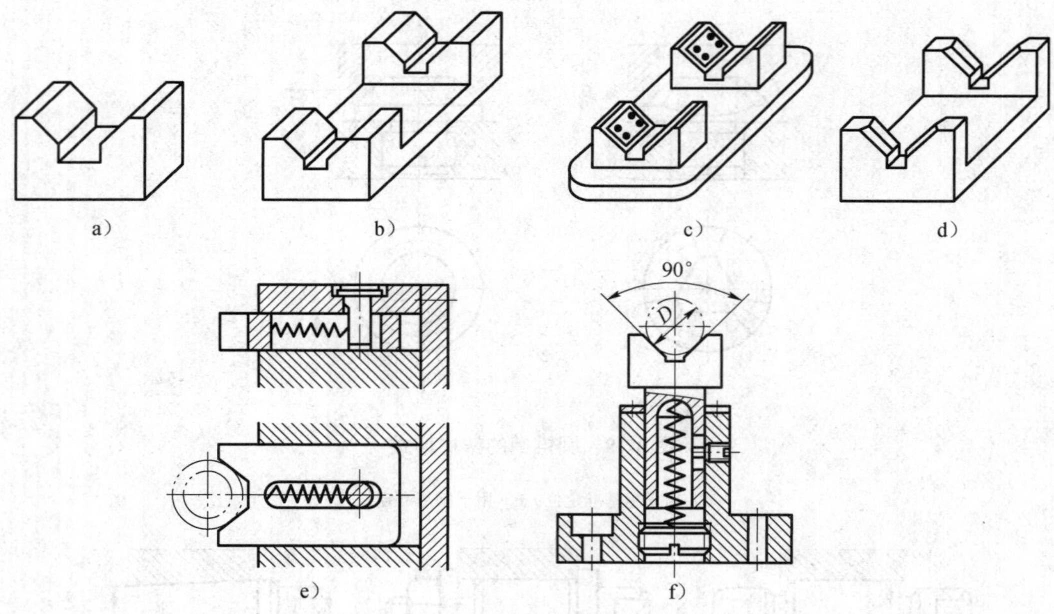

图 3-20　V 形块的常用结构形式

a）短 V 形块；b）两个短 V 形块的组合；c）淬硬钢镶块或硬质合金镶块用螺钉固定在 V 形铸铁底座上；d）用于较长的粗基准或阶梯轴定位；e）、f）浮动式 V 形块

（2）定位套

工件以外圆柱面在定位套中定位，常将定位套镶装在夹具体中。图 3-21 是定位套的常用结构形式。图 3-21a）用于工件以端面为主要定位基面的场合，短定位套限制工件的两个自由度；图 3-21b）用于工件以外圆柱面为主要定位基面的场合，长定位套限制工件的四个自由度；图 3-21c）用于工件以圆柱面端部轮廓为定位基面，锥孔限制工件的三个自由度。定位套应用较少，主要用于形状简单的小型轴类零件的定位。

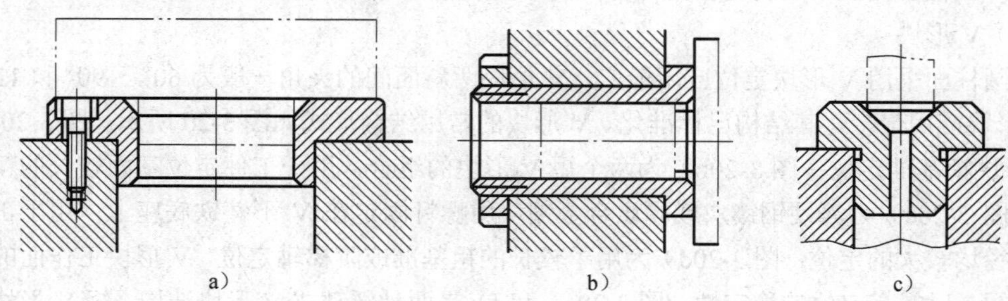

图 3-21　定位套的常用结构形式

a）用于工件以端面为主要定位基面；b）用于工件以外圆柱面为主要定位基面；c）用于工件以圆柱面端部轮廓为定位基面

（3）半圆套

当工件尺寸较大，用圆柱孔定位不方便时，可将圆柱孔改成两半，下半孔用于定位，上半孔用于夹紧工件。图 3-22 是半圆套的典型结构形式。短半圆套限制两个自由度，长半圆套

限制四个自由度。这种定位方式常用于不便轴向安装的大型轴套类零件的精基准定位。

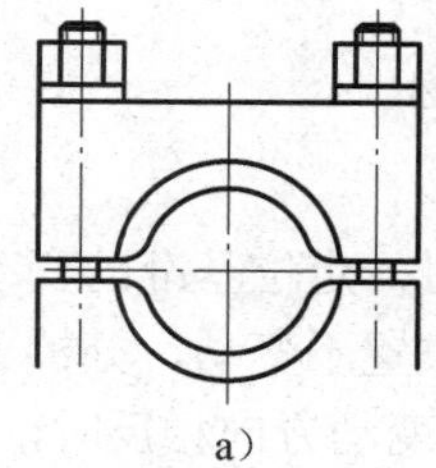

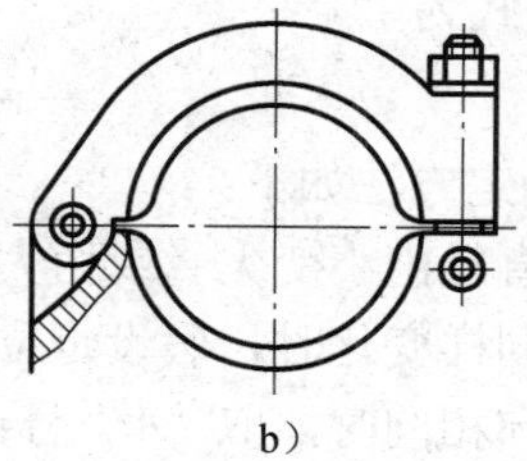

图 3-22 半圆套的典型结构形式

4. 工件以组合表面定位方式及常用定位元件

为满足实际生产加工要求，有时采用几个定位面相组合的方式进行定位，称为组合表面定位。常见的组合形式有两顶尖孔、一端面一孔、一端面一外圆、一面两孔等，与之相对应的定位元件也是组合式的。例如，长轴类零件采用双顶尖组合定位，箱体类零件采用一面两孔组合定位。

几个表面同时参与定位时，各定位基面在定位中所起的作用有主次之分。例如，轴以两顶尖孔在车床前后顶尖上定位时，前顶尖孔为主要定位基面，限制三个自由度；后顶尖为辅助定位基面，只限制两个自由度。

3.3 定位误差的分析与计算

3.3.1 定位误差分析

1. 定位误差的概念

工件在夹具中的位置是以其定位基面与定位元件相接触（配合）来确定的。然而，定位基面、定位元件的工作表面的制造误差，会使一批工件在夹具中的实际位置不一致，工件加工后形成尺寸误差。这种由于工件在夹具上定位不准而造成的加工误差称为定位误差，用 $\varDelta_{dw}$ 表示，它包括基准位置误差 $\varDelta_{jw}$ 和基准不重合误差 $\varDelta_{jb}$。工件在夹具中定位时，定位副的制造公差和最小配合间隙的影响，导致定位基准在加工尺寸方向上产生位移，从而使各个工件的位置不一致，产生加工误差，这个误差称为基准位置误差。基准位置误差等于定位基准在工序尺寸方向的最大变动量。当定位基准与工序基准不重合时产生基准不重合误差，因此选择定位基准时应尽量与设计基准相重合。

2. 定位误差的计算公式

在采用调整法加工一批工件时，定位误差的实质是工序基准在加工尺寸方向上的最大变动量。采用试切法加工，不存在定位误差。

基准位置误差和基准不重合误差均应沿工序尺寸方向度量，如果与工序尺寸方向不一致，则应投影到工序尺寸方向计算。

定位误差的计算公式为

$$\varDelta_{dw} = \varDelta_{jw} \pm \varDelta_{jb} \tag{3-1}$$

式中，“+”“−”号的确定方法如下：

1）分析定位基面直径由小变大（或由大变小）时，定位基准的变动方向。

2）定位基面直径同样变化时，假设定位基准的位置不变动，分析工序基准的变动方向。

3）两者的变动方向相同时，取“+”号；两者的变动方向相反时，取“−”号。

使用夹具以调整法加工工件时，由于夹具定位、工件夹紧及加工过程都可能产生加工误差，故定位误差仅是加工误差的一部分，因此在设计和制造夹具时一般限定定位误差不超过工件相应尺寸公差的 1/5～1/3。

3.3.2 典型定位方式的定位误差计算

1. 工件以平面定位

工件以平面定位，夹具上相应的定位元件是支承钉或支承板，工件定位面的平面度误差和定位元件的平面度误差都会产生定位误差。对高度工序尺寸来说，如图 3-23 所示，当用已加工平面作为定位基面时，此项误差很小，一般可忽略不计。对于水平方向的工序尺寸，其定位基准为工件左侧面 A，工序基准与定位基准重合，即 $\varDelta_{jb}=0$；由于工件左侧面与底面存在角度误差（$\pm\Delta\alpha$），对于一批工件来说，其定位基准 A 最大变动量即为水平方向的基准位移误差：

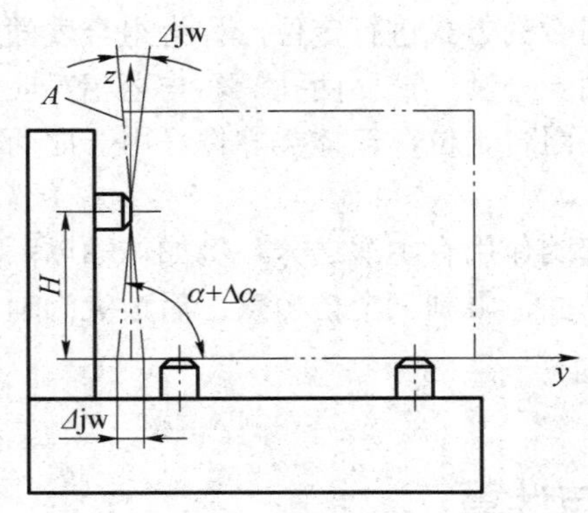

图 3-23　平面定位误差计算

$$\varDelta_{jw} = 2H\tan\Delta\alpha \tag{3-2}$$

水平方向尺寸定位误差为

$$\varDelta_{dw} = \varDelta_{jb} + \varDelta_{jw} = 2H\tan\Delta\alpha \tag{3-3}$$

式中　H——侧面支承点到底面的距离，当 H 等于工件高度的一半时，定位误差达最小值，所以从减小误差出发，侧面支承点应布置在工件高度一半处。

2. 工件以内孔表面定位

工件以孔定位时，夹具上的定位元件可以是心轴或是定位销。图 3-24 是以内孔定位铣平面的工序简图，由图可知，工序尺寸 A 的定位基准与工序基准重合，无基准不重合误差 $\varDelta_{jb}=0$；对于定位孔与定位元件为过盈配合情况，由于定位基面与限位基准无径向间隙，即使定位孔的直径尺寸有误差，定位时孔的表面位置有变动，但孔中心的位置却是固定不变的，故无基准位置误差；对于定位孔与定位元件为间隙配合情况，根据定位元件放置的形式不同，分为以下两种情况：

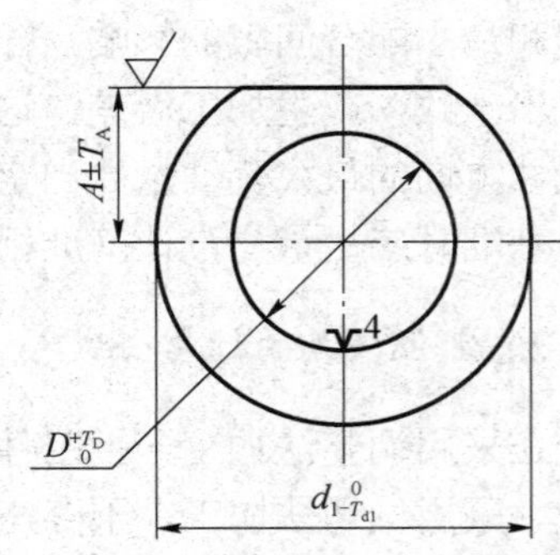

图 3-24　以内孔定位铣平面的工序简图

1）定位销（心轴）水平放置。如图 3-25a）所示，工件装到定位销中后，由于自重作用，工件定位孔与心轴上的母线接触。在孔径最大、轴径最小的情况下，孔的中心在 O_1 处；在孔径最小、轴径最大的情况下，孔的中心在 O_2 处。孔中心的最大变动量 O_1O_2，即基准位置误差为

$$\varDelta_{jw}=O_1O_2=\frac{1}{2}(D_{max}-d_{min})-\frac{1}{2}(D_{min}-d_{max})=\frac{(D_{min}+T_D)-(d_{max}-T_d)}{2}-\frac{D_{min}-d_{max}}{2}=\frac{1}{2}(T_D+T_d) \quad (3-4)$$

式中　D_{min}、D_{max}——定位孔的最小直径与最大直径；

T_D——定位孔的公差；

d_{min}、d_{max}——定位销的最小直径与最大直径；

T_d——定位销的公差。

2）定位销（心轴）垂直放置。如图 3-25b）所示，工件装到定位销上时，工件定位孔与定位销可在任意母线接触。在孔径最大、轴径最小的情况下，孔中心的位置变动量最大。这时的基准位置误差为

$$\varDelta_{jw}=2OO_1=2\left(\frac{D_{max}-d_{min}}{2}\right)=(D_{min}+T_D)-(d_{max}-T_d)=T_D+T_d+\varDelta_{min} \quad (3-5)$$

式中　$\varDelta_{min}$——孔与轴的最小配合间隙。

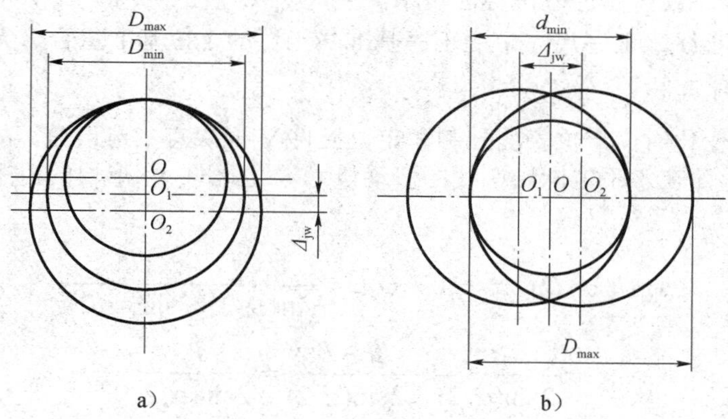

图 3-25　工件以孔定位的定位误差分析

【例 3-1】 图 3-26 为在金刚石镗床上镗活塞销孔的示意图，活塞销孔轴线对活塞裙部内孔中心线的对称度要求为 0.02mm。以裙部内孔及端面定位，内孔与定位销的配合为 $\phi95\text{H7}/\text{g6}$。求对称度的定位误差，并分析定位质量。

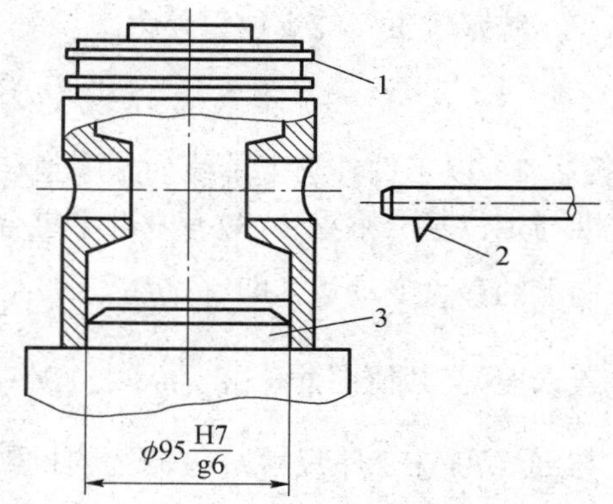

图 3-26　镗活塞销孔示意图

1—活塞；2—镗刀；3—定位销

解：由已知条件查表得 $\phi95\text{H7}=\phi95^{+0.035}_{0}\text{mm}$，$\phi95\text{g6}=\phi95^{-0.012}_{-0.034}\text{mm}$。

1）基准不重合误差 $\varDelta_{jb}$ 计算。对称度的工序基准是裙部内孔中心线，定位基准也是裙部内孔中心线，两者重合，故

$$\varDelta_{jb}=0$$

2）基准位置误差$\varDelta_{jw}$计算。如图 3-26 所示，定位销垂直放置，由式（3-5）可得

$$\varDelta_{jw}=T_D+T_d+\varDelta_{min}=0.035+0.022+0.012=0.069(mm)$$

注：T_d数值通过查询标准公差数值表得到。

3）对称度的定位误差为

$$\varDelta_{dw}=\varDelta_{jb}+\varDelta_{jw}=0.069(mm)$$

4）在镗活塞销孔时，要求保证活塞销孔轴线对裙部内孔中心线的对称度公差为 0.02mm，由定位误差不超过工件相应尺寸公差的 1/5～1/3 的原则，$0.069>\frac{1}{3}\times 0.02$，故该定位方案不能满足所要求的加工精度。

3. 工件以外圆柱面定位

工件以外圆柱面定位常用的定位元件有 V 形块、定位套和半圆套，尤以 V 形块为定位元件居多。图 3-27 为圆柱形工件在 V 形块上定位铣键槽的例子。对于键槽深度尺寸可以有h_1、h_2、h_3三种标注方法。其工序基准分别是工件的中心线、上母线和下母线，其定位误差的计算可分以下三种情况：

1）以工件外圆轴线为工序基准标注键槽深度尺寸h_1［图 3-27a)］。V 形块定位，工件的定位基准是工件轴心线。工序尺寸h_1的工序基准与工件的定位基准重合，无基准不重合误差$\varDelta_{jb}(h_1)=0$。

当工件直径有变化时，定位表面外圆和定位元件 V 形块有制造误差，故有定位副制造不准确误差$\varDelta_{jw}(h_1)$，而在水平方向轴心线的变动量为零，此即 V 形块的对中性。在垂直方向上，基准位置误差为

$$\varDelta_{jw}(h_1)=O_1O_2=O_1C-O_2C=\frac{O_1C_1}{\sin(\alpha/2)}-\frac{O_2C_2}{\sin(\alpha/2)}$$

$$=\frac{d}{2\sin(\alpha/2)}-\frac{d-T_d}{2\sin(\alpha/2)}=\frac{T_d}{2\sin(\alpha/2)}$$

式中　T_d——工件外圆直径公差；

α——V 形块夹角。

铣键槽工序的定位误差为

$$\varDelta_{dw}(h_1)=\varDelta_{jb}(h_1)+\varDelta_{jw}(h_1)=\frac{T_d}{2\sin(\alpha/2)} \tag{3-6}$$

2）以工件外圆下母线为工序基准标注键槽深度尺寸h_2［图 3-27b)］。工序尺寸h_2工序基准与定位基准不重合，故有基准不重合误差，其值为工序基准相对于定位基准在工序尺寸h_2方向上的最大变动量，即$\varDelta_{jb}(h_2)=\frac{T_d}{2}$；该铣键槽工序还存在定位副制造不准确误差（即基准位置误差），其值同前，$\varDelta_{jw}(h_2)=O_1O_2=\frac{T_d}{2\sin(\alpha/2)}$，但两者仍需考虑其加减关系。由于$\varDelta_{jb}(h_2)$与$\varDelta_{jw}(h_2)$在工序尺寸$h_2$方向上的投影方向相反，故其定位误差为

$$\varDelta_{dw}(h_2)=\varDelta_{jw}(h_2)-\varDelta_{jb}(h_2)=\frac{T_d}{2\sin(\alpha/2)}-\frac{T_d}{2}=\frac{T_d}{2}\left[\frac{1}{\sin(\alpha/2)}-1\right] \tag{3-7}$$

3）以工件外圆上母线为工序基准标注键槽深度尺寸 h_3［图 3-27c）］。工序尺寸 h_3 的工序基准与定位基准不重合，故有基准不重合误差，其值为工序基准相对于定位基准（外圆轴线）在工序尺寸 h_3 方向上的最大变动量，即 $\varDelta_{\text{jb}}(h_3)=\dfrac{T_d}{2}$；此外，该铣键槽还存在定位副制造不准确误差（即基准位置误差），其值同前，$\varDelta_{\text{jw}}(h_3)=O_1O_2=\dfrac{T_d}{2\sin(\alpha/2)}$。由于工件直径公差 T_d 是影响基准位置误差和基准不重合误差的公共因素，因此必须考虑其相加减的关系。由于这两项误差因素导致工序尺寸做相同方向的变化，因此应该将二者相加，其定位误差为

$$\varDelta_{\text{dw}}(h_3)=\varDelta_{\text{jw}}(h_3)+\varDelta_{\text{jb}}(h_3)=\frac{T_d}{2\sin(\alpha/2)}+\frac{T_d}{2}=\frac{T_d}{2}\left[\frac{1}{\sin(\alpha/2)}+1\right] \tag{3-8}$$

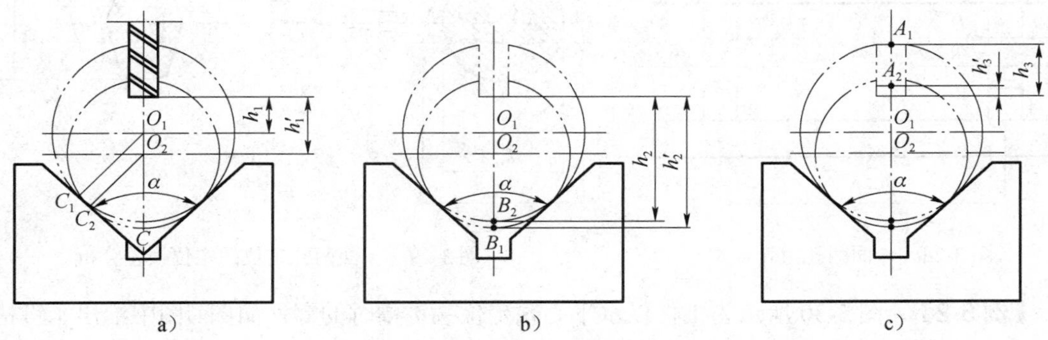

图 3-27　工件在 V 形块定位铣键槽

a）以工件外圆轴线为工序基准；b）以工件外圆下母线为工序基准；c）以工件外圆上母线为工序基准

由以上分析可知，按图 3-27 所示方式定位铣削键槽时，键槽深度尺寸由上母线标注时，其定位误差最大；由下母线标注时，其定位误差最小。因此从减小误差的角度考虑，在进行零件图设计时，应采用 h_1 或 h_2 的标注方法。

4. 组合定位时的定位误差

以箱体类零件采用一面两孔组合定位为例。图 3-28 所示箱体零件采用一面两孔组合定位，支承平面限制 $\vec{z}$、$\widehat{x}$、$\widehat{y}$和三个自由度，短圆柱销 I 限制 $\vec{x}$ 和 $\vec{y}$ 两个自由度，短圆柱销 II 限制 $\vec{x}$ 和$\widehat{z}$两个自由度。由于两个短圆柱销同时限制了 $\vec{x}$ 自由度，出现了过定位现象。当工件上两定位孔的中心距和夹具上两定位销的中心距处于极限位置时，会出现工件无法装入的情况。为防止工件定位孔无法装入夹具上定位销的情况发生，采取以菱形销（削边销）代替一个圆柱销的办法，如图 3-29 所示，削边部分必须在两销连线方向上，使菱形销（削边销）不限制 $\vec{x}$ 自由度，实现完全定位。

工件以一面两孔定位，有可能出现图 3-29 所示工件轴线偏斜的极限情况，即左边定位孔 I 与圆柱销在上边接触，而右面的定位孔 II 与菱形销在下边接触。当两孔直径均为最大、两销直径均为最小时，工件轴线相对于两销轴线的最大偏转角为

$$\theta=\arctan\frac{O_1O_1'+O_2O_2'}{L}$$

式中 $O_1O_1' = \frac{1}{2}(D_{1\max} - d_{1\min})$； $O_1O_2' = \frac{1}{2}(D_{2\max} - d_{2\min})$。

$$\theta = \arctan \frac{D_{1\max} - d_{1\min} + D_{2\max} - d_{2\min}}{2L}$$

一面两孔定位时转角定位误差的计算公式为

$$\varDelta_{\mathrm{dw}} = \pm\arctan \frac{D_{1\max} - d_{1\min} + D_{2\max} - d_{2\min}}{2L}$$

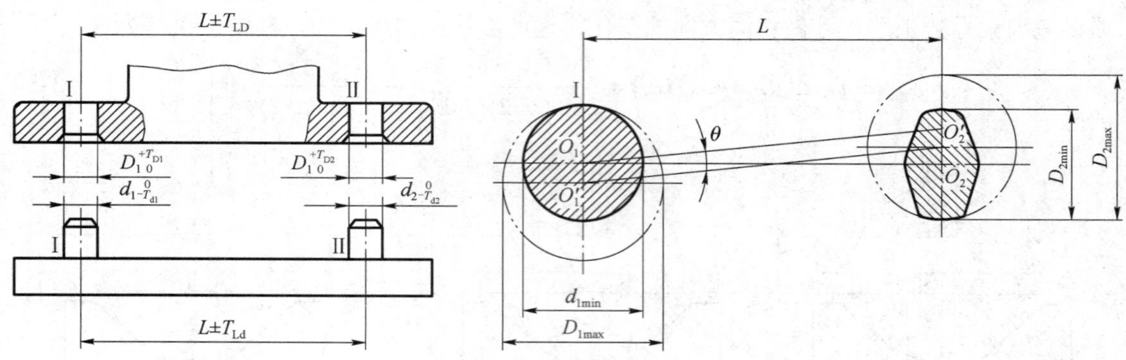

图 3-28 一面两孔组合定位　　　　图 3-29 一面两孔定位的定位误差分析

【例 3-2】 图 3-30 所示为工件以水平心轴定位铣键槽时的零件简图。图中给出了键槽深度尺寸的五种标注方法。试计算键槽深度工序尺寸的定位误差。

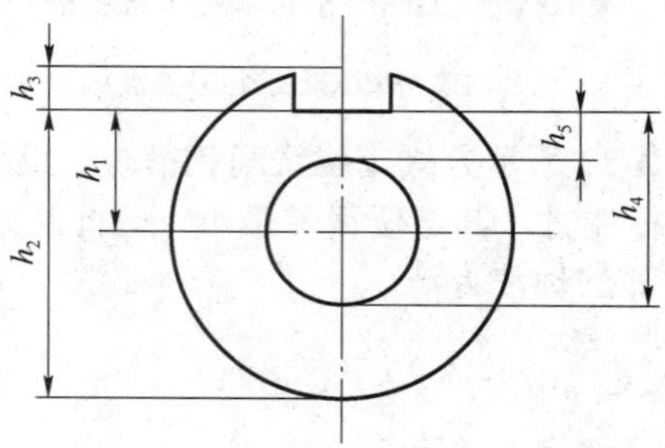

图 3-30 工件以水平心轴定位铣削键槽

解：当心轴水平放置时，基准位置误差 $\varDelta_{\mathrm{jw}} = \frac{1}{2}(T_D + T_d)$。

1）对于工序尺寸 h_1，由于工序基准与定位基准重合，基准不重合误差为零，故 $\varDelta_{\mathrm{jb}}(h_1) = 0$；所以定位误差为

$$\varDelta_{\mathrm{dw}}(h_1) = \Delta_{\mathrm{jw}} = \frac{1}{2}(T_D + T_d)$$

式中 T_D——定位孔公差；

T_d——心轴公差。

2）对于工序尺寸 h_2，定位基准与工序基准不重合，故有 $\varDelta_{\mathrm{jb}}(h_2)=\frac{1}{2}T_{d_1}$；由于在影响基准位置误差和基准不重合误差的因素中，没有任何一个误差因素对两者同时产生影响，考虑各误差因素的独立变化，在计算定位误差时，应将两者相加，即

$$\varDelta_{\mathrm{dw}}(h_2)=\varDelta_{\mathrm{jw}}+\varDelta_{\mathrm{jb}}=\frac{1}{2}(T_D+T_d)+\frac{1}{2}T_{d_1}=\frac{1}{2}(T_D+T_d+T_{d_1})$$

式中　T_{d1}——套筒公差。

3）对于工序尺寸 h_3，$\varDelta_{\mathrm{jb}}(h_3)=\frac{1}{2}T_{d_1}$；由于在影响基准位置误差和基准不重合误差的因素中，也没有公共误差因素，因此在计算定位误差时，还应将两者相加，即

$$\varDelta_{\mathrm{dw}}(h_3)=\varDelta_{\mathrm{jw}}+\varDelta_{\mathrm{jb}}=\frac{1}{2}(T_D+T_d)+\frac{1}{2}T_{d_1}=\frac{1}{2}(T_D+T_d+T_{d_1})$$

4）对于工序尺寸 h_4，$\varDelta_{\mathrm{jb}}(h_4)=\frac{1}{2}T_D$；由于误差因素 T_D 既影响基准位置误差，又影响基准不重合误差，两者变动引起工序尺寸做相同方向的变化，故定位误差为两项误差之和，即

$$\varDelta_{\mathrm{dw}}(h_4)=\varDelta_{\mathrm{jw}}+\varDelta_{\mathrm{jb}}=\frac{1}{2}(T_D+T_d)+\frac{1}{2}T_D=T_D+\frac{1}{2}T_d$$

5）对于工序尺寸 h_5，$\varDelta_{\mathrm{jb}}(h_5)=\frac{1}{2}T_D$；内孔直径公差仍是影响基准位置误差和基准不重合误差的公共因素，两者变动引起工序尺寸做相反方向的变化，故定位误差为两项误差之差，即

$$\varDelta_{\mathrm{dw}}(h_5)=\varDelta_{\mathrm{jw}}-\varDelta_{\mathrm{jb}}=\frac{1}{2}(T_D+T_d)-\frac{1}{2}T_D=\frac{1}{2}T_d$$

3.4　工件在夹具中的夹紧

3.4.1　对工件夹紧装置的基本要求

夹紧装置是夹具的重要组成部分，在设计夹紧装置时应满足以下基本要求。

1）夹紧过程不得破坏工件在夹具中的正确定位位置。

2）夹紧力大小要适当。既要保证工件在加工过程中定位的稳定性和可靠性，又要防止因夹紧力过大使工件产生较大的夹紧变形和表面损伤。夹紧机构一般应能自锁。

3）操作方便、安全、省力。

4）结构应尽量简单、紧凑，并尽量采用标准化元件，便于制造。

3.4.2　夹紧力的确定

夹紧力包括大小、方向和作用点三要素，下面分别讨论。

1. 夹紧力方向的选择

1）夹紧力的方向应垂直于工件的主要定位基面，以有利于工件的准确定位。图 3-31 所示镗孔工序要求保证孔轴线与 *A* 面垂直，则应以 *A* 面为主要定位基面，夹紧力方向应与 *A* 面垂直；否则由于 *A* 面与 *B* 面的垂直度误差，很难保证孔轴线与 *A* 面的垂直度要求。

2）夹紧力的作用方向应与工件刚度最大的方向一致，以减小工件的夹紧变形。图 3-32 为加工薄壁套筒零件的两种夹紧方式，由于工件轴向刚度大，用图 3-32b）所示轴向夹紧方式比用图 3-32a）所示径向夹紧方式，夹紧变形相对较小。

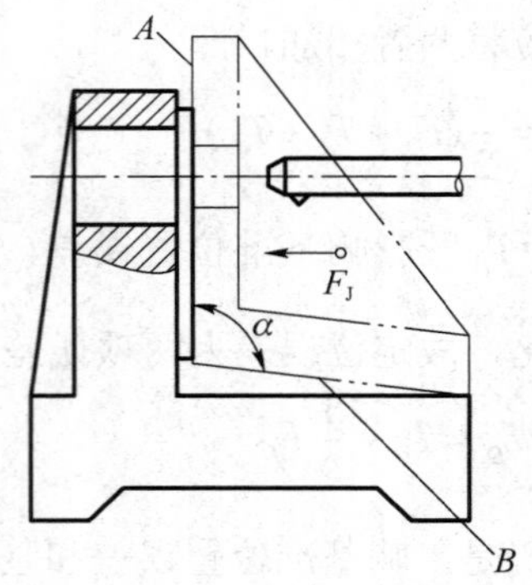

图 3-31　夹紧力垂直于主要定位面

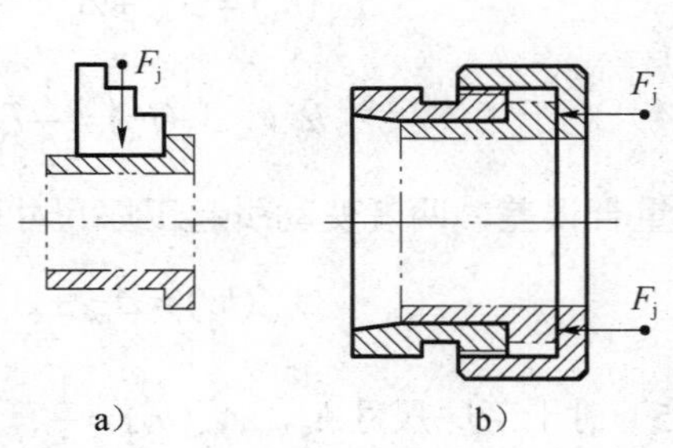

图 3-32　加工薄壁套筒零件的两种夹紧方式

a）径向夹紧方式；b）轴向夹紧方式

3）夹紧力作用方向应尽量与工件的切削力、重力等的作用方向一致，以减小夹紧力。

2. 夹紧力作用点的选择

1）夹紧力的作用点应正对定位元件或位于定位元件所形成的支承面内，以保证工件已获得的定位不变。图 3-33 违背了这项原则，夹紧力的正确位置应如图中箭头所示。

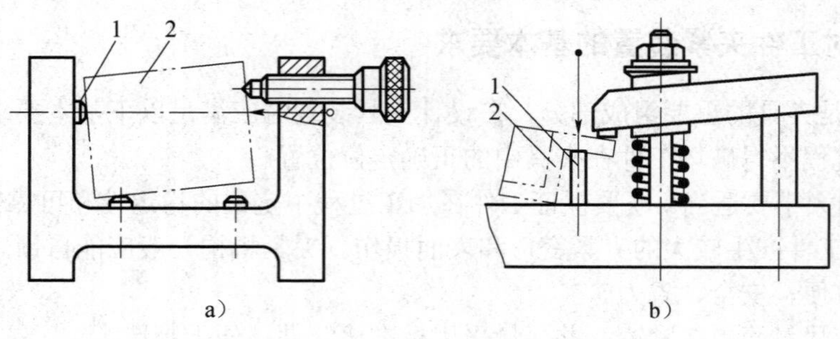

图 3-33　夹紧力作用点的位置

1—定位元件；2—工件

2）夹紧力的作用点应位于工件刚性较好的部位，以减小工件的变形。图 3-34 中实线为夹紧力的正确作用点。

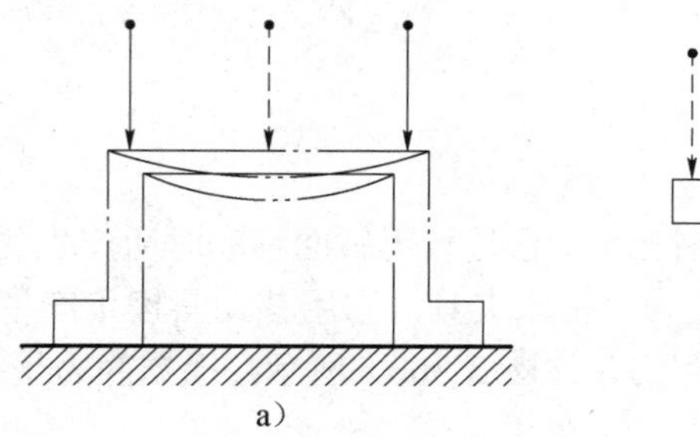
a）

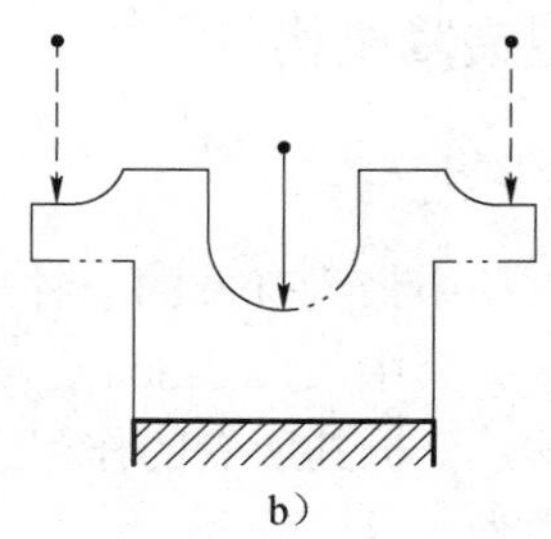
b）

图 3-34　夹紧力作用点与工件变形

3）夹紧力的作用点应尽量靠近加工表面，以减小切削力对工件造成的翻转力矩，防止或减小切削过程中的振动和变形。

3. 夹紧力的估算

确定夹紧力时，将工件视为分离体，将作用在工件上的各种力（如切削力、夹紧力、重力和惯性力）等根据静力平衡条件列出方程式，即可求得保持工件平衡所需的最小夹紧力。最小夹紧力乘以安全系数，即得到所需的夹紧力。一般安全系数：粗加工取 2.5～3，精加工取 1.5～2。

【例 3-3】　在图 3-35 所示刨平面工序中，G 为工件自重，F 为夹紧力，F_c、F_p 分别为主切削力和背向力。已知：F_c=800N，F_p=200N，G=100N。问需施加多大夹紧力才能保证此工序加工的正常进行。

解：取工件为分离体，工件所受的力如图 3-35 所示，根据静力平衡原理，列出静力平衡方程式为

$$F_c l - \left[Fl/10 + Gl + F(2l - l/10) + F_p z \right] = 0$$

从夹紧的可靠性考虑，当 $z = l/5$ 时属最不利情况。将有关已知条件代入上式，即可求得夹紧力 F=330N；取安全系数 k=3，最后求得需施加的夹紧力 F=990N。

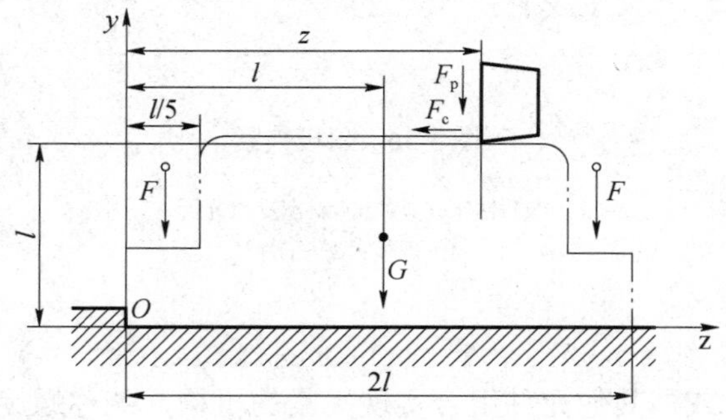

图 3-35　夹紧力计算

夹具设计中，夹紧力大小并非在所有情况下都需要计算，如手动夹紧装置中，常根据经验或类比法确定所需的夹紧力。

3.4.3　典型夹紧机构

1. 斜楔夹紧机构

斜楔是夹紧机构中最为基本的一种形式，它是利用斜面移动时所产生的力来夹紧工件的，常用于气动和液压夹具中。图 3-36a）为一钻床夹具，它用移动斜楔 1 产生的力夹紧工件 2，取斜楔 1 为分离体，分析其所受的作用力，如图 3-36b）所示，根据静力平衡条件，可得斜楔夹紧机构的夹紧力为

$$F_J = \frac{F_Q}{\tan\varphi_1 + \tan(\alpha + \varphi_2)} \tag{3-9}$$

式中　F_Q——作用在斜楔上的作用力；

α——斜楔升角；

φ_1——斜楔与工件间的摩擦角；

φ_2——斜楔与夹具体间的摩擦角。夹紧机构一般都要求自锁，即在去除作用力 F_Q 后，夹紧机构仍能保持对工件的夹紧，斜楔自锁条件为

$$\alpha \leqslant \varphi_1 + \varphi_2$$

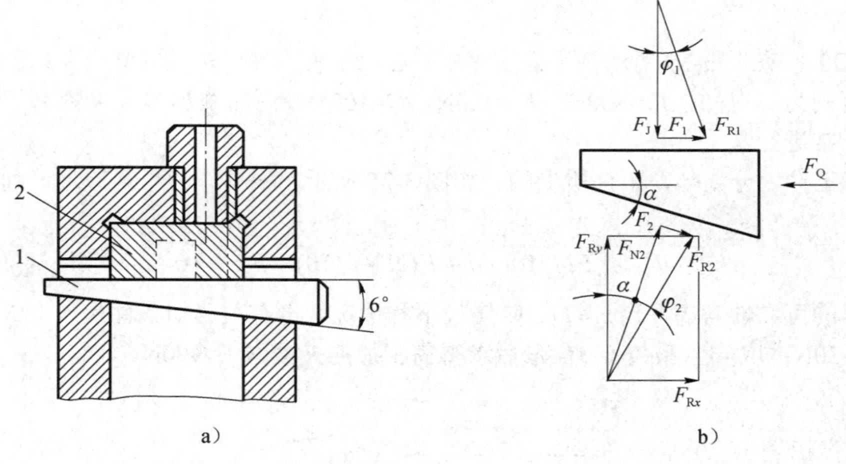

图 3-36　斜楔夹紧

a）钻床夹具；b）斜楔受力分析
1—斜楔；2—工件

2. 螺旋夹紧机构

采用螺旋直接夹紧或与其他元件组合实现夹紧的机构，统称螺旋夹紧机构。螺旋夹紧机构可以看作绕在圆柱表面上的斜面，将它展开就相当于一个斜楔。

图 3-37 为较简单的螺旋夹紧机构，图 3-37a）为螺钉夹紧，螺钉头部直接压紧工件表面，螺钉转动时易划伤工件表面，且易使工件产生转动，破坏工件的定位。图 3-37b）在螺钉 3 的头部增加活动压块 1 与工件表面接触，拧螺钉时，压块不随螺钉转动，并且增大了承压面积，通过更换衬套 2 可提高夹紧机构的使用寿命。图 3-37c）为螺母夹紧，适用于夹紧毛坯表面。

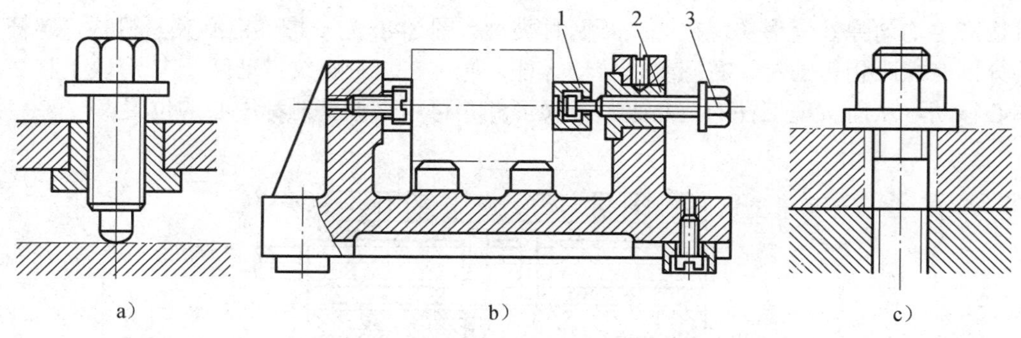

图 3-37　螺旋夹紧机构

a）螺钉夹紧；b）螺钉加活动压块夹紧；c）螺母夹紧
1—活动压块；2—衬套；3—螺钉

螺旋夹紧机构结构简单，容易制造。由于螺旋升角小，螺旋夹紧机构的自锁性能好，夹紧力和夹紧行程都较大，在手动夹具上应用较多。图 3-38 为螺旋压板夹紧机构。拧动螺母 1 通过压板 4 压紧工件表面。采用螺旋压板组合夹紧时，由于被夹紧表面的高度尺寸有误差，压板位置不可能一直保持水平，在螺母端面和压板之间设置球面垫圈和锥面垫圈，可防止在压板倾斜时，螺栓不致因受弯矩作用而损坏。

3. 偏心夹紧机构

偏心夹紧机构（图 3-39）是利用偏心轮回转半径逐渐增大而产生夹紧作用的，其原理和斜楔工作时斜面高度由小变大而产生的斜楔作用相同。偏心夹紧机构具有结构简单、夹紧迅速等优点；但它的夹紧行程小，增力倍数小，自锁性能差，常用于切削平稳、切削力不大的场合。

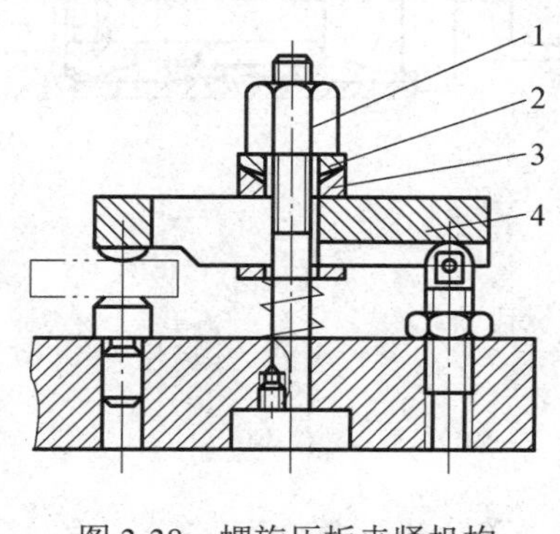

图 3-38　螺旋压板夹紧机构

1—螺母；2—球面垫圈；3—锥面垫圈；4—压板

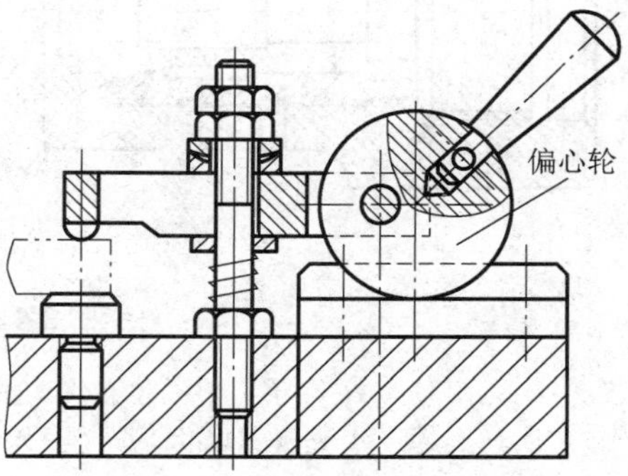

图 3-39　偏心夹紧机构

4. 定心夹紧机构

定心夹紧机构能够在实现定心作用的同时，又起着将工件夹紧的作用。定心夹紧机构中与工件定位基面相接触的元件，既是定位元件，又是夹紧元件。

定心夹紧机构从工作原理可分为依靠定心夹紧机构等速移动实现定心夹紧和依靠定心夹

紧机构产生均匀弹性变形实现定心夹紧两种类型。图 3-40 为一螺旋定心夹紧机构，螺杆 3 的两端分别有螺距相等的左、右螺纹，转动螺杆，通过左、右螺纹带动两个 V 形块 1 和 2 同步向中心移动，从而实现工件的定心夹紧。叉形件 7 可用来调整对称中心的位置。

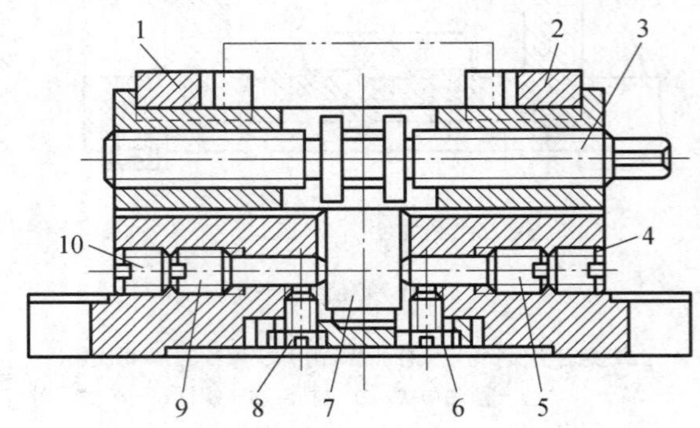

图 3-40　螺旋定心夹紧机构

1，2—V 形块；3—螺杆；4，5，6，8，9，10—螺钉；7—叉形件

图 3-41a）为工件以外圆柱面定位的弹簧夹头，旋转螺母 4，其内螺孔端面推动弹性夹头 2 向左移动，锥套 3 内锥面迫使弹性夹头 2 上的簧瓣向里收缩，将工件夹紧。图 3-41b）为工件以内孔定位的弹簧心轴，旋转带肩螺母 8 时，其端面向左推动锥套 7 迫使弹性夹头 6 上的簧瓣向外涨开，将工件定心夹紧。

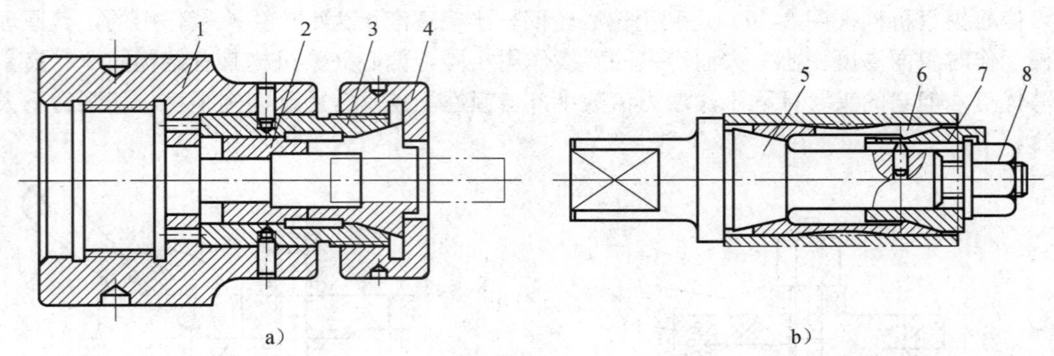

图 3-41　弹性定心夹紧机构

a）弹簧夹头；b）弹簧心轴

1—夹具体；2，6—弹性夹头；3，7—锥套；4，8—螺母；5—锥度心轴

5. 联动夹紧机构

在夹紧机构设计中，有时需要对一个工件上的几个点或对多个工件同时进行夹紧，为减少装夹时间，简化机构，常采用各种联动夹紧机构。图 3-42 是联动夹紧机构实例，图 3-42a）是实现相互垂直的两个方向的夹紧力同时作用的联动夹紧机构；图 3-42b）是实现相互平行的两个夹紧力同时作用的联动夹紧机构。图 3-43 是多件联动夹紧机构实例。

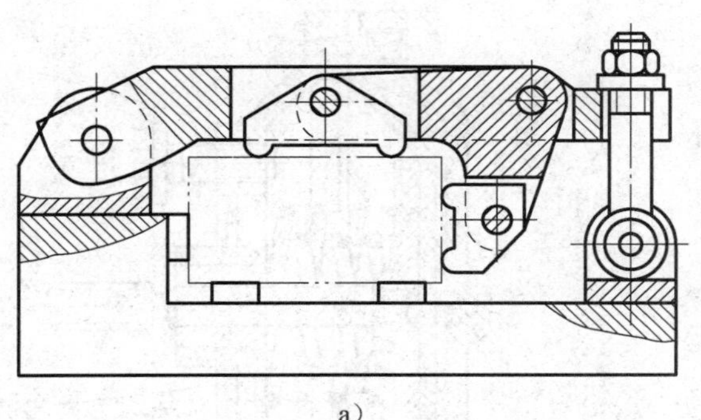

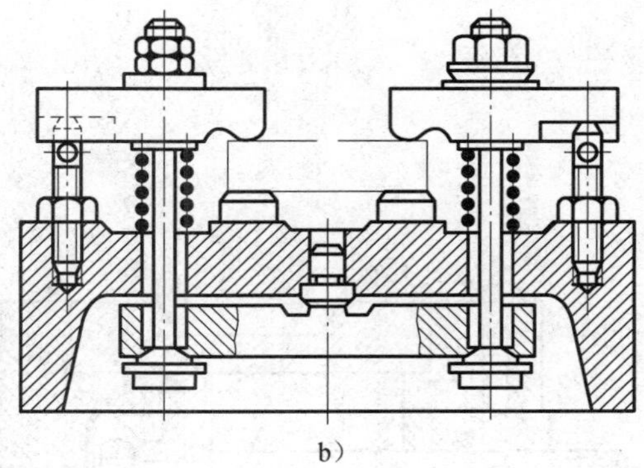

图 3-42　联动夹紧机构

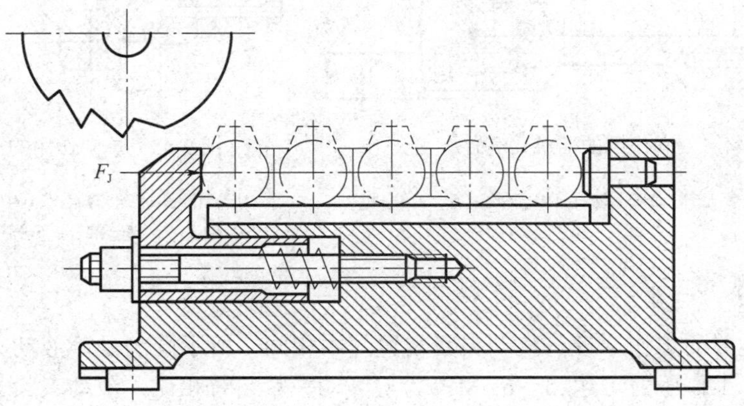

图 3-43　多件联动夹紧机构

3.4.4　夹紧的动力装置

夹紧分为手动夹紧和机动夹紧。但由于手动夹紧劳动强度大和生产效率低，尤其在大批量生产中，多采用机动夹紧装置。机动夹紧的动力装置有气动、液动、电动、真空夹紧等，其中应用较广泛的是气动和液动夹紧装置。

1. 气动夹紧装置

气动夹紧装置以压缩空气为工作介质，其工作压力通常为 0.4～0.6MPa。气动传动系统中执行元件是气缸，常用的气缸结构有活塞式和薄膜式两种。

双向作用活塞式气缸如图 3-44 所示，活塞杆 3 与传力装置或直接与夹紧元件相连，气缸行程较长；图 3-45 所示为单向作用的薄膜式气缸结构，薄膜 2 代替活塞将气室分为左、右两部分。与活塞式气缸相比，薄膜式气缸具有密封性好、结构简单、寿命较长的优点；缺点是工作行程较短，夹紧力随行程变化而变化。

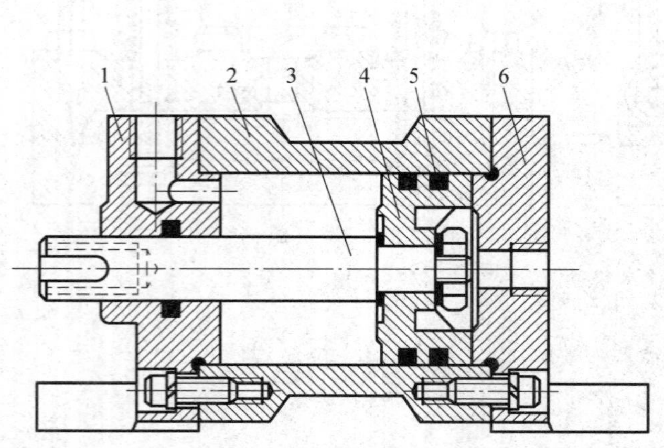

图 3-44　双向作用的活塞式气缸

1，6—端盖；2—气缸体；3—活塞杆；4—活塞；5—密封圈

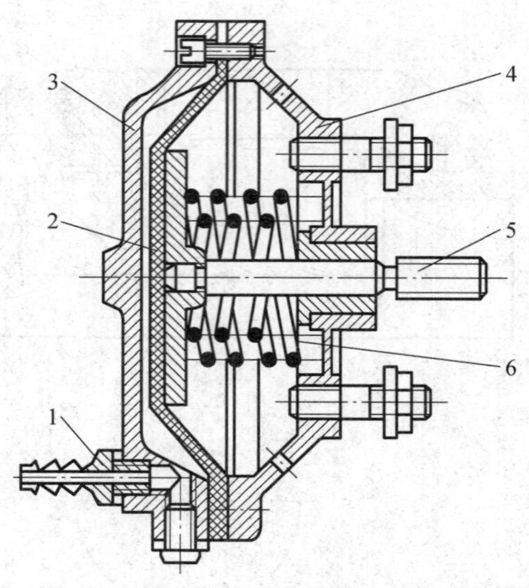

图 3-45　单向作用的薄膜式气缸

1—管接头；2—薄膜；3，4—左右气缸壁；5—推杆；6—弹簧

2. *液动夹紧装置*

液动夹紧装置的工作原理与气动夹紧装置基本相同，所不同的是，液动夹紧装置以液压油为工作介质，工作压力可达 5～6.5MPa。与气动夹紧装置相比，液动夹紧具有以下优点：传递动力大，夹具结构相对较小；油液不可压缩，夹紧可靠，工作平稳；噪声小。其缺点是须设置专门的液压系统，成本较高。

3.5　各类机床夹具

3.5.1　钻床夹具

钻床夹具是引导刀具对工件进行孔加工的一种夹具，习惯上又称为钻模。用钻模加工孔，一方面可以保证孔的轴线不倾斜；另一方面可以保证被加工的孔系之间、孔与端面之间的位置精度要求。

1. *钻模的主要类型*

钻模的种类很多，有固定式、回转式、移动式、翻转式和滑柱式等多种形式。

（1）固定式钻模

固定式钻模加工中钻模板相对于工件的位置不变。图 3-46 为用于加工拨叉轴孔的固定式钻模。工件以底平面和外圆柱表面分别在夹具上的支承板 1 和长 V 形块 2 上定位，限制五个自由度；旋转手柄 8，由转轴 7 上的螺旋槽推动 V 形压头 5 夹紧工件；钻头由安装在固定式钻模板 3 上的钻套 4 导向。钻模板 3 用螺钉紧固在夹具体上。

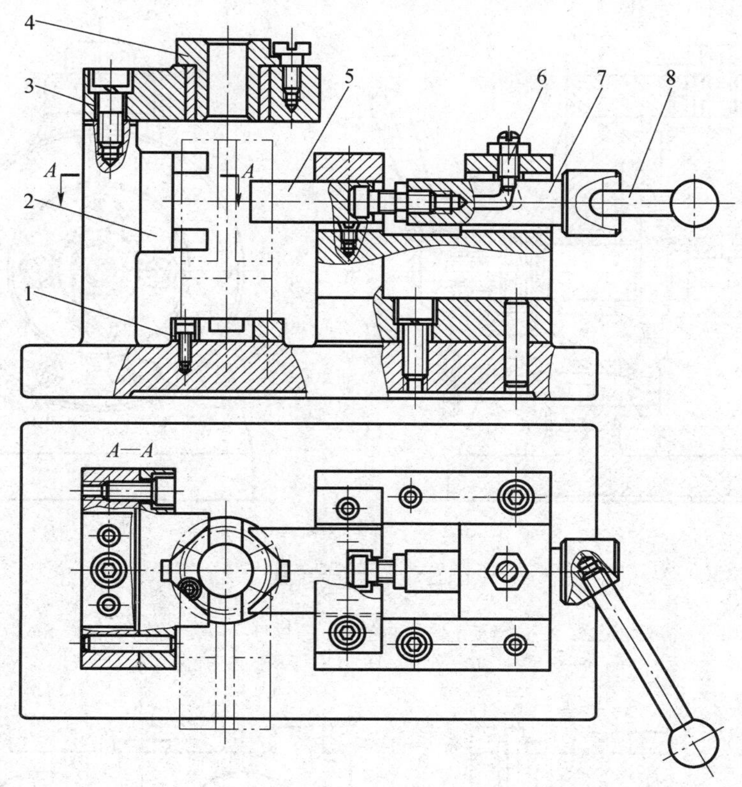

图 3-46　固定式钻模

1—支承板；2—长 V 形块；3—钻模板；4—钻套；5—V 形压头；6—螺钉；7—转轴；8—手柄

（2）回转式钻模

回转式钻模用于加工分布在同一圆周上的轴向或径向孔系，工件一次装夹，经夹具分度机构转位而顺序加工各孔。图 3-47 是用来加工工件上三个有角度关系径向孔的回转式钻模。工件以内孔、键槽和侧平面为定位基面，分别在夹具上的定位销 6、键 7 和支承板 3 上定位，限制六个自由度。由螺母 5 和开口垫圈 4 夹紧工件。分度装置由分度盘 9、等分定位套 2、拔销 1 和手柄 11 组成；工件分度时，拧松手柄 11，拔出拔销 1，旋转分度盘 9 带动工件一起分度，当转至拔销 1 对准下一个定位套Ⅰ或Ⅱ时，将拔销 1 插入，实现分度定位，然后拧紧手柄 11，锁紧分度盘，即可加工工件上另一个孔。钻头由安装在固定式钻模板上的钻套 8 导向。

（3）翻转式钻模

翻转式钻模用于加工中小型工件分布在不同表面上的孔。图 3-48 是钻锁紧螺母上四个径向孔的翻转式钻模。工件以里孔和端面在涨套 3 和支承板 4 上定位，拧紧螺母 5 使工件夹紧。在工作台上将工件连同夹具一起翻转，顺序钻削工件上四个径向孔。该夹具结构简单，但需手动翻转钻模，因此工件连同夹具质量不能太大，常在中小批量生产中使用。

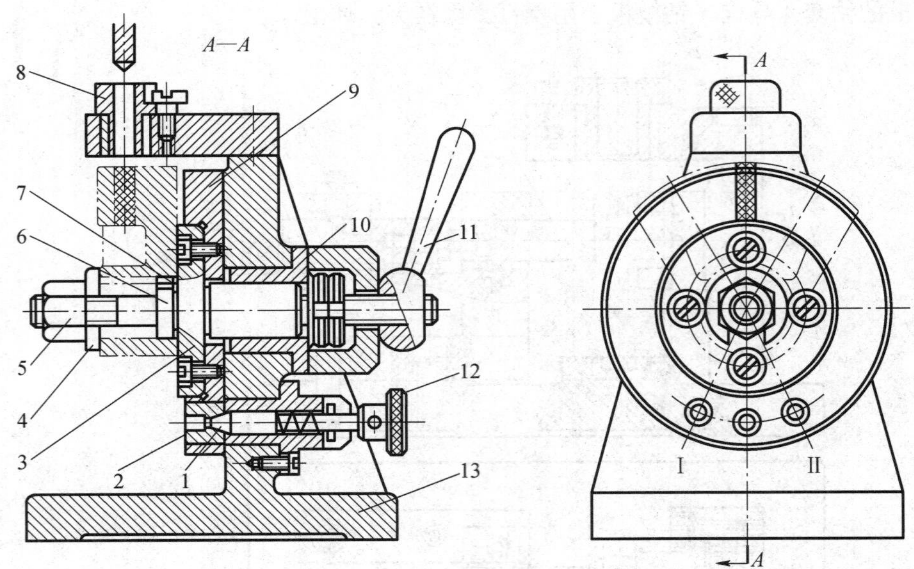

图 3-47　回转式钻模

1—拔销；2—等分定位套；3—支承板；4—开口垫圈；5—螺母；6—定位销；7—键；8—钻套；9—分度盘；10—衬套；11，12—手柄；13—底座

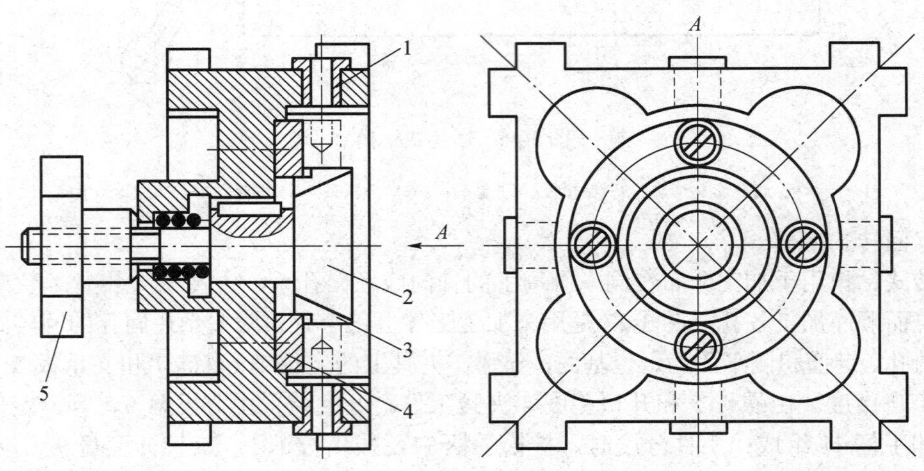

图 3-48　翻转式钻模

1—钻套；2—锥面螺栓；3—涨套；4—支承板；5—螺母

（4）滑柱式钻模

滑柱式钻模是一种具有升降模板的通用可调整钻模。图 3-49 所示为手动滑柱式钻模，转动手柄 5，使齿轮轴 1 上的齿轮带动齿条滑柱 2 和钻模板 3 上下升降，导向柱 6 起导向作用，保证钻模板位移的位置精度。

滑柱式钻模具有结构简单、操作方便迅速等优点，广泛用于成批生产和大量生产中，但这种钻模应具有自锁机构。

（5）盖板式钻模

盖板式钻模无夹具体。图 3-50 所示为加工车床溜板箱小孔所用的盖板式钻模，工件以一面两孔定位，在钻模板上装有钻套和定位元件。盖板式钻模的优点是结构简单，适合于体积大而笨重工件的小孔加工。

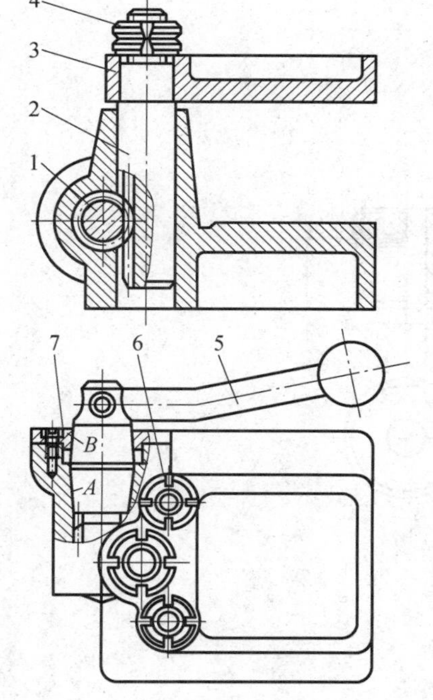

图 3-49　手动滑柱式钻模

1—齿轮轴；2—滑柱；3—钻模板；4—螺母；5—手柄；6—导向柱；7—锥套

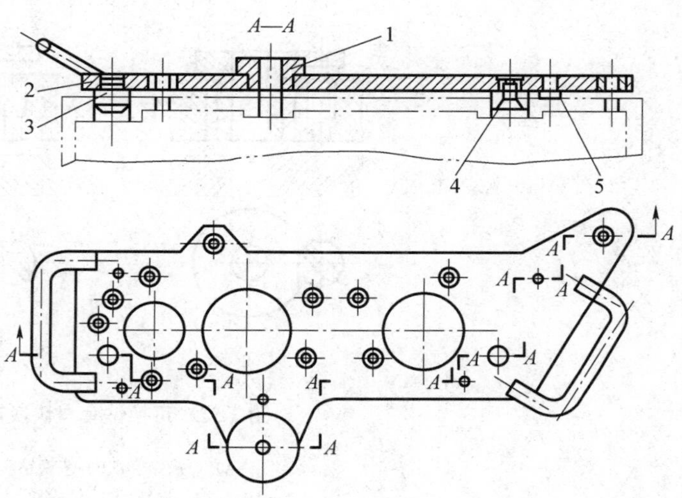

图 3-50　盖板式钻模

1—钻套；2—钻模板；3，4—定位销；5—支承钉

2. 钻床夹具设计要点

（1）钻套

钻套是用来引导刀具的元件，用以保证孔的加工位置，并防止刀具在加工中偏斜。根据结构特点，钻套分为固定钻套、可换钻套、快换钻套和特殊钻套等多种形式。固定钻套（图 3-51）直接被压装在钻模板上，其位置精度较高，但磨损后不易更换。固定钻套多用于中小批生产。可换钻套结构如图 3-52a）所示，钻套 1 装在衬套 2 中，衬套 2 压装在钻模板 3 中，为防止钻套在衬套中转动，钻套用螺钉 4 紧固。可换钻套在磨损后可以更换，多用在大批量生产中。快换钻套如图 3-52b）所示，具有快速更换钻套的特点，只需逆时针转动钻套，使削边平面转至螺钉位置，即可向上快速取出钻套。快换钻套适用于在工件的一次装夹中，顺序进行钻孔、扩孔、铰孔或攻螺纹等多个工步加工情况。特殊钻套为特定场合设计的钻套，图 3-53a）用于在斜面上钻孔；图 3-53b）用于钻孔表面离钻模板较远的场合；图 3-53c）用于两孔孔距过小而无法分别采用钻套的场合。

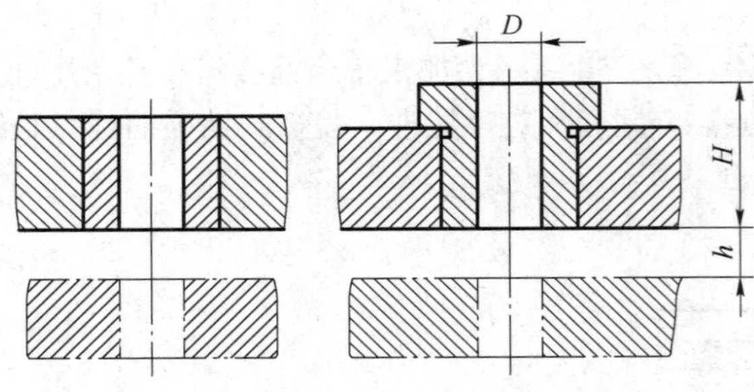

图 3-51　固定钻套

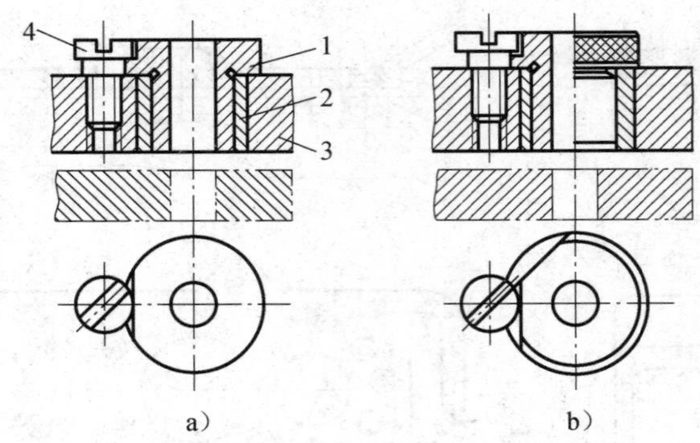

图 3-52　可换钻套与快换钻套

a）可换钻套；b）快换钻套

1—钻套；2—衬套；3—钻模板；4—螺钉

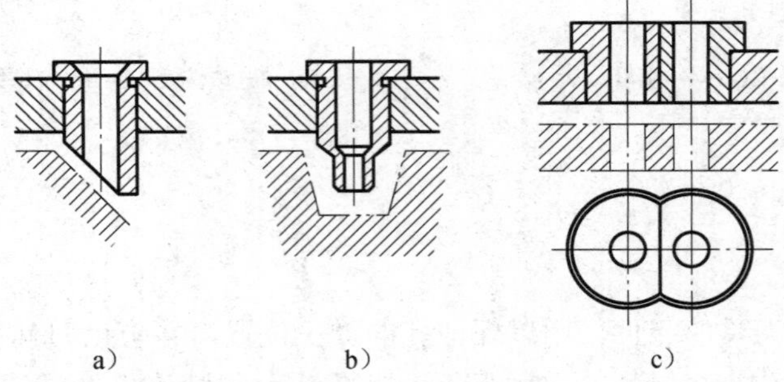

图 3-53　特殊钻套

钻套导向高度尺寸 H 越大，导向性越好，但摩擦增大，一般取 H=(1～2.5)D。孔径小、精度要求较高时，H 取较大值。为便于排屑，排屑空间 h 应满足：加工钢件时，取 h=(0.7～1.5)D；加工铸铁件时，取 h=(0.3～0.4)D。大孔取较小的系数，小孔取较大的系数。

（2）钻模板

钻模板用于安装钻套，常见的钻模板有固定式、铰链式、分离式、悬挂式四种结构形式。固定式钻模板与夹具体是固定连接，采用这种钻模板钻孔，位置精度较高。铰链式钻模板与夹具体通过铰链连接，如图 3-54 所示。加工时钻模板用菱形螺母 2 固紧，采用铰链式钻模板，工件装卸方便，由于铰链与销孔之间存在配合间隙，钻孔位置精度不高，主要用在生产规模不大、钻孔精度要求不高的场合。分离式钻模板如图 3-55 所示，工件每装卸一次，钻模板也要装卸一次，装卸工件比较方便。悬挂式钻模板（图 3-56）与机床主轴箱相连接，并随主轴箱上、下升降，钻模板下降的同时夹紧工件。悬挂式钻模板常用于组合机床的多轴传动头加工平行孔系，生产效率高。

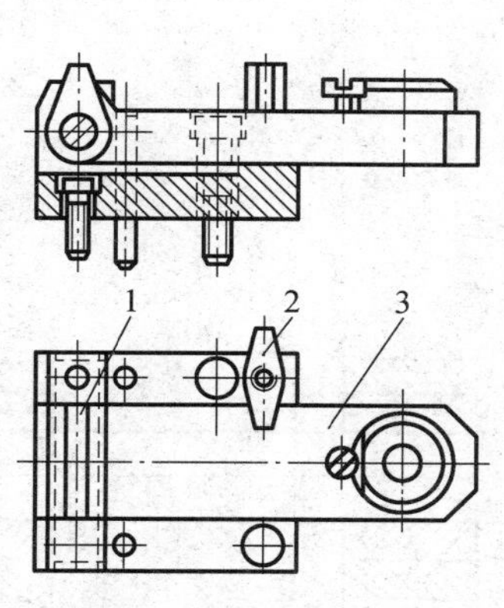

图 3-54　铰链式钻模板

1—铰链轴；2—菱形螺母；3—钻模板

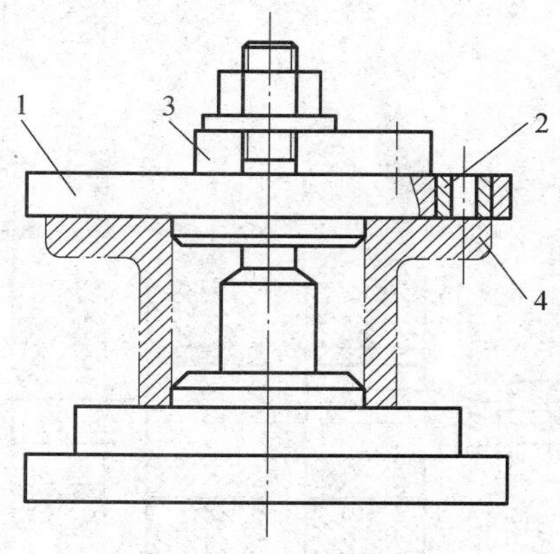

图 3-55　分离式钻模板

1—钻模板；2—转套；3—夹紧元件；4—工件

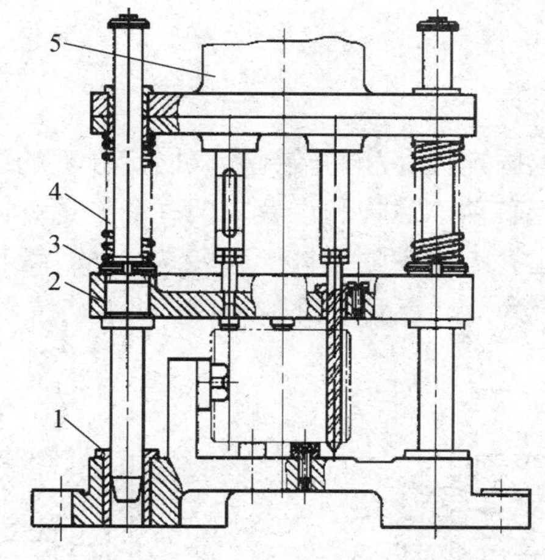

图 3-56　悬挂式钻模板

1—定位套；2—钻模板；3—螺母；4—滑柱；5—主轴箱

3.5.2　镗床夹具

1. 镗模的种类

镗床夹具习惯上又称为镗模，镗模与钻模有很多相似之处。镗模根据支架的布置形式可分为单面导向和双面导向两类。图 3-57 为单面单导向镗模，单面单导向要求镗杆与机床主轴刚性连接；单面双导向镗模（图 3-58）在刀具的后方向有两个导向套，镗杆与机床主轴浮动连接；双面单导向镗模（图 3-59）有两个镗模支架，分别布置在刀具的前、后方，并要求镗杆与机床主轴浮动连接，镗孔的精度完全取决于夹具，而不受机床精度的影响。

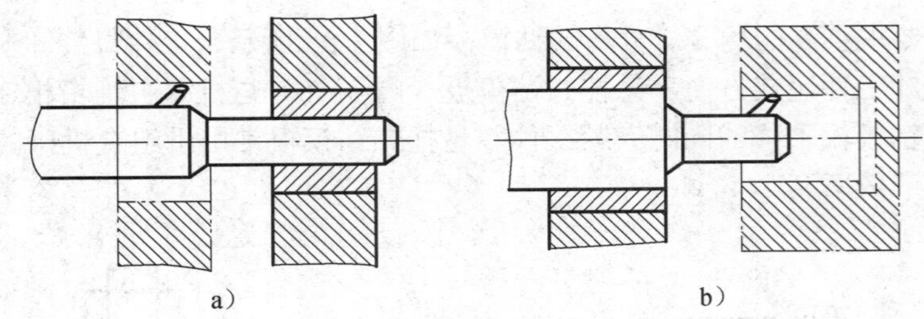

图 3-57　单面单导向镗模

a）单面前导向；b）单面后导向

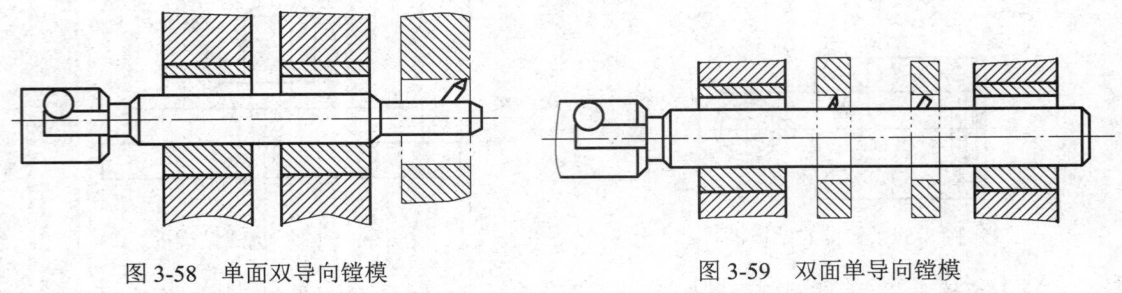

图 3-58　单面双导向镗模　　图 3-59　双面单导向镗模

2. 镗模的设计要点

（1）镗套

镗套用于引导镗杆，分为固定镗套和回转镗套。固定镗套的结构与钻套类似，它固定在镗模支架上而不能随镗杆一起转动，镗杆和镗套之间存在摩擦。固定镗套外形尺寸较小，多用于低速场合；回转镗套在镗孔过程中随镗杆一起转动，所以镗杆与镗套之间无相对转动，只有相对移动。回转镗套可分为滑动镗套［图 3-60a)］和滚动镗套［图 3-60b)］。回转镗套多用于速度较高的场合。

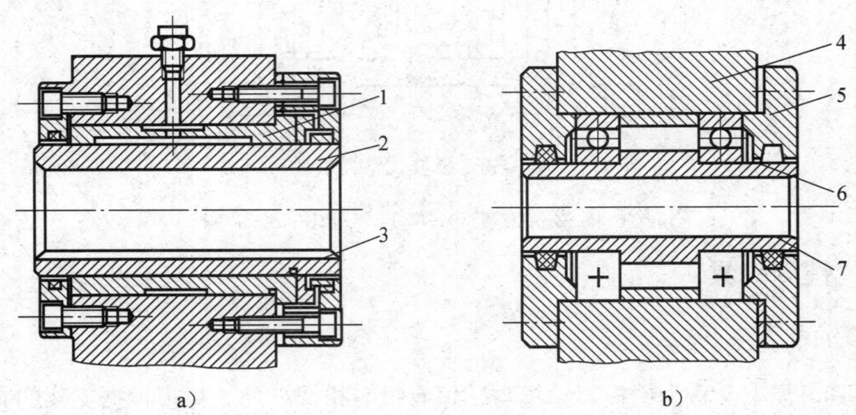

图 3-60　回转镗模

a）滑动镗套；b）滚动镗套

1—轴承套；2、7—镗套；3—键槽；4—镗模支架；5—端盖；6—轴承

（2）镗模支架

镗模支架用于安装镗套，保证加工孔系的位置精度，并可承受切削力。镗模支架要求有足够的强度和刚度，在工作时不应承受夹紧力，以免支架变形影响镗孔精度。

3.5.3　铣床夹具

铣削加工属断续切削，易产生振动，铣床夹具的受力部件要有足够的强度和刚度，夹紧机构所提供的夹紧力应足够大，且要求有较好的自锁性能。为了提高工作效率，常采用多件夹紧和多件加工。

对刀装置和定位键是铣床夹具的特有元件。对刀装置用来确定夹具相对于铣刀的位置，主要由对刀块和塞尺构成。图 3-61 是两种常见的对刀装置，其中图 3-61a）为高度对刀块，用于加工平面时对刀；图 3-61b）是直角对刀块，用于加工键槽或台阶面时对刀。采用对刀装置对刀时，为避免刀具与对刀块直接接触而造成磨损，用塞尺检查刀具与对刀块之间的间隙，凭抽动的松紧感觉来判断刀具的正确位置。定位键用来确定夹具相对于机床的位置。定位键安装在夹具体底面的纵向槽中，并与铣床工作台 T 形槽相配合，如图 3-62 所示，一个夹具一般要配置两个定位键。

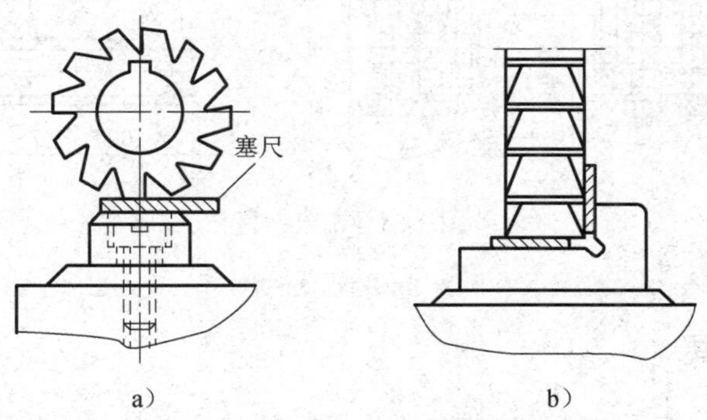

图 3-61　对刀装置

a）高度对刀块；b）直角对刀块

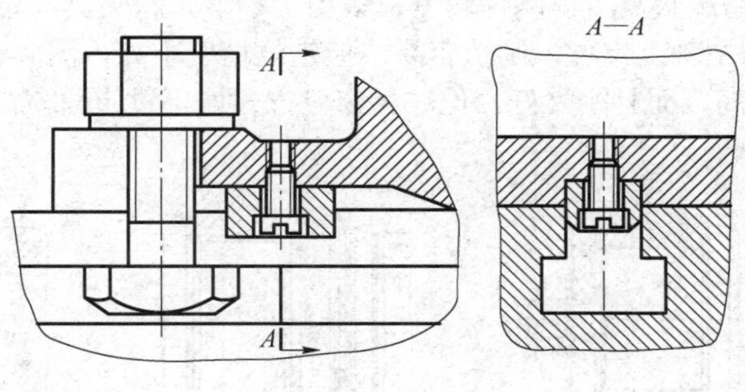

图 3-62　定位键

图 3-63 是加工分离叉内侧面的铣床夹具，该图的右下角为铣分离叉内侧面的工序简图。工件以ϕ25H9mm 孔定位支承在定位销 5 上，限制四个自由度；轴向则由右端面靠在支座 6 侧平面上定位，限制一个自由度；叉脚背面靠在支承板 1 或 7 上限制一个自由度，实现完全

定位。由螺母 8、螺柱 9 和压板 4 组成的螺旋压板机构将工件压紧在支承板 7 和 1 上。支承板 7 还兼作对刀块用。夹具在铣床工作台上的定位由装在夹具体底部的两个定位键 2 实现。

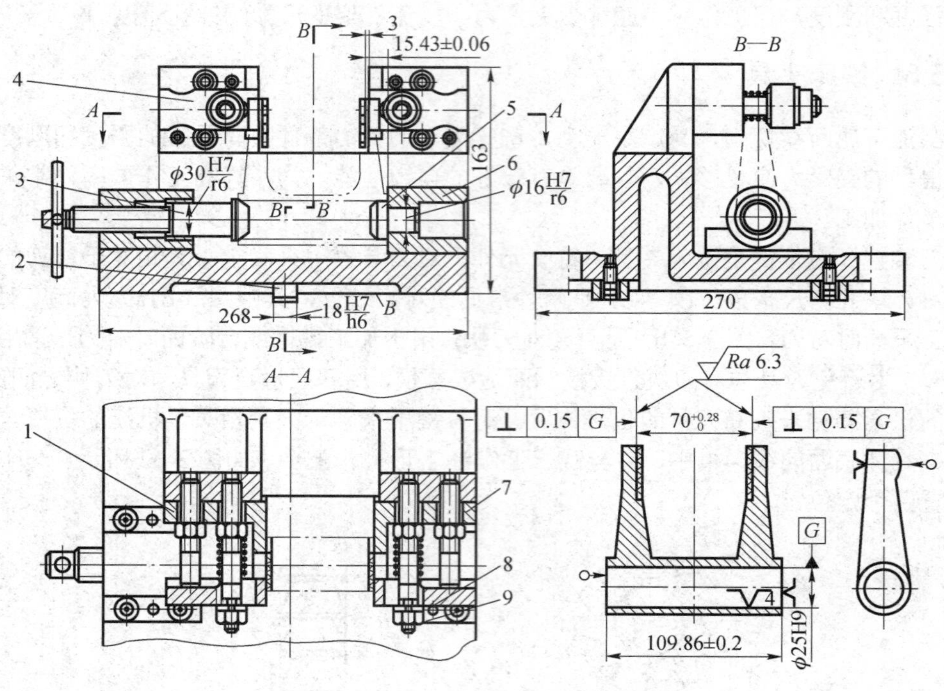

图 3-63　铣床夹具

1、7—支承板；2—定位键；3—顶锥；4—压板；5—定位销；6—支座；8—螺母；9—螺柱

3.5.4　车床夹具

车床夹具一般用于加工回转体零件，其主要特点是：夹具都安装在机床主轴上，并与主轴一起作回转运动。由于主轴转速一般很高，在设计夹具时，要注意平衡问题和操作安全问题。

车床夹具与车床主轴常见的连接方式如图 3-64 所示。图 3-64a）中的夹具体以长锥柄安装在主轴孔内，定位精度较高，但刚性较差，多用于小型车床夹具与主轴的连接；图 3-64b）以端面 A 和内孔 D 在主轴上定位，制造容易，但定位精度不高；图 3-64c）以端面 T 和短锥面 K 定位，定位精度高，而且刚性好，但这种定位方式属于过定位，故要求制造精度很高。

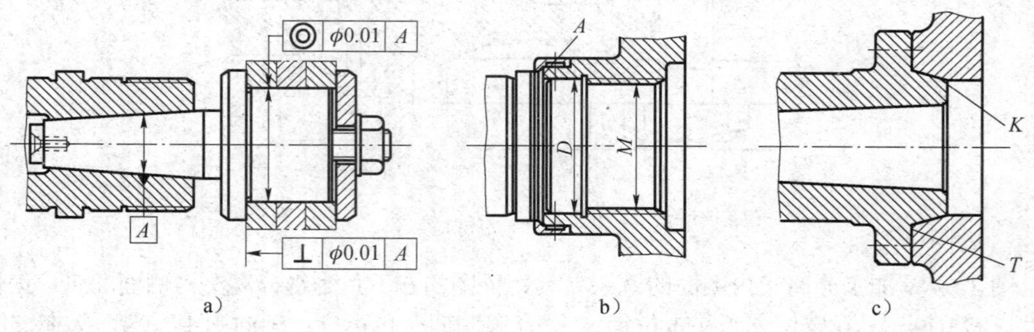

图 3-64　车床夹具与车床主轴常见的连接方式

3.5.5　组合夹具

组合夹具是用一套预先制造好的标准元件和合件组装而成的夹具。组合夹具使用完后，所用元件均可以拆开、清洗入库，留待组装新夹具时再用。

图 3-65 是一个钻转向臂侧孔的组合夹具，图 3-65a）与图 3-65b）分别为其分解图和立体图。工件以内孔及端面在定位销 6、定位盘 7 上定位，共限制五个自由度，另一个自由度由菱形定位销 8 限制；工件用螺旋夹紧机构夹紧，夹紧机构由 U 形垫圈 18、槽用螺栓 12 和厚螺母 13 组成。快换钻套 9 用钻套螺钉 10 紧固在钻模板 5 上，钻模板用专用螺母 14、槽用螺栓 12 紧固在支承座 3 上。支承座 3 用槽用螺栓 12 和专用螺母 14 紧固在支承座 2 和底座 1 上。

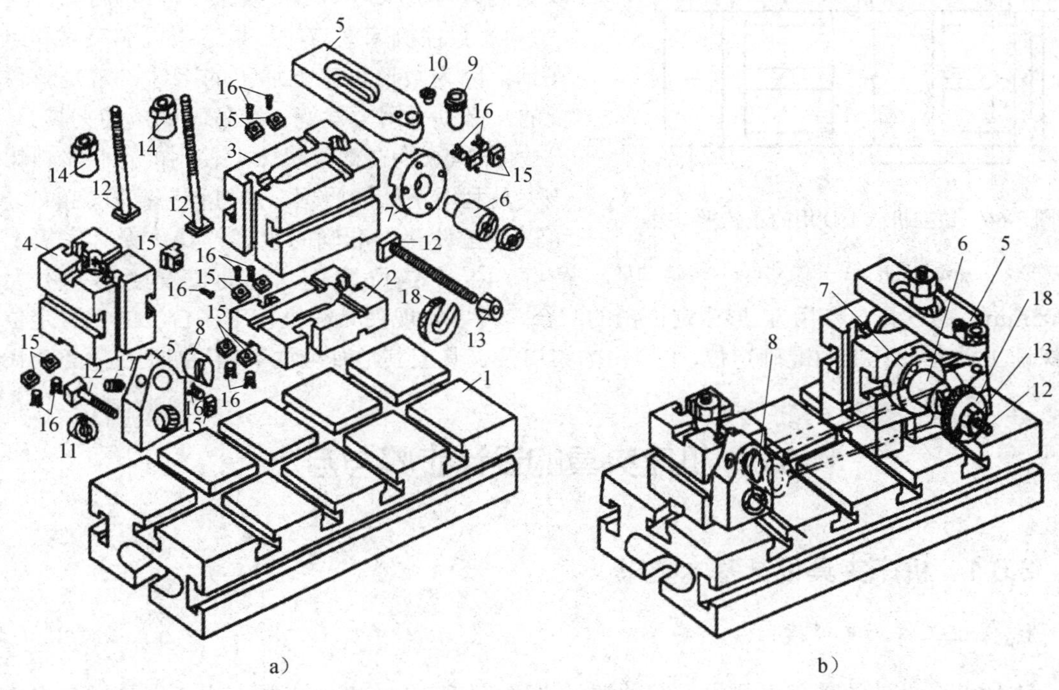

图 3-65　钻转向臂侧孔的组合夹具

a）分解图；b）立体图

1—底座；2、3、4—支承座；5—钻模板；6—定位销；7—定位盘；8—菱形定位销；9—快换钻套；10—螺钉；11—圆螺母；12—槽用螺栓；13—厚螺母；14—专用螺母；15—定位键；16—沉头螺钉；17—定位螺钉；18—U 形垫圈

组合夹具标准化、系列化、通用化程度较高，其优点是结构灵活多变，元件能长期重复使用，设计和组装周期短；缺点是体积较大，刚性较差，购置元件和合件一次性投资大。组合夹具适用于在单件小批生产和新产品试制中使用。

3.5.6　数控机床夹具

数控机床夹具的主要作用是把工件精确地载入机床坐标系中，保证工件在机床坐标系中的确切位置。设计数控机床夹具时应注意以下几点。

1）数控机床夹具定位面与机床原点之间有严格的坐标关系，因此要求夹具在机床上要完

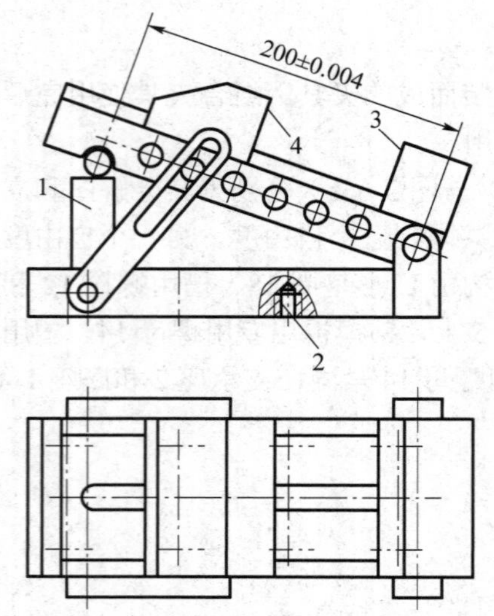

图 3-66 数控机床上使用的正弦平口钳

1—高度规；2—定位销孔；3—固定钳口；4—活动钳口

全定位。

2）数控机床夹具只需具备定位和夹紧两种功能，无须设置刀具导向和对刀装置。因为数控机床加工时，机床、夹具、刀具和工件始终保持严格的坐标关系，刀具与工件的相对位置无须导向元件来确定位置。

3）数控机床在工件一次装夹中可以完成多个表面加工，因此数控机床夹具应是敞开式结构，以免夹具与机床运动部件发生干涉或碰撞。

4）数控机床夹具应尽量选用可调夹具和组合夹具。因为数控机床上加工的工件常常是单件小批的，必须采用柔性好、准备时间短的夹具。

图 3-66 为在数控机床上使用的正弦平口钳。该夹具利用正弦规原理，通过调整高度规的高度，可以使工件获得准确的角度位置。夹具底板上设置了 12 个定位销孔，孔的位置度误差不大于 0.005mm，通过孔与专用 T 形槽定位销的配合，可以实现夹具在机床工作台上的完全定位。为保证工件在夹具上的准确定位，平口钳的钳口及夹具上其他基准面的精度要达到0.003/100。

3.6 机床夹具的设计步骤与方法

3.6.1 机床夹具设计基本要求

1. 保证工件加工精度

这是夹具设计的最基本要求，其关键是正确确定定位方案、夹紧方案、刀具导向方式，合理制定夹具的技术要求，必要时要进行误差分析与计算。

2. 夹具结构尽量与生产类型相适应

大批量生产时，应尽量采用多件夹紧、联动夹紧等高效夹具，以提高生产效率；对于中小批量生产，在满足夹具功能的前提下，尽量使夹具结构简单，以降低制造成本。

3. 尽量选用标准化零部件

尽量选用标准夹具元件和标准件，这样可以缩短夹具的设计制造周期，提高夹具设计质量和降低夹具制造成本。

4. 夹具应操作方便、安全、省力

为便于夹紧工件，操纵夹紧件的手柄或扳手应有足够的活动空间，应尽量采用气动、液动等夹紧装置。

5. 夹具应具有良好的结构工艺性

所设计的夹具应便于制造、检验、调整和维修。

3.6.2 机床夹具设计一般步骤

1. 明确设计要求，收集和研究原始资料

在接到夹具设计任务书后，首先要仔细阅读被加工零件的零件图和装配图，了解零件的作用、结构特点和技术要求；其次，要认真研究零件的工艺规程，充分了解本工序的加工内容和加工要求，了解本工序使用的机床和刀具，研究分析夹具设计任务书上所选用的定位基准和工序尺寸。

2. 确定夹具的结构方案，绘制夹具结构草图

1）确定定位方案，选择定位元件，计算定位误差。

2）确定刀具引导方式，并设计引导装置或对刀装置。

3）确定夹紧方案，选择夹紧机构。

4）确定其他元件或装置的结构形式，如分度装置、夹具和机床的连接方式等。

5）确定夹具的总体结构。

在确定夹具结构方案的过程中，应提出几种不同的方案进行比较分析，从中择优。在确定夹具结构方案的基础上，绘制夹具结构草图，并检查方案的合理性和可行性，为绘制夹具装配图做准备。

3. 绘制夹具装配图

夹具装配图一般按 1∶1 比例绘制，以使所设计夹具有良好的直观性。总图上的主视图，应取操作者实际工作位置。

绘制夹具装配图可按如下顺序进行：用双点画线画出工件的外形轮廓和定位面、加工面；画出定位元件和导向元件；按夹紧状态画出夹紧装置；画出其他元件或机构；将夹具体各部分连接成一体，形成完整的夹具；标注必要的尺寸、配合及技术条件；绘制零件编号，填写零件明细表和标题栏。

4. 绘制夹具零件图

绘制装配图中非标准零件的零件图。

3.6.3 机床夹具设计实例

图 3-67a）为钻摇臂小头孔的工序简图，零件材料为 45 钢，毛坯为模锻件，年产量为 500 件，所用机床为 Z525 型立式钻床。试为该工序设计一钻床夹具。

1）精度与批量分析。本工序有尺寸精度和位置精度要求，年产量为 500 件，使用夹具保证加工精度是可行的，但批量不是很大，因此在满足夹具功能的前提下，结构应尽量简单。

2）确定夹具的结构方案。

① 确定定位方案，选择定位元件。根据工序简图规定的定位基准，选用带小端面定位销和活动V形块实现完全定位，如图3-67b）所示。定位孔与定位销的配合尺寸取ϕ36H7 / g6 mm。对于工序尺寸(120 ± 0.08)mm 而言，定位基准与工序基准重合$\varDelta_{jb}=0$；定位副制造误差引起的基准位置误差$\varDelta_{jw}=0.025+0.016+0.009=0.05$(mm)，它小于该工序尺寸公差0.16的1/3，定位方案可行。

② 确定导向装置。本工序需依次对被加工孔进行钻、扩、粗铰、精铰四个工步的加工，故采用快换钻套作为导向元件，如图3-67c）所示。

③ 确定夹紧机构。选用螺旋夹紧机构夹紧工件，如图3-67d）所示。在带螺纹的定位销上，用螺母和开口垫圈夹紧工件。

④ 确定其他装置。为提高工艺系统的刚度，在工件小头孔端面设置辅助支承，如图3-67d）所示。设计夹具体，将上述各种装置组成一个整体。

3）画夹具装配图，标注尺寸、配合及技术要求。

4）对零件进行编号，填写明细表与标题栏，绘制零件图。

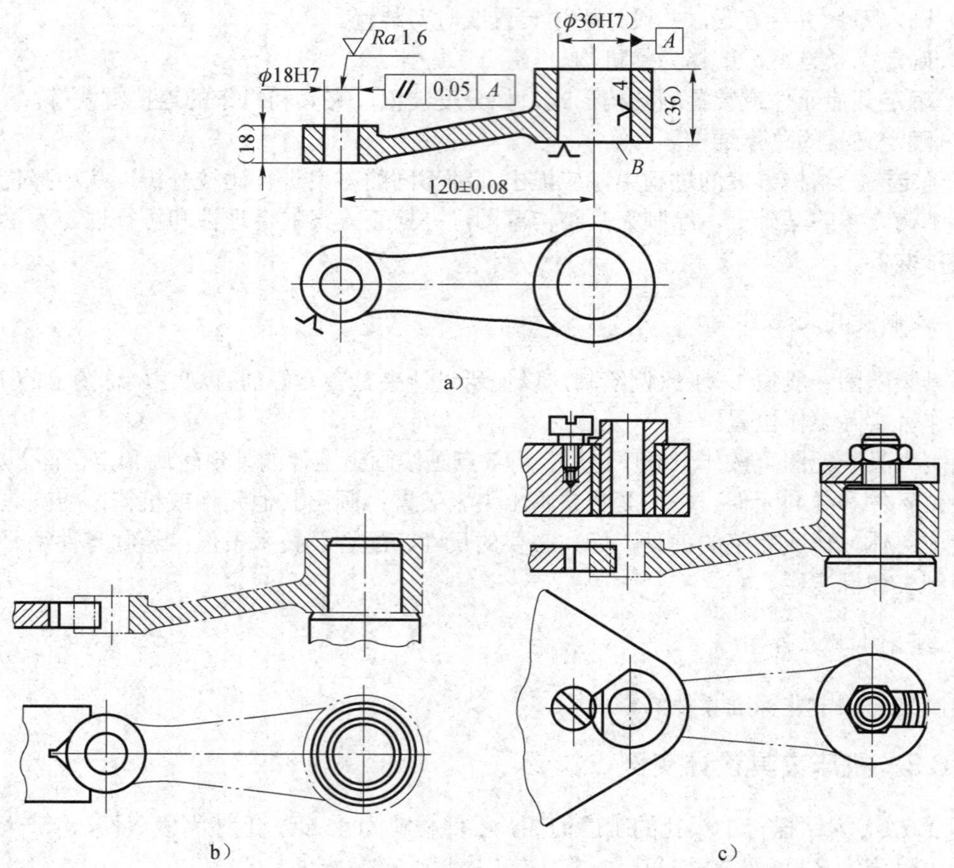

图3-67　机床夹具设计实例

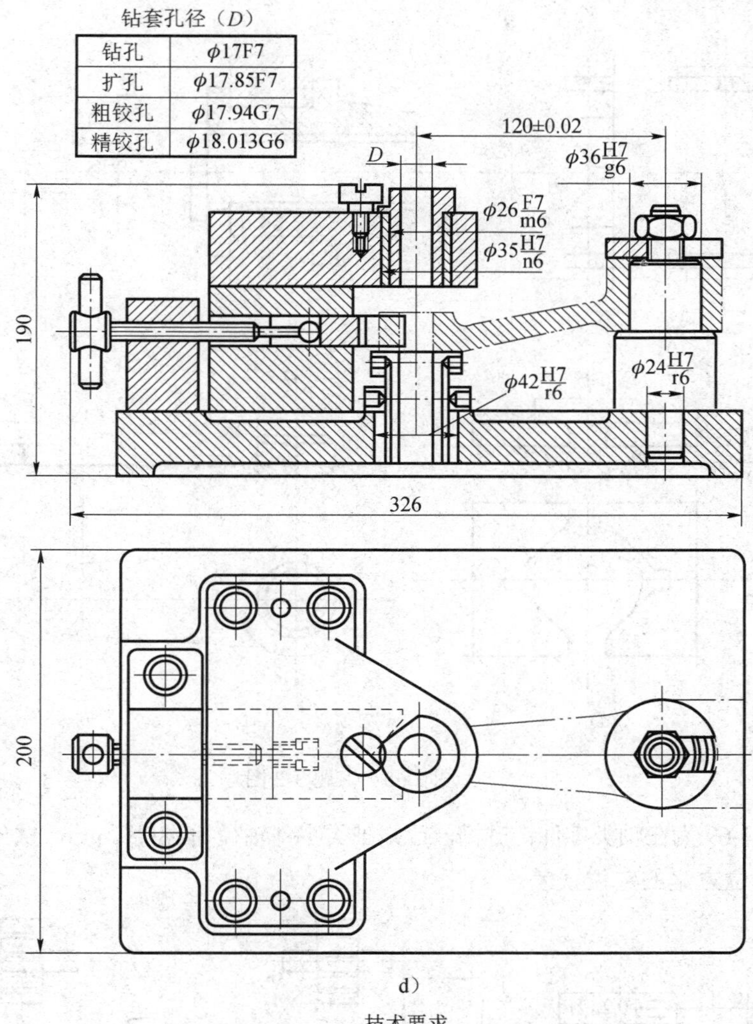

d）

技术要求

1. 钻套孔轴线对定位心轴轴线平行度公差0.02mm。
2. 定位心轴轴线对夹具底面垂直度公差0.02mm。
3. 活动V形块对钻套孔与定位心轴轴线所决定的平面对称度公差0.05mm。

图 3-67　机床夹具设计实例（续）

习　题

3-1　机床夹具由哪几部分组成？各有什么作用？

3-2　分析图 3-68 所示定位方案各定位元件所限制的自由度数，并判断有无过定位或欠定位。

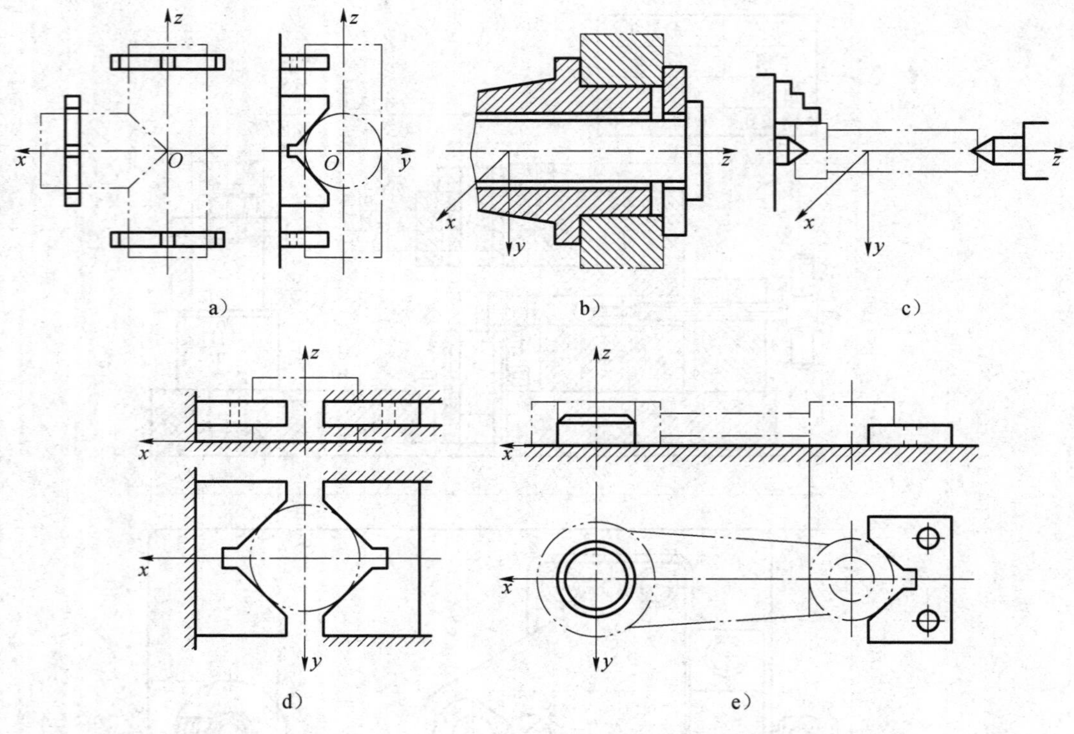

图 3-68　习题 3-2 图

3-3　图 3-69 为在轴类零件铣键槽，已知轴类零件轴径为 $\phi80_{-0.1}^{\ 0}$ mm，试分别计算图 3-69b）和 c）两种定位方案的定位误差。

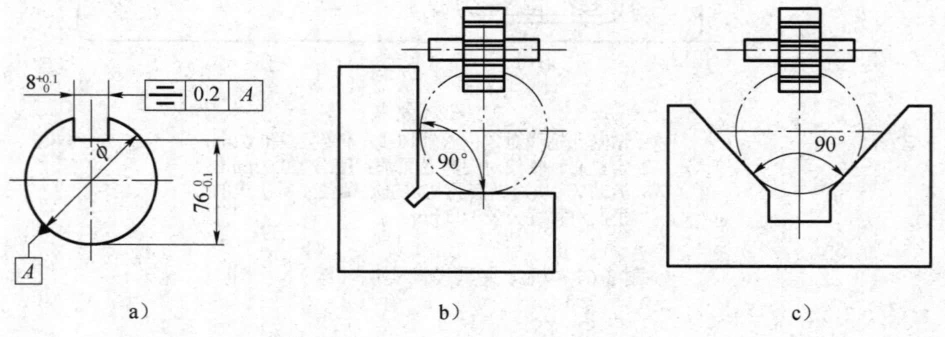

图 3-69　习题 3-3 图

3-4　图 3-70 为齿坯在 V 形块上定位铣键槽，要求保证尺寸 $H=38.5_{\ 0}^{+0.2}$ mm，已知 $d=\phi80_{-0.1}^{\ 0}$ mm，$D=\phi35_{\ 0}^{+0.025}$ mm，若不计内孔与外圆同轴度误差的影响，试求此工序的定位误差。

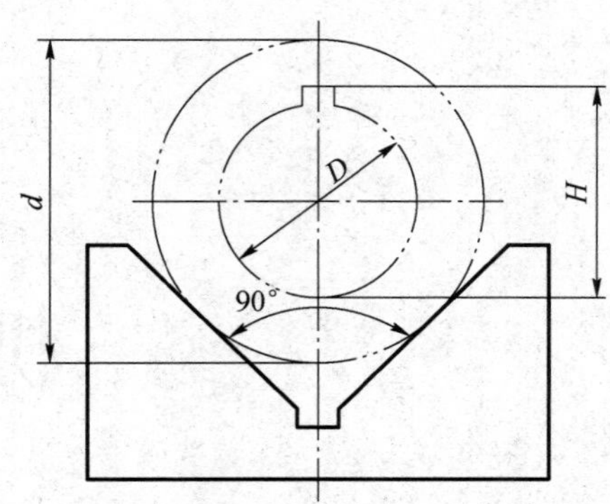

图 3-70　习题 3-4 图

3-5　在铣床夹具中，对刀块和塞尺各起什么作用？

3-6　钻床夹具导向装置的作用是什么？钻套按其结构特点可分为哪几种类型？

3-7　车床夹具与车床主轴的连接方式有哪几种？

第4章

机械加工精度

学习目标

1）了解机械加工精度的概念及加工误差的来源。

2）掌握原理误差的概念及其对加工精度的影响。

3）掌握工艺系统的几何误差及其对加工精度的影响。

4）掌握工艺系统的受力变形及其对加工精度的影响。

5）掌握工艺系统受热变形及其对加工精度的影响。

6）掌握加工误差的统计分析方法。

7）了解保证和提高加工精度的途径。

知识要点

1）机械加工精度、机械加工误差、原理误差的概念。

2）机床误差、夹具的制造误差与磨损、刀具的制造误差与磨损、调整误差。

3）工艺系统刚度的计算，工艺系统刚度对加工精度的影响，机床部件刚度的认识，减小工艺系统的受力变形对加工精度影响的措施，残余应力引起的变形。

4）工艺系统的热源，工件热变形、刀具热变形、机床热变形对加工精度的影响，减少工艺系统热变形对加工精度影响的措施。

5）分布图分析法、点图分析法。

6）误差预防技术、误差补偿技术。

4.1 概　　述

加工后的零件质量是保证机械产品质量的基础。零件的加工质量包括零件的机械加工精度和加工表面质量两大方面。本章主要讨论零件的机械加工精度问题。它是机械制造工艺学的主要研究问题之一。

4.1.1　机械加工精度的概念及获得方法

1. 机械加工精度的概念

不同的零件可以通过多种不同的机械加工方法获得。实际加工后所获得的零件在尺寸、形状或位置方面都不可能和理想零件绝对一致，总是或多或少存在一些差异。为此，在零件图上对其尺寸、形状和有关表面间的位置都必须以一定形式标注出能满足零件使用性能的允许的误差或偏差，统称为公差。习惯上以公差等级或公差值大小表示零件的机械加工精度。公差值或等级越小，表示对该零件机械加工精度的要求越高。

特别提示

在机械加工中，所获得的零件的实际尺寸、形状和表面之间的位置关系，都必须在零件图上所规定的公差范围之内。可靠地保证零件图样所要求的精度是机械加工基本的任务之一。

机械加工精度是指零件加工后的实际几何参数（尺寸、形状和表面间的相互位置）与理想几何参数的符合程度。符合程度越高，加工精度越高。

零件的加工精度包含三个方面的内容：尺寸精度、形状精度和位置精度。这三者之间是有联系的。通常形状公差应限制在位置公差之内，而位置误差一般应限制在尺寸公差之内。当尺寸精度要求高时，相应的位置精度、形状精度也要求高。但形状精度要求高时，相应的位置精度和尺寸精度有时不一定要求高，这要根据零件的功能要求来决定。

特别提示

一般情况下，零件的加工精度越高则加工成本相对地越高，生产效率相对地越低。因此，设计时应根据零件的使用要求，合理地规定零件的加工精度。加工时则应根据设计要求、生产条件等采取适当的工艺方法，以保证加工误差不超过容许范围，并在此前提下尽量提高生产率和降低成本。

2. 尺寸精度的获得方法

在机械加工中，由于生产批量和生产条件的不同，因此可以有多种获得加工精度的方法。

（1）试切法

试切法是指在零件加工过程中不断对已加工表面的尺寸进行测量，并调整刀具相对工件加工表面的位置，进行试切，直到达到尺寸精度要求的加工方法。该方法是获得零件尺寸精度最早采用的加工方法，同时也是目前常用的获得高精度尺寸的主要方法之一。该方法主要适用于单件小批生产的产品。试切法加工轴如图 4-1 所示。

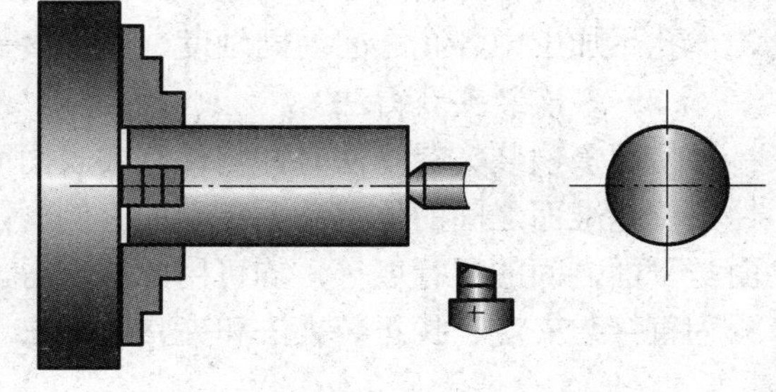

图 4-1　试切法加工轴

（2）调整法

调整法是指按试切好的工件尺寸，标准件或对刀块等调整确定刀具相对工件定位基准的准确位置，并在保持此准确位置不变的条件下，对一批工件进行加工的方法。该方法多用于大批量生产的产品，如在摇臂钻床上用夹具加工孔系。

（3）定尺寸刀具法

在加工中采用具有一定尺寸的刀具或组合刀具，以保证被加工零件尺寸精度。该方法生产率高，但是刀具制造复杂，成本高。用方形拉刀拉方孔，用镗刀块加工内孔都属于此法。

（4）自动控制法

在加工过程中，通过自动控制系统，该系统由尺寸测量装置、动力进给装置和控制机构等组成，使加工过程中的尺寸测量、刀具补偿调整和切削加工等一系列工作自动完成，从而自动获得所要求尺寸精度。在数控机床上加工多属于此法。

3. 形状精度的获得方法

（1）成形运动法

零件结构复杂多样，但一般由平面、圆柱面、成形面组成，这些几何面均可通过刀具和工件之间做一定的相对运动加工完成。成形运动法就是利用刀具和工件之间的成形运动来加工表面的方法。根据所使用刀具不同，该方法又分为轨迹法（利用刀尖运动轨迹形成工件表面形状）、成形法（由成形刀具刀刃的形状形成工件表面形状）、展成法（由切削刃包络面形成工件表面形状）和相切法（利用盘状刀具边旋转边做一定规律的运动获得工件表面形状）。

（2）非成形运动法

非成形运动法是指零件表面形状精度的获得不是靠刀具相对工件的准确成形运动，而是靠在加工过程中对加工表面形状地不断检验和工人对其进行精细修整加工的方法。该类方法是获得零件表面形状尺寸精度最原始的方法，在一些复杂型面和形状精度要求很高的表面加工过程中仍然采用此法。

4. 位置精度的获得方法

在机械加工中，位置精度主要由机床精度、夹具精度和工件装夹精度来保证，通过以下两种方法获得。

（1）一次装夹获得法

使用一次装夹获得法时，零件有关表面的位置精度是直接在工件的同一次装夹中，由各有关刀具相对工件的成形运动之间的位置关系保证的。例如，轴类零件外圆与端面的垂直度，箱体孔系加工中各孔之间的同轴度、平行度等，均可用此法获得。

（2）多次装夹获得法

使用多次装夹获得法时，零件有关表面间的位置精度是由刀具相对工件的成形运动与工件定位基准面之间的位置关系保证的。例如，轴类零件上键槽对外圆表面的对称度、箱体平面与平面之间的平行度等，均可用此法获得。在该方法中，又可根据工件的不同装夹方式划分为直接装夹法、找正装夹法和夹具装夹法。

4.1.2　影响机械加工精度的机械加工误差

1. 机械加工误差的概念

机械加工误差是指零件加工后的实际几何参数（尺寸、形状和表面间的相互位置）与理想几何参数的偏离程度。在机械加工过程中，即使在相同的生产条件下，由于各种因素的影响，也不可能加工出完全相同的零件来。在不影响使用性能的前提下，允许零件相对理想参数存在一定程度的偏离。零件在尺寸、形状和表面间相互位置方面与理想零件之间的差值分别称为尺寸、形状和位置误差。

特别提示

加工精度和加工误差是从两个不同的角度来评定加工零件的几何参数的，常用加工误差的大小来评价加工精度的高低。加工误差越小，加工精度越高。保证和提高加工精度问题实际上就是控制和降低加工误差。

2. 机械加工误差的产生

在机械加工中，零件的尺寸、几何形状和表面间相对位置的形成，归根到底取决于工件和刀具在切削运动过程中相互位置的关系，而工件和刀具安装在夹具和机床上，并受到夹具和机床的约束，因此，在机械加工时，机床、夹具、刀具和工件构成了一个完整的系统，称为工艺系统。加工精度问题涉及整个工艺系统的精度问题。

工艺系统中的种种误差，在不同的具体条件下，以不同的程度和方式反映为加工误差。工艺系统的误差是“因”，是根源；加工误差是“果”，是表现，因此，把工艺系统的误差称为原始误差。

案例分析

零件在加工过程中可能出现种种原始误差，它们会引起工艺系统各环节相互位置关系的变化而造成加工误差。下面我们以活塞加工中精镗销孔工序的加工过程为例，分析影响工件和刀具间相互位置的种种因素，以使我们对工艺系统的各种原始误差有一个初步的了解。

1. 装夹

活塞以止口及其端面为定位基准，在夹具中定位，并用菱形销插入已经半精镗的销孔中作周向定位。固定活塞的夹紧力作用在活塞的顶部（图 4-2）。这时就产生了由于设计基准（顶面）与定位基准（止口端面）不重合，以及定位止口与夹具上凸台、菱形销与销孔的配合间隙而引起的定位误差。另外，还存在由于夹紧力过大而引起的夹紧误差。这两项原始误差统称为工件装夹误差。

2. 调整

装夹工件前后，必须对机床、刀具和夹具进行调整，并在试切几个工件后再次进行精确微调，才能使工件和刀具之间保持正确的相对位置。例如，本例需进行夹具在工作台上的位置调整，菱形销与主轴同轴度的调整，以及对刀调整（调整镗刀切削刃的伸出长度以保证镗孔直径）等。由于调整不可能绝对精确，因此会产生调整误差。另外，机床、刀具、夹具本身的制造误差在加工前就已经存在了。这类原始误差称为工艺系统的几何误差。

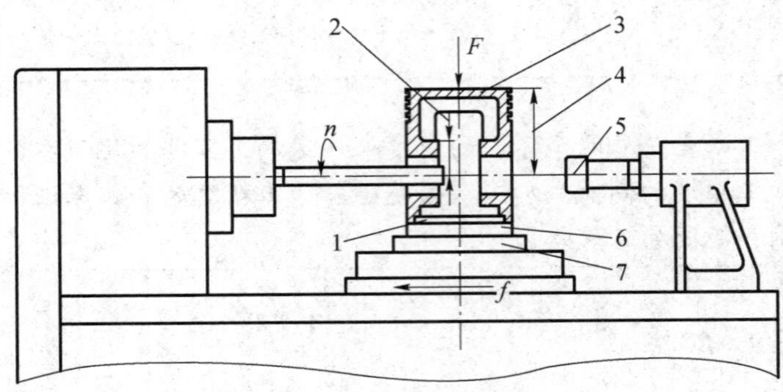

图 4-2　活塞销孔精镗工序示意图

1—定位止口；2—对刀尺寸；3—设计基准；4—设计尺寸；5—定位用菱形销；6—定位基准；7—夹具

3. 加工

由于在加工过程中产生了切削热、切削力和摩擦，它们将引起工艺系统的受力变形、受热变形和磨损，这些都会影响在调整时所获得的工件与刀具之间的相对位置，造成种种加工误差。这类在加工过程中产生的原始误差称为工艺系统的动误差。

在加工过程中，还必须对工件进行测量，才能确定加工是否合格，从而进一步确定工艺系统是否需要重新调整。任何测量方法和量具、测量仪器也不可能绝对准确，因此，测量误差也是一项不容忽视的原始误差。

测量误差是工件的测量尺寸与实际尺寸的差值。加工一般精度的零件时，测量误差可占到工序尺寸公差的 1/5 ~ 1/10；加工精密零件时，测量误差可占到工序尺寸公差的 1/3 左右。

此外，工件在毛坯制造（铸、锻、焊、轧制）、切削加工和热处理时的力和热的作用下产生的内应力，将会引起工件变形而产生加工误差。有时由于采用了近似的成形方法进行加工，还会造成加工原理误差。因此，工件内应力引起的变形及原理误差也属于原始误差。

最后，为清晰起见，可将加工过程中可能出现的种种原始误差归纳如下。

- 原始误差
  - 与工艺系统初始状态有关的原始误差（几何误差）
    - 原理误差、定位误差、调整误差、刀具误差、夹具误差——工件相对于刀具在静止状态下已经存在的误差
    - 机床主轴回转误差、机床导轨导向误差、机床传动误差——工件相对于刀具在运动状态下已经存在的误差
  - 与工艺过程有关的原始误差（动误差）
    - 工艺系统受力变形（包括夹紧变形）
    - 工艺系统受热变形
    - 刀具磨损
    - 测量误差
    - 工件残余应力引起的变形

3. 机械加工误差的性质

要解决加工精度问题，正确区分机械加工误差的性质是关键。各种机械加工误差可以按它们在加工一批工件时出现的规律分为系统误差和随机误差两类。

（1）系统误差

在相同的工艺条件下，加工一批零件产生的大小和方向都不发生变化或按加工顺序规律性变化的误差，称为系统误差。前者为常值系统误差，后者为变值系统误差。

工艺系统机床、夹具、刀具和量具本身的制造误差，它们的磨损，加工过程中刀具的调整及它们在恒定力作用下的变形等造成的加工误差，一般是常值系统误差。机床、夹具和刀具等在热平衡前的热变形，加工过程中刀具的磨损等都是随着时间的延长而做规律性变化的，由这些因素造成的加工误差，一般可认为是变值系统误差。

（2）随机误差

在相同的工艺条件下，加工一批零件时产生的大小和方向不同，并且无变化规律的加工误差，称为随机误差。

零件加工前的毛坯误差（如加工余量不均匀或材质软硬不等）、工件的定位误差、机床热平衡后的温度波动及工件残余应力变形等所引起的加工误差均属于随机误差。

随机误差的变化没有明显的规律，并且引起的原因也多种多样，即使采取相应工艺措施也很难完全消除，但可以应用数理统计的方法找出随机误差的规律，然后在工艺上采取措施加以控制，减少随机误差对加工精度的影响。

特别提示

应该指出的是，同一原始误差有时会引起系统误差，有时则产生随机误差。例如，在一批零件的加工中，机床调整产生系统误差，但若经过多次调整才加工完这批工件，则调整误差无明显规律，而成为随机误差。

4. 误差敏感方向

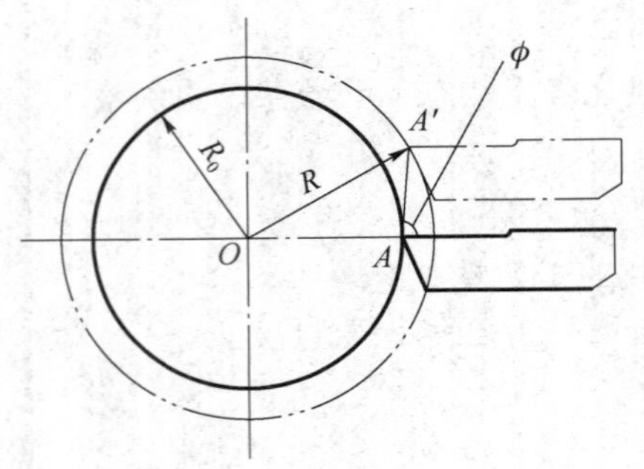

图 4-3　误差的敏感方向

切削加工过程中，各种原始误差的影响会使刀具和工件间的正确几何关系遭到破坏，引起加工误差。通常，各种原始误差的大小和方向是各不相同的，而加工误差必须在工序尺寸方向度量。因此，不同的原始误差对加工精度有不同的影响。当原始误差的方向与工序尺寸方向一致时，其对加工精度的影响最大。下面以外圆车削为例来进行说明。

如图 4-3 所示，车削时工件的回转轴心是 O，刀尖正确位置在 A，设某一瞬时由于各种原始误差的影响，刀尖位移到 A'，$\overline{AA'}$ 即为原始误差δ，它与$\overline{OA}$间夹角为ϕ，由此引起工件加工后的半径由 $R_0=\overline{OA}$变为$R=\overline{OA'}$，故半径上（即工序尺寸方向上）的加工误差ΔR为

$$\Delta R=\overline{OA'}-\overline{OA}=\sqrt{R_0^2+\delta^2+2R_0\delta\cos\phi}-R_0\approx\delta\cos\phi+\frac{\delta^2}{2R_0}$$

可以看出：当原始误差的方向恰为加工表面法线方向时（$\phi=0$），引起的加工误差$\Delta R_{\phi=0}=\delta$为最大（忽略$\dfrac{\delta^2}{2R_0}$项）；当原始误差的方向恰为加工表面的切线方向时（$\phi=90°$），引起的加工误差$\Delta R_{\phi=90°}=\dfrac{\delta^2}{2R_0}$为最小，通常可以忽略。为了便于分析原始误差对加工精度的影响，我们把对加工精度影响最大的方向（即通过切削刃加工表面的法向）称为误差的敏感方向。

4.1.3　研究加工精度的目的与方法

1. 研究加工精度的目的

研究加工精度的目的是明确各种原始误差的物理、力学本质及它们对加工精度影响的规律，掌握控制加工误差的方法，以便获得预期的加工精度，需要时能找出进一步提高加工精度的途径。

2. 研究加工精度的方法

加工精度的研究方法有以下两种。

（1）单因素分析法

运用该方法研究某一确定因素对加工精度的影响，研究时一般不考虑其他因素的作用。通过分析计算、测试或实验，得出该因素与加工误差之间的关系。

（2）统计分析法

该方法以生产中一批工件的实测结果为基础，运用数理统计方法进行数据处理，处理的结果用于控制工艺过程的正常进行。当发现质量问题时，可以从中判断误差的性质，找出误差发生的规律，以指导解决有关的加工精度问题。统计分析法只适用于批量生产。

在实际生产中，常将两种方法结合起来应用。一般先用统计分析法找出误差出现规律，

初步判断加工误差出现的原因，然后运用单因素分析法进行分析、试验以便迅速有效找出影响加工精度的主要原因。

知识拓展

全面质量管理

1. 全面质量管理的概念

《质量管理和质量保证术语》（ISO 8402:1994）对全面质量管理的定义：“一个组织以质量为中心，以全员参与为基础，目的在于通过让顾客满意和本组织所有成员及社会受益而达到长期成功的管理途径。”

全面质量管理并不等同于传统意义上的质量管理，传统意义上的质量管理只是作为组织所有管理职能之一，与其他管理职能（如财务管理、物资管理、生产管理、劳动人事管理、后勤保障管理等）并存。而全面质量管理是质量管理更深层次、更高境界的管理，它将如上所述的组织的所有管理职能均纳入质量管理的范畴（当然并不是以全面质量管理取代企业的所有管理）。全面质量管理特别强调一个组织必须以质量为中心，否则就不是全面质量管理。

全面质量管理源于美国，在日本得到重视与发展，并取得极其明显的效果，最后又由日本推向全世界。

全面质量管理与其说是质量管理方法的进步，不如说是质量管理理论与思想的突破性变革。以前的质量管理着重于生产现场的控制与产品成品检验，其理论依据是认为产品质量是生产出来的，即产品质量取决于生产过程的好坏。全面质量管理则认为，产品质量不仅仅由生产过程决定，它实际上是企业各项管理工作、设计工作、生产经营活动所共同决定的，是企业全部经济活动的综合反映。也就是说，企业里任何一项经济活动都有可能影响，甚至决定产品质量。

2. 全面质量管理的基本观点

（1）“质量第一”的观点

产品质量的好坏，关系到企业的生存和发展。在实际生产经营活动中，质量和数量的矛盾是经常发生的，应该以质量第一作为解决矛盾的基本思想，认真贯彻“质量第一”的方针。

（2）一切为用户服务的观点

这是进行全面质量管理的基本出发点。产品是为用户服务的，用户的要求是产品质量的目标，也是检验质量好坏的客观标准。全面质量管理把这一思想推而广之：每一后续工作都是前道工作的用户，后续工作的要求就是前道工作的质量目标。因此，企业里每个人员都应该明确自己的下道工序，也就是明确自己的用户，再考虑如何为他服务。这样，“质量第一”“为用户服务”就都有了具体落实的内容。

（3）“质量形成于生产全过程”的观点

产品质量是经过市场调查、设计、试制把质量规定下来，再经过制造、装配把规定的质量兑现出来的。因此，产品质量不仅需要通过设计体现，更需要通过原材料、设备、工艺和加工去实现，还需要通过各种服务去保证它的表现，即产品质量与产品生命周期的全部阶段有关。但是，这绝不是否认或轻视有关产品质量的检查、试验工作的必要性和重要性。没有检查、试验，就无法判断设计所体现的产品质量是否被制造实现了，也就无法判断制造所实现了的产品质量是否由服务保证了它的表现。“产品质量形成于生产全过程”的观点，强调了产品质量是由前后方的生产工人用他们的劳动所实现的。

（4）质量好坏要凭数据说话的观点

质量好坏的重要依据是数据。在进行质量分析时，需要有准确的数据，有了准确的数据，才能把握现状、分析问题、改进管理，调整生产过程中的问题，把质量控制在一定范围之内。

（5）预防为主，防检结合的观点

全面质量管理要求把质量管理工作的重点从事后“把关”转移到事前“预防”，从对产品结果进行管理变为对质量形成因素进行控制。这样，可以把废次品杜绝在出现之前，减少了因废次品出现而造成的经济损失；更重要的是，可以使生产过程形成一个稳定的生产优质产品的系统。

（6）全面质量管理是一种以人为本的管理

全面质量管理强调在质量管理中调动人的积极性，发挥人的创造性。产品质量不仅要使用户满意，还要使本组织的每个职工满意。以人为本，就是要使企业全体员工，特别是生产第一线的职工齐心协力搞好质量。

（7）全面质量管理是一种突出质量改进的动态性管理

传统质量管理思想的核心是“质量控制”，是一种静态的管理。全面质量管理强调有组织、有计划、持续地进行质量改进，不断地满足变化着的市场和用户的需求，是一种动态性的管理。

4.2 加工原理误差

机械加工中为了得到要求的工件形状和表面质量，必须采用具有一定形状切削刃的刀具，在工件和刀具之间建立一定的运动关系。这种为得到所要求的表面而需要的联系称为加工原理。例如，切削加工螺纹时，工件和车刀之间要有准确的螺旋运动联系；滚切齿轮必须使齿坯和滚刀之间有准确的展成运动。这种运动联系一般是由机床的机构运动来保证的，有些场合也可以用夹具来保证。从理论上讲，应采用理想的加工原理，以求获得完全准确的加工表面，要满足这一要求有时会使机床或夹具的结构极为复杂，导致制造困难，或由于环节过多，增加了机构运动中的误差，反而得不到高的加工精度。所以，在实践中，常采用近似的成形运动或近似的切削刃轮廓。

加工原理误差是指采用了近似的成形运动或近似的切削刃轮廓进行加工而产生的误差。

案例分析

在三坐标数控铣床上铣削复杂型面零件时，通常要用球头刀采用行切法加工。行切法就是球头刀与零件轮廓的切点轨迹是一行一行的，而行间的距离 s 是按零件加工要求确定的。这种方法是将空间立体型面视为众多的平面截线的集合，每次走刀加工出其中的一条截线。每两次走刀之间的行间距 s 可以按下式确定（图 4-4）：$s=\sqrt{8Rh}$，式中，R 为球头刀半径，h 为允许的表面不平度。

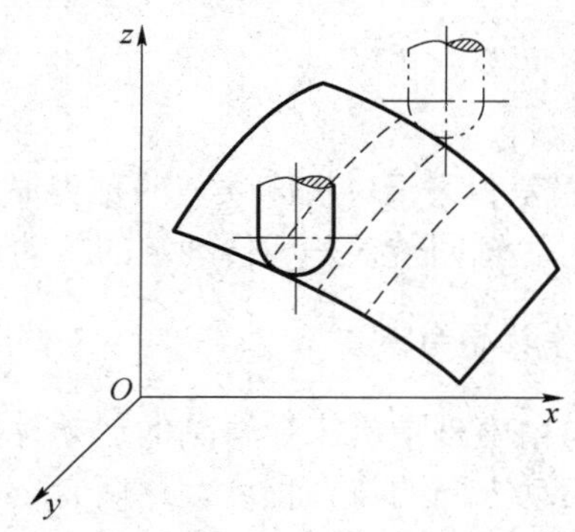

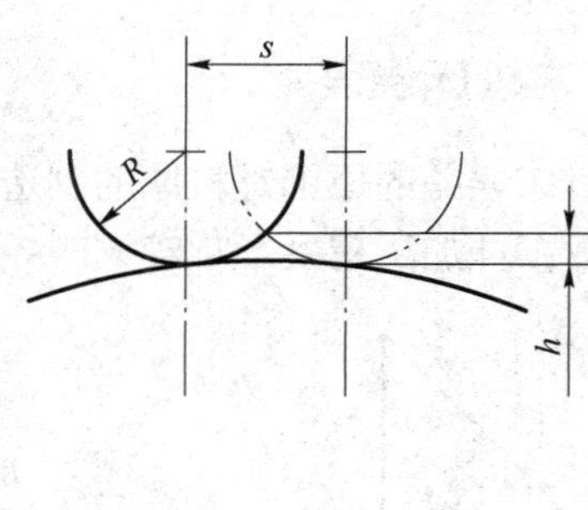

图 4-4 空间复杂曲面的数控加工

由于数控铣床一般只具有空间直线插补功能，因此即便是加工一条平面曲线，也必须用许多很短的折线段去逼近它。当刀具连续地将这些小线段加工出来，也就得到所需的曲线形状。逼近的精度可由每根线段的长度来控制。因此，就整个曲面而言，在三坐标联动的数控铣床上加工，实际上是以一段一段的空间直线逼近空间曲面，或者说，整个曲面是由大量加工出的小直线段来逼近的（图 4-5）。这说明，在曲线或曲面的数控加工中，刀具相对于工件的成形运动是近似的。

在用齿轮铣刀切制轮齿时，在被加工齿轮精度要求不高的情况下，齿轮铣刀的齿形可以用弧齿形来代替渐开线齿形，这样不仅能使齿轮铣刀齿廓的计算简化，还能使磨削加工铣刀齿形时砂轮容易修整。当被加工齿轮的齿数 $Z<<55$ 时，铣刀齿廓可以用圆心在基圆上的两段圆弧（半径为 R_1、R_2）代替；当被加工齿轮的齿数 $Z>>55$ 时，可用一个圆弧（半径为 R_1）来代替，如图 4-6 所示。用圆弧齿廓铣刀加工渐开线齿轮，存在原理误差。

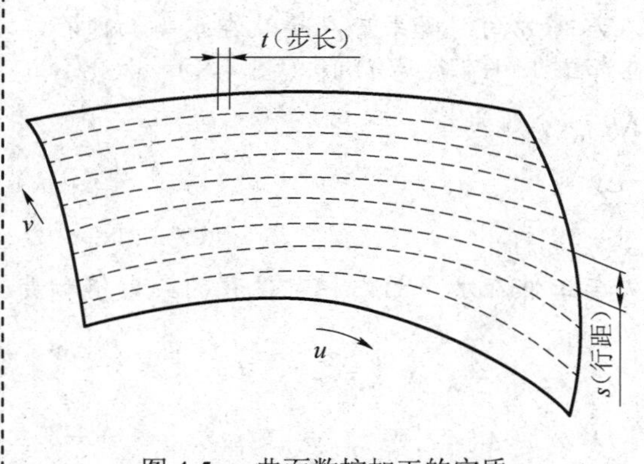

图 4-5 曲面数控加工的实质

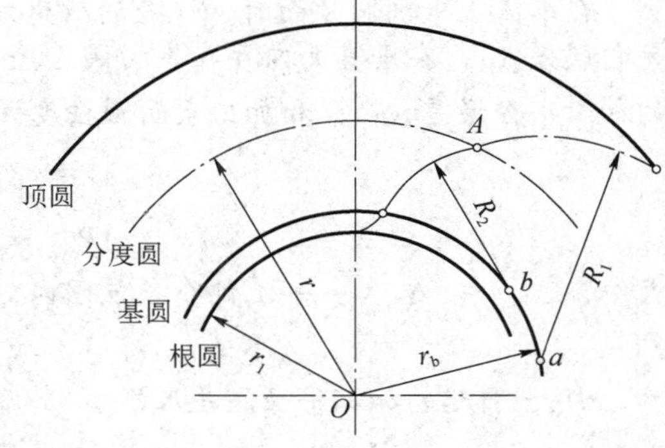

图 4-6 圆弧齿廓铣刀加工齿轮的原理误差

4.3 工艺系统的几何误差对加工精度的影响

4.3.1 机床误差

引起机床误差的原因是机床的制造误差、安装误差和磨损。机床误差的种类很多，这里着重分析对工件加工精度影响较大的导轨导向误差、主轴回转误差和传动链的传动误差。

1. 机床导轨导向误差

导轨导向精度是指机床导轨副的运动件实际运动方向与理想运动方向的符合程度，这两者之间的偏差值称为导向误差。

导轨是机床中确定主要部件相对位置的基准，也是运动的基准，它的各项误差直接影响被加工工件的精度。在机床的精度标准中，直线导轨的导向精度一般包括下列主要内容：

1）导轨在水平面内的直线度Δy（弯曲）（图 4-7）。

2）导轨在垂直面内的直线度Δz（弯曲）（图 4-7）。

3）前后导轨的平行度δ（扭曲）。

4）导轨对主轴回转轴线的平行度（或垂直度）。

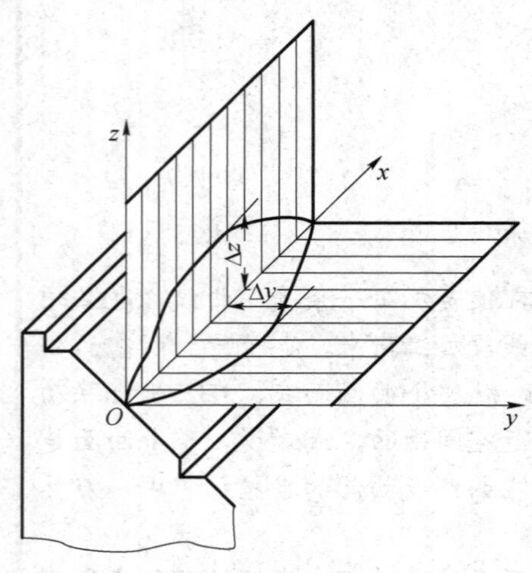

图 4-7 导轨的直线度

导轨导向误差对不同的加工方法和加工对象，将会产生不同的加工误差。在分析导轨导向误差对加工精度的影响时，主要应考虑导轨误差引起刀具与工件在误差敏感方向的相对位移。

案例分析

在车床上车削圆柱面时，误差的敏感方向在水平方向。如果床身导轨在水平面内存在导向误差Δy，在垂直面内存在导向误差Δz，在加工工件直径为D时（图 4-8），由此引起的加工半径误差ΔR_y，和加工表面圆柱度误差ΔR_{max}分别为

$$\Delta R_y = \Delta y \tag{4-1}$$

$$\Delta R_{max} = \Delta y_{max} - \Delta y_{min}$$

式中 Δy_{max}、Δy_{min}——工件全长范围内，刀尖与工件在水平面内相对位移的最大值和最小值。

由Δz引起的加工半径误差ΔR_z为

$$\Delta R_z = (\Delta z)^2 / D \tag{4-2}$$

Δz在误差的非敏感方向上，ΔR_z为Δz的二次方误差，数值很小，可以忽略，故只需考虑Δy引起的加工误差。

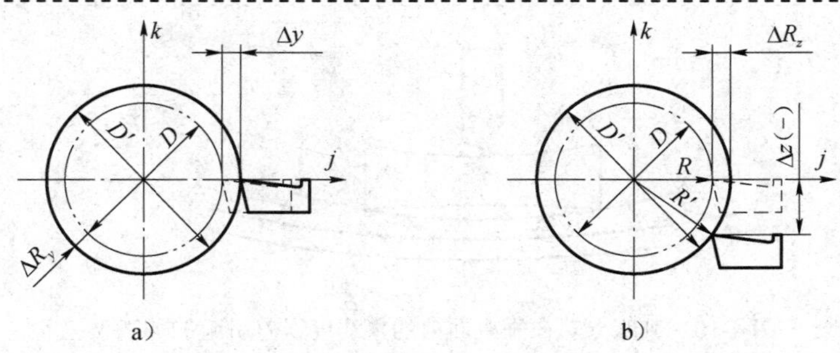

图 4-8　导向误差对车削圆柱面精度的影响

如果前后导轨不平行（扭曲），则加工半径误差（图 4-9）为

$$\Delta R = \Delta y_r = \alpha H \approx \delta H / B \tag{4-3}$$

式中　H——车床中心高；

B——导轨宽度；

α——导轨倾斜角；

δ——前后导轨的扭曲量。

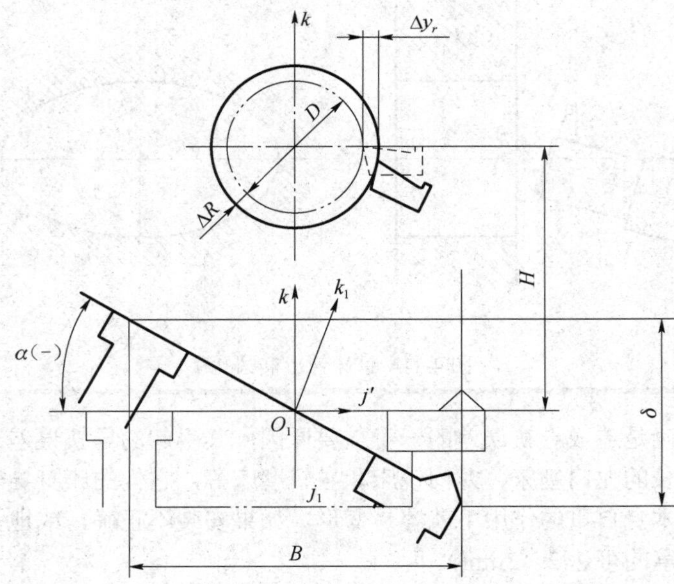

图 4-9　导轨扭曲引起的加工误差

一般车床 $H/B \approx 2/3$，外圆磨床 $H \approx B$，因此导轨扭曲量 δ 引起的加工误差不可忽略。当 α 角很小时，该误差不显著。

刨床的误差敏感方向为垂直方向。因此，床身导轨在垂直平面内的直线度误差影响较大。它引起加工表面的直线度及平面度误差（图 4-10）。

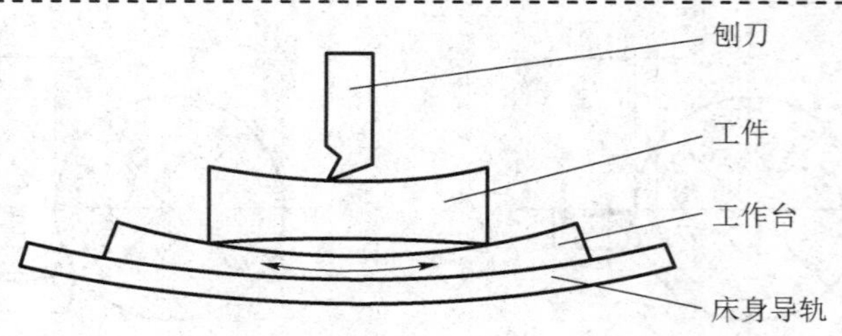

图 4-10　刨床导轨在垂直面内的直线度误差引起的加工误差

镗床误差敏感方向是随主轴回转而变化的，故导轨在水平面及垂直面内的直线度误差均直接影响加工精度。在普通镗床上镗孔时，如果以镗刀杆为进给方式进行镗削，那么导轨不直、扭曲或与镗杆轴线不平行等误差，都会引起所镗出的孔与其基准的相互位置误差，而不会产生孔的形状误差；如果工作台进给，那么导轨不直或扭曲，都会引起所加工孔的轴线不直。当导轨与主轴回转轴线不平行时，镗出的孔呈椭圆形。图 4-11 表示导轨与主轴回转轴线的夹角为 α，则椭圆长短轴之比为

$$a/b=\cos\alpha$$

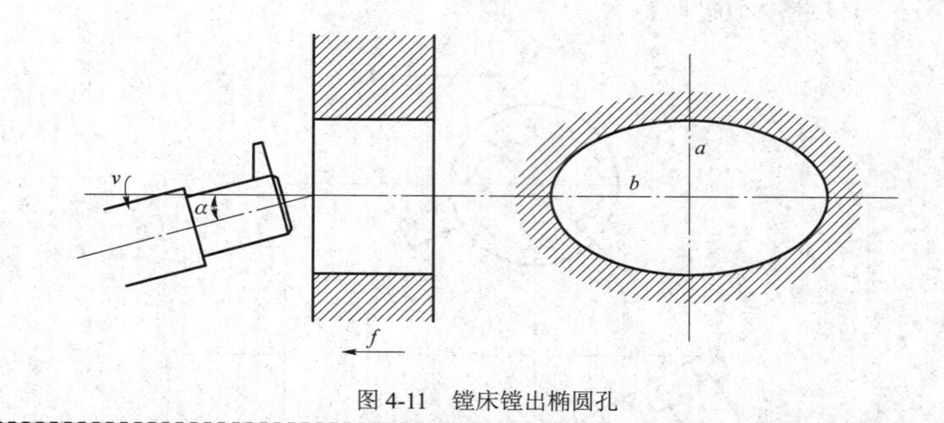

图 4-11　镗床镗出椭圆孔

机床安装不正确是造成导轨误差的一个重要原因，其引起的导轨误差往往远大于制造误差。特别是长度较长的龙门刨床、龙门铣床和导轨磨床等，它们的床身导轨是一种细长的结构，刚性较差，在本身自重的作用下就容易变形。如果安装不正确，或地基不良，都会造成导轨弯曲变形（严重的可达 2～3mm）。

导轨磨损是造成导轨误差的另一重要原因。由于使用程度不同及受力不均，机床使用一段时间后，导轨沿全长各段的磨损量不等，并且在同一横截面上各导轨面的磨损量也不相等。导轨磨损会引起床鞍在水平面和垂直面内发生位移，且有倾斜，从而造成切削刃位置误差。

机床导轨副的磨损与工作的连续性、负荷特性、工作条件、导轨的材质和结构等有关。

一般卧式车床，两班制使用一年后，前导轨（三角形导轨）磨损量可达 0.04～0.05mm；粗加工条件下，磨损量可达 0.1～0.2mm。车削铸铁件时，导轨磨损更大。

影响导轨导向精度的因素还有加工过程中力、热等方面的原因。

为了减小导向误差对加工精度的影响，机床设计与制造时，应从结构、材料、润滑、防

护装置等方面采取措施，以提高导向精度；机床安装时，应校正好水平度，并保证地基质量；使用时，要注意调整导轨配合间隙，同时保证良好的润滑和维护。

2. 机床主轴回转误差

（1）主轴回转误差的基本概念

机床主轴是用来装夹工件或刀具并传递主要切削运动的重要零件。它的回转精度是机床精度的一项重要指标，主要影响零件加工表面的几何形状精度、位置精度和表面粗糙度。

理想状态下主轴回转时，其回转轴线的空间位置应该固定不变，即回转轴线没有任何运动。实际上，由于主轴部件中轴颈、轴承、轴承座孔等的制造误差和配合质量、润滑条件，以及回转时的动力因素的影响，主轴瞬时回转轴线的空间位置都在周期性地变化。

主轴回转误差是指主轴实际回转轴线相对其理想回转轴线的漂移。

理想回转轴线虽然客观存在，但是无法确定其位置，因此通常以平均回转轴线（即主轴各瞬时回转轴线的平均位置）来代替。

主轴回转轴线的运动误差可以分解为轴向圆跳动、径向圆跳动和倾角摆动三种基本形式，如图 4-12 所示。

1）轴向圆跳动是主轴回转轴线沿平均回转轴线方向的变动量［图 4-12a)］。

2）径向圆跳动是主轴回转轴线相对于平均回转轴线在径向的变动量［图 4-12b)］。

3）倾角摆动是主轴回转轴线相对于平均回转轴线成一倾斜角度的运动［图 4-12c)］。

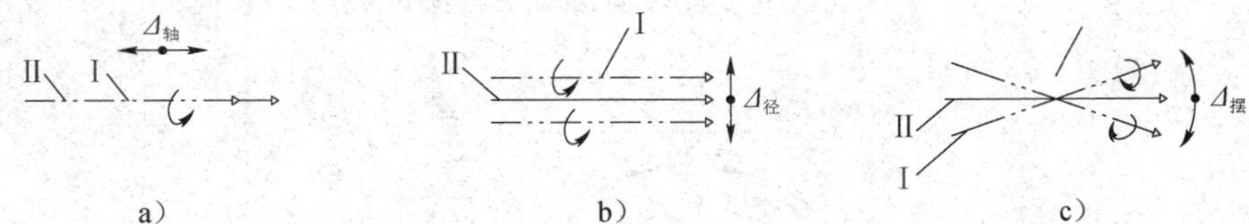

图 4-12　主轴回转误差的基本形式

a）轴向圆跳动；b）径向圆跳动；c）倾角摆动
I—主轴回转轴线；II—主轴平均回转轴线

（2）主轴回转误差对加工精度的影响

对于不同的加工方法，不同形式的主轴回转误差所造成的加工误差通常是不相同的。

主轴的轴向圆跳动对圆柱面的加工精度没有影响，但在加工端面时，会使车出的端面与圆柱面不垂直，如图 4-13 所示。如果主轴回转一周，来回跳动一次，则加工出的端面近似为螺旋面：向前跳动的半周形成右螺旋面，向后跳动的半周形成左螺旋面。端面对轴心线的垂直度误差随切削半径的减小而增大，其关系为

$$\tan\theta = A / R$$

式中　A——主轴轴向圆跳动的幅值；

R——工件车削端面的半径；

θ——端面切削后的垂直度偏角。

加工螺纹时，主轴的轴向圆跳动将使螺距产生周期误差［图 4-13b)］。因此，对于机床主轴轴向圆跳动的幅值通常有严格的要求，如精密车床的主轴端面圆跳动规定为 2～3 μm，甚

至更严。

主轴的径向圆跳动会使工件产生圆度误差，但加工方法不同（如车削和镗削），影响程度也不尽相同。

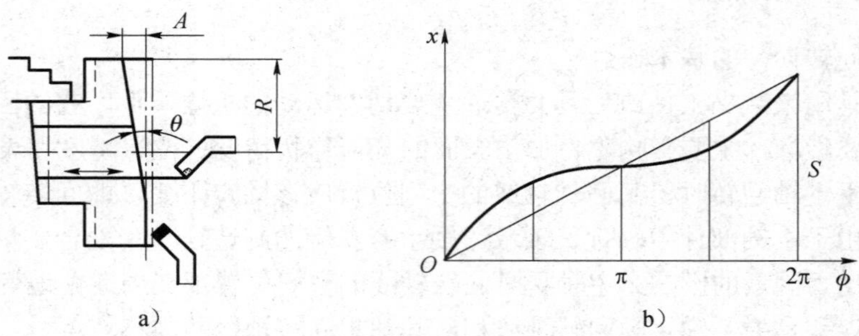

图 4-13 主轴轴向圆跳动对加工精度的影响

a）工件端面与轴线不垂直；b）螺距周期误差

案例分析

如图 4-14 所示，在镗床上加工时，设主轴中心偏移最大为 A 时，镗刀刀尖正好通过水平位置 1。当镗刀转过一个角度 φ 时，刀尖轨迹的水平分量和垂直分量分别为

$$Y = A\cos\varphi + R\cos\varphi = (A+R)\cos\varphi \tag{4-4}$$

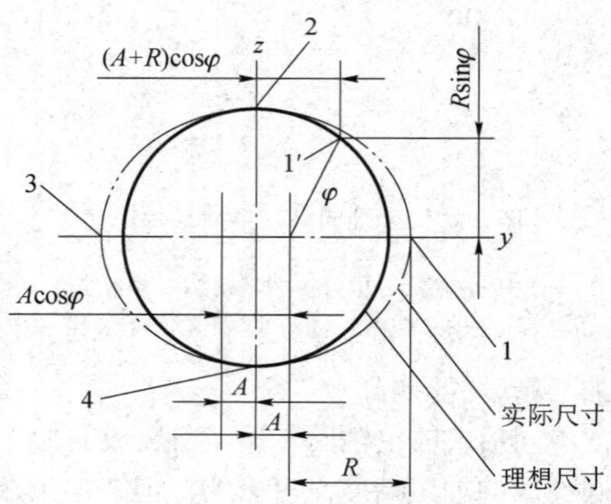

图 4-14 主轴纯径向跳动对镗孔圆度的影响

$$Z = R\sin\varphi \tag{4-5}$$

由式（4-4）和式（4-5）得刀尖轨迹:

$$\left(\frac{Y}{R+A}\right)^2 + \left(\frac{Z}{R}\right)^2 = 1 \tag{4-6}$$

式（4-6）是一个椭圆方程式，即镗出的孔呈椭圆形，如图 4-14 中双点画线所示，其圆度误差为 A。

车削时，主轴纯径向圆跳动对工件的圆度影响很小。如图 4-15a）所示，假定主轴轴线

沿 Y 轴方向作简谐振动，则在工件 1 处切出半径要比在 2、4 处切出的半径小一个振幅 A；而在工件 3 处切出的半径则比 2、4 处切出的半径大一个振幅 A。这样，在上述四点的工件直径相等，而在其他各点所形成的直径只有二阶无穷小的误差，所以车削出的工件表面接近于一个真圆。

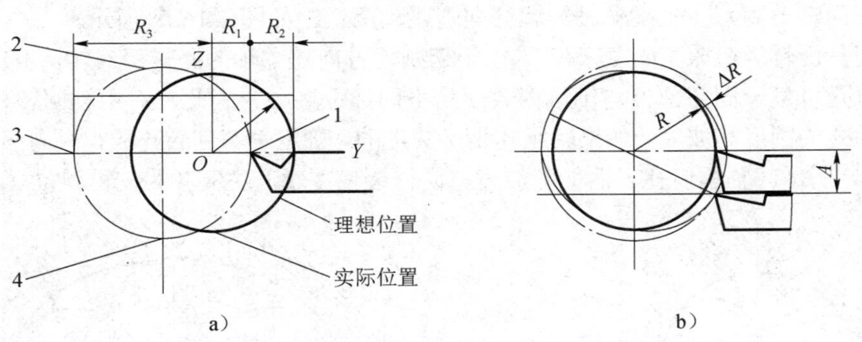

图 4-15　车削时纯径向圆跳动对圆度的影响

当主轴纯径向圆跳动是沿 Z 方向作简谐振动时，车削出的工件直径误差只是其振幅的二阶无穷小量。由图 4-15b）可看出：

$$(R+\Delta R)^2 = A^2 + R^2$$

忽略 ΔR^2 项，得

$$\Delta R \approx \frac{A^2}{2R} \tag{4-7}$$

即工件直径误差为

$$\Delta D \approx \frac{A^2}{R} \tag{4-8}$$

这表明，车削出的工件表面接近于正圆。

当主轴几何轴线具有倾角摆动时，可分为两种情况：一种是几何轴线相对于平均轴线在空间成一定锥角的圆锥轨迹。若沿与平均轴线垂直的各个截面来看，则相当于几何轴心绕平均轴心作偏心运动，只是各截面的偏心量有所不同而已。因此，无论是车削还是镗削，都能获得一个正圆锥。另一种是几何轴线在某一平面内作角摆动，若其频率与主轴回转频率相一致，则沿与平均轴线垂直的各个截面来看，车削表面是一个圆，以整体而论车削出来的工件是一个圆柱，其半径等于刀尖到平均轴线的距离；镗削内孔时，在垂直于主轴平均轴线的各个截面内形成椭圆，就工件内表面整体来说，镗削出来的是一个椭圆柱。

必须指出，实际上主轴工作时其回转轴线的漂移运动总是上述三种形式误差运动的合成，故不同横截面内轴心的误差运动轨迹既不相同，又不相似；既影响所加工工件圆柱面的形状精度，又影响端面的形状精度。

（3）影响主轴回转精度的主要因素

引起主轴回转轴线漂移的原因主要是轴承误差、轴承间隙、与轴承配合零件的误差及主轴系统的径向不等刚度和热变形。另外，主轴转速对主轴回转误差也有影响。

1）轴承误差的影响。主轴采用滑动轴承时，轴承误差主要是指主轴颈和轴承内孔的圆度误差和波度。

对于工件回转类机床（如车床、磨床等），切削力的方向大体上是不变的，主轴在切削力的作用下，主轴颈以不同部位和轴承内孔的某一固定部位相接触。因此，影响主轴回转精度的主要是主轴轴颈的圆度和波度，而轴承孔的形状误差影响较小。如果主轴颈是椭圆形的，那么主轴每回转一周，主轴回转轴线就径向圆跳动两次，如图 4-16a）所示。

对于刀具回转类机床（如镗床等），由于切削力方向随主轴的回转而回转，主轴颈在切削力作用下总是以某一固定部位与轴承内表面的不同部位接触。因此，对主轴回转精度影响较大的是轴承孔的圆度和波度。如果轴承孔是椭圆形的，则主轴每回转一周，径向圆跳动一次，如图 4-16b）所示。轴承内孔表面如有波度，同样会使主轴产生高频径向圆跳动。

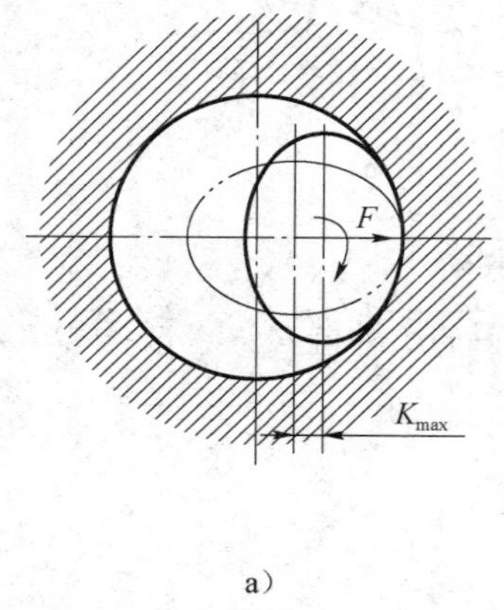

a）

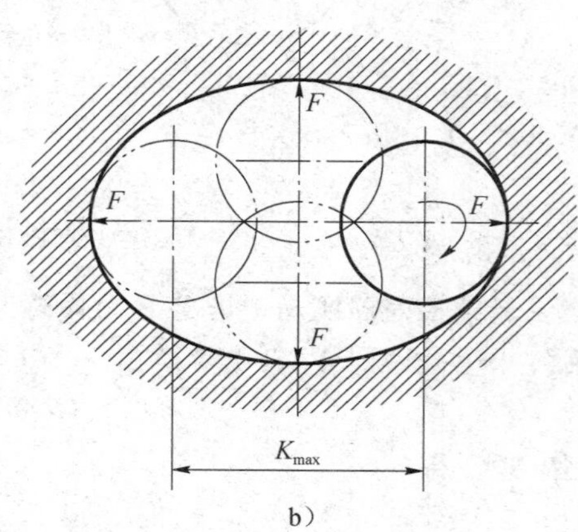

b）

图 4-16　主轴采用滑动轴承的径向圆跳动

a）工件回转类机床；b）刀具回转类机床
K_{max}—最大跳动量

以上分析适用于单油楔动压轴承，如采用多油楔动压轴承，主轴回转时周围会产生几个油楔，把轴颈推向中央，油膜厚度也较单油楔高，故主轴回转精度较高，而且其影响回转精度的主要是轴颈的圆度。

由于动压轴承必须在一定运转速度下才能建立起压力油膜，因此主轴起动和停止过程中轴线都会发生漂移。如果采用静压轴承（特别是反馈节流的静压轴承），由于油膜压力是由液压泵提供的，与主轴转速无关，同时轴承的油腔对称分布，外载荷由油腔间的压力变化差来平衡，因此油膜厚度变化引起的轴线漂移小于动压轴承。而且，静压轴承的承载能力与油膜厚度的关系较小，油膜厚度较厚，能对轴承孔或轴颈的圆度误差起均化作用，故可得到较高的主轴回转精度。

主轴采用滚动轴承时，由于滚动轴承由内圈、外圈和滚动体等组成，影响的因素更多，轴承内、外圈滚道的圆度误差和波度对回转精度的影响，与前述单油楔动压滑动轴承的情况相似。分析时，可视外圈滚道为轴承孔，内圈滚道相当于轴。因此，对于工件回转类机床，滚动轴承内圈滚道的圆度对主轴回转精度影响较大，主轴每回转一周，径向圆跳动两次；对于刀具回转类机床，外圈滚道对主轴精度影响较大，主轴每回转一周，径向圆跳动一次。

滚动轴承的内、外圈滚道如有波度，则无论是工件回转类机床还是刀具回转类机床，主轴回转时都将产生高频径向圆跳动。

推力轴承滚道端面误差会造成主轴的轴向圆跳动。滚锥、向心推力轴承的内外滚道的倾斜既会造成主轴的轴向圆跳动，又会引起径向圆跳动和倾角摆动。

特别提示

除轴承本身精度外，主轴回转精度与配合件精度有很大关系，如主轴轴颈、支撑座孔等精度。提高主轴及支承座孔的加工精度，选用高精度轴承，提高主轴部件装配精度、预紧和平衡等，都可以提高主轴回转精度。

2）轴承间隙的影响。主轴轴承间隙对回转精度也有影响，如轴承间隙过大，会使主轴工作时油膜厚度增大，油膜承载能力降低，当工作条件（载荷、转速等）变化时，油楔厚度变化较大，主轴轴线漂移量增大。

3）与轴承配合的零件误差的影响。由于轴承内、外圈或轴瓦很薄，受力后容易变形，因此与之相配合的轴颈或箱体支承孔的圆度误差，会使轴承圈或轴瓦发生变形而产生圆度误差。与轴承圈端面配合的零件，如轴肩、过渡套、轴承端盖、螺母等有关端面，如果有平面度误差或与主轴回转轴线不垂直，则会使轴承圈滚道倾斜，造成主轴回转轴线的径向、轴向漂移。箱体前后支承孔、主轴前后支承轴颈的同轴度会使轴承内、外圈滚道相对倾斜，同样也会引起主轴回转轴线的漂移。总之，提高与轴承相配合零件的制造精度和装配质量，对提高主轴回转精度有很密切的关系。

4）主轴转速的影响。由于主轴部件质量不平衡、机床各种随机振动，以及回转轴线的不稳定性随主轴转速的增加而增加，因此主轴在某个转速范围内的回转精度较高，超过这个范围时，误差会较大。

5）主轴系统的径向不等刚度和热变形。主轴系统的刚度，在不同方向上往往不等，当主轴上所受外力方向随主轴回转而变化时，就会因变形不一致而使主轴轴线漂移。

机床工作时，主轴系统的温度将升高，使主轴轴向膨胀和径向位移。轴承径向热变形不相等，前后轴承的热变形也不相同，在装卸工件和进行测量时主轴必须停车而导致温度发生变化，这些都会引起主轴回转轴线的位置变化和漂移，进而影响主轴回转精度。

（4）提高主轴回转精度的措施

1）提高主轴部件的制造精度，首先应提高轴承的回转精度，如选用高精度的滚动轴承，或采用高精度的多油楔动压轴承和静压轴承。其次应提高箱体支承孔、主轴轴颈和与轴承相配合零件的有关表面的加工精度。此外，还可在装配时先测出滚动轴承及主轴锥孔的径向圆跳动，然后调节径向圆跳动的方位，使误差相互补偿或抵消，以减少轴承误差对主轴回转精度的影响。

2）对滚动轴承进行预紧。对滚动轴承适当预紧以消除间隙，甚至产生微量过盈，这样由于轴承内、外圈和滚动体弹性变形的相互制约，既增加了轴承刚度，又可对轴承内、外圈滚道和滚动体的误差起到均化作用，因此可提高主轴的回转精度。

3）使主轴的回转误差不反映到工件上，直接保证工件在加工过程中的回转精度而不依赖于主轴，是保证工件形状精度的最简单而又有效的方法。例如，在外圆磨床上磨削外圆柱面时，为避免工件头架主轴回转误差的影响，工件采用两个固定顶尖支承，主轴只起传动作用（图 4-17），工件的回转精度完全取决于顶尖与中心孔的形状误差和同轴度误差，提高顶尖和中心孔的精度要比提高主轴部件的精度容易且经济得多。又如，在镗床上加工箱体类零件上的孔时，可采用前、后导向套的镗模（图 4-18），刀杆与主轴浮动连接，所以刀杆的回转精度与机床主轴回转精度无关，仅由刀杆和导套的配合质量决定。

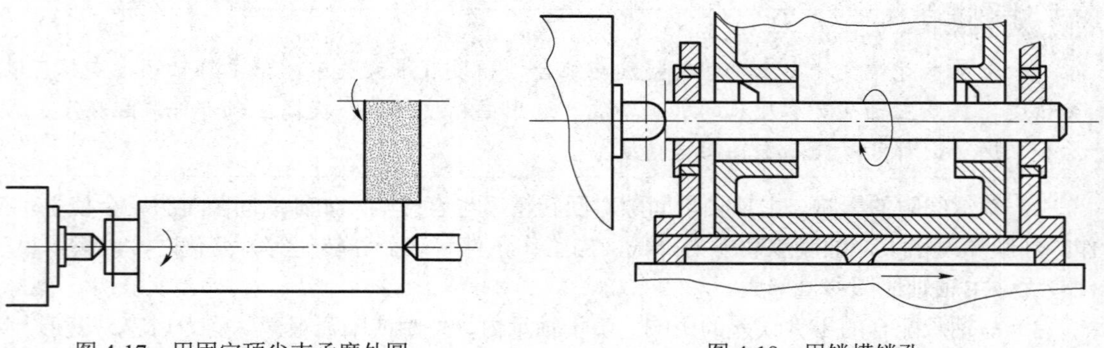

图 4-17　用固定顶尖支承磨外圆　　　图 4-18　用镗模镗孔

3. 机床传动链的传动误差

（1）传动链精度分析

传动链误差是指传动链实际传动关系与理论传动关系之间的差值，一般用传动链末端元件的转角误差来衡量。机床中的传动链可以根据其性质分为内联系传动链和外联系传动链，其中，内联系传动链联系的是两个执行件，并且这两个执行件之间必须有准确的运动关系。传动链的传动误差是指内联系传动链的传动误差，它是螺纹、齿轮、蜗轮及其他按展成原理加工时，影响加工精度的主要因素。

案例分析

在滚齿机上用单头滚刀加工直齿轮时，要求滚刀与工件之间具有严格的运动关系：滚刀转一圈，工件转过一个齿。这种运动关系是由刀具与工件间的传动链来保证的。图 4-19 为它的传动系统图。被切齿轮装夹在工作台上，与蜗轮同轴回转。设滚刀轴均匀旋转，若齿轮 z_1 有转角误差 $\Delta\varphi_1$，而其他各传动件假设无误差，则由 $\Delta\varphi_1$ 产生的工件转角误差：

$$\varphi_{1n}=\Delta\varphi_1\times\frac{80}{20}\times\frac{28}{28}\times\frac{28}{28}\times\frac{28}{28}\times\frac{42}{56}\times i_{差}\times\frac{e}{f}\times\frac{a}{b}\times\frac{c}{d}\times\frac{1}{72}=K_1\Delta\varphi_1 \tag{4-9}$$

式中　$i_{差}$——差动机构的传动比；

K_1——齿轮 z_1 到工作台的传动比，称为误差传递系数。

若第 j 个传动元件有转角误差 $\Delta\varphi_j$，则该转角误差通过相应的传动链传递到被切齿轮的转角误差：

$$\Delta\varphi_{jn}=K_j\Delta\varphi_j \tag{4-10}$$

式中　K_j——第 j 个传动件的误差传递系数。

由于所有传动件都可能存在误差，因此被切齿轮转角误差的总和 $\Delta\varphi_{\Sigma}$ 为

$$\Delta\varphi_{\Sigma}=\sum_{j=1}^{n}\Delta\varphi_{jn}=\sum_{j=1}^{n}K_j\Delta\varphi_j$$

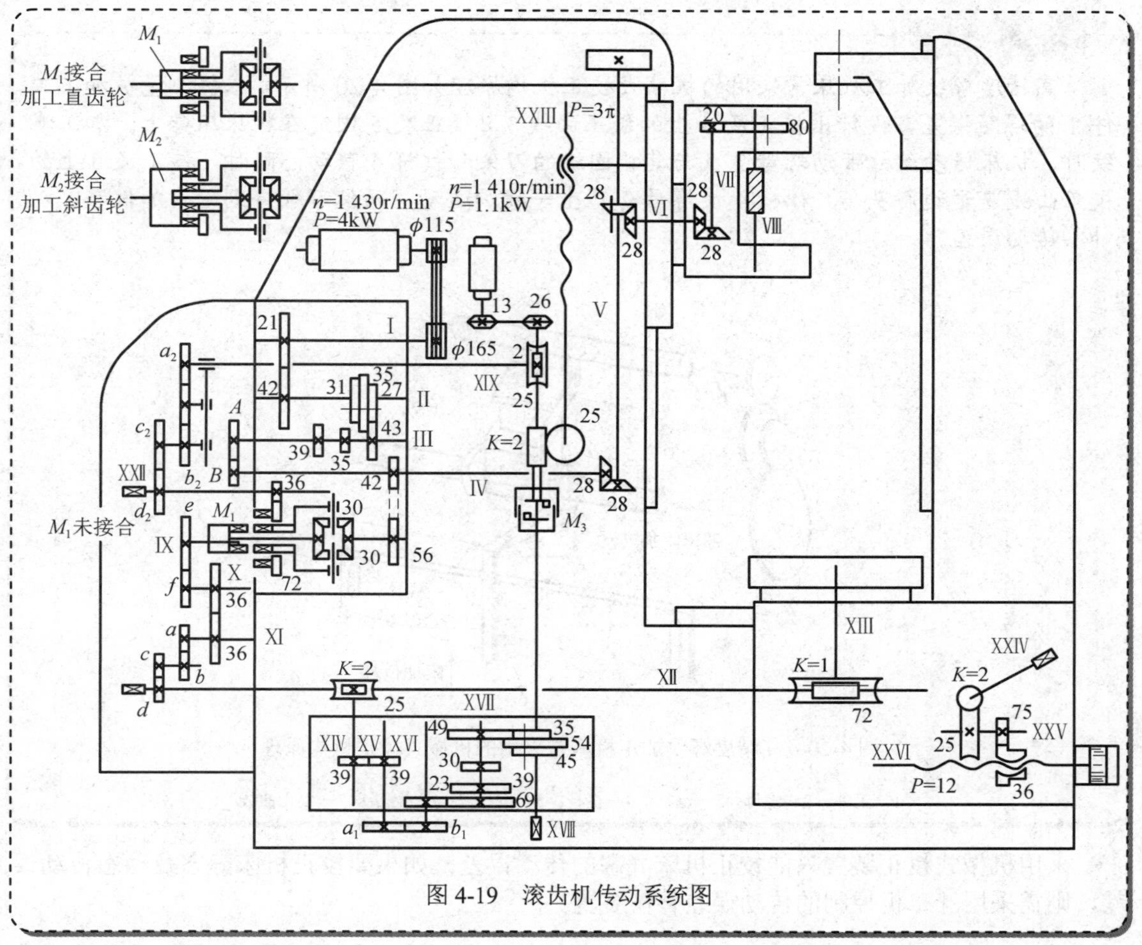

图 4-19　滚齿机传动系统图

（2）减少传动链传动误差的措施

1）传动件数越少，传动链越短，$\Delta\varphi_{\Sigma}$ 就越小，传动精度就高。

2）传动比 i 小，特别是传动链末端传动副的传动比小，则传动链中其余各传动元件误差对传动精度的影响就越小。因此，采用降速传动（$i<1$），是保证传动精度的重要原则。对于螺纹或丝杠加工机床，为保证降速传动，机床传动丝杠的螺距应大于工件螺纹螺距；对于齿轮加工机床，分度蜗轮的齿数一般比被加工齿轮的齿数多，目的也是得到很大的降速传动比。同时，传动链中各传动副传动比应按越接近末端的传动副，其降速比越小的原则分配，这样有利于减少传动误差。

3）传动链中各传动件的加工、装配误差对传动精度均有影响，但影响的大小不同，最后的传动件（末端件）的误差影响最大，故末端件（如滚齿机的分度蜗轮、螺纹加工机床的最后一个齿轮及传动丝杠）应做得更精确些。

4）采用校正装置。校正装置的实质是在原传动链中人为地加入一误差，其大小与传动链本身的误差相等而方向相反，从而使之相互抵消。

案例分析

高精度螺纹加工机床常采用的机械式校正机构原理如图4-20所示。根据测量被加工工件1的螺距误差，设计出校正尺5上的校正曲线7。校正尺5固定在机床床身上。加工螺纹时，机床传动丝杠带动螺母2及与其相固连的刀架和杠杆4移动，同时，校正尺5上的校正曲线7通过触头6、杠杆4使螺母2产生一附加运动，而使刀架得到一附加位移，以补偿传动误差。

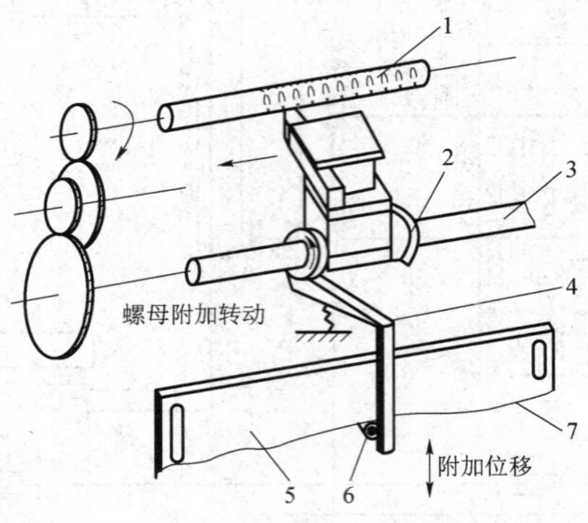

图4-20　高精度螺纹加工机床常采用的机械式校正机构原理

1—工件；2—螺母；3—丝杠；4—杠杆；5—校正尺；6—触头；7—校正曲线

采用机械式校正装置只能校正机床静态的传动误差。如果要校正机床静态及动态传动误差，则需采用计算机控制的传动误差补偿装置。

4.3.2　夹具的制造误差及磨损

夹具的误差主要是指：

1）定位元件、刀具导向元件、分度机构、夹具体等的制造误差。

2）夹具装配后，以上各种元件工作面间的相对尺寸误差。

3）夹具在使用过程中工作表面的磨损。

夹具误差将直接影响工件加工表面的位置精度或尺寸精度。例如，图4-21为钻孔夹具误差对加工精度的影响。钻套中心至夹具体上定位平面间的距离误差，直接影响工件孔至工件底平面的尺寸精度；钻套中心线与夹具体上定位平面间的平行度误差，直接影响工件孔中心线与工件底平面平行度；钻套孔的直径误差，将影响工件孔至底平面的尺寸精度与平行度。

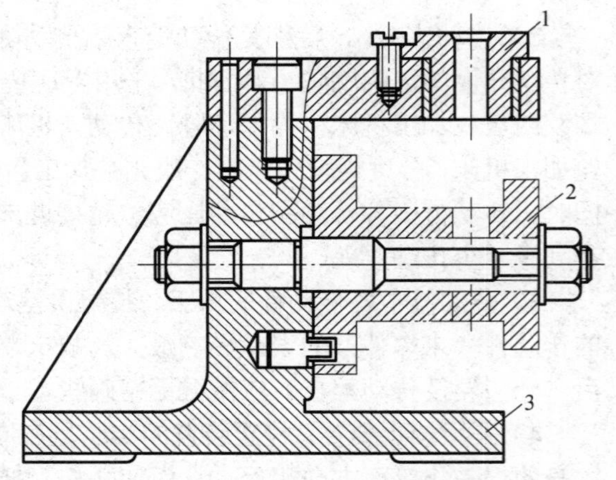

图4-21　钻孔夹具误差对加工精度的影响

1—钻套；2—工件；3—夹具体

一般来说，夹具误差对加工表面的位置误差影响最大。在设计夹具时，凡影响工件精度的尺寸应严格控制其制造误差，精加工用夹具一般可取工件上相应尺寸或位置公差的 1/2～1/3，粗加工用夹具则可取为 1/5～1/10。

4.3.3　刀具的制造误差及磨损

刀具误差对加工精度的影响，根据刀具种类的不同而有所不同。

1）采用定尺寸刀具（如钻头、铰刀、键槽铣刀、镗刀块及圆拉刀等）加工时，刀具的尺寸精度直接影响工件的尺寸精度。

2）采用成形刀具（如成形车刀、成形铣刀、成形砂轮等）加工时，刀具的形状精度将直接影响工件的形状精度。

3）展成刀具（如齿轮滚刀、花键滚刀、插齿刀等）的切削刃形状必须是加工表面的共轭曲线。因此，切削刃的形状误差会影响加工表面的形状精度。

4）对于一般刀具（如车刀、镗刀、铣刀），其制造精度对加工精度无直接影响，但这类刀具的寿命较低，刀具容易磨损。

任何刀具在切削过程中都不可避免地要产生磨损，并由此引起工件尺寸和形状误差。例如，用成形刀具加工时，刀具刃口的不均匀磨损将直接复映在工件上，造成形状误差；在加工较大表面（一次走刀需较长时间）时，刀具的尺寸磨损会严重影响工件的形状精度；用调整法加工一批工件时，刀具的磨损会扩大工件尺寸的分散范围。

刀具的尺寸磨损是指切削刃在加工表面的法线方向（即误差敏感方向）上的磨损量 μ（图 4-22），它直接反映出刀具磨损对加工精度的影响。

刀具尺寸磨损的过程可分为三个阶段（图 4-23）：初期磨损（切削路程 $l<l_0$）、正常磨损（$l_0<l<l'$）和急剧磨损（$l>l'$）。在正常磨损阶段，尺寸磨损与切削路程成正比。在急剧磨损阶段，刀具已不能正常工作，因此，在到达急剧磨损阶段前必须重新磨刀。

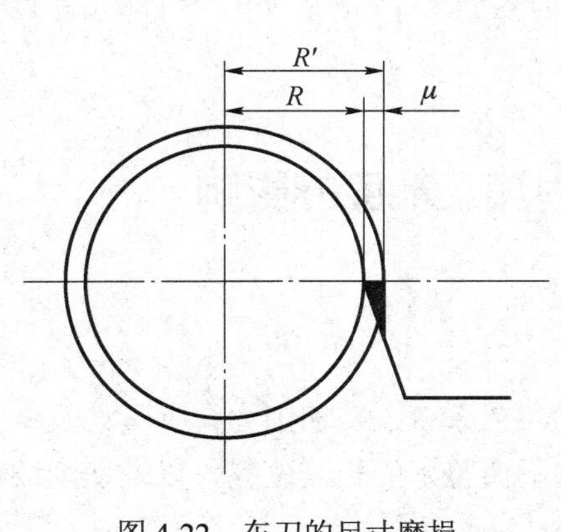

图 4-22　车刀的尺寸磨损

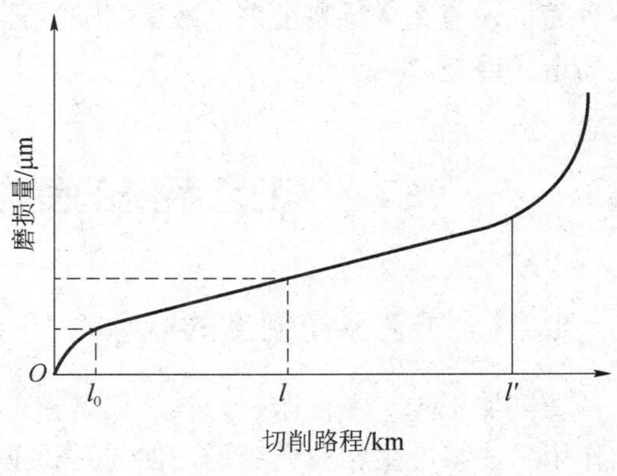

图 4-23　车刀磨损过程

4.3.4　调整误差

在机械加工中的每一个工序中，总是要对工艺系统进行这样或那样的调整工作。调整具有随机性，因而会产生调整误差。

不同的调整方法误差来源不同。工艺系统的调整有两种基本方法。

1. 试切法调整

单件小批生产中普遍采用试切法加工。加工时，先在工件上试切，根据测得的尺寸与要求尺寸的差值，用进给机构调整刀具与工件的相对位置，然后进行试切、测量、调整，直至符合规定的尺寸要求，再正式切削出整个待加工表面。

不同材料的刀具的刃口半径是不同的，切削加工中切削刃所能切除的最小切削层厚度是有一定限度的。切削厚度过小时，切削刃就会在切削表面上打滑，切不下金属。精加工时，试切的最后一刀往往很薄，而正式切削时的背吃刀量一般要大于试切部分，所以与试切时的最后一刀相比，切削刃不容易打滑，实际切深就大一些，因此工件尺寸就与试切部分不同，粗加工时，试切的最后一刀切削层厚度还较大，切削刃不会打滑，但正式切削时背吃刀量更大，受力变形也大的多，因此正式切削时切除的金属厚度就会比试切时小一些，故同样引起工件的尺寸误差。

2. 调整法

在成批大量生产中，广泛采用试切法（或样件、样板）预先调整好刀具与工件的相对位置，并在一批零件的加工过程中保持这种相对位置不变获得所要求的零件尺寸。与采用样件（或样板）调整相比，采用试切调整比较符合实际加工情况，故可得到较高的加工精度，但调整费时。因此，实际使用时可先根据样件（或样板）进行初调，然后试切若干工件，根据试切情况做精确微调，这样既缩短了调整时间，又可得到较高的加工精度。

工艺系统初调完毕，一般要试切几个工件，并以其平均尺寸作为判断调整是否准确的依据。由于试切加工的工件数（称为抽样件数）不可能太多，因此不能把整批工件切削过程中各种随机误差完全反映出来。故试切加工几个工件的平均尺寸与总体尺寸不可能完全符合，因而造成误差。

4.4 工艺系统的受力变形对加工精度的影响

4.4.1 工艺系统刚度的概念

切削加工时，由机床、刀具、夹具和工件组成的工艺系统，在切削力、夹紧力及重力等的作用下，将产生相应的变形，使刀具和工件在静态下调整好的相互位置，以及切削成形运动所需要的正确几何关系发生变化，而造成加工误差。

例如，在车削细长轴时，工件在切削力的作用下会发生变形，使加工出的轴出现中间粗两头细的情况[图 4-24a)]；在内圆磨床上以横向切入法磨孔时，由于内圆磨头主轴弯曲变形，磨出的孔会出现圆柱度误差（锥度）[图 4-24b)]。

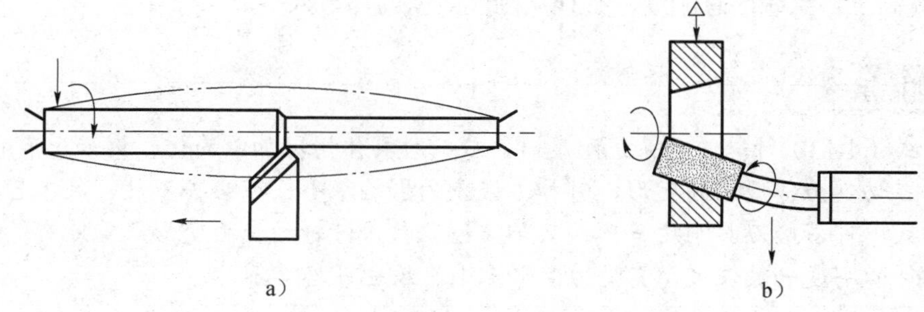

图 4-24　工艺系统受力变形引起的加工误差

由此可见，工艺系统的受力变形不仅是加工中一项很重要的原始误差，还影响加工表面质量，限制加工生产率的提高。

为了衡量工艺系统抵抗受力变形的能力和分析计算工艺系统受力变形对加工精度的影响，需要建立工艺系统刚度的概念。弹性系统在外力作用下所产生的变形位移大小取决于外力大小和系统抵抗外力的能力。弹性系统抵抗外力使其变形的能力称为刚度。工艺系统的刚度是以切削力和在该力方向上（误差敏感方向）所引起的刀具和工件间相对变形位移的比值 k（$N \cdot mm^{-1}$）表示的，即

$$k = \frac{F}{y} \tag{4-11}$$

由式（4-11）可知，工艺系统产生单位变形位移量所需的外力越大，刚度越大，说明工艺系统抵抗外力使其变形的能力越强。

4.4.2　工艺系统刚度计算

对于工艺系统而言，切削加工中，工艺系统在各种外力的作用下，其各部分将在各个方向上产生相应的变形。而我们主要研究的是误差敏感方向，即通过刀尖的加工表面法向的位移。因此，工艺系统的刚度 $k_{系统}$ 定义为工件和刀具的法向切削分力（即背向力）F_p 与在总切削力的作用下，它们在该方向上的相对位移 $y_{系统}$ 的比值，即 $k_{系统} = F_p / y_{系统}$。

由于工艺系统由一系列零部件按一定的连接方式组合而成，因此受力后的变形与单个物体受力后的变形不同。在外力作用下，组成工艺系统的各个环节都要受力，各受力环节将产生不同程度的变形，这些变形又不同程度地影响工艺系统的总变形。工艺系统的变形是各组成环节变形的综合结果。所以，工艺系统在某一位置受力作用产生的变形量 $y_{系统}$ 应为工艺系统各组成环节在此位置受该力作用产生的变形量的代数和，即

$$y_{系统} = y_{机床} + y_{刀具} + y_{夹具} + y_{工件} \tag{4-12}$$

而 $k_{机床} = F_p / y_{机床}$，$k_{夹具} = F_p / y_{夹具}$，$k_{刀具} = F_p / y_{刀具}$，$k_{工件} = F_p / y_{工件}$。所以，工艺系统刚度的一般式为

$$k_{系统} = \frac{1}{1/k_{机床} + 1/k_{夹具} + 1/k_{刀具} + 1/k_{工件}} \tag{4-13}$$

由式（4-13）可以得出结论：工艺系统的总刚度总是小于系统中刚性最差的部件刚度。

所以，要提高工艺系统的总刚度，必须从刚度最差的环节入手。

特别提示

在用式（4-13）计算工艺系统刚度时，应针对具体情况加以简化。例如，车削外圆时，车刀本身在切削力作用下的变形，对加工误差的影响很小，可略去不计，故工艺系统刚度的计算公式中可省略刀具刚度一项。又如，镗孔时，镗杆的受力变形严重地影响着加工精度，而工件的刚度一般较大，其受力变形很小，故也可忽略不计。

4.4.3 工艺系统刚度对加工精度的影响

在机械加工中，工艺系统的作用力除了切削力外，还有传动力、惯性力、夹紧力、重力等，其中，切削力对加工精度的影响最大。

1. 切削力作用点位置变化引起的工件形状误差

切削过程中，工艺系统的刚度会随切削力作用点位置的变化而变化，因此工艺系统受力变形也随之变化，引起工件形状误差。下面以在车床顶尖间加工光轴为例来说明这个问题。

（1）机床的变形

假定工件短而粗，同时车刀悬伸长度很短，工件和刀具刚度很大，受力后其变形可忽略不计。也就是说，假定工艺系统的变形只考虑机床的变形。又假定工件的加工余量很均匀，并且由于机床变形而造成的背吃刀量（切削深度）变化对切削力的影响也很小，即假定车刀进给过程中切削力保持不变。设当车刀切至工件如图 4-25 所示的位置时，车床主轴箱处受力 F_A，相应的变形为从 A 移到 A'，尾座处受力 F_B，相应的变形为从 B 移到 B'，刀架从 C 移到 C'，它们的位移分别为 y_{zz}、y_{wz}、y_{dj}。工件的轴线由原来 AB 移到 $A'B'$，则刀具切削点处工件轴线的位移：

$$y_x = y_{zz} + \Delta x = y_{zz} + (y_{wz} - y_{zz})\frac{x}{L} \tag{4-14}$$

由刚度定义得

$$y_{zz} = \frac{F_A}{k_{zz}} = \frac{F_p}{k_{zz}}\left(\frac{L-x}{L}\right)$$

$$y_{wz} = \frac{F_B}{k_{wz}} = \frac{F_p}{k_{wz}}\frac{x}{L}$$

$$y_{dj} = \frac{F_p}{k_{dj}}$$

式中　k_{zz}、k_{wz}、k_{dj}——主轴、尾座、刀架的刚度。

将此三式代入式（4-14），整理后可得到总变形：

$$y_x = F_p\left[\frac{1}{k_{zz}}\left(\frac{L-x}{L}\right)^2 + \frac{1}{k_{wz}}\left(\frac{x}{L}\right)^2 + \frac{1}{k_{dj}}\right] \tag{4-15}$$

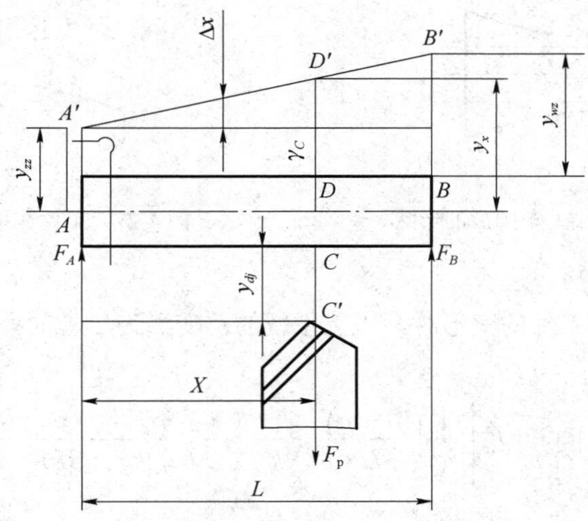

图 4-25　车床受力变形

由式（4-15）可得随切削位置的不同，工件的变形不同，切出金属层的厚度也不同。运用高等数学中求极大值和极小值的计算方法，可求得工艺系统最小变形 y_{min} 和最大变形 y_{max} 分别为

$$\begin{cases} y_{min} = \dfrac{F_p}{k_{zz} + k_{wz}} + \dfrac{F_p}{k_{dj}} \\ y_{max} = \dfrac{F_p}{k_{wz}} + \dfrac{F_p}{k_{dj}} \end{cases} \tag{4-16}$$

所以，机床受力变形而使加工出来的工件呈两端粗，中间细的鞍形，如图 4-26 所示。

（2）工件变形引起的加工误差

若车削刚性很差的细长轴，此时机床、刀具的受力变形可忽略不计，工艺系统的变形完全取决于工件的变形，如图 4-27 所示。由材料力学公式计算工件在切削点的变形量 y_g 为

$$y_g = \frac{F_p}{3EI}\frac{x^2(L-x)^2}{L} \tag{4-17}$$

式中　E——工件材料的弹性模量；

　　　I——工件截面的惯性矩。

由式（4-17）可知：当 $x=0$，$x=L$ 时，$y_g=0$；当 $x=\dfrac{L}{2}$ 时，工件刚度最小，变形量最大，即

$$y_{max} = \frac{F_p L^3}{48EI} \tag{4-18}$$

因此，加工后的工件呈鼓形，如图 4-27 所示。

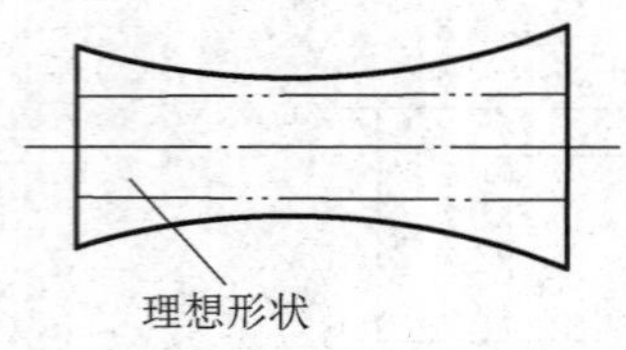

图 4-26　工件在顶尖上车削后的形状

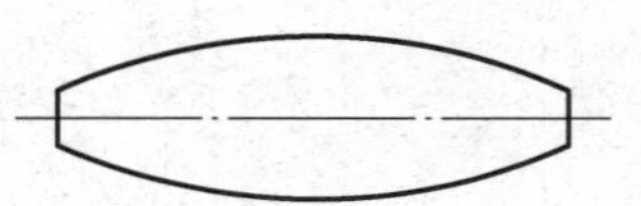

图 4-27　工件在顶尖上车削后的形状

（3）工艺系统总变形

当同时考虑机床和工件的变形时，工艺系统的总变形为二者的叠加（对于本例，车刀的变形可以忽略）：

$$y = y_x + y_g = F_p\left[\frac{1}{k_{zz}}\left(\frac{L-x}{L}\right)^2 + \frac{1}{k_{wz}}\left(\frac{x}{L}\right)^2 + \frac{1}{k_{dj}} + \frac{x^2}{3EI}\frac{(L-x)^2}{L}\right]$$

工艺系统的刚度：

$$k = \frac{F_p}{y_x + y_g} = F_p\left[\frac{1}{k_{zz}}\left(\frac{L-x}{L}\right)^2 + \frac{1}{k_{wz}}\left(\frac{x}{L}\right)^2 + \frac{1}{k_{dj}} + \frac{x^2}{3EI}\frac{(L-x)^2}{L}\right]$$

由此可知，测得了车床主轴箱、尾座、刀架三个部件的刚度，以及确定了工件的材料和尺寸，就可按 x 值，估算车削圆轴时工艺系统的刚度。当已知刀具的切削角度、切削条件和切削用量，即在知道切削力 F_p 的情况下，利用上面的公式就可估算出不同 z 处工件半径的变化。

工艺系统刚度随受力点位置变化而变化的例子很多，例如，立式车床、龙门刨床、龙门铣床等的横梁及刀架，大型镗铣床滑枕内的主轴等，其刚度均随刀架位置或滑枕伸出长度的不同而异，对它们的分析也可参照上述方法进行。

2. 切削力大小变化引起的加工误差

在车床上加工短轴，工艺系统的刚度变化不大，可近似看作常量。这时，如果毛坯形状误差较大或材料硬度很不均匀，工件加工时切削力的大小就会有较大变化，工艺系统的变形也就会随切削力大小的变化而变化，从而引起工件误差。下面以车削一椭圆形横截面毛坯为例（图 4-28）来作进一步分析。

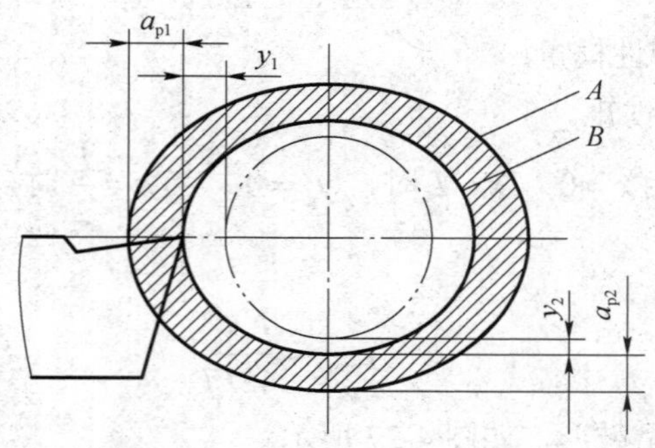

图 4-28　毛坯形状误差的复映

A—毛坯外形；B—工件外形

加工时，刀具调整到一定的背吃刀量（图 4-28 中双点画线圆的位置）。在工件每转一转中，背吃刀量发生变化，毛坯椭圆长轴方向处为最大背吃刀量 a_{p1}，椭圆短轴方向处为最小背吃刀量 a_{p2}。假设毛坯材料的硬度是均匀的，那么 a_{p1} 处的切削力 F_{p1} 最大，相应的变形 y_1 也最大；a_{p2} 处的切削力 F_{p2} 最小，相应的变形 y_2 也最小。由此可见，当车削具有圆度误差 $\varDelta_m = a_{p1} - a_{p2}$ 的毛坯时，由于工艺系统受力变形的变化而使工件产生相应的圆度误差 $\varDelta_g = y_1 - y_2$，这种现象称为误差复映。

如果工艺系统的刚度为 k，则工件的圆度误差：

$$\varDelta_g = y_1 - y_2 = \frac{1}{k}\left(F_{p1} - F_{p2}\right) \tag{4-19}$$

由切削原理可知：

$$F_p = C_{F_p} a_p^{x_{F_p}} f^{y_{F_p}} \left(\mathrm{HB}\right)^{n_{F_p}}$$

式中　C_{F_p} ——与刀具几何参数及切削条件（刀具材料、工件材料、切削种类、切削液等）有关的系数；

a_p ——背吃刀量；

f ——进给量；

HB——工件材料硬度；

x_{F_p}、y_{F_p}、n_{F_p} ——指数。

在工件材料硬度均匀，刀具、切削条件和进给量一定的情况下，$C_{F_p} f^{y_{F_p}} \left(\mathrm{HB}\right)^{n_{F_p}} = C$ 为常数。在车削加工中，$x_{F_p} \approx 1$，于是切削分力 F_p 可写成：$F_p = Ca_p$。因此，$F_{p1} = Ca_{p1}$，$F_{p2} = Ca_{p2}$，代入式（4-19）得

$$\varDelta_g = \frac{C}{k}\left(a_{p1} - a_{p2}\right) = \frac{C}{k}\varDelta_m = \varepsilon\varDelta_m \tag{4-20}$$

式中　ε —— $\varepsilon = C/k$，称为误差复映系数。

由于 $\varDelta_g$ 总是小于 $\varDelta_m$，因此 ε 是一个小于 1 的正数。它定量地反映了毛坯误差经加工后所减少的程度。减小 C 或增大 k 都能使 ε 减小。

增加走刀次数可大大减小工件的复映误差。设 ε_1、ε_2、ε_3 …分别为第一次、第二次、第三次……走刀时的误差复映系数，则有

$$\varDelta_{g1} = \varepsilon_1\varDelta_m$$

$$\varDelta_{g2} = \varepsilon_2\varDelta_{g1} = \varepsilon_1\varepsilon_2\varDelta_m$$

$$\varDelta_{g3} = \varepsilon_3\varDelta_{g2} = \varepsilon_1\varepsilon_2\varepsilon_3\varDelta_m$$

总的误差复映系数：

$$\varepsilon_{总} = \varepsilon_1\varepsilon_2\varepsilon_3\ldots$$

由于 ε_i 是一个小于 1 的正数，多次走刀后 ε 就变成一个远远小于 1 的系数。多次走刀可提高加工精度，但也意味着降低了生产率。

由以上分析可知，当工件毛坯有形状误差（如圆度、圆柱度、直线度等）或相互位置误差（如偏心、径向圆跳动等）时，加工后仍然会有同类的加工误差出现。在成批大量生产中

用调整法加工一批工件时，如毛坯尺寸不一，那么加工后这批工件仍有尺寸不一的误差。

毛坯硬度不均匀，同样会造成加工误差。在采用调整法成批生产情况下，控制毛坯材料硬度的均匀性是很重要的。因为加工过程中走刀次数通常已定，如果一批毛坯材料硬度差别很大，就会使工件的尺寸分散范围扩大，甚至超差。

3. 夹紧力和重力引起的加工误差

工件在装夹时，由于工件刚度较低或夹紧力着力点不当，会使工件产生相应的变形，造成加工误差。图 4-29 所示为用自定心卡盘夹持薄壁套筒，假定坯件是正圆形，夹紧后坯件呈三棱形，虽镗出的孔为正圆形，但松开后，套筒弹性恢复使孔又变成三棱形［图 4-29a)］。为了减少加工误差，应使夹紧力均匀分布，可采用开口过渡环［图 4-29b)］或采用专用卡爪［图 4-29c)］夹紧。

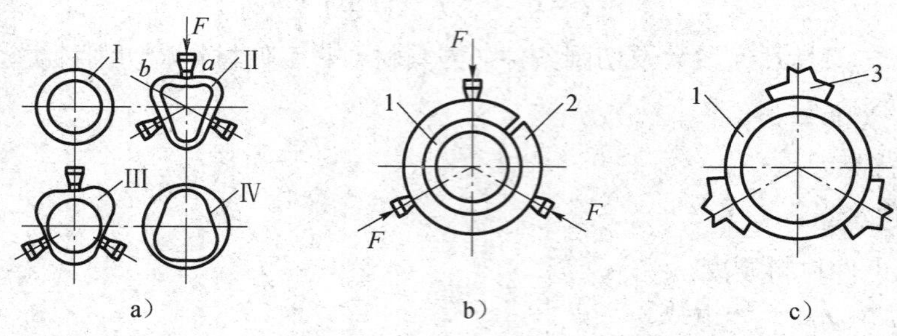

图 4-29　自定心卡盘夹持套筒

I一毛坯；II一夹紧后；III一镗孔后；IV一松开后；1一工件；2一开口过渡环；3一专用卡爪

案例分析

如磨削薄片零件，假定坯件翘曲，当它被电磁工作台吸紧时，产生弹性变形，磨削后取下工件，弹性恢复使已磨平的表面又产生翘曲［图 4-30a）～c)］。改进的办法是在工件和磁力吸盘之间垫入一层薄橡胶皮（0.5mm 以下）或纸片［图 4-30d）和 e)］，当工作台吸紧工件时，橡皮垫受到不均匀的压缩，使工件变形减少，翘曲的部分将被磨去。如此进行，正反面轮番多次磨削后，就可得到较平的平面［图 4-30f)］。

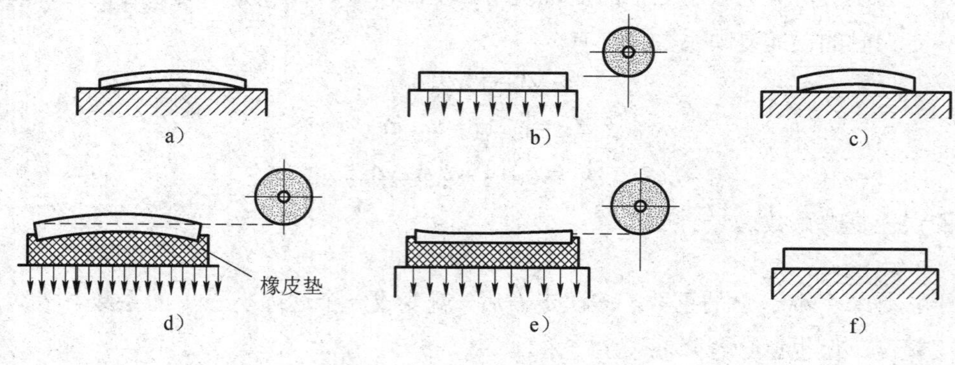

图 4-30　薄片工件的磨削

a）毛坯翘曲；b）吸盘吸紧；c）磨后松开，工件翘曲；d）磨削凸面；e）磨削凹面；f）磨后松开，工件平直

图 4-31 表示加工发动机连杆大头孔的装夹示意图，由于夹紧力作用点不当，造成加工后两孔中心线不平行及其与定位端面不垂直。

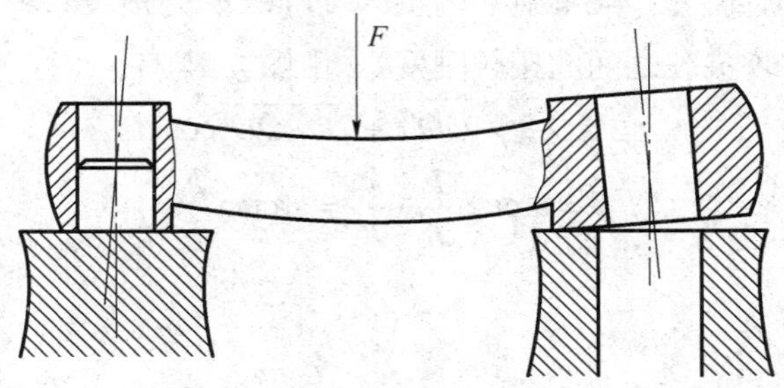

图 4-31　加工发动机连杆大头孔的装夹示意图

工艺系统有关零部件自身的重力所引起的相应变形，也会造成加工误差。如图 4-32 所示，大型立车在刀架的自重下引起了横梁变形，造成了工件端面的平面度误差和外圆上的锥度。工件的直径越大，加工误差也越大。

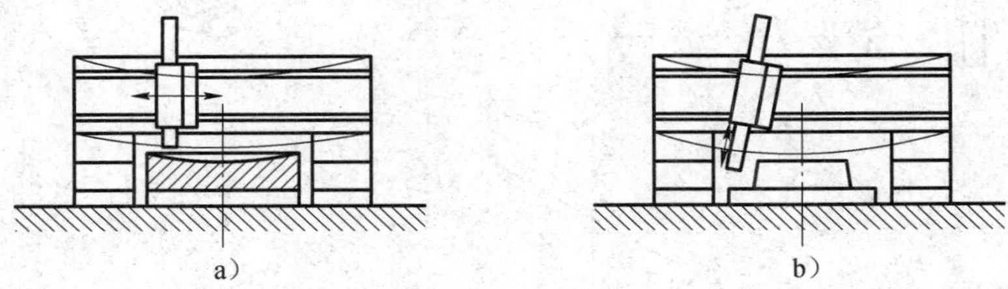

图 4-32　机床部件自重所引起的误差

对于大型工件的加工（如磨削床身导轨面），工件自重引起的变形有时成为产生加工形状误差的主要原因。在实际生产中，装夹大型工件时，恰当地布置支撑可以减小自重引起的变形。图 4-33 表示了两种不同的支承方式下，均匀截面的挠性工件的自重变形规律。显然，第二种支承方式工件重量引起的变形要大大小于第一种方式。

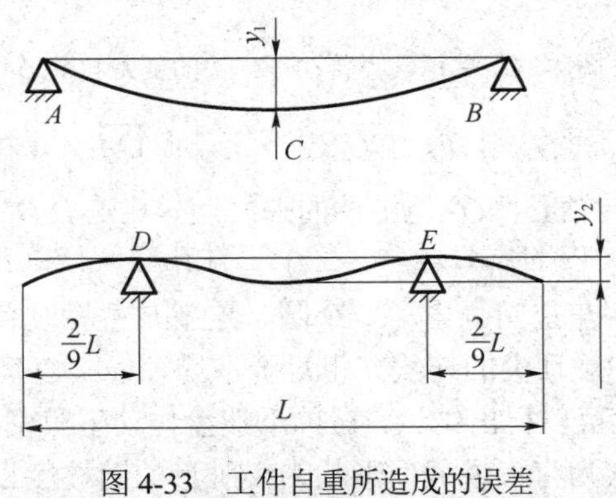

图 4-33　工件自重所造成的误差

4. 动力和惯性力对加工精度的影响

（1）传动力影响

在车床上用单爪拨盘带动工件时，传动力在拨盘的每一转中不断改变方向。图 4-34a）表示了单爪拨盘传动的结构简图和作用在其上的力，切削分力 F_p、F_c 和传动力 F_e。图 4-34b）表示了切削力转化到作用于工件几何中心 O 上而使之变形到 O'，又由传动力转化到作用于 O' 上而使之变形到 O'' 的位置。图 4-34 中 k_s 为机床刚度，k_e 为顶尖系统的接触刚度（包括顶尖与主轴孔、顶尖与工件顶尖孔之间的接触刚度）。由图 4-34 有

$$r_0^2=\overline{OA}^2+\overline{OO'}^2+2\overline{OA}\,\overline{OO'}\cos\beta$$

$$\beta=\arctan\frac{F_c/k_s}{F_p/k_s}=\arctan\frac{F_c}{F_p}$$

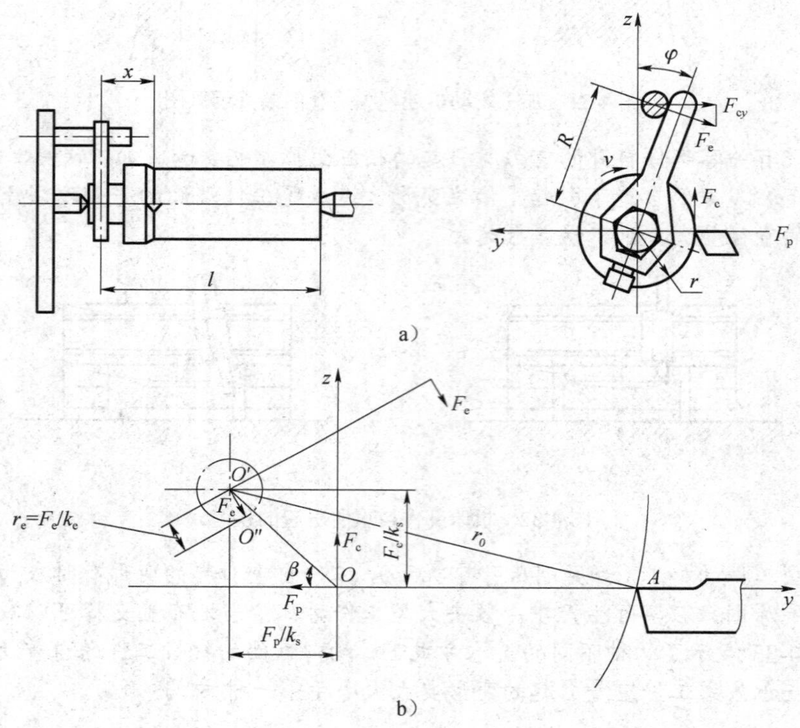

图 4-34 单爪拨盘传动下工件的受力与变形

只要切削分力 F_c、F_p 不变，则 β、$\overline{OO'}$ 也不变，而 $\overline{OA}$ 又是恒值，它和旋转力 F_e 无关。因此，O' 是工件的平均回转轴心，O'' 是工件的瞬时回转中心，O'' 围绕 O' 作与主轴同频率的回转，恰似一个在 $y-z$ 平面内的偏心运动。整个工件在空间作圆锥运动：固定的后顶尖为其锥角顶点，前顶尖带着工件在空间画出了一个圆。这就是主轴几何轴线具有角度摆动的第一种情况——几何轴线（前、后顶尖的连线）相对于平均轴线（O' 与后顶尖的连线）在空间成一定锥角的圆锥轨迹。由此可以得出结论，在单爪拨盘传动下车削出来的工件是一个正圆柱，并不产生加工误差。之前认为将形成截面形状为心脏形的圆柱度误差的结论是不正确的。在圆度仪上对工件进行实测的结果也证明了这一点。

（2）惯性力的影响

在高速切削时，如果工艺系统中有不平衡的高速旋转的构件存在，就会产生离心力。该力和传动力一样，在工件的每一转中不断变更方向，引起工件几何轴线作第一种形式的摆角

运动，因此理论上讲不会造成工件圆度误差。但是要注意的是，当不平衡质量的离心力大于切削力时，车床主轴轴颈和轴套内孔表面的接触点就会不停地变化，轴套孔的圆度误差将传给工件的回转轴心。

周期变化的惯性力还常引起工艺系统的强迫振动。因此，机械加工中若遇到这种情况，可采用“对重平衡”的方法来消除这种影响，即在不平衡质量的反向加装平衡重块，使两者的离心力相互抵消。必要时，也可适当降低转速，以减少离心力的影响。

4.4.4　机床部件刚度

1. 机床部件刚度的测定

(1) 静载荷测定法

单一简单零件的刚度可用材料力学方法进行估算，但对于一个由许多零件组成的机床部件而言，它的刚度计算非常复杂，还没有合适的简易计算方法，目前，主要是用实验方法来测定机床部件刚度。刚度的静载荷测定法是在机床不工作状态下，模拟切削时的受力情况，对机床施加静载荷，然后测出机床各部件在不同静载荷下的变形，就可作出各部件的刚度特性曲线，并计算出静刚度。

最简单的测定车床刚度的实验方法是如图 4-35 所示的单向静载荷测定法。在车床顶尖间装一个刚性很好的心轴 1，在刀架上装一个螺旋加力器 5，在螺旋加力器与心轴之间装一测力环 4，当转动加力器的加力螺钉时，刀架与心轴之间便产生了作用力，力的大小由测力环中的千分表读出。作用力一方面传到车床刀架上，另一方面经过心轴传到前后顶尖上。若螺旋加力器位于心轴的中点，如通过螺旋加力器对工件施加力 F_y，则主轴箱和尾座各受到 $F_y/2$ 力的作用。主轴箱、尾座和刀架的变形可分别由千分表 2、3、6 读出。

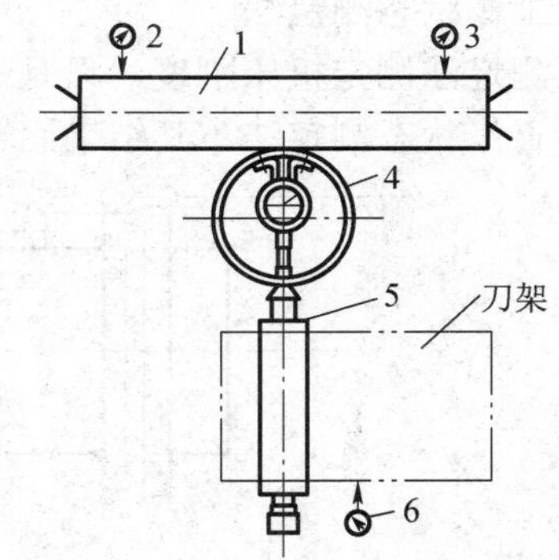

图 4-35　车床刚度的单向静载荷测定法

1—心轴；2、3、6—千分表；4—测力环；5—螺旋加力器

图 4-36 是一台中心高为 200mm 车床刀架部件的静刚度特性曲线。实验中进行了三次加载-卸载循环。由图 4-36 可以看出机床部件刚度曲线有以下特点：

1）力和变形之间不符合虎克定律，呈非线性的关系，曲线上各点的实际刚度（各点斜率）是不同的，这说明刀架变形不纯粹是弹性变形。

2）加载与卸载曲线不重合，两曲线间包容的面积代表了加载-卸载循环中所损失的能量，也就是消耗在克服部件内零件间的摩擦和接触变形所做的功。

3）卸载后曲线回不到原点，说明部件的变形不单纯是弹性变形，还产生了不能恢复的残余变形。在反复加载-卸载后，残余变形才逐渐接近于零。

4）部件的实际刚度远比按实体所估计的要小。

由于机床部件的刚度曲线不是线性的，其刚度 $k = \mathrm{d}F/\mathrm{d}y$ 就不是常数。通常所说的部件刚度是指它的平均刚度一曲线两端点连线的斜率。对本例，刀架的平均刚度为

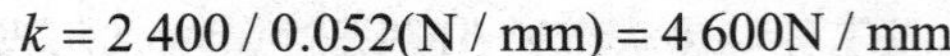

$$k = 2\,400 / 0.052(\mathrm{N/mm}) = 4\,600\mathrm{N/mm}$$

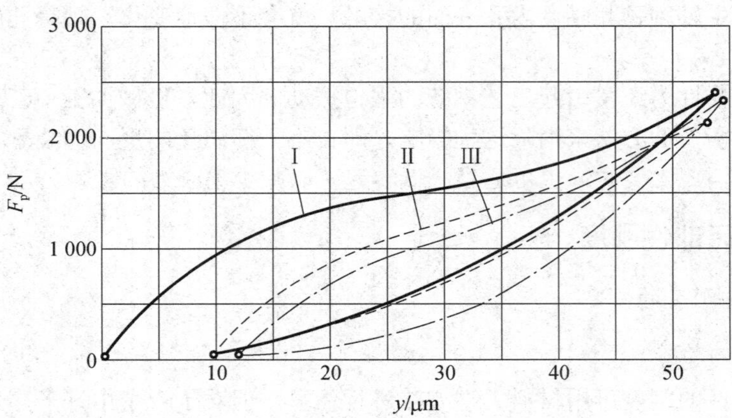

图 4-36　车床刀架的静刚度特性曲线

I —一次加载；II—二次加载；III—三次加载

（2）工作状态测定法

静态测定法测定机床刚度，只是近似地模拟切削时的切削力，与实际加工条件不完全一样。采用工作状态测定法，其结果比较接近实际。其依据是误差复映规律，如图 4-37 所示。

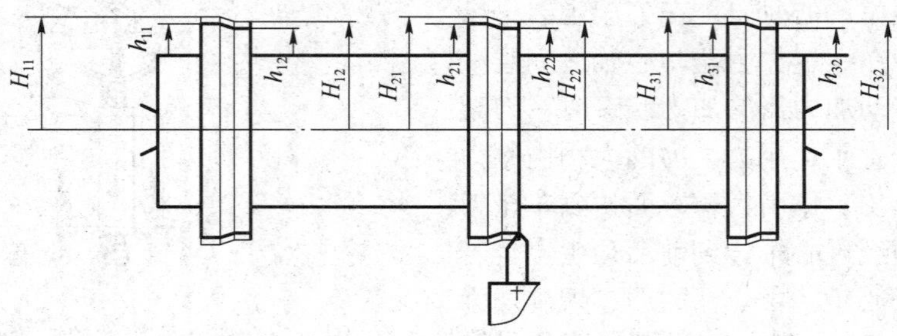

图 4-37　车床刚度的工作状态测定法

在车床顶尖间装夹一根刚度极大的心轴，心轴在靠近前顶尖、后顶尖及中间三处各预先车出一台阶，三个台阶的尺寸分别为H_{11}、H_{12}、H_{21}、H_{22}、H_{31}、H_{32}。经过一次走刀后，由于误差复映，心轴上仍然有台阶状残留误差，经测量其尺寸分别为h_{11}、h_{12}、h_{21}、h_{22}、h_{31}、h_{32}，于是可计算出左、中、右台阶处的误差复映系数：

$$\varepsilon_1 = \frac{h_{11} - h_{12}}{H_{11} - H_{12}}，\quad \varepsilon_2 = \frac{h_{21} - h_{22}}{H_{21} - H_{22}}，\quad \varepsilon_3 = \frac{h_{31} - h_{32}}{H_{31} - H_{32}}$$

三处系统的刚度分别为

$$k_{xt1} = C / \varepsilon_1，\quad k_{xt2} = C / \varepsilon_2，\quad k_{xt3} = C / \varepsilon_3$$

由于心轴刚度很大，其变形可忽略，车刀的变形也可忽略，故上面算得的三处系统刚度，就是三处的机床刚度。列出方程组：

$$\begin{cases} \dfrac{1}{k_{xt_1}} = \dfrac{1}{k_{zz}} + \dfrac{1}{k_{dj}} \\ \dfrac{1}{k_{xt_2}} = \dfrac{1}{4k_{zz}} + \dfrac{1}{4k_{wz}} + \dfrac{1}{k_{dj}} \\ \dfrac{1}{k_{xt_3}} = \dfrac{1}{k_{wz}} + \dfrac{1}{k_{dj}} \end{cases}$$

解此方程组可得出车床主轴箱、尾座和刀架的刚度分别是

$$\frac{1}{k_{zz}} = \frac{1}{k_{xt_1}} - \frac{1}{k_{dj}}，\quad \frac{1}{k_{wz}} = \frac{1}{k_{xt_3}} - \frac{1}{k_{dj}}，\quad \frac{1}{k_{dj}} = \frac{2}{k_{xt_2}} - \frac{1}{2}\left(\frac{1}{k_{xt_1}} + \frac{1}{k_{xt_2}}\right)$$

工作状态测定法的不足之处：不能得出完整的刚度特性曲线，而且由于材料不均匀等所引起的切削力变化和切削过程中的其他随机性因素，都会给测定的刚度值带来一定的误差。

2. 影响机床部件刚度的因素

（1）连接表面间的接触变形

零件表面总是存在着宏观的几何形状误差和微观的表面粗糙度，所以零件之间接合表面的实际接触面积只是理论接触面的一小部分，并且真正处于接触状态的，又只是这一小部分的一些凸峰，如图 4-38 所示。当外力作用时，这些接触点处将产生较大的接触应力，并产生接触变形，其中既有表面层的弹性变形，又有局部塑性变形。这就是部件刚度曲线不呈直线，以及远比同尺寸无接触面实体的刚度要低得多的原因，也是造成残留变形和多次加载-卸载循环以后，残留变形才趋于稳定的原因之一。

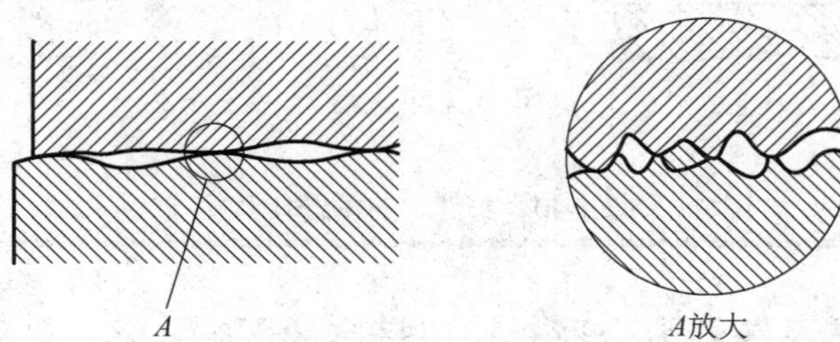

图 4-38　零件接触面间的接触情况

接触表面间名义压强的增量与接触变形的增量之比称为接触刚度。零件表面越粗糙，形状误差越大，材料硬度越低，接触刚度越小。

连接表面的接触刚度将随着法向载荷的增加而增大，并受接触表面材料、硬度、表面粗糙度、表面纹理方向，以及表面几何形状误差等因素的影响。机床部件接触刚度的高低，主要取决于机床零部件的加工质量和装配质量。例如，以 500N 的磨削力作用于被磨工件的中间时，若磨床顶尖与主轴锥的加工质量不高，其接触变形有时可达 6～9μm，占机床总变形量的 30%～60%。

（2）零件间摩擦力的影响

机床部件受力变形时，零件间连接表面会发生错动，加载时摩擦力阻碍变形的发生，卸载时摩擦力阻碍变形的恢复，故造成加载和卸载刚度曲线不重合。

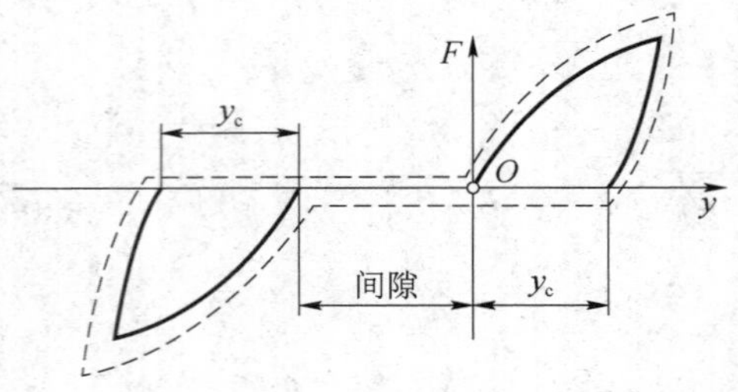

图 4-39　间隙对刚度曲线的影响

（3）结合面的间隙

部件中各零件间如果有间隙，那么只要受到较小的力（克服摩擦力）就会使零件相互错动，故表现为刚度很低。间隙消除后，相应表面接触，才开始有接触变形和弹性变形，这时表现为刚度较大（图 4-39）。如果载荷是单向的，那么在第一次加载消除间隙后对加工精度的影响较小；如果工作载荷不断改变方向（如镗床、铣床的切削力），那么间隙的影响将不容忽视。而且，因间隙引起的位移，在去除载荷后不会恢复。

（4）薄弱零件本身的变形

在机床部件中，薄弱零件受力变形对部件刚度的影响最大。

案 例 分 析

例如，楔铁与导轨面配合不好［图 4-40a］，溜板部件中的轴承衬套因形状误差而与壳体接触不良［图 4-40b］，或由于楔铁和轴承衬套极易变形，造成整个部件刚度大大降低。当这些薄弱环节变形后改善了接触情况，部件的刚度明显提高。

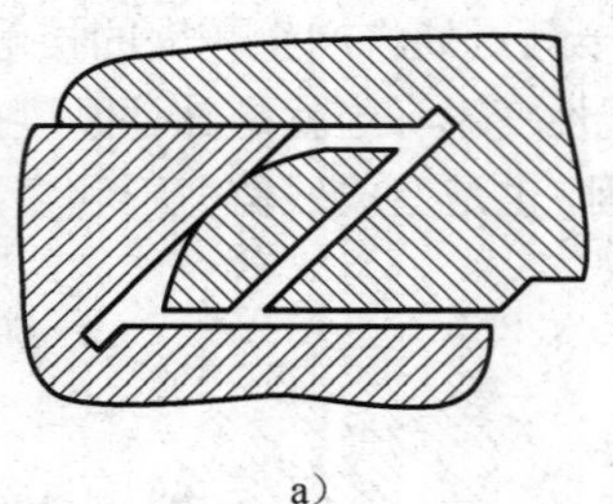

a）

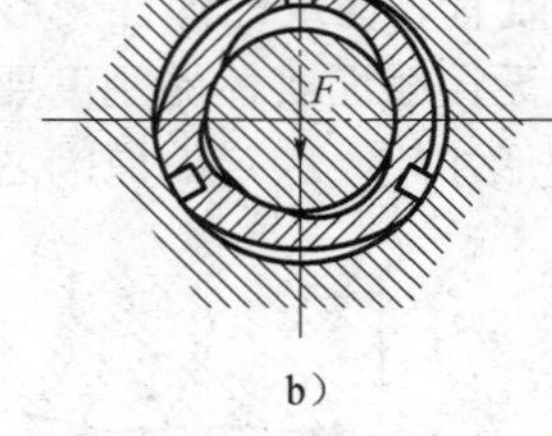

b）

图 4-40　部件中的薄弱环节

4.4.5　减少工艺系统受力变形对加工精度的影响

减小工艺系统受力变形是保证加工精度的有效途径之一。在生产实际中，常从两个主要方面采取措施来予以解决：一是提高系统刚度，二是减小载荷及其变化。从加工质量、生产效率、经济性等问题全面考虑，提高工艺系统中薄弱环节的刚度是最重要的措施。

1. 提高工艺系统的刚度

（1）合理的结构设计

在设计工艺装备时，应尽量减少连接面数目，并注意刚度的匹配，防止有局部低刚度环节出现。在设计基础件、支承件时，应合理选择零件结构和截面形状。一般地说，截面面积相等时，空心截面比实心截面的刚度高，封闭截面比开口截面刚度高。另外，在适当部位增添加强肋也有良好的效果。

（2）提高连接表面的接触刚度

由于部件的接触刚度大大低于实体零件本身的刚度，因此提高接触刚度是提高工艺系统刚度的有效手段。特别是对使用中的机床设备，提高其连接表面的接触刚度，往往是提高原机床刚度的最简便、最有效的方法。

1）提高机床部件中零件间接合表面的质量，提高机床导轨的刮研质量，提高顶尖锥柄同主轴和尾座套筒锥孔的接触质量等都能使实际接触面积增加，从而有效地提高表面的接触刚度。

2）给机床部件以预加载荷，此措施常用在各类轴承、滚珠丝杠螺母副的调整之中。给机床部件以预加载荷，可消除结合面间的间隙，增加实际接触面积，减少受力后的变形量。

3）提高工件定位基准面的精度和减小它的表面粗糙度值，工件的定位基准面一般总是承受夹紧力和切削力。如果定位基准面的尺寸误差、形状误差较大，表面粗糙度值较大，则会产生较大的接触变形。例如，在外圆磨床上磨轴，若轴的中心孔加工质量不高，不仅影响定位精度，还会引起较大的接触变形。

（3）采用合理的装夹和加工方式

例如，在卧式铣床上铣削角铁形零件，如按图 4-41a）所示的装夹、加工方式，则工件的刚度较低；如改用图 4-41b）所示的装夹、加工方式，则刚度可大大提高。又如，加工细长轴时，改为反向进给（从主轴箱向尾座方向进给），使工件从原来的轴向受压变为轴向受拉，也可提高工件刚度。

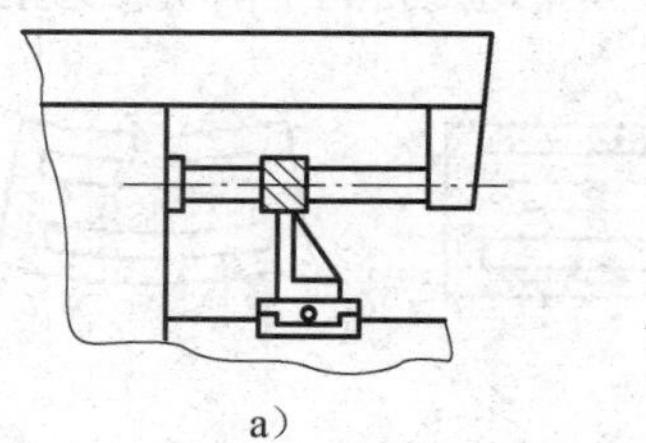
a）

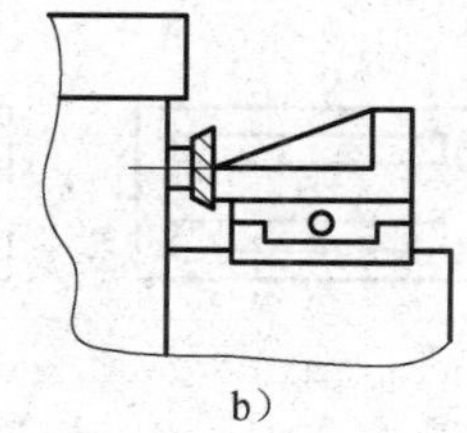
b）

图 4-41　铣角铁形零件的两种装夹方式

2. 减少载荷及其变化

采取适当的工艺措施如合理选择刀具几何参数（如增大前角、让主偏角接近 90°等）和切削用量（如适当减少进给量和背吃刀量）以减小切削力（特别是 F_p），就可以减少受力变形。将毛坯分组，使一次调整中加工的毛坯余量比较均匀，就能减小切削力的变化，减小复映误差。

4.4.6　残余应力对工件变形的影响

残余应力也称内应力，是指当外载荷去掉后仍存在于工件内部的应力。存在内应力时，工件处于一种不稳定的相对平衡状态，在外界某种因素影响下它内部的组织很容易失去原有的平衡，并达到新的平衡状态。在这一过程中，工件将产生相应的变形，从而破坏其原有的精度。

特别提示

残余应力是由于金属内部组织发生了不均匀的体积变化而产生的。促成这种不均匀体积变化的因素主要来自冷、热加工。

1. 残余应力产生的原因

（1）毛坯制造和热处理过程中产生的残余应力

在铸、锻、焊、热处理等加工过程中，由于各部分冷热收缩不均匀及金相组织转变的体积变化，毛坯内部产生了相当大的残余应力。毛坯的结构越复杂，各部分的厚度越不均匀，散热条件相差越大，则在毛坯内部产生的残余应力也越大。具有残余应力的毛坯由于残余应力暂时处于相对平衡的状态，在短时间内还看不出有什么变化。当加工时某些表面被切去一层金属后，就打破了这种平衡，残余应力将重新分布，零件就明显地出现了变形。

较大的铸件在铸造过程中产生残余应力。铸件残余应力的形成过程如图 4-42 所示。铸件浇铸后，由于壁 A 和 C 比较薄，散热容易，因此冷却速度较 B 快。当 A、C 从塑性状态冷却到了弹性状态时（约 620℃），B 尚处于塑性状态，如图 4-42a）所示。此时，A、C 继续收缩，B 不起阻止变形的作用，故不会产生残余应力。当 B 也冷却到了弹性状态时，A、C 的温度已降低很多，其收缩速度变得很慢，但这时 B 收缩较快，因而受到 A、C 的阻碍。这时，B 内就产生了拉应力，而 A、C 内就产生了压应力，形成相互平衡的状态，如图 4-42b）所示。如果在 A 上开一缺口，A 上的压应力消失，铸件在 B、C 的残余应力作用下，B 收缩，C 伸长，铸件就产生了弯曲变形，直至残余应力重新分布达到新的平衡状态为止，如图 4-42c）所示。

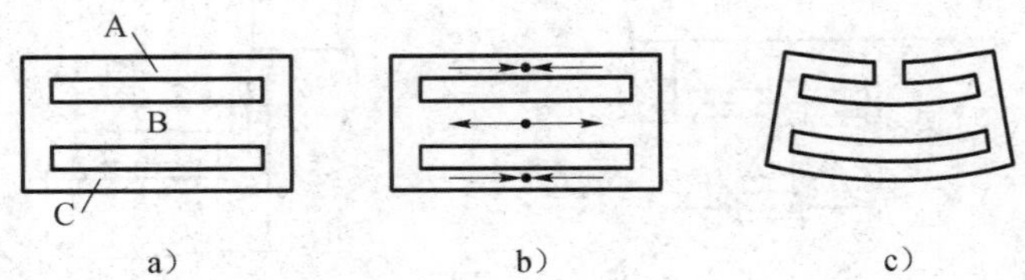

图 4-42　铸件残余应力的形成过程

a）壁厚不均的铸件；b）冷却时产生内应力；c）切口后产生变形

特别提示

推广至一般情况，各种铸件都难免因冷却不均匀而产生残余应力。例如，铸造后的机床床身，其导轨面和冷却快的地方都会出现压应力。带有压应力的导轨表面在粗加工中被切去一层后，残余应力就重新分布，结果使导轨出现中部下凹的直线度误差，如图 4-43 所示。

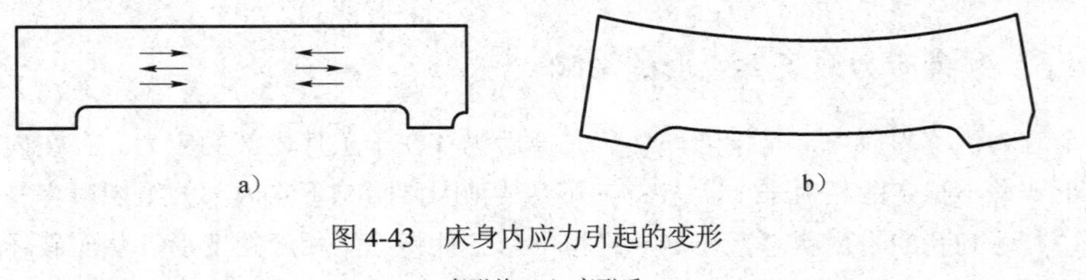

图 4-43　床身内应力引起的变形

a）变形前；b）变形后

（2）冷校直带来的残余应力

冷校直带来的残余应力可以用图 4-44 来说明。弯曲的工件（原来无残余应力）要校直，必须使工件产生反向弯曲［图 4-44a)］，并使工件产生一定的塑性变形。当工件外层应力超过屈服强度时，其内层应力还未超过弹性极限，故其应力分布情况如图 4-44c）所示。去除外力后，由于下部外层已产生拉伸的塑性变形，上部外层已产生压缩的塑性变形，故里层的弹性恢复受到阻碍。结果上部外层产生残余拉应力，上部里层产生残余压应力；下部外层产生残余压应力，下部里层产生残余拉应力［图 4-44d)］。冷校直后虽然弯曲减小了，但内部组织处于不稳定状态，如再进行后续加工，又会产生新的弯曲。故重要、精密的零件不允许进行冷校直。

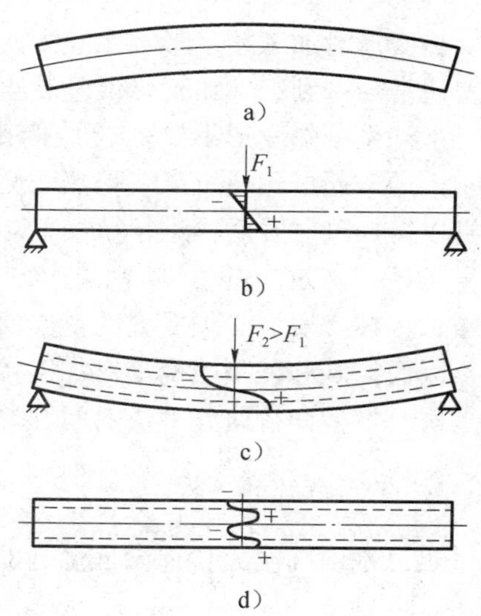

图 4-44　冷校直时产生内应力的过程

a）弯曲工件；b）压直；c）反弯曲；d）校正后

（3）切削加工带来的残余应力

工件表面在切削力、切削热的作用下，也会出现不同程度的塑性变形和由于金相组织的变化引起的体积改变，从而产生残余应力。这种残余应力的大小和方向是由加工时各种工艺因素所决定的。切削加工产生残余应力使工件加工后由于内应力重新分布而变形，从而破坏加工精度。

2. 减少残余应力的措施

要减少残余应力，一般可采取下列措施：

1）增加消除内应力的热处理工序。例如，对铸、锻、焊接件进行退火或回火，零件淬火后进行回火，对精度要求高的零件如床身、丝杠、箱体、精密主轴等在粗加工后进行时效处理。

2）合理安排工艺过程。例如，粗、精加工分开在不同工序中进行，使粗加工后有一定时间让残余应力重新分布，以减少对精加工的影响。在加工大型工件时，粗、精加工往往在一个工序中完成，这时应在粗加工后松开工件，让工件有自由变形的可能，再用较小的夹紧力夹紧工件后进行精加工。对于精密零件（如精密丝杠），在加工过程中不允许进行冷校直（可采用热校直）。

3）改善零件结构，提高零件的刚性，使壁厚均匀等均可减少残余应力的产生。

4.5　工艺系统热变形对加工精度的影响

4.5.1　工艺系统热变形对加工精度的影响概述

在机械加工过程中，工艺系统会受到各种热的影响而产生复杂的变形，一般把这种变形称为热变形，这种变形将破坏刀具与工件的正确几何关系和运动关系，造成工件的加工误差。

热变形对加工精度影响比较大，特别是在精密加工和大件加工中，热变形所引起的加工误差通常会占到工件加工总误差的40%～70%。

工艺系统热变形不仅影响加工精度，还影响加工效率。为了减少受热变形对加工精度的影响，通常通过预热机床获得热平衡，或降低切削用量以减少切削热和摩擦热，或粗加工后停机以待热量散发后再进行精加工，或增加工序（使粗、精加工分开）等。

高精、高效、自动化加工技术的发展，使工艺系统热变形问题变得更加突出，成为现代机械加工技术发展必须研究的重要问题。工艺系统是一个复杂系统，有许多因素影响其热变形，因而控制和减小热变形对加工精度的影响往往比较复杂。目前，无论在理论上还是在实践上都有许多尚待研究解决的问题。

1. 工艺系统的热源

热总是由高温处传递向低温处的。热的传递方式有三种，即导热传热、对流传热和辐射传热。

引起工艺系统变形的热源可分为内部热源和外部热源两大类。内部热源主要包括切削热、摩擦热及派生热源，以切削热和摩擦热为主，它们产生于工艺系统内部，其热量主要以热传导的形式传递。外部热源主要是指工艺系统外部的、以对流传热为主要形式的环境温度（它与气温变化、通风、空气对流和周围环境等有关）和各种辐射热（包括由阳光、照明、暖气设备等发出的辐射热）。

切削热是切削加工过程中最主要的热源，它对工件加工精度的影响最为直接。影响切削热传导的主要因素是工件、刀具、夹具、机床等材料的导热性能，以及周围介质的情况。通常，在切削加工中，切屑带走的热量最多，可达50%～80%，传给工件的热量次之，约占30%，而传给刀具的热量则很少，一般不超过5%。对于铣削、刨削加工，传给工件的热量一般占总切削热的30%以下；对于钻削和卧式镗孔，因为有大量的切屑滞留在孔中，所以传给工件的热量比切削时要高，如在钻孔加工中传给工件的热量往往超过50%；磨削时磨屑很小，带走的热量很少，约为4%，大部分热量传入工件，达到84%左右，致使磨削表面的温度高达800～1 000℃。因此，磨削热既影响工件的加工精度，又影响工件的表面质量。

摩擦热是机床中的各种运动副（如齿轮副、导轨副、丝杠螺母副、蜗轮蜗杆副等），在相对运动时因摩擦生热。这些热源将导致机床零部件的温度升高。其温升程度由于距离热源位置的不同而有所不同。此外，机床的各种动力源如液压系统、电动机等，工作时因能耗而发热。尽管摩擦热比切削热少，但摩擦热在工艺系统中是局部发热，会引起局部温升和变形，破坏了系统原有的几何精度，对加工精度也会带来严重影响。

外部热源主要是环境温度变化和由阳光、灯光及取暖设备等直接作用于工艺系统的辐射热。

环境温度主要指室温的变化和室温的均匀性。前者指室温的高低，一般的恒温室温度保持在20℃±1℃。后者指房间内各个区域的高低温差，主要和采暖通风的方式有关。工艺系统周围环境的温度随气温及昼夜温度的变化而变化，从而影响工件的加工精度。特别是在加工大型精密零件时影响更为明显，一个大型工件要经过几个昼夜的连续加工，由于昼夜温差的影响会使被加工表面产生形状误差及尺寸误差。

阳光、灯光及取暖设备等都会发生辐射，机床的辐射热因不同时间和不同位置而变化，引起机床各部分温升的变化，这在大型、精密加工时不能忽视。

2. 工艺系统的热平衡和温度场概念

工艺系统在工作状态下，一方面受各种热源的作用使温度逐渐升高，另一方面它同时也通过各种传热方式向周围介质散发热量。当工件、刀具和机床的温度达到某一数值且单位时间内传出和传入的热量接近相等时，工艺系统就达到了热平衡状态。在热平衡状态下，工艺系统各部分的温度保持在某一相对固定的数值上，工艺系统的热变形将趋于相对稳定。

由于作用于工艺系统各组成部分的热源，其发热量、位置和作用时间各不相同，各部分的热容量、散热条件也不一样，因此各部分的温升是不相同的。即使是同一物体，处于不同空间位置上的各点在不同时间其温度也是不等的。物体中各点温度的分布称为温度场。当物体未达到热平衡时，各点温度不仅是坐标位置的函数，还是时间的函数，这种温度场称为不稳态温度场。物体达到热平衡后，各点温度将不再随时间而变化，而只是其坐标位置的函数，这种温度场称为稳态温度场。

4.5.2　工件热变形对加工精度的影响

在工艺系统热变形中，机床热变形最为复杂，工件、刀具的热变形相对来说要简单一些。这主要是因为在加工过程中，影响机床热变形的热源较多，也较复杂，而对工件和刀具来说，热源比较简单。因此，工件和刀具的热变形常可用解析法进行估算和分析。

使工件产生热变形的主要是切削热。对于精密零件，周围环境温度和局部受到日光等外部热源的辐射热也不容忽视。工件的热变形可以归纳为两种情况来分析。

1. 工件比较均匀地受热

一些形状较简单的轴类、套类、盘类零件的内、外圆加工时，切削热比较均匀地传入工件，如不考虑工件温升后的散热，其温度沿工件全长和圆周的分布都是比较均匀的，可近似地看成均匀受热。因此，其热变形可以按物理学计算热膨胀的公式求出。

长度上的热变形量（mm）：

$$\Delta L = \alpha_1 L \Delta t$$

直径上的热变形量（mm）：

$$\Delta D = \alpha_1 D \Delta t$$

式中　L、D——工件原有长度、直径（mm）；

α_1——工件材料的线膨胀系数（钢为$\alpha_1 \approx 1.17\times10^{-5}K^{-1}$，铸铁为$\alpha_1 \approx 1.05\times10^{-5}K^{-1}$，铜为$\alpha_1 \approx 1.7\times10^{-5}K^{-1}$）；

Δt——温升（℃）。

加工盘类和长度较短的销轴、套类零件时，由于走刀行程很短，可以忽略在沿工件轴向位置上切削时间（即加热时间）先后的影响，因此引起的工件纵向方向上的误差可以忽略。车削较长工件时，由于在沿工件轴向位置上切削时间有先后，开始切削时工件温升近乎为零，随着切削的进行，温升逐渐增加，工件直径随之逐渐变大，至走刀终了时工件直径胀大最多，因而车刀的背吃刀量将随走刀逐渐增大，工件冷却收缩后外圆表面就会产生圆柱度误差

$\Delta R_{max}=\alpha_1(D/2)\Delta t$。

通常，杆件的长度尺寸精度要求不高，热变形引起的伸长可以不用考虑。但当工件以两顶尖定位，工件受热伸长时，如果顶尖不能轴向位移，则工件受顶尖的压力将产生弯曲变形，这时对加工精度影响就变大了。因此，当加工精度较高的轴类零件时，如磨外圆、丝杠等，宜采用弹性或液压尾顶尖。

一般来说，工件热变形在精加工中影响比较严重，特别是长度长而精度要求很高的零件。磨削丝杠就是一个突出的例子。若丝杠长度为2m，每磨一次其温度相对于机床母丝杠升高了约3℃，丝杠的伸长量：

$$\Delta L=2\,000\times1.17\times10^{-5}\times3\text{mm}=0.07\text{mm}$$

而6级丝杠的螺距累积误差在全长上不允许超过0.02mm，由此可见热变形的严重性。

通常可不必考虑工件的热变形对粗加工加工精度的影响，但是在工序集中的场合下，其会给精加工带来麻烦。

案例分析

例如，在一台三工位的组合机床上，第一个工位是装卸工件，第二个工位是钻孔，第三个工位是铰孔。工件尺寸为$\phi40\text{mm}\times40\text{mm}$，欲加工孔的尺寸为$\phi20\text{mm}$，材料为铸铁。钻孔时转速$n=500\text{r}\cdot\text{min}^{-1}$，进给量$f=0.3\,\text{mm}\cdot\text{r}^{-1}$，温升达100℃，则工件在直径上的膨胀量为

$$\Delta D=\alpha_1 D\Delta t=1.05\times10^{-5}\times20\times100\text{mm}=0.021\text{mm}$$

钻孔完毕后接着铰孔，工件完全冷却后孔径收缩量已与IT7级精度的公差值相等了。所以说，在这种场合下，粗加工的工件热变形就不能忽视了。

为了避免工件粗加工时热变形对精加工时加工精度的影响，在安排工艺过程时应尽可能把粗、精加工分开在两个工序中进行，以使工件粗加工后有足够的冷却时间。

2. 工件不均匀受热

铣、刨、磨平面时，除在沿进给方向有温度差外，更严重的是工件只是单面受到切削热的作用，上下表面间的温度差将导致工件向上拱起，加工时中间凸起部分被切去，冷却后工件变成下凹，造成平面度误差。

4.5.3 刀具热变形对加工精度的影响

刀具热变形主要是由切削热引起的。通常传入刀具的热量并不太多，但由于热量集中在切削部分，以及刀体小、热容量小，故仍会有很高的温升。例如，车削时，高速钢车刀的工作表面温度可达700～800℃，而硬质合金切削刃可达1 000℃以上。

连续切削时，刀具的热变形在切削初始阶段增加很快，随后变得较缓慢，经过不长的时间后（10～20min）便趋于热平衡状态。此后，热变形变化量非常小（图4-45）。刀具总的热变形量可达0.03～0.05mm。

间断切削时，由于刀具有短暂的冷却时间，因此其热变形曲线具有热胀冷缩双重特性，且总的变形量比连续切削时要小，最后趋于稳定在δ范围内变动。

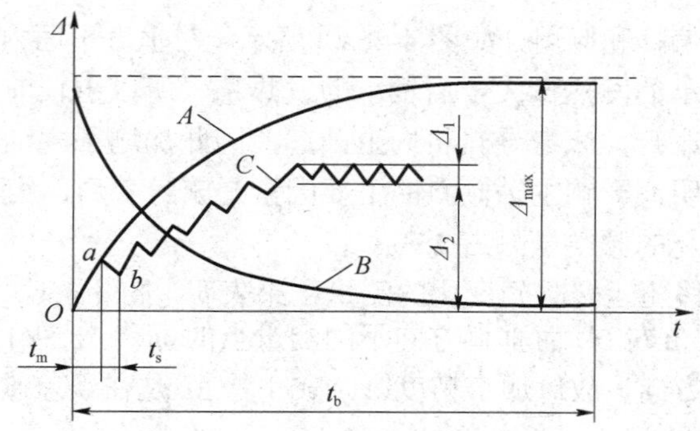

图 4-45　车刀热变形曲线

A—连续切削；*B*—冷却曲线；*C*—间断切削；t_m—切削时间；t_s—间断时间

当切削停止后，刀具热变形往往造成几何形状误差。例如，车长轴时，可能由于刀具热伸长而产生锥度（尾座处的直径比主轴箱附近的直径大）。

为了减少刀具的热变形，应合理选择切削用量和刀具的几何参数，并给予充分冷却和润滑，以减少切削热，降低切削温度。

4.5.4　机床热变形对加工精度的影响

机床在工作过程中，受到内外热源的影响，各部分的温度将逐渐升高。由于各部件的热源不同，分布不均匀，以及机床结构的复杂性，因此不仅各部件的温升不同，而且同一部件不同位置的温升也不相同，形成不均匀的温度场，使机床各部件之间的相互位置关系发生变化，破坏机床原有的几何精度，从而造成加工误差。

机床空运转时，各运动部件产生的摩擦热基本不变。运转一段时间之后，各部件传入的热量和散失的热量基本相等，即达到热平衡状态，变形趋于稳定。机床达到热平衡状态时的几何精度称为热态几何精度。在机床达到热平衡状态之前，机床几何精度变化不定，对加工精度的影响也变化不定。因此，精密加工应在机床达到热平衡之后进行。

对于磨床和其他精密机床，除受室温变化等影响之外，引起其热变形的热量主要是机床空运转时的摩擦发热，而切削热影响较小。因此，机床空运转达到热平衡的时间及其所达到的热态几何精度是衡量精加工机床质量的重要指标。在分析机床热变形对加工精度的影响时，也应首先注意其温度场是否稳定。

由于机床各部件体积都比较大，热容量大，因此其温升一般不大。例如，车床主轴箱温升一般不大于 60℃，磨床温升一般为 15～25℃，车床床身与主轴箱接合处的温升一般不大于 20℃，磨床床身的温升一般在 10℃以下，其他精密机床部件的温升还要低得多。机床各部件结构与尺寸体积差异较大，各部分达到热平衡的时间也不相同。热容量大的部件达到热平衡的时间长。

一般机床，如车床、磨床等，其空运转的热平衡时间为 4～6h，中小型精密机床为 1～2h。大型精密机床往往超过 12h，甚至更长时间。

机床类型不同，其内部主要热源各不相同，热变形对加工精度的影响也不相同。车、铣、钻、镗类机床，主轴箱中的齿轮、轴承摩擦发热，润滑油发热是其主要热源，使主轴箱及与之相联部分，如床身或立柱的温度升高而产生较大变形。例如，车床主轴发热使主轴箱在垂直面内和水平面内发生偏移和倾斜，如图 4-46a）所示。在垂直平面内，主轴箱的温升将使主轴升高；又因主轴前轴承的发热量大于后轴承的发热量，所以主轴前端将比后端高。此外，由于主轴箱的热量传给床身，床身导轨将向上凸起，因此加剧了主轴的倾斜。对卧式车床进行热变形试验的结果表明，影响主轴倾斜的主要因素是床身变形，约占总倾斜量的 75%，主轴前后轴承温度差所引起的倾斜量只占 25%。

车床主轴温升、位移随运转时间变化的测量结果表明［图 4-46b）］，主轴在水平方向不同测量点的位移 Δy 为 10 μm 左右，而垂直方向不同测量点的位移 Δz 为 150～200 μm。虽然 Δz 较大，但其在非误差敏感方向，故对加工精度影响较小；Δy 是在误差敏感方向，故对加工精度影响较大。

对于不仅在水平方向上装有刀具，在垂直方向和其他方向上也可能装有刀具的自动车床、转塔车床，其主轴热位移，无论在垂直方向还是在水平方向，都会造成较大的加工误差。

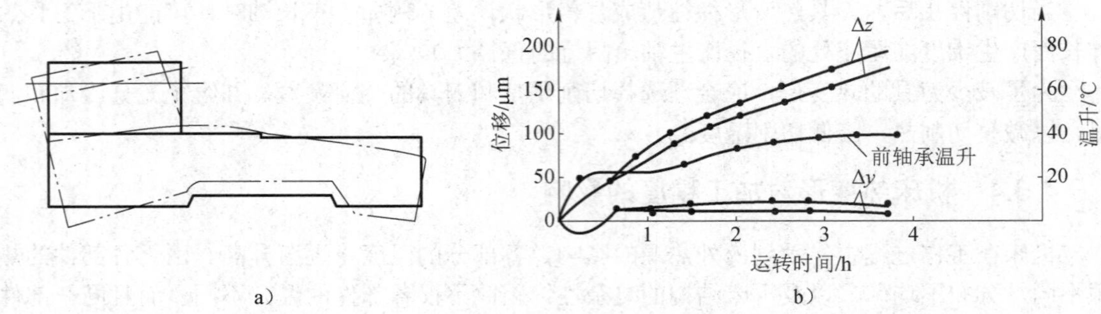

图 4-46　车床的热变形示意图

a）热变形示意图；b）热变形曲线

因此，在分析机床热变形对加工精度影响时，还应注意分析热位移方向与误差敏感方向的相对角位置关系。对于处在误差敏感方向的热变形，需要特别注意控制。

龙门刨床、导轨磨床等大型机床，它们的床身较长，如导轨面与底面间稍有温差，就会产生较大的弯曲变形，故床身热变形是影响加工精度的主要因素。

案 例 分 析

例如，一台长 12m、高 0.8m 的导轨磨床床身，导轨面与床身底面温差 1℃时，其弯曲变形量可达 0.22mm。床身上下表面产生温差的原因，不仅是工作台运动时导轨面摩擦发热所致，环境温度的影响也是重要原因。例如，在夏天，地面温度一般低于车间室温，因此床身中凸［图 4-47a）］；冬天则地面温度高于车间室温，使床身中凹。此外，如机床局部受到阳光照射，且照射部位随时间而变化，则会引起床身各部位不同的热变形。大型导轨磨床的热变形如图 4-47b）所示。

各种磨床通常有液压传动系统和高速回转磨头，并且使用大量的切削液，它们都是磨床的主要热源。砂轮主轴轴承的发热，将使主轴轴线升高并使砂轮架向工件方向趋近。由于主轴前后轴承温升不同，因此主轴侧母线还会出现倾斜。液压系统的发热使床身各处温升不同，导致床身的弯曲和前倾。

在热变形的影响下，外圆磨床的砂轮轴线与工件轴线之间的距离会发生变化［图 4-47a）］，并可能产生平行度误差。

平面磨床床身的热变形受油池安放位置及导轨摩擦发热的影响。有些磨床利用床身作为油池，因此床身下部温度高于上部，结果导轨产生中凹变形。有些磨床把油箱移到机外，由于导轨面的摩擦热，使床身的上部温度高于下部，因此导轨就会产生中凸变形。

双端面磨床的切削液喷向床身中部的顶面，使其局部受热而产生中凸变形，从而使两砂轮的端面产生倾斜［图 4-47c)］。

立式平面磨床主轴承和主电动机的发热传到立柱，使立柱里侧的温度高于外侧，引起立柱的弯曲变形，造成砂轮主轴与工作台间产生垂直度误差［图 4-47d)］。

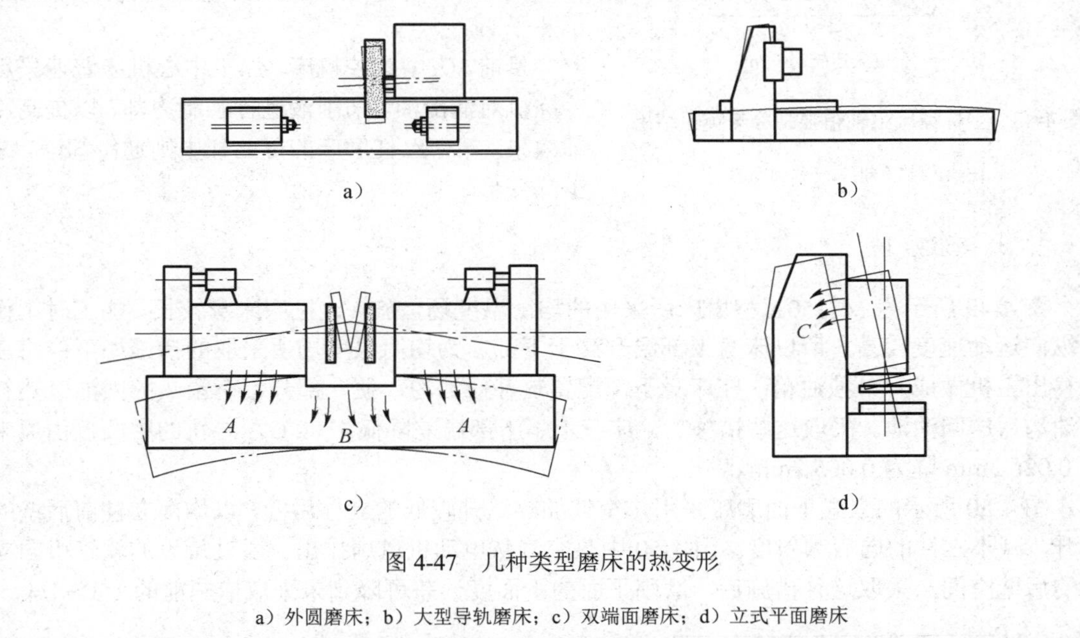

图 4-47　几种类型磨床的热变形

a) 外圆磨床；b) 大型导轨磨床；c) 双端面磨床；d) 立式平面磨床

4.5.5　减少工艺系统热变形对加工精度影响的措施

1. 减少热源的发热和隔离热源

工艺系统的热变形对粗加工加工精度的影响一般可不考虑，而精加工主要是为了保证零件加工精度，不能忽视工艺系统热变形的影响。为了减小切削热，宜采用较小的切削用量。如果粗、精加工在一个工序内完成，则粗加工的热变形将影响精加工的精度。一般可以在粗加工后停机一段时间使工艺系统冷却，同时还应将工件松开，待精加工时再夹紧。这样就可减少粗加工热变形对精加工精度的影响。当零件精度要求较高时，以粗、精加工分开为宜。

为了减少机床的热变形，凡是可能从机床分离出去的热源，如电动机、变速箱、液压系统、冷却系统等均应移出，使之成为独立单元。对于不能分离的热源，如主轴轴承、丝杠螺母副、高速运动的导轨副等，则可以从结构、润滑等方面改善其摩擦特性，减少发热，如采用静压轴承、静压导轨，改用低黏度润滑油、锂基润滑脂，或使用循环冷却润滑、油雾润滑等；也可用隔热材料将发热部件和机床大件（如床身、立柱等）隔离开。

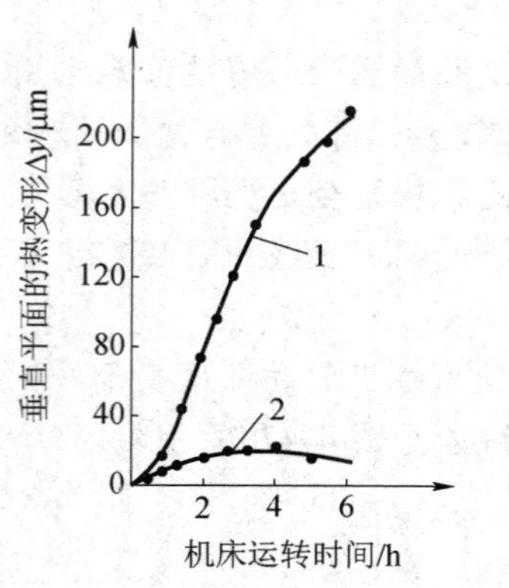

图 4-48　坐标镗床主轴箱强制冷却实验结果

1—未强制冷却；2—强制冷却

对于发热量大的热源，如果既不能从机床内部移出，又不便隔热，则可采用强制式的风冷、水冷等散热措施。例如，图 4-48 所示为一台坐标镗床的主轴箱用恒温喷油循环强制冷却的实验结果。当不采用强制冷却时，机床运转 6h 后，主轴与工作台之间在垂直方向发生了 190μm 的热变形，而且机床尚未达到热平衡；当采用强制冷却后，上述热变形减少为 15μm，而且机床运转不到 2h 就达到了热平衡。

目前，大型数控机床、加工中心机床普遍采用冷冻机对润滑油、切削液进行强制冷却，以提高冷却效果。精密丝杠磨床的母丝杠中则通冷却液，减少热变形。

2. 均衡温度场

图 4-49 所示为 M7150A 型磨床所采用的均衡温度场措施。该机床床身较长，加工时工作台纵向运动速度较高，所以床身上部温升高于下部。为均衡温度场所采取的措施如下：将油池移出主机做成一单独油箱；在床身下部配置热补偿油沟，使一部分带有余热的回油经热补偿油沟后送回油池。采取这些措施后，床身上、下部温差降低 1～2℃，导轨的中凸量由原来的 0.026 5mm 降为 0.005 2mm。

图 4-50 所示的立式平面磨床采用热空气加热温升较低的立柱后壁，以均衡立柱前后壁的温升，减小立柱的向后倾斜度。图 4-50 中热空气从电动机风扇排出，通过特设的软管引向立柱的后壁空间。采取这种措施后，磨削平面的平面度误差可降到未采取措施前的 1/3～1/4。

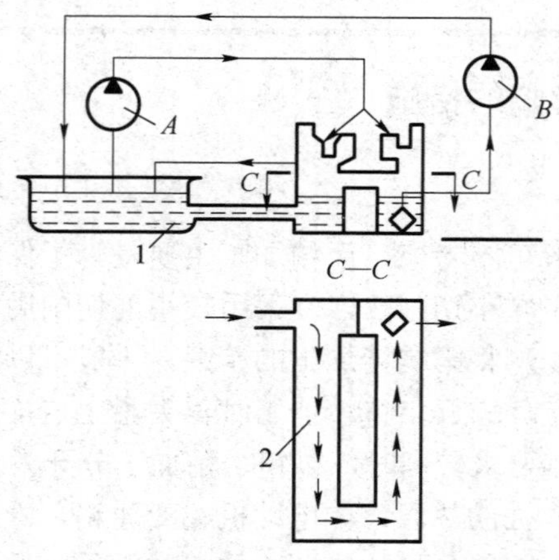

图 4-49　M7150A 型磨床所采用的均衡温度场措施

1—油箱；2—油沟

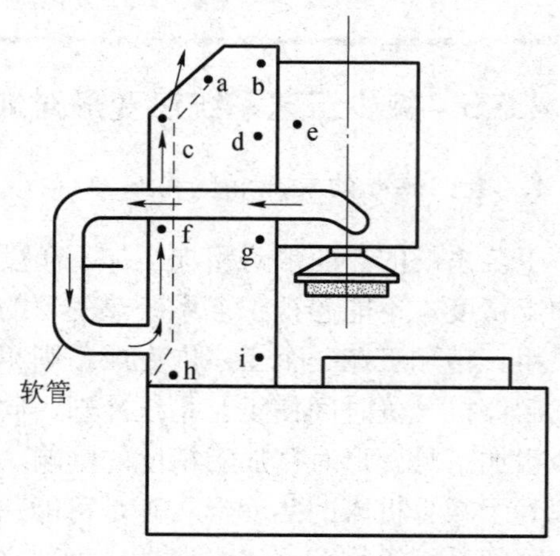

图 4-50　均衡立柱前后壁的温度场

3. 采用合理的机床部件结构及装配基准

（1）采用热对称结构

在变速箱中，将轴、轴承、传动齿轮等对称布置，可使箱壁温升均匀，箱体变形减小。

机床大件的结构和布局对机床的热态特性有很大影响。以加工中心机床为例，在热源影响下，单立柱结构会产生相当大的扭曲变形，而双立柱结构由于左右对称，仅产生垂直方向的热位移，很容易通过调整的方法予以补偿。因此，双立柱结构的机床主轴相对于工作台的热变形比单立柱结构小得多。

（2）合理选择机床零部件的装配基准

图 4-51 表示了车床主轴箱在床身上的两种不同定位方式。由于主轴部件是车床主轴箱的主要热源，因此在图 4-51b）中，主轴轴心线相对于装配基准 H 而言，主要在 z 方向产生热位移，对加工精度影响较小。在图 4-51a）中，方向 y 的受热变形直接影响刀具与工件的法向相对位置，故造成的加工误差较大。

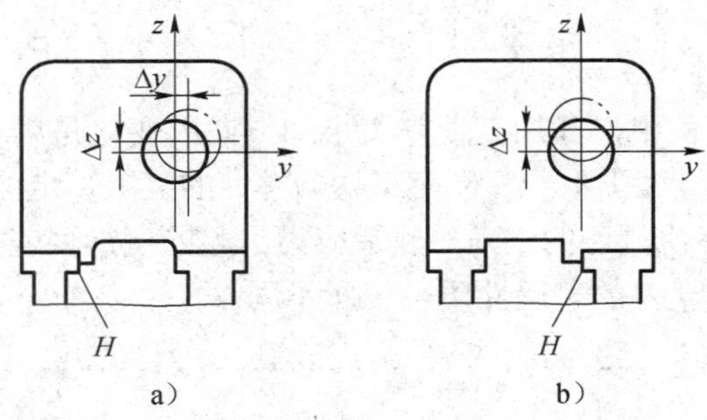

图 4-51　车床主轴箱在床身上的两种不同定位方式

4. 加速达到热平衡状态

对于精密机床特别是大型机床，达到热平衡的时间较长。为了缩短这个时间，可以在加工前使机床高速空运转，或在机床的适当部位设置控制热源，人为地给机床加热，使机床较快地达到热平衡状态，然后进行加工。

5. 控制环境温度

精密机床应安装在恒温车间，其恒温精度一般控制在±1℃以内，精密级为±0.5℃。室温平均温度一般为 20℃，冬季可取 17℃，夏季取 23℃。

4.6　加工误差的统计分析

以上几节对影响加工精度的各种主要因素进行了分析，从分析方法上来讲，均属于单因素分析法。实际生产中，影响加工精度的因素往往是错综复杂的，有时很难用单因素分析法来分析、计算某一工序的加工误差，这时就必须通过对生产现场中实际加工出的一批工件进行检查测量，运用数理统计的方法加以处理和分析，从中发现误差的规律，指导我们找出提高加工精度的途径。这就是加工误差的统计分析法。

4.6.1 加工误差的性质

根据加工一批工件时误差出现的规律，加工误差可分为以下两种。

1. 系统误差

在顺序加工的一批工件中，其加工误差的大小和方向都保持不变，或按一定规律变化，统称为系统误差。前者称常值系统误差，后者称变值系统误差。

机床、刀具、夹具的制造误差，工艺系统的受力变形等引起的加工误差均与加工时间无关，其大小和方向在一次调整中也基本不变，因此都属于常值系统误差。机床、夹具、量具等磨损引起的加工误差，在一次调整的加工中均无明显的差异，故也属于常值系统误差。

机床、刀具和夹具等在热平衡前的热变形误差，刀具的磨损等，都是随加工时间而有规律地变化的，因此由它们引起的加工误差属于变值系统误差。

2. 随机误差

在顺序加工的一批工件中，其加工误差大小和方向的变化是属于随机性的，称为随机误差。例如，毛坯误差（余量大小不一、硬度不均匀等）的复映、定位误差（基准面精度不一、间隙影响）、夹紧误差、多次调整的误差、残余应力引起的变形误差等都属于随机误差。应该指出，在不同的场合下，误差的表现性质也有所不同。

案 例 分 析

机床在一次调整中加工一批工件时，机床的调整误差是常值系统误差。但是，当多次调整机床时，每次调整时发生的调整误差就不可能是常值，变化也无一定规律，因此对于经多次调整所加工出来的大批工件，调整误差所引起的加工误差又成了随机误差。

4.6.2 分布图分析法

1. 实验分布图

成批加工某种零件，抽取其中一定数量进行测量，抽取的这批零件称为样本，其件数 n 称为样本容量。

由于存在各种误差的影响，加工尺寸或偏差总是在一定范围内变动（称为尺寸分散），即为随机变量，用 x 表示。样本尺寸或偏差的最大值 $x_{\max}$ 与最小值 $x_{\min}$ 之差，称为极差 R，即

$$R = x_{\max} - x_{\min} \tag{4-21}$$

将样本尺寸或偏差按大小顺序排列，并将它们分成 k 组，组距为 d 。d 可按下式计算：

$$d = \frac{R}{k-1} \tag{4-22}$$

同一尺寸或同一误差组中的零件数量 m_i 称为频数。频数 m_i 与样本容量 n 之比称为频率 f_i，即

$$f_i = \frac{m_i}{n} \tag{4-23}$$

以工件尺寸（或误差）为横坐标，以频数或频率为纵坐标，即可作出该批工件加工尺寸（或误差）的实验分布图，即直方图。

组数 k 和组距 d 的选择，对实验分布图的显示好坏有很大关系。组数过多，组距太小，分布图会被频数的随机波动所歪曲；组数太少，组距太大，分布特征将被掩盖。k 值一般应根据样本容量来选择（表 4-1）。

表 4-1　分组数 k 的选择

n	25～40	40～60	60～100	100	100～160	160～250
k	6	7	8	10	11	12

为了分析该工序的加工精度情况，可在直方图上标出该工序的加工公差带位置，并计算出该样本的统计数字特征：平均值 $\bar{x}$ 和标准差 S。

样本的平均值 $\bar{x}$ 表示该样本的尺寸分散中心。它主要取决于调整尺寸的大小和常值系统误差。样本的平均值：

$$\bar{x}=\frac{1}{n}\sum_{i=1}^{n}x_i \tag{4-24}$$

式中　x_i——各工件尺寸。

样本的标准差 S 反映了该批工件的尺寸分散程度。它是由变值系统误差和随机误差决定的，误差大 S 也大，误差小 S 也小。

样本的标准差：

$$S=\sqrt{\frac{1}{n-1}\sum_{i=1}^{n}\left(x_i-\bar{x}\right)^2} \tag{4-25}$$

当样本的容量比较大时，为简化计算，可直接用 n 来代替上式中的 $(n-1)$。

为了使分布图能代表该工序的加工精度，不受组距和样本容量的影响，纵坐标应改成频率密度，即

$$频率密度=\frac{频率}{组距}=\frac{频数}{样本容量\times组距}$$

下面通过一实例来说明直方图的绘制步骤。

案例分析

磨削一批轴径 $\phi60_{+0.01}^{+0.06}$ mm 的工件，轴径尺寸实测值见表 4-2，试绘制工件加工尺寸的直方图。

表 4-2　轴径尺寸实测值　（单位：μm）

实测值																				
	44	20	46	32	20	40	52	33	40	25	43	38	40	41	30	36	49	51	38	34
	22	46	38	30	42	38	27	49	45	45	38	32	45	48	28	36	52	32	42	38
	40	42	38	52	38	36	37	43	28	45	36	50	46	33	30	40	44	34	42	47
	22	28	34	30	36	32	35	22	40	35	36	42	46	42	50	40	36	20	16	53
	32	46	20	28	46	28	54	18	32	33	26	45	47	36	38	30	49	18	38	38

注：表中数据为实测尺寸与公称尺寸之差。

1）收集数据。在从总体中抽取样本时，确定样本的容量很重要。若样本容量太小，则样本不能准确反映总体的实际分布，就失去了抽样的本来目的；若样本容量太大，则又增加了分析计算的工作量。通常取样本容量 $n=50\sim200$ 。

本例取 100 件，实测数据列于表 4-2 中。找出最大值 $x_{\max}=54\mu\text{m}$，最小值 $x_{\min}=16\mu\text{m}$ 。

2）确定分组数 k 、组距 d 、各组组界和组中值。本例取 k=9。

组距：$d=\dfrac{R}{k-1}=\dfrac{x_{\max}-x_{\min}}{k-1}=\left(\dfrac{54-16}{8}\right)\mu\text{m}=4.75\mu\text{m}$，取 $d=5\mu\text{m}$ 。

各组组界：$x_{\min}+(j-1)d\pm\dfrac{d}{2}$（$j=1,2,3,\cdots,k$）。

例如，第一组下界值：$x_{\min}-\dfrac{d}{2}=\left(16-\dfrac{5}{2}\right)\mu\text{m}=13.5\mu\text{m}$，第一组上界值为 $x_{\min}+\dfrac{d}{2}=\left(16+\dfrac{5}{2}\right)\mu\text{m}=18.5\mu\text{m}$，其余类推。各组组中值为 $x_{\min}+(j-1)d$ 。

例如，第一组的组中值为 $x_{\min}+(1-1)d=16(\mu\text{m})$。

3）记录各组数据，整理成频数分布表（表 4-3）。

表 4-3　频数分布表

组号	组界/μm	中心值 x_i	频数	频率/（%）	频率密度/$[\mu\text{m}^{-1}(\%)]$
1	13.5～18.5	16	3	3	0.6
2	18.5～23.5	21	7	7	1.4
3	23.5～28.5	26	8	8	1.6
4	28.5～33.5	31	13	13	2.6
5	33.5～38.5	36	26	26	5.2
6	38.5～43.5	41	16	16	3.2
7	43.5～48.5	46	16	16	3.2
8	48.5～53.5	51	10	10	2
9	53.5～58.5	56	1	1	0.2

4）根据表 4-3 所列数据画出直方图（图 4-52）。

5）在直方图上作出上极限尺寸 $A_{\max}=60.06\text{mm}$ 及下极限尺寸 $A_{\min}=60.01\text{mm}$ 的标志线，并计算 $\overline{x}$ 和 S。

由式（4-24）可得 $\overline{x}=37.25\mu\text{m}$ 。由式（4-25）可得 $S=9.06\mu\text{m}$ 。由直方图可以直观地看到工件尺寸或误差的分布情况：该批工件的尺寸有一分散范围，尺寸偏大、偏小的很少，大多数居中；尺寸分散范围（$6S=54.36\mu\text{m}$）略大于公差值（T=50 μm），说明本工序的加工精度稍显不足；分散中心 $\overline{x}$ 与公差带中心 A_M 基本重合，表明机床调整误差（常值系统误差）很小。若想进一步研究该工序的加工精度问题，则必须找出频率密度与加工尺寸间的关系，因此必须研究理论分布曲线。

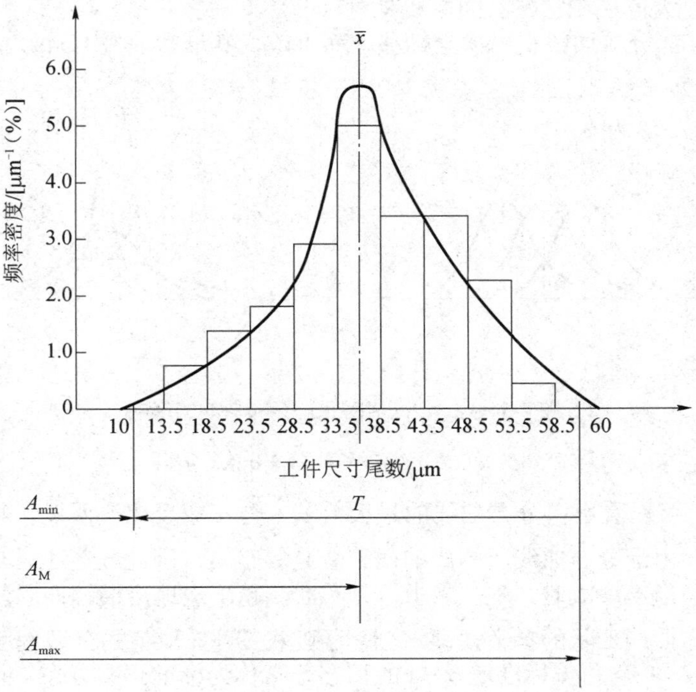

图 4-52　直方图

2. 理论分布曲线

（1）正态分布

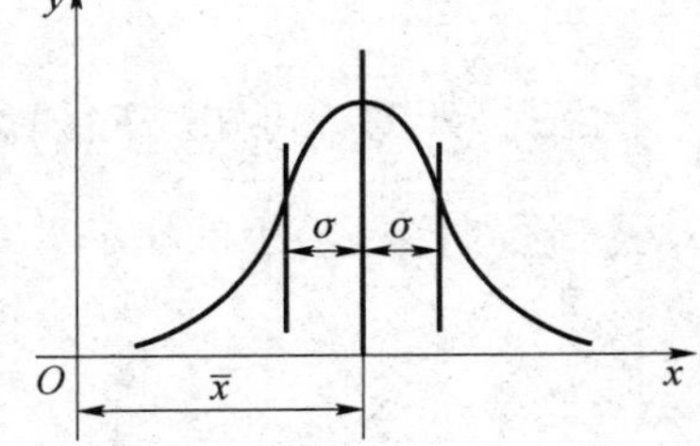

图 4-53　正态分布曲线的形状

概率论已经证明，相互独立的大量微小随机变量，其总和的分布是符合正态分布的。在机械加工中，用调整法加工一批零件，其尺寸误差是由很多相互独立的随机误差综合作用的结果，如果其中没有一个起决定作用的随机误差，则加工后零件的尺寸将近似于正态分布。

正态分布曲线的形状如图 4-53 所示。其概率密度函数表达式为

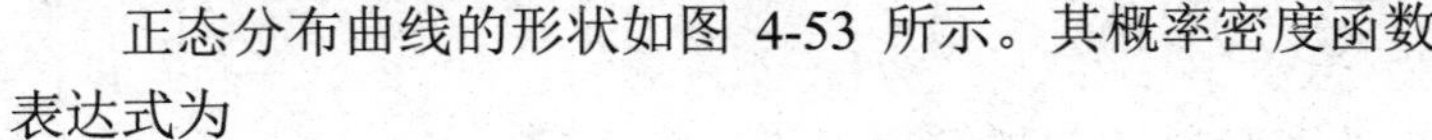

$$y=\frac{1}{\sigma\sqrt{2\pi}}\mathrm{e}^{-\frac{1}{2}\left(\frac{x-\mu}{\sigma}\right)^2}\quad(-\infty<x<+\infty,\sigma>0)$$

式中　y——分布的概率密度；

x——随机变量；

μ——正态分布随机变量总体的算术平均值；

σ——正态分布随机变量的标准差。

由公式和图 4-53 可以看出，当 $x=\mu$ 时，

$$y_{\max}=\frac{1}{\sigma\sqrt{2\pi}}\tag{4-26}$$

这是曲线的最大值，在它左右的曲线是对称的。

如果改变 μ 值，分布曲线将沿横坐标移动而不改变其形状［图 4-54a)］，说明 μ 是表征分布曲线位置的参数。

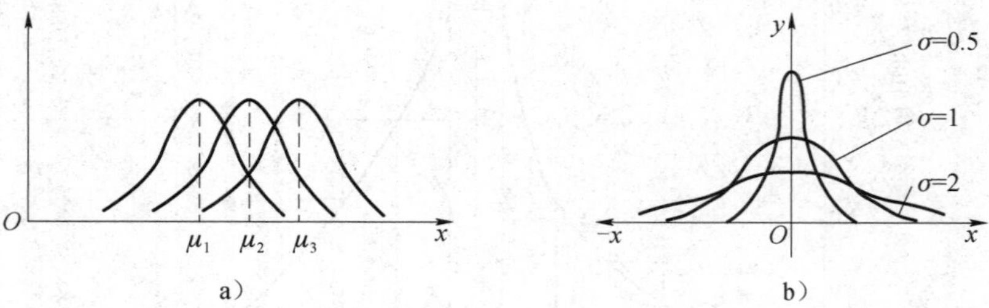

图 4-54　σ、μ 值对正态分布曲线的影响

a）改变 μ 值的分布情况；b）改变 σ 值的分布情况

从式（4-26）可以看出，分布曲线的最大值 $y_{\max}$ 与 σ 成反比。所以，当 σ 减小时，分布曲线将向上伸展。由于分布曲线所围成的面积总是等于 1，因此 σ 越小，分布曲线两侧越向中间收紧。反之，当 σ 增大时，$y_{\max}$ 减小，分布曲线越平坦地沿横轴伸展，［图 4-54b)］。可见，σ 是表征分布曲线形状的参数，即它刻划了随机变量 x 取值的分散程度。

总体平均值 $\mu=0$，总体标准差 $\sigma=1$ 的正态分布称为标准正态分布，可以利用标准正态分布的函数值，求得各种正态分布的函数值。

由分布函数的定义可知，正态分布函数是正态分布概率密度函数的积分：

$$F(x)=\frac{1}{\sigma\sqrt{2\pi}}\int_{-\infty}^{x}\mathrm{e}^{-\frac{1}{2}\left(\frac{x-\mu}{\sigma}\right)^2}\mathrm{d}x \tag{4-27}$$

由式（4-27）可知，$F(x)$ 为正态分布曲线上下积分限间包含的面积，它表征了随机变量 x 落在区间 $(-\infty,x)$ 上的概率。令 $z=\dfrac{x-\mu}{\sigma}$，则有

$$F(z)=\frac{1}{\sqrt{2\pi}}\int_{0}^{z}\mathrm{e}^{-\frac{z^2}{2}}\mathrm{d}z \tag{4-28}$$

对于不同的 z 值的 $F(z)$，可由表 4-4 查出。

表 4-4　$F(z)$ 的值

z	$F(z)$	z	$F(z)$	z	$F(z)$	z	$F(z)$	z	$F(z)$
0.00	0.000 0	0.20	0.079 3	0.60	0.225 7	1.00	0.341 3	2.00	0.477 2
0.01	0.004 0	0.22	0.087 1	0.62	0.232 4	1.05	0.353 1	2.10	0.482 1
0.02	0.008 0	0.24	0.094 8	0.64	0.238 9	1.10	0.364 3	2.20	0.486 1
0.03	0.012 0	0.26	0.102 3	0.66	0.245 4	1.15	0.374 9	2.30	0.489 3
0.04	0.016 0	0.28	0.110 3	0.68	0.251 7	1.20	0.384 9	2.40	0.491 8
0.05	0.019 9	0.30	0.117 9	0.70	0.258 0	1.25	0.394 4	2.50	0.493 8
0.06	0.023 9	0.32	0.125 5	0.72	0.264 2	1.30	0.403 2	2.60	0.495 3
0.07	0.027 9	0.34	0.133 1	0.74	0.270 3	1.35	0.411 5	2.70	0.496 5
0.08	0.031 9	0.36	0.140 6	0.76	0.276 4	1.40	0.419 2	2.80	0.497 4
0.09	0.035 9	0.38	0.148 0	0.78	0.282 3	1.45	0.426 5	2.90	0.498 1

续表

z	F(z)	z	F(z)	z	F(z)	z	F(z)	z	F(z)
0.10	0.039 8	0.40	0.155 4	0.80	0.288 1	1.50	0.433 2	3.00	0.498 65
0.11	0.043 8	0.42	0.162 8	0.82	0.203 9	1.55	0.439 4	3.20	0.499 31
0.12	0.047 8	0.44	0.170 0	0.84	0.299 5	1.60	0.445 2	3.40	0.499 66
0.13	0.051 7	0.46	0.177 2	0.86	0.305 1	1.65	0.450 5	3.60	0.499 841
0.14	0.055 7	0.48	0.181 4	0.88	0.310 6	1.70	0.455 4	3.80	0.499 928
0.15	0.059 6	0.50	0.191 5	0.90	0.315 9	1.75	0.459 9	4.00	0.499 968
0.16	0.063 6	0.52	0.198 5	0.92	0.321 2	1.80	0.464 1	4.50	0.499 997
0.17	0.067 5	0.54	0.200 4	0.94	0.326 4	1.85	0.467 8	5.00	0.499 999 97
0.18	0.071 4	0.56	0.212 3	0.96	0.331 5	1.90	0.471 3		
0.19	0.075 3	0.58	0.219 0	0.98	0.336 5	1.95	0.474 4		

当 $z=\pm3$ 时，即 $x-\mu=\pm3\sigma$，由表 4-4 查得 $2F(3)=0.498\,65\times2=99.73\%$。这说明随机变量 x 落在 $\pm3\sigma$ 范围内的概率为 99.73%，落在此范围外的概率仅为 0.27%，此值很小。因此，可以认为正态分布的随机变量的分散范围是 $\pm3\sigma$，这就是所谓的 $\pm3\sigma$ 原则。

$\pm3\sigma$ 的概念，在研究加工误差时应用很广，是一个重要概念。6σ 的大小代表了某种加工方法在一定条件下（如毛坯余量、切削用量、正常的机床、夹具、刀具等）所能达到的加工精度。所以，在一般情况下，应使所选择的加工方法的标准差 σ 与公差带宽度 T 之间具有下列关系：

$$6\sigma\leqslant T \tag{4-29}$$

正态分布总体的 μ 和 σ 通常是不知道的，但可以通过它的样本平均值 $\bar{x}$ 和样本标准差 S 来估算。这样，成批加工一批工件，抽检其中的一部分，即可判断整批工件的加工精度。

（2）非正态分布

工件的实际分布，有时并不近似于正态分布。例如，将两次调整下加工的工件混在一起，由于每次调整时常值系统误差是不同的，如常值系统误差之值大于 2.2σ，就会得到双峰曲线，如图 4-55a）所示；假如把两台机床加工的工件混在一起，调整时常值系统误差不等，机床精度也不同（随机误差的影响也不同，即 σ 不同），曲线的两个高峰也不一样。

1）双峰分布曲线。将两次调整机床下加工的零件混在一起，尽管每次调整下加工的零件是按正态分布的，但由于两次调整的零件平均尺寸及零件数不同，因此零件的尺寸分布为双峰分布曲线，如图 4-55a）所示。

2）平顶分布曲线。当刀具或砂轮磨损显著时，虽然每瞬间加工的零件尺寸按正态分布，但随着刀具或砂轮的磨损，不同瞬间尺寸分布曲线的平均尺寸是移动的，因此加工出来的零件尺寸分布曲线呈平顶分布，如图 4-55b）所示。

3）当工艺系统存在显著热变形时，分布曲线往往不对称。例如，刀具热变形严重，加工轴时曲线凸峰偏向左，加工孔时曲线凸峰偏向右，如图 4-55c）所示。

4）偏态分布曲线。采用试切法车削外圆或镗内孔时，为避免产生不可修复的废品，操作者往往主观上有使轴加工得宁大勿小，孔加工得宁小勿大的意向，使加工出来的零件呈偏态分布，如图 4-55d）所示。

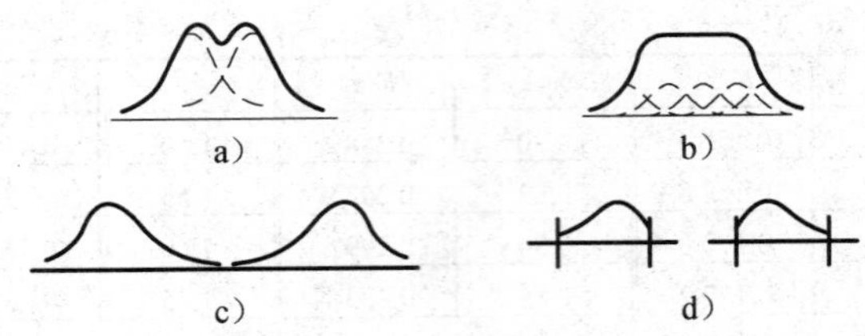

图 4-55 非正态分布

a）双峰曲线；b）平顶分布；c）不对称分布；d）偏态分布

对于非正态分布的分散范围，不能认为是6σ，而必须除以相对分布系数k，即非正态分布的分散范围：

$$T = 6\sigma / k \tag{4-30}$$

k值的大小与分布图形状有关，具体数值如表 4-5 所示。表 4-5 中的α为相对不对称系数，它是总体算术平均值坐标点和总体分散范围中心的距离与一般分散范围（$T/2$）之比。因此，分布中心偏移量$\varDelta$为

$$\varDelta = \alpha T / 2 \tag{4-31}$$

表 4-5 不同分布曲线的α、k值

分布特征	正态分布	三角分布	均匀分布	瑞利分布	偏态分布	
					外尺寸	内尺寸
分布曲线	-3σ 3σ			$\alpha\frac{T}{2}$	$\alpha\frac{T}{2}$	$\alpha\frac{T}{2}$
α	0	0	0	−0.28	0.26	−0.26
k	1	1.22	1.73	1.14	1.17	1.17

3. 分布图分析法的应用

（1）判别加工误差性质

如前所述，假如加工过程中没有变值系统误差，那么其尺寸分布应服从正态分布，这是判别加工误差性质的基本方法。

如果实际分布与正态分布基本相符，加工过程中没有变值系统误差（或影响很小），这时就可进一步根据平均值$\bar{x}$是否与公差带中心重合来判断是否存在常值系统误差，不重合就说明存在常值系统误差。常值系统误差仅影响$\bar{x}$值，即只影响分布曲线的位置，对分布曲线的形状没有影响。

如果实际分布与正态分布有较大出入，可根据直方图初步判断变值系统误差的性质。

（2）确定工序能力及等级

工序能力是指工序处于稳定状态时，加工误差正常波动的幅度。当加工尺寸服从正态分布时，其尺寸分散范围是6σ，所以工序能力就是6σ。

工序能力等级是以工序能力系数来表示的，它代表了工序能满足加工精度要求的程度。当工序处于未定状态时，工序能力系数C_p按下式计算：

$$C_p = T / 6\sigma \tag{4-32}$$

式中　T——工件尺寸公差。

根据工序能力系数 C_p 的大小，可将工序能力分为五级（表 4-6）。

表 4-6　工序能力等级

工序能力系数	工序等级	说明
$C_p > 1.67$	特级	工艺能力过高，可以允许有异常波动，不一定经济
$1.67 \geqslant C_p > 1.33$	一级	工艺能力足够，可以允许有一定的异常波动
$1.33 \geqslant C_p > 1.00$	二级	工艺能力勉强，必须密切注意
$1.00 \geqslant C_p > 0.67$	三级	工艺能力不足，可能出现少量不合格品
$0.67 \geqslant C_p$	四级	工艺能力很差，必须加以改进

一般情况工序能力应不低于二级，即 $C_p > 1$。

必须指出，$C_p > 1$，只说明该工序的工序能力足够，加工中是否会出现废品，还要看调整得是否正确。若加工中有常值系统误差，μ 就与公差带中心位置 A_M 不重合，那么只有当 $C_p > 1$，且 $T \geqslant 6\sigma + 2|\mu - A_M|$ 时才不会出不合格品。如果 $C_p < 1$，那么无论怎么调整，不合格品总是不可避免的。

（3）估算合格品率或不合格品率

不合格品率包括废品率和可返修的不合格品率，它可通过分布曲线进行估算。

案例分析

在无心磨床上磨削销轴外圆，要求外径 $d = \phi 12_{-0.043}^{-0.016}$ mm，抽取一批零件，经实测后计算得到 $\bar{x} = 11.974$mm，$\sigma = 0.005$mm，其尺寸分布符合正态分布，试分析工序的加工质量。

解：1）根据所计算的 $\bar{x}$ 和 6σ 作分布图，如图 4-56 所示。

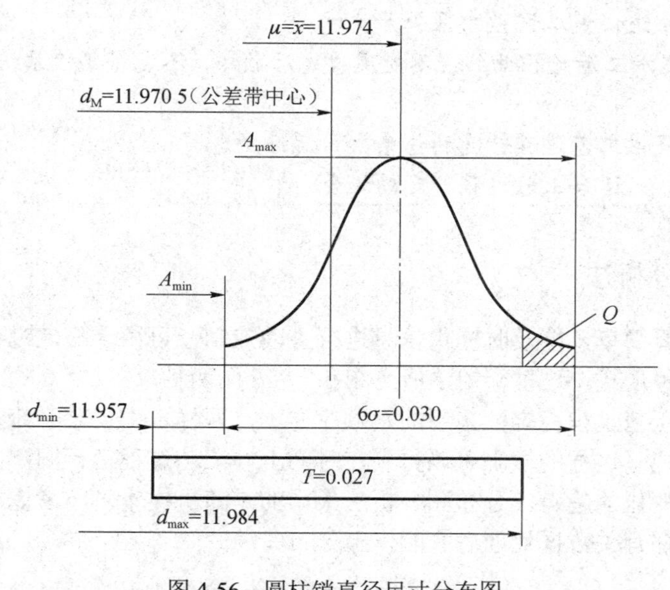

图 4-56　圆柱销直径尺寸分布图

2）计算工序能力系数 C_p。

$$C_p = \frac{T}{6\sigma} = \frac{-0.016-(-0.043)}{6\times 0.005} = 0.9 < 1$$

工艺能力系数 $C_p < 1$ 表明该工序能力不足，产生不合格品是不可避免的。

3）计算不合格品率 Q。工件要求最小尺寸 $d_{min} = 11.957\text{mm}$，最大尺寸 $d_{max} = 11.984\text{mm}$。工件可能出现的极限尺寸为

$A_{min} = \bar{x} - 3\sigma = (11.974 - 0.015)\text{mm} = 11.959\text{mm} > d_{min}$，故不会产生不可修复的废品。

$A_{max} = \bar{x} + 3\sigma = (11.974 + 0.015)\text{mm} = 11.989\text{mm} > d_{max}$，故将产生可修复的废品。

不合格品率：$Q = 0.5 - F(z)$。

$$z = \frac{x-\bar{x}}{\sigma} = \frac{11.984-11.974}{0.005} = 2$$

查表 4-4，在 $z = 2$ 时，$F(z) = 0.477\,2$。

$$Q = (0.5 - 0.477\,2)\times 100\% = 2.28\%$$

4）改进措施。重新调整机床，使分散中心 $\bar{x}$ 与公差带中心 d_M 重合，则可减少不合格品率。调整量 $\varDelta = (11.974 - 11.970\,5)\text{mm} = 0.003\,5\text{mm}$（实际操作时，使砂轮向前进刀 $\varDelta/2$ 的磨削深度即可）。

特别提醒

分布图分析法的缺点在于：没有考虑一批工件加工的先后顺序，故不能反映误差变化的趋势，难以区别变值系统误差与随机误差的影响，必须等到一批工件加工完毕后才能绘制分布图，因此不能在加工过程中及时提供控制精度的信息。分布图分析法特点：

1）采用大样本，较接近实际地反映工艺过程总体。

2）能将常值系统误差从误差中区分开。

3）在全部样本加工后绘出曲线，不能反映先后顺序，不能将变值系统误差从误差中区分开。

4）不能及时提供工艺过程精度的信息，事后分析。

5）计算复杂，只适合工艺过程稳定的场合。

4.6.3 点图分析法

点图分析法计算简单，能及时提供信息进行主动控制，可用于稳定过程，也可用于不稳定过程。点图有多种形式，这里介绍单值点图和 $\bar{x}-R$ 图两种。

用点图来评价工艺过程稳定性采用的是顺序样本，即样本由工艺系统在一次调整中，按顺序加工的工件组成。这样的样本可以得到在时间上与工艺过程运行同步的有关信息，反映出加工误差随时间变化的趋势。分布图分析法采用的是随机样本，不考虑加工顺序，而且是对加工好的一批工件有关数据处理后才能作出分布曲线。

1. 单值点图

按加工顺序依次测量一批工件的尺寸，以工件序号为横坐标，工件尺寸（或误差）为纵坐标，就可作出如图 4-57 所示的点图。为了缩短点图的长度，可将顺次加工出的几个工件编为一组，以工件组序为横坐标，而纵坐标保持不变，同一组内各工件可根据尺寸分别点在同一组号的垂直线上，就可以得到如图 4-57 所示的点图。

上述点图反映了每个工件尺寸（或误差）与加工时间的关系，故称为单值点图。

如果把点图的上、下极限点包络成两根平滑的曲线，并作出这两根曲线的平均值曲线，如图 4-57c）所示，就能比较清楚地揭示出加工过程中误差的性质及其变化趋势。平均值曲线 OO' 表示每一瞬时的分散中心，其变化情况反映了变值系统误差随时间变化的规律，其起始点 O 可看作常值系统误差的影响：上、下限曲线 AA' 和 BB' 间的宽度表示每一瞬时的尺寸分散范围，也就是反映了随机误差的影响。

单值点图上画有上下两条控制界限线（图 4-57 中用实线表示）和两极限尺寸线（用虚线表示），作为控制不合格品的参考界限。

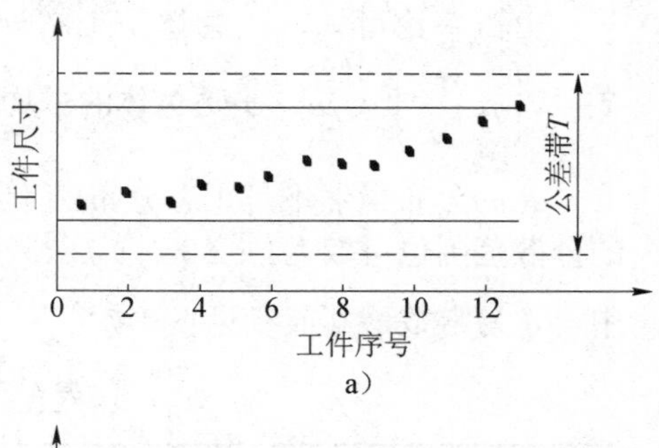

a）

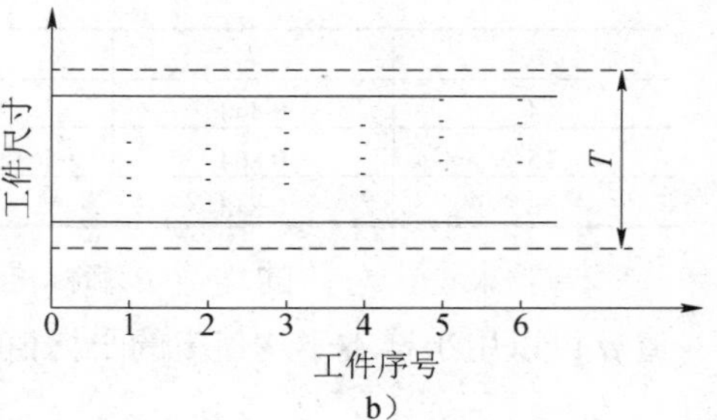

b）

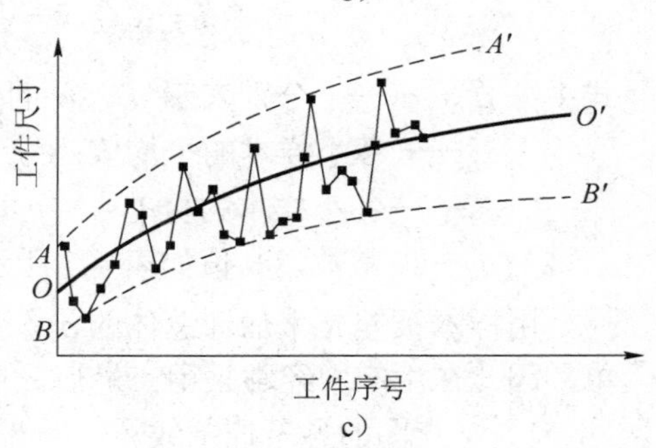

c）

图 4-57　单值点图

2. $\bar{x}-R$ 图

（1）样组点图的基本形式及绘制

实际生产中常用样组点图来代替单值点图，目的是能够直接反映出加工过程中系统误差和随机误差随加工时间的变化趋势。样组点图的种类较多，目前使用最为广泛的是 $\bar{x}-R$ 图。$\bar{x}-R$ 是平均值 $\bar{x}$ 控制图和极差 R 控制图联合使用时的统称。前者控制工艺过程质量指标的分布中心，后者控制工艺过程质量指标的分散程度。

$\bar{x}-R$ 图的横坐标是按照时间先后顺序采集的小样本的组序号，纵坐标为各小样本的平均值 $\bar{x}$ 和极差 R。在 $\bar{x}-R$ 图上各有三根线，即中心线和上、下控制线。

绘制 $\bar{x}-R$ 图是以小样本顺序随机抽样为基础的。在工艺过程进行中，每隔一定时间抽取容量 $n=2\sim10$ 件的一个小样本，求出小样本的平均值 $\bar{x}$ 和极差 R。经过一段时间后，就可取得若干个（如 k 个，通常取 $k=25$）小样本，将各组小样本的 $\bar{x}$ 和极差 R 分别点在 $\bar{x}-R$ 图上，即制成了 $\bar{x}-R$ 图。

（2）$\bar{x}-R$ 图上、下控制线的确定

任何一批工件的加工尺寸都有波动性，因此各小样本的平均值 $\bar{x}$ 和极差 R 也都有波动性。要判断波动是否属于正常范围，就需要分析 $\bar{x}$ 和 R 的分布规律，在此基础上也就可以确定 $\bar{x}-R$ 图上、下控制线的位置。

由概率论可知，当总体是正态分布时，其样本的平均值$\bar{x}$的分布也服从正态分布，且$\bar{x} \sim N\left(\mu, \dfrac{\sigma^2}{n}\right)$（$\mu$、$\sigma$是总体的平均值和标准差），因此$\bar{x}$的分散范围是$\left(\mu \pm 3\sigma/\sqrt{n}\right)$。

R的分布虽然不是正态分布，但当$n<10$时，其分布与正态分布也是比较接近的，因而R的分散范围也可取为$\left(\bar{R} \pm 3\sigma_R\right)$（$\bar{R}$、$\sigma_R$分别是$R$分布的均值和标准差），而且$\sigma_R = d\sigma$。式中，$d$为常数，其值参见表4-7。

表4-7　d、a_n、A_2、D_1、D_2

n	d	a_n	A_2	D_1	D_2
4	0.880	0.486	0.73	2.28	0
5	0.864	0.430	0.58	2.11	0
6	0.848	0.395	0.48	2.00	0

一般来说，总体的均值μ和标准差σ通常是不知道的。但由数理统计可知，总体的平均值μ可以用小样本平均值$\bar{x}$的平均值$\bar{\bar{x}}$来估计，而总体的标准差σ可以用$a_n\bar{R}$来估计，即

$$\hat{\mu} = \bar{\bar{x}}，\quad \bar{\bar{x}} = \frac{1}{k}\sum_{i=1}^{k}\bar{x}_i，\quad \hat{\sigma} = a_n\bar{R}，\quad \bar{R} = \frac{1}{k}\sum_{i=1}^{k}R_i$$

式中　$\hat{\mu}$、$\hat{\sigma}$——分别表示μ、σ的估计值；

$\bar{x}_i$——各小样本的平均值；

R_i——各小样本的极差；

a_n——常数，其值如表4-7所示。

用样本极差R来估计总体的σ，其缺点是不如用样本的标准差S可靠，但由于其计算简单，因此在生产中经常采用。最后，便可以确定$\bar{x}-R$图上的各条控制线。

1）$\bar{x}$点图的各条控制线。

中线为
$$\bar{\bar{x}} = \frac{1}{k}\sum_{i=1}^{k}\bar{x}_i$$

上控制线为
$$\bar{x}_s = \bar{\bar{x}} + A_2\bar{R}$$

下控制线为
$$\bar{x}_x = \bar{\bar{x}} - A_2\bar{R}$$

式中　A_2——常数，$A_2 = 3a_n/\sqrt{n}$，其值参见表4-7。

2）R点图的各条控制线。

中线为
$$\bar{R} = \frac{1}{k}\sum_{i=1}^{k}R_i$$

上控制线为
$$R_s = \bar{R} + 3\sigma_R = \left(1+3da_n\right)\bar{R} = D_1\bar{R}$$

下控制线为
$$R_x = \bar{R} - 3\sigma_R = \left(1-3da_n\right)\bar{R} = D_2\bar{R}$$

式中　D_1、D_2——常数，其值参见表4-7。

在点图上作出中线和上、下控制线后，就可根据图中点的情况来判别工艺过程是否稳定（波动状态是否属于正常），判别的标志如表4-8所示。

表 4-8　正常波动与异常波动标志

正常波动	异常波动
1）没有点超出控制线 2）大部分点在中线上下波动，小部分在控制线附近 3）点没有明显的规律性	1）有点超出控制线 2）点密集在中线上下附近 3）点密集在控制线附近 4）连续 7 点以上出现在中线一侧 5）连续 11 点中有 10 点出现在中线一侧 6）连续 14 点中有 12 点以上出现在中线一侧 7）连续 17 点中有 14 点以上出现在中线一侧 8）连续 20 点中有 16 点以上出现在中线一侧 9）点有上升或下降倾向 10）点有周期性波动

由上述可知，$\bar{x}$ 在一定程度上代表了瞬时的分散中心，故 $\bar{x}$ 点图主要反映系统误差及其变化趋势；R 在一定程度上代表了瞬时的尺寸分散范围，故 R 点图可反映出随机误差及其变化趋势。单独的 $\bar{x}$ 点图和 R 点图不能全面地反映加工误差的情况，因此这两种点图必须结合起来应用。

特别提醒

根据点分布情况及时查找原因采取措施：

1）若极差 R 未超控制线，说明加工中瞬时尺寸分布较稳定。

2）若均值有点超出控制线，甚至超出公差界线，说明存在某种占优势的系统误差，过程不稳定。若点图缓慢上升，可能是系统产生热变形造成的；若点图缓慢下降，可能是刀具磨损造成的。

3）采取措施消除系统误差后，随机误差成为主要因素，分析其原因，控制尺寸分散范围。

必须指出，工艺过程稳定性与是否出现废品是两个不同的概念。工艺过程的稳定性用 $\bar{x}-R$ 图判断，而工件是否合格则用公差衡量。两者之间没有必然联系。例如，某一工艺过程是稳定的，但误差较大，若用这样的工艺过程来制造精密零件，则肯定都是废品。客观存在的工艺过程与人为规定的零件公差之间如何正确匹配，即是工序能力系数的选择问题。

4.7　保证和提高加工精度的主要途径

为了保证和提高加工精度，首先应找出造成加工误差的主要因素（原始误差），然后采取相应的工艺措施来控制或减少这些因素的影响。

实际生产中尽管有许多减少误差的方法和措施，但从误差减少的技术上看，可将它们分为以下两类。

（1）误差预防

误差预防指减少原始误差或减少原始误差的影响，即减少误差源至加工误差之间的数量转换关系。实践与分析表明，当加工精度要求高于某一程度后，利用误差预防技术来提高加工精度所花费的成本将按指数规律增长。

（2）误差补偿

误差补偿指在现存的表现误差条件下，通过分析、测量，进而建立数学模型，并以这些信息为依据，人为地在系统中引入一个附加的误差源，使之与系统中现存的表现误差相抵消，以减少或消除零件的加工误差。在现有工艺系统条件下，误差补偿技术是一种有效而经济的方法，特别是借助微型计算机辅助技术，可达到很好的效果。

4.7.1　误差预防技术

1. 合理采用先进工艺与设备

这是保证加工精度的最基本方法。因此，在制订零件加工工艺规程时，应对零件每道加工工序的能力进行精确评价，并尽可能合理采用先进的工艺和设备，使每道工序都具备足够的工序能力。随着产品质量要求的不断提高，产品生产数量的增大和不合格率的降低，证明采用先进的加工工艺和设备，其经济效益是十分显著的。

2. 直接减少原始误差法

该方法也是生产中应用较广的一种基本方法。它是在查明影响加工精度的主要原始误差因素之后，设法对其直接进行消除或减少。

案例分析

加工细长轴时易产生弯曲和振动（图 4-58），增大主偏角减小背向力，使用跟刀架或中心架增加工件刚度。但在进给力作用下，会因“压杆失稳”而被压弯；在切削热的作用下，工件会变长，也将产生变形。

采取措施：采取反向进给的切削方法，使用弹性的尾座顶尖。如图 4-58b）所示，进给方向由卡盘一端指向尾座，使 F_f 力对工件起拉伸作用，同时尾座改用可伸缩的弹性顶尖，就不会因 F_f 和热应力而压弯工件；采用大进给量和较大主偏角的车刀，增大 F_f 力，工件在强有力的拉伸作用下，具有抑制振动的作用，使切削平稳。

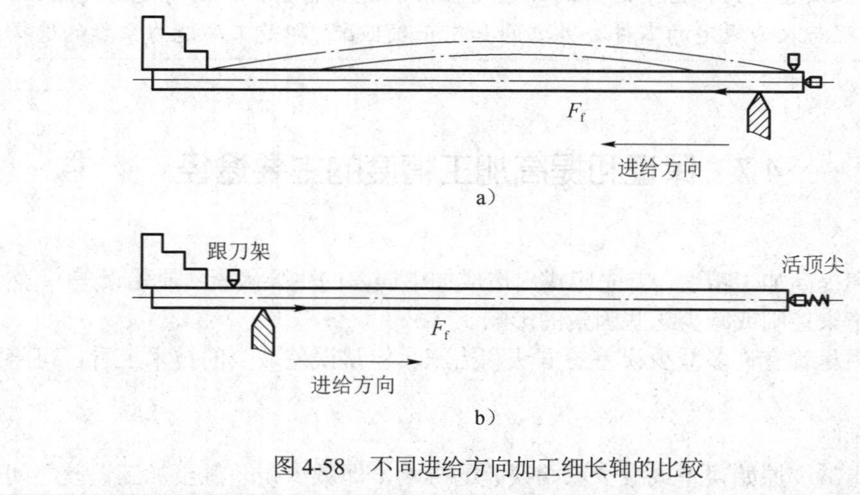

图 4-58　不同进给方向加工细长轴的比较

3. 转移原始误差

误差转移法是把影响加工精度的原始误差转移到不影响（或少影响）加工精度的方向或其他零部件上。

案例分析

图 4-59 所示就是利用转移误差的方法转移转塔车床转塔刀架转角误差的例子。转塔车床的转塔刀架在工作时需经常旋转，因此要长期保持它的转位精度是比较困难的。假如转塔刀架上外圆车刀的切削基面也像卧式车床那样在水平面内，如图 4-59a）所示，那么转塔刀架的转位误差处在误差敏感方向，将严重影响加工精度。因此，生产中都采用“立刀”安装法，把刀刃的切削基面放在垂直平面内［图 4-59b）］，这样就把刀架的转位误差转移到了误差的不敏感方向，由刀架转位误差引起的加工误差也就减少到可以忽略不计的程度。

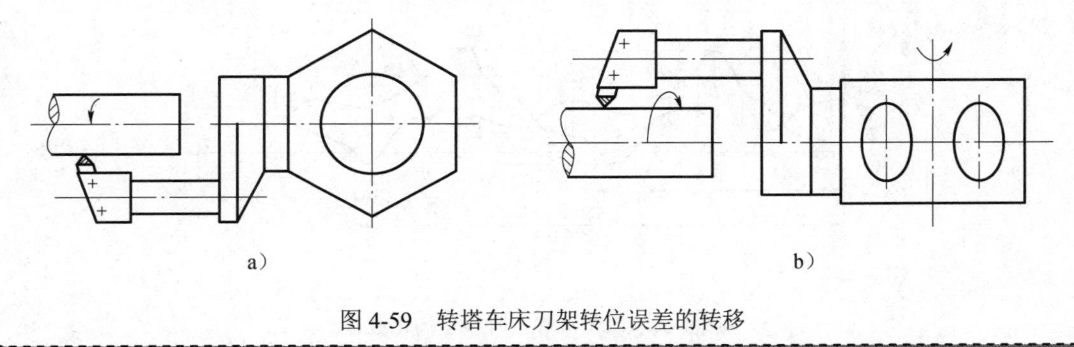

图 4-59　转塔车床刀架转位误差的转移

4. 均分原始误差

有时，在生产中会遇到这样的情况：本工序的加工精度是稳定的，但是由于毛坯或上道工序加工的半成品精度发生变化，引起定位误差或复映误差太大，因此造成本工序的加工超差。解决这类问题最好采用分组调整（即均分误差）的方法：把毛坯按误差大小分为 n 组，每组毛坯的误差就缩小为原来的 $1/n$；然后按各组分别调整刀具与工件的相对位置或选用合适的定位元件，就可大大缩小整批工件的尺寸分散范围。这个办法比起提高毛坯精度或上道工序加工精度往往要更加简便易行。

5. 均化原始误差

在加工过程中，机床、刀具（磨具）等的误差总是要传递给工件的。机床、刀具的某些误差（如导轨的直线度、机床传动链的传动误差等）只是根据局部地方的最大误差值来判定的。利用有密切联系的表面之间的相互比较、相互修正，或利用互为基准进行加工，就能让这些局部较大的误差比较均匀地影响到整个加工表面，使传递到工件表面的加工误差较为均匀，因而工件的加工精度相应也就大大提高。

案例分析

研磨时，研具的精度并不是很高，分布在研具上的磨料粒度大小也可能不一样，但由于研磨时工件和研具间有复杂的相对运动轨迹，使工件上各点均有机会与研具的各点相互接触并受到均匀地微量切削，同时工件和研具相互修整，精度也逐步提高，进一步使误差均化，因此就可获得精度高于研具原始精度的加工表面。

用易位法加工精密分度蜗轮是均化原始误差法的又一典型实例。我们知道，影响被加工蜗轮精度中很关键的一个因素是机床母蜗轮的累积误差，它直接反映为工件的累积误差。所谓易位法，就是在工件切削一次后，将工件相对于机床母蜗轮转动一个角度，再切削一次，使加工中所产生的累积误差重新分布一次，如图 4-60 所示。

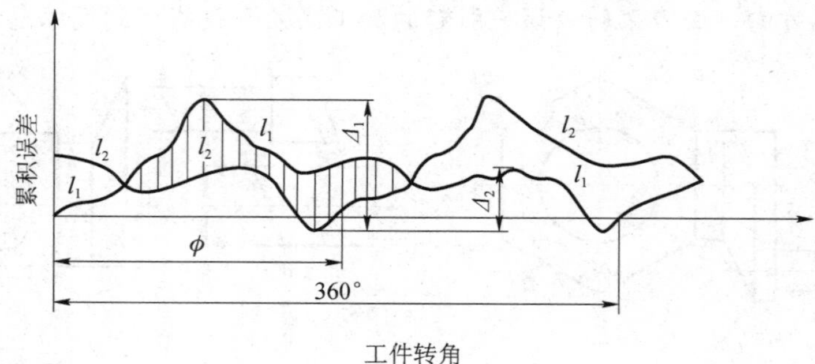

图 4-60　易位法加工时误差均化过程

图 4-60 中曲线 l_1 为第一次切削后工件上累积误差曲线。经过易位，工件相对机床母蜗轮转动一个角度 ϕ 后再被切削一次，工件上应产生的误差就变成另一条曲线 l_2。l_1 和 l_2 的形状应该是一样的（近似于正弦曲线），只是在位置上相差一个相位角 ϕ。由于 l_2 曲线中误差最大部分落在没有余量可切的地方，而 l_1 曲线中误差最大的一部分却在第二次切削时被切掉了（切去的部分用阴影表示），所以第二次切削后工件的误差曲线就如图 4-60 中粗线所示，因而误差得到均化。易位法的关键在于转动工件时必须保证 ϕ 角内包含整数的齿。这是因为在第二次切削中只许修切去由误差本身造成的很小余量，不允许由于易位不准确而带来新的切削余量。理论上，易位角越小，即易位次数越多，被加工蜗轮的误差也越小。但由于受易位时转位精度和滚刀刃最小切削厚度的限制，易位角太小也不一定好，一般可易位三次，第一次易位 180°，第二次易位 90°（相对于原始状态易位了 270°），第三次易位 180°（相对于原始状态易位 90°）。

6. 就地加工法

在机械加工和装配中，有些精度问题涉及很多零部件的相互关系，如果单纯依靠提高零部件的精度来满足设计要求，不仅困难，甚至不可能实现，而采用就地加工法可解决这种难题。

案 例 分 析

在转塔车床制造中，转塔上六个安装刀架的大孔轴线必须保证与机床主轴回转轴线重合，各大孔的轴线又必须与主轴回转轴线垂直。如果把转塔作为单独零件加工出这些表面，那么在装配后要达到上述两项要求是很困难的。采用就地加工法，把转塔装配到转塔车床上后，在车床主轴上装镗杆和径向进给小刀架来进行最终精加工，就很容易保证上述两项精度要求。

就地加工法的要点：要保证部件间什么样的位置关系，就在这样的位置关系上利用一个部件装上刀具去加工另一个部件。这种“自干自”的加工方法，生产中应用很多。

案 例 分 析

牛头刨床为了使它们的工作台面分别对滑枕和横梁保持平行的位置关系，都是在装配后在自身机床上进行“自刨自”的精加工。平面磨床的工作台也是在装配后作“自磨自”的最终加工。

4.7.2　误差补偿技术

误差补偿就是人为地制造出一种新的原始误差去抵消当前的原始误差，并尽量使两者大小相等，方向相反，从而达到减少加工误差，提高加工精度的目的。

常值系统误差用误差补偿的方法来消除或减小一般说来是比较容易的，因为用于抵消常值系统误差的补偿量是固定不变的。对于变值系统误差的补偿就不是用一种固定的补偿量所能解决的。于是，生产中发展了积极控制的误差补偿法，积极控制有以下三种形式。

1. 在线检测

这种方法是在加工中随时测量出工件的实际尺寸（形状、位置精度），随时给刀具以附加的补偿量，用于控制刀具和工件间的相对位置。这样，工件尺寸的变动范围始终在自动控制之中。现代机械加工中的在线测量和在线补偿就属于这种形式。

2. 偶件自动配磨

将互配件中的一个零件作为基准去控制另一个零件的加工精度。在加工过程中，自动测量工件的实际尺寸，并和基准件的尺寸比较，直至达到规定的差值时机床自动停止加工，从而保证精密偶件间要求很高的配合间隙。

案 例 分 析

高压燃油泵柱塞副（图 4-61）是一对配合很精密的偶件。柱塞和柱塞套本身的几何精度在 0.000 5mm 以内，而轴与孔的配合间隙为 0.001 5 ~ 0.003mm。以往在生产中一直采用放大尺寸公差，再以分级选配和互研的方法来达到配对要求。

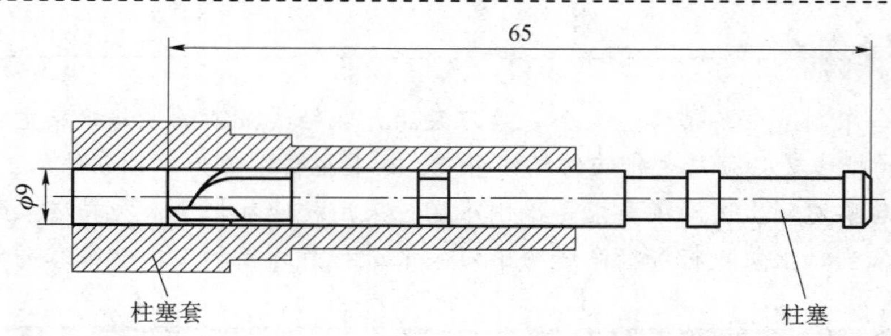

图 4-61 油泵柱塞副

现在研究制造成功了一种自动配磨装置。它以自动测量出柱塞套的孔径为基准去控制柱塞外径的磨削。该装置除了能够连续测量工件尺寸和自动操纵机床动作以外，还能够按照偶件预先规定的间隙，自动决定磨削的进给量，在粗磨到一定尺寸后自动变换为精磨，再自动停车。高压油泵偶件自动配磨装置的原理框图如图 4-62 所示。

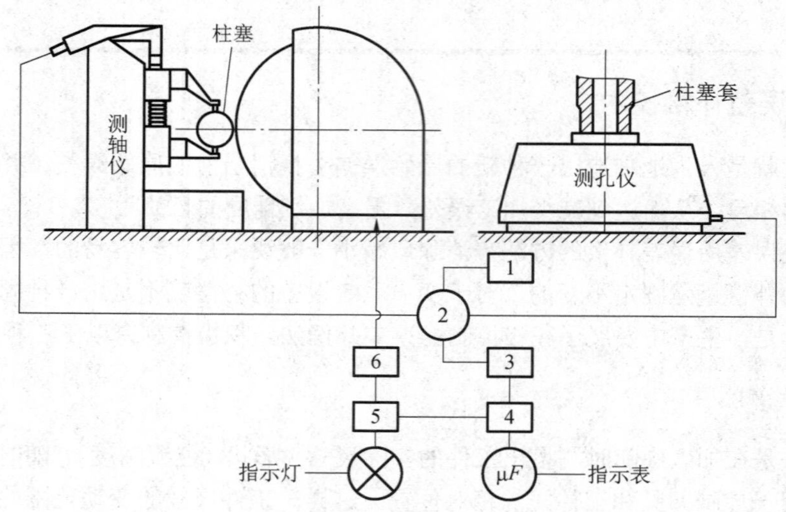

图 4-62 高压油泵偶件自动配磨装置的原理框图

1—高频振荡发生器；2—电桥；3—三级放大器；4—相敏检波；5—直流放大器；6—执行机构

当测孔仪和测轴仪进行测量时，测头的机械位移就改变了电容发送器的电容量。孔与轴的尺寸之差转化成电容量变化之差，使电桥 2 输入桥臂的电参数发生变化，在电桥的输出端形成了一个输出电压。该电压经过放大器和交直流转换以后，控制磨床的动作和指示灯的亮灭。

在工件配磨前，先用标准偶件调整仪器，使控制部分起作用的范围为 $C=D$（孔）~d（轴），于是在配磨时，仪器就能在 C 值的范围内自动控制磨削循环。不经过重新调整，C 值不会改变。所以，无论孔径 D 尺寸如何，磨出的轴径 d 都会随着孔径 D 相应改变，始终保持偶件轴孔间的间隙量。这样测一个磨一个，避免了以往那样分级选配和互研等繁杂手续，提高了生产率，减少了在制品的积压。

3. 积极控制起决定作用的误差因素

在某些复杂精密零件的加工中，当无法对主要精度参数直接进行在线测量和控制时，就应该设法控制起决定作用的误差因素，并把它掌握在很小的变动范围内。

习　题

4-1　什么是机械加工精度，它和机械加工误差有什么关系？

4-2　零件的加工精度包括哪三个方面？它们分别怎样获得？

4-3　什么是原始误差？试举例说明。

4-4　研究机械加工的目的是什么？研究机械加工精度的方法有哪些？

4-5　什么是原理误差？它对零件的加工精度有什么影响？

4-6　车床床身导轨在垂直平面内及水平面内的直线度对车削圆轴类零件的加工误差有什么影响，影响程度有何不同？

4-7　工艺系统的几何误差主要包括哪些方面？它们分别对机械加工精度有哪些影响？

4-8　什么是工艺系统刚度？它对机械加工精度有何影响？

4-9　试列举两种机床部件局部刚度的测定方法。

4-10　减少工艺系统受力变形对加工精度影响的措施有哪些？

4-11　减小残余应力的常用措施有哪些？

4-12　工件热变形、刀具热变形、机床热变形对加工精度各有哪些影响？

4-13　减小工艺系统热变形对加工精度影响的措施有哪些？

4-14　分布图分析法与点图分析法各有何特点？

4-15　常用的误差预防方法有哪些？

4-16　常用的误差补偿方法有哪些？

4-17　试分析在车床上加工时，产生下述误差的原因。

1）在车床上镗孔时，引起被加工孔圆度误差和圆柱度误差。

2）在车床自定心卡盘上镗孔时，引起内径与外圆不同轴度，端面与外圆的不垂直度。

4-18　在车床上用两顶尖装夹工件车削长轴时，出现图 4-63 所示的三种误差是什么原因，分别采用什么办法来减少或消除？

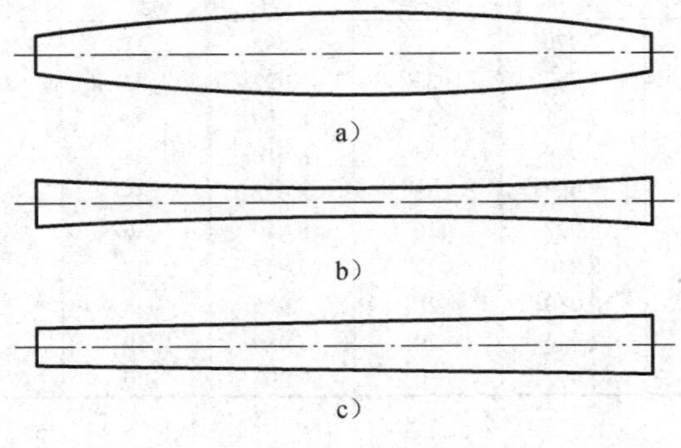

图 4-63　题 18 图

4-19　车床床身铸件的导轨和床腿处存在着残余压应力，床身中间存在着残余拉应力，此时，如果粗刨床身导轨，试用简图表示粗刨后床身将会产生怎样的变形形状，并简述其原因。

4-20　图 4-64 所示为 Y38 滚齿机的传动系统图，欲在此机床上加工 $m=2$、$z=48$ 的圆柱直齿齿轮。已知：$i_{差}=1$，$i_{分}\dfrac{e}{f}\cdot\dfrac{a}{b}\cdot\dfrac{c}{d}=\dfrac{24k_{刀}}{z_1}=\dfrac{1}{2}$，若传动链中齿轮 $z_1(m=5)$ 的周节误差为 0.08mm，齿轮 $z_d(m=3)$ 的周节误差为 0.1mm，蜗轮 $(m=5)$ 的周节误差为 0.13mm。试分别计算由于它们各自的周节误差所造成的被加工齿轮的周节误差各为多少。

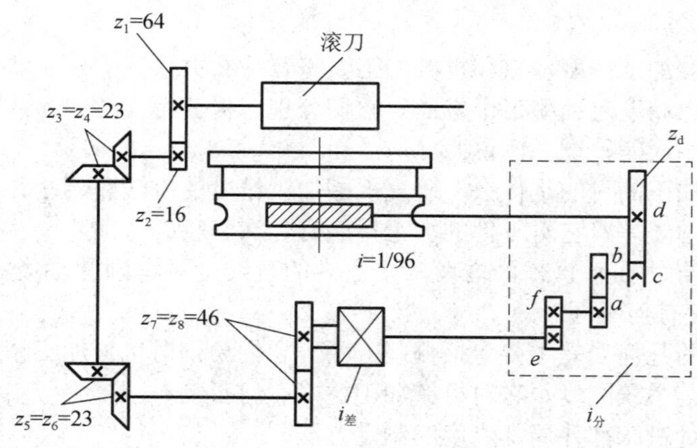

图 4-64　题 20 图

4-21　磨削薄壁零件时，由于工件单面受热，上下表面温差为 T，导致工件凸起，中间磨去较多，加工完冷却后表面产生中凹的形状误差。如工件为钢材，工件长度 $L=1.5\text{m}$，厚度 $s=300\text{mm}$，温差 $T=1℃$，求其形状误差值。

4-22　车削一批轴的外圆，其尺寸为 $\phi25\text{mm}\pm0.05\text{mm}$，已知此工序的加工误差分布曲线是正态分布的，其标准差 $\sigma=0.025\text{mm}$，曲线的顶峰位置位于公差带中值的左侧。试求零件的合格率和废品率，并说明工艺系统经过怎样的调整可使废品率降低。

4-23　在自动机上加工一批尺寸为 $\phi8\text{mm}\pm0.09\text{mm}$ 的工件，机床调整完后试车 50 件，测得尺寸如表 4-9 所示。画出分布直方图，并计算加工后的合格品率和不合格品率。

表 4-9　题 23 表　（单位：mm）

试件号	尺寸	试件号	尺寸	试件号	尺寸	试件号	尺寸	试件号	尺寸
1	7.920	11	7.970	21	7.895	31	8.000	41	8.024
2	7.970	12	7.982	22	7.992	32	8.012	42	7.028
3	7.980	13	7.991	23	8.000	33	8.024	43	7.965
4	7.990	14	7.998	24	8.010	34	8.045	44	7.980
5	7.995	15	8.007	25	8.022	35	7.960	45	7.988
6	8.005	16	8.022	26	8.040	36	7.975	46	7.995
7	8.018	17	8.040	27	7.957	37	7.988	47	8.004
8	8.030	18	8.080	28	7.975	38	7.994	48	8.027
9	8.060	19	7.940	29	7.985	39	8.002	49	8.065
10	7.935	20	7.972	30	7.992	40	8.015	50	8.017

第 5 章

典型零件加工工艺分析

学习目标

1）了解确定典型零件的毛坯类型和制造方法。

2）能够正确选择典型零件的定位基准和加工设备。

3）掌握典型零件的工艺路线的拟订方法。

4）学会设计典型零件的加工工序。

5）掌握典型零件机械加工工艺文件的填写方法。

知识要点

1）生产纲领的计算、零件毛坯机械加工余量的估算、毛坯简图的绘制。

2）零件加工粗、精基准的选择原则，加工装备的选择。

3）零件各类表面的加工方法，加工阶段的划分，加工顺序的安排原则。

4）时间定额的计算，工序余量及加工尺寸的确定。

5）工艺文件的填写方法。

机械装备是由若干机械零件组成的，而机械零件的种类繁多，其中包括轴类、盖类、齿轮、箱体等典型零件，要保证机械装备的质量，各种零件的优质加工是必需的，要保证加工的高质量，就需要进行高标准、合理的零件加工工艺分析和设计。

5.1　轴类零件加工工艺设计

轴类零件是机器装备中常见的一类零件，主要用于支承传动零件和传递动力。为保证轴类零件的加工质量，对其进行加工工艺分析和设计是制造前的重要环节。机械加工工艺编制任务书如表 5-1 所示。

表 5-1　机械加工工艺编制任务书

任务名称	编制传动轴机械加工工艺
编制依据	1．必备的技术文件和资料 1）传动轴零件图，如图 5-1 所示 2）产品装配图（局部），如图 5-2 所示。每台产品中传动轴的数量为 1 件 2．产品生产纲领 1）产品的生产纲领为 150 台/年，成批生产 2）传动轴的备品百分率为 5%，废品百分率为 0.5% 3．生产条件和资源 1）毛坯为外协件，生产条件可根据需要确定 2）由机加工车间二班（两班制）负责生产 3）现可供选用的加工设备如下 ① CY6140×1000 普通车床多台 ② M131W 万能外圆磨床 1 台 ③ X5032 普通立式铣床 1 台 各设备均达到机床规定的工作精度要求，不再增加设备
工作成果	1）传动轴毛坯简图 2）传动轴机械加工工艺过程卡

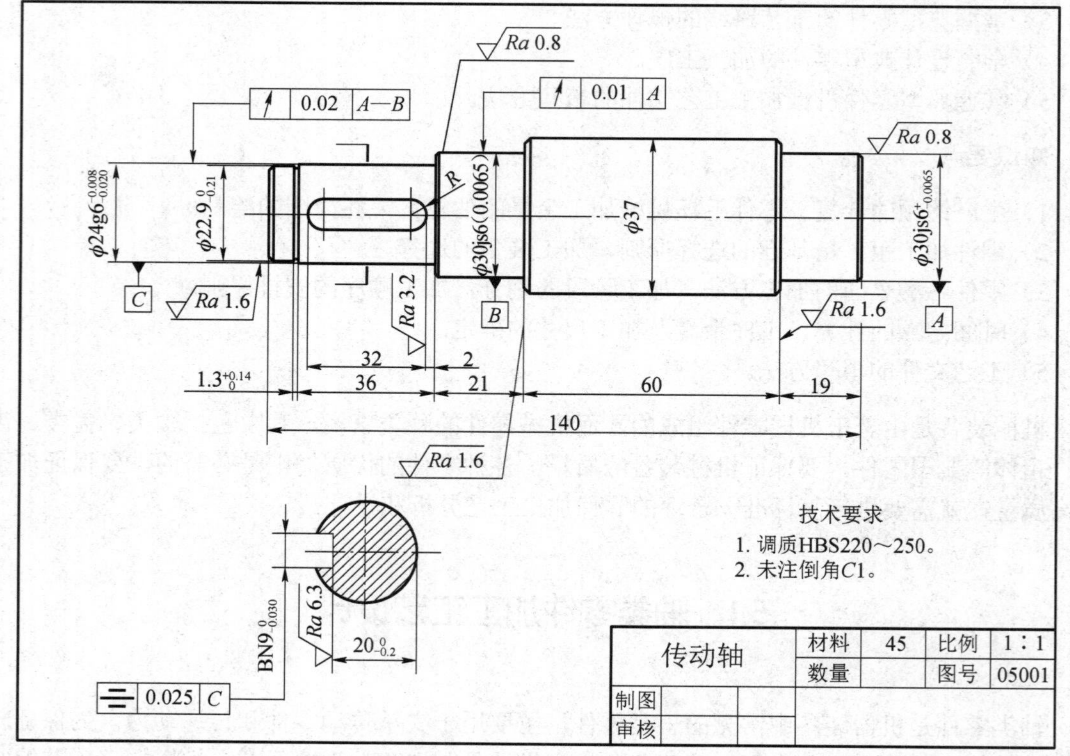

图 5-1　传动轴零件

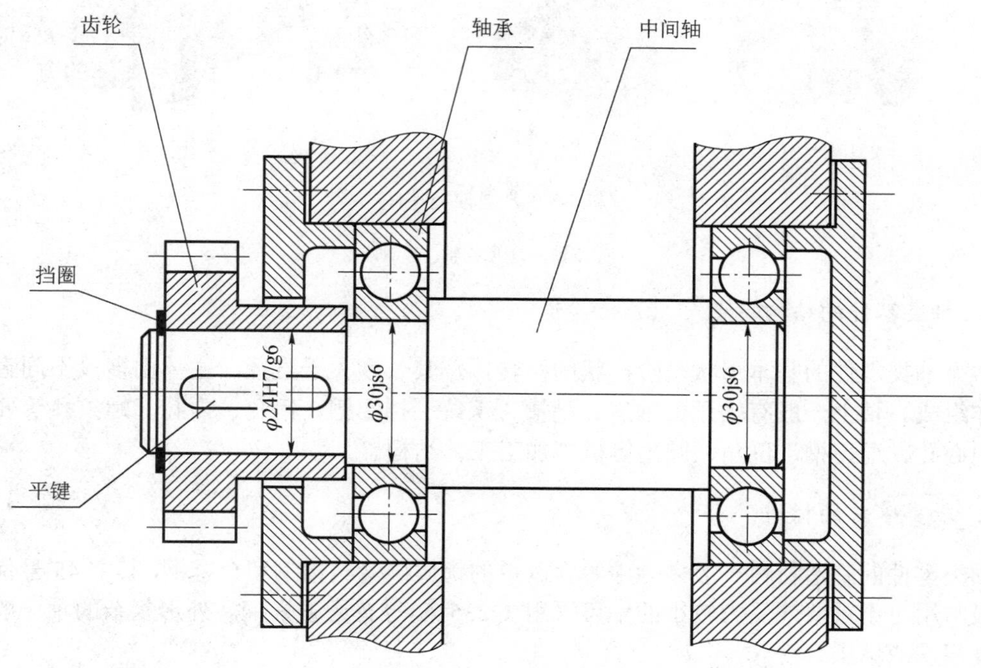

图 5-2　传动轴部分装配示意图

5.1.1　分析轴类零件的技术资料

教学目标

* 要求能看懂轴类零件的零件图和装配图。
* 明确轴类零件在产品中的作用，找出其主要技术要求。
* 确定轴类零件的加工关键表面。

任务引入

通过分析传动轴的技术资料，能看懂传动轴的零件图和装配图，明确传动轴在产品中的作用，找出其主要技术要求，确定传动轴的加工关键表面，从而学习轴类零件技术资料的分析方法。

相关知识

1. 轴类零件的功用

轴类零件主要用于支撑传动零部件（如齿轮、带轮等），传递转矩和承受载荷及保证装在轴上零件的回转精度等。根据结构形状的不同，轴类零件可分为光轴、阶梯轴、空心轴和异形轴等，如图 5-3 所示。

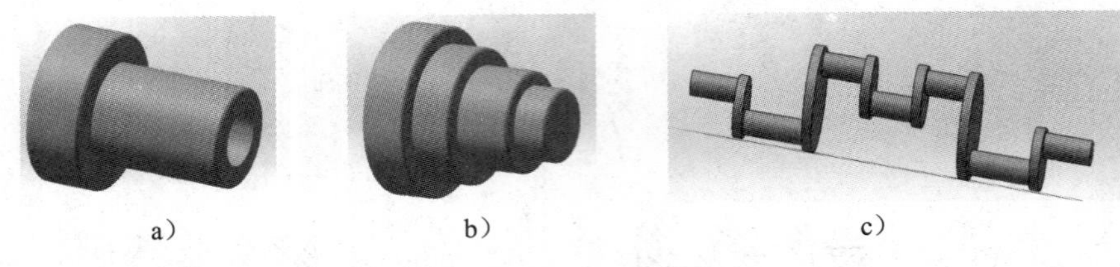

a） b） c）

图 5-3 典型轴类零件

a）空心轴；b）阶梯轴；c）曲轴

2. 轴类零件的结构特点

常见轴类零件的基本形状是阶梯状的回转体，其长度大于直径，主体由多段不同直径的回转体组成。轴上一般有轴颈、轴肩、键槽、螺纹、挡圈槽、销孔、内孔、螺纹孔等要素，以及中心孔、退刀槽、倒角、圆角等机械加工工艺结构。

3. 轴类零件的材料

轴类零件的制造材料一般多为中等含碳量的优质碳素结构钢和合金钢，其中 45 号优质碳素钢最常用。不重要或受力较小的轴可采用 Q235-A 等普通碳素钢。外形复杂的轴一般采用高强度铸铁或球墨铸铁。

任务实施

1. 认识传动轴的结构形状

1）如图 5-1 所示，零件图采用了主视图和局部向视图表达其形状结构。从主视图可以看出，主体由四段不同直径的回转体组成，有轴径、轴肩、键槽、挡圈槽、倒角、圆角等结构，由此可以想象出传动轴的结构形状，如图 5-4 所示。

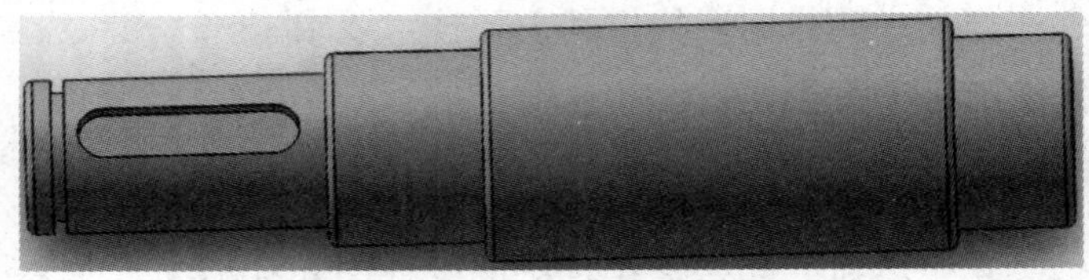

图 5-4 传动轴立体图

2）根据传动轴的结构特点，可以判断传动轴为轴类零件。

2. 明确传动轴的装配位置和作用

由产品（传动轴）装配图（图 5-2）可知，传动轴起支撑齿轮、传递转矩的作用。两个 ϕ30js6 外圆（轴颈）用于安装轴承，ϕ37 轴肩起轴承轴向定位作用。ϕ24g6 外圆及轴肩用于安装齿轮及齿轮的轴向定位，采用普通平键连接，左轴端有挡圈槽，用于安装挡圈，以轴向固定齿轮。

3. 确定传动轴的加工关键表面

1）ϕ30js6、ϕ24g6 轴颈都具有较高的尺寸精度（IT6）和位置精度（圆跳动分别为 0.01、0.02）要求，表面粗糙度（*Ra* 值分别为 0.8μm、1.6μm）要求也较高；ϕ37 轴肩两端面虽然尺寸精度要求不高，但表面粗糙度要求较高（*Ra* 值为 1.6μm）；圆角 *R* 精度要求并不高，但需与轴径及轴肩端面一起加工，所以ϕ30js6、ϕ24g6 轴颈，ϕ37 轴肩端面，圆角 *R* 均为加工关键表面，如图 5-5 所示。

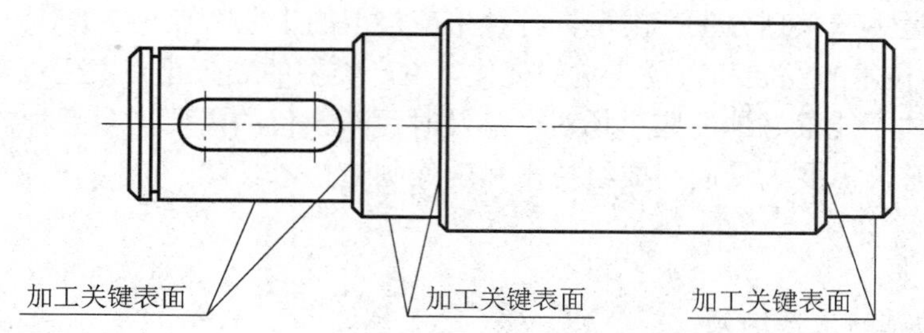

图 5-5　传动轴加工关键表面示意图

2）键槽侧面（宽度）尺寸精度（IT9）要求中等，位置精度（对称度 0.025 约为 8 级）要求比较高，表面粗糙度（*Ra* 值分别为 3.2μm）要求中等，键槽底面（深度）尺寸精度（$20_{-0.2}^{\ 0}$）和表面粗糙度（*Ra* 值分别为 6.3μm）要求较低，所以键槽是次要加工表面。

3）挡圈槽、左右端面、倒角等其余表面的尺寸及表面精度要求都比较低，均为次要加工表面。

5.1.2　确定轴类零件的生产类型

教学目标

* 掌握轴类零件生产纲领的计算方法。
* 掌握轴类零件生产类型及其工艺特征的确定方法。

任务引入

通过计算传递轴的生产纲领、确定传动轴的生产类型及其工艺特征图，学习轴类零件生产纲领的计算方法、生产类型及其工艺特征的确定方法。

1. 产品的生产纲领

1）产品的生产纲领是指企业在一年的计划期内应当生产的产品产量和进度计划。零件的生产纲领是指该零件（包括备品和废品在内）的年生产总量。

2）零件的产量和产品的产量不一定相同。每台产品中相同零件的数量可能不止一件，所以在中批生产产品的企业也有可能有大批生产零件的车间。

3）零件的生产纲领按式（2-1）计算。

4）零件的生产类型主要取决于产品的生产纲领，但也要考虑零件的质量和结构的复杂程度。轻型和重型的零件、结构简单和结构复杂的零件，它们的加工难度和工艺技术有很大差别。

5）不同生产类型的零件，其加工过程、加工设备和工艺装备等有很大差别。各种机加工生产类型的生产纲领及工艺特点见附表 2。

2. 生产类型的工艺特征

1）不同生产类型具有不同的工艺特征。成批生产的覆盖面比较大，其特征比较分散。其中，小批生产接近于单件生产，大批生产接近于大量生产，所以通常按照单件小批生产、中批生产和大批大量生产来划分生产类型。各种生产类型的工艺特点见 2.1.3 节及附表 2。

2）随着科学技术的发展和市场需求的变化，生产类型的划分正在发生深刻的变化，传统的大批量生产往往不能很好地适应市场对产品及时更新换代的需要，多品种的中、小批量生产的比例逐渐上升，需要大量应用成组技术和现代制造技术。

任务实施

1. 计算传动轴的生产纲领

根据任务书已知：

1）产品的年产量 Q=150 台/年。

2）每台产品中传动轴的数量 n=1 件/台。

3）传动轴的备品百分率 $\alpha = 5\%$。

4）传动轴的废品百分率 $\beta = 0.5\%$。

传动轴的生产纲领计算如下：

$$\begin{aligned} N &= Qn(1+\alpha)(1+\beta) \\ &= 150 \times 1 \times (1+5\%) \times (1+0.5\%) \\ &\approx 158(\text{件}/\text{年}) \end{aligned}$$

2. 确定传动轴的生产类型及其工艺特征

传动轴属于中型机械类零件。根据生产纲领（158 件/年）及零件类型（中型机械），由附表 2 可查出，传动轴的生产类型为小批生产，工艺特征如表 5-2 所示。

表 5-2 传动轴的工艺特征

生产纲领	生产类型	工艺特征
158 件/年	小批生产	1）毛坯采用自由锻造，精度低，余量大 2）加工设备采用通用机床 3）工艺装备采用通用夹具或组合夹具、通用刀具、通用量具、标准附件 4）工艺文件需编制简单的加工工艺过程卡片 5）加工采用画线、试切等方法保证尺寸，生产效率低，要求操作工人技术熟练

5.1.3 确定轴类零件毛坯的类型及其制造方法

教学目标

*掌握轴类零件毛坯的类型及其制造方法的选择方法。

* 掌握轴类零件毛坯的机械加工余量的估算方法。
* 掌握轴类零件毛坯简图的绘制方法。

任务引入

通过选择传动轴毛坯的类型及其制造方法，估算传动轴毛坯的机械加工余量，绘制传动轴的毛坯简图，学习轴类零件毛坯的类型及其制造方法的选择方法，以及轴类零件毛坯的机械加工余量的估算方法、毛坯简图的绘制方法。

相关知识

1）毛坯的种类和制造方法主要与零件的生产类型和使用要求有关。

2）轴类零件最常用的毛坯是锻件与圆棒料，只有结构复杂的大型轴类零件（如曲轴）才采用铸件。

3）锻造后的毛坯，能改善金属的内部组织，提高其抗拉强度、抗弯强度等力学性能。同时，因锻件的形状和尺寸与零件相近，因此可以节约材料，减少切削加工的劳动量，降低生产成本。所以，比较重要的轴或直径相差较大的阶梯轴的毛坯大多采用锻件。

4）不重要的光轴或轴各段直径相差不大的阶梯轴，一般以圆棒料为主。

5）锻件的制造方法有自由锻、模锻等。不同的锻造方法，其生产率和成本不相同。在选择锻造方法时，并非制造精度越高越好，而是需要综合考虑机械加工成本和毛坯制造成本，以达到零件制造总成本最低的目的。

6）当生产批量较小、毛坯精度要求较低时，锻件一般采用自由锻造方法生产。由于不用制造锻造模型，使用工具简单、通用性较大，生产准备周期短，灵活性大，因此这种方法应用较为广泛，特别适用于单件小批生产。

7）当生产批量较大、毛坯精度要求较高时，锻件一般采用模锻法生产。模锻锻件尺寸准确，加工余量小，生产率高，但需配备锻模和相应的模锻设备，一次性投入费用较高，所以这种方法适用于较大批量的生产，而且生产批量越大，成本越低。

任务实施

1. 选择传动轴毛坯的类型及其制造方法

根据传动轴的制造材料（45 钢），查附表 3 可确定，毛坯类型可采用型材或锻件，若传动轴毛坯选用锻件，可采用自由锻造法来制造。

2. 绘制传动轴毛坯简图

（1）确定传动轴毛坯的机械加工余量

根据附表 4 中阶梯轴的自由锻造机械加工余量的计算公式，$D<65\text{mm}$ 时按 65mm 计算，$L<300\text{mm}$ 时按 300mm 计算。传动轴锻件余量计算如下：

$$A=0.26L^{0.2}D^{0.5}=0.26\times300^{0.2}\times65^{0.5}\approx6.56(\text{mm})$$

传动轴毛坯的机械加工余量取整数 7mm。

（2）传动轴毛坯简图的绘制方法和步骤

传动轴毛坯简图的绘制方法和步骤如表 5-3 所示。

表 5-3　传动轴毛坯简图的绘制方法和步骤

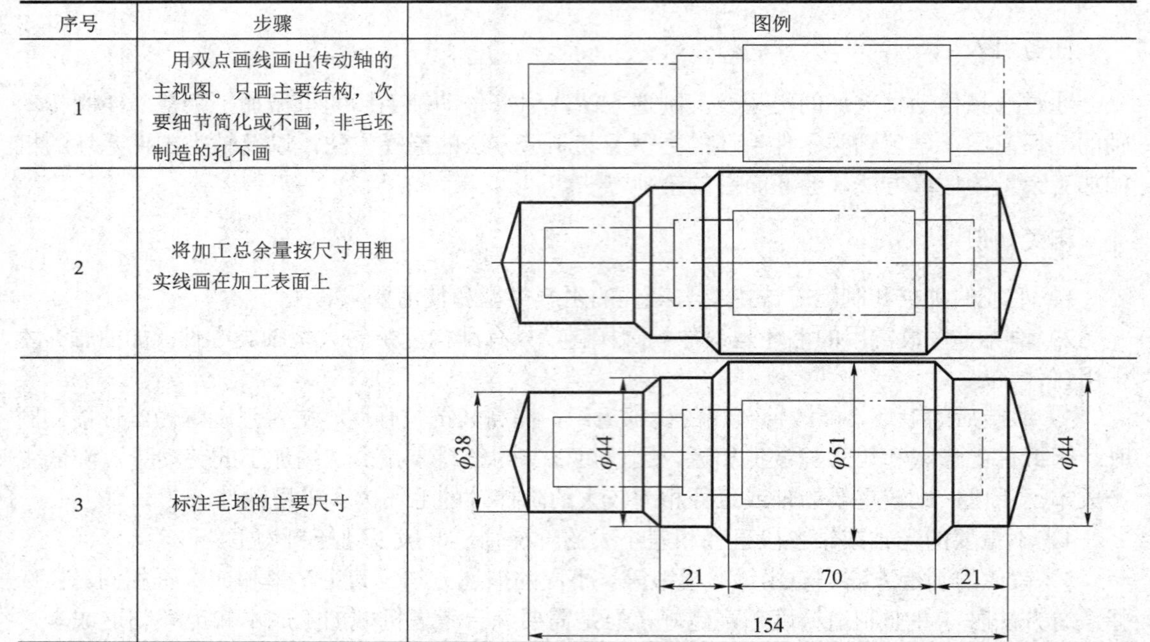

序号	步骤	图例
1	用双点画线画出传动轴的主视图。只画主要结构，次要细节简化或不画，非毛坯制造的孔不画	
2	将加工总余量按尺寸用粗实线画在加工表面上	
3	标注毛坯的主要尺寸	

5.1.4　选择轴类零件的定位基准和加工装备

教学目标

＊掌握轴类零件的精基准和夹紧方案的选择方法。

＊掌握轴类零件的粗基准和夹紧方案的选择方法。

＊掌握传动轴加工装备的选择方法。

任务引入

通过具体选择传动轴的粗基准、精基准、夹紧方案及加工装备，掌握轴类零件的基准、夹紧方案及加工装备的选择方法。

相关知识

1. 轴类零件精基准的选择

1）零件已加工的表面作为定位基准，这种基准称为精基准。合理地选择定位精基准是保证零件加工精度的关键。

2）选择精基准首先应考虑零件关键表面的加工精度（尤其是有位置精度要求的表面），同时还要考虑所选基准的装夹是否稳定可靠、操作方便，夹具结构是否简单。

3）精基准的选择原则详见 2.3 节。

4）在选择基准时不能同时遵循各选择原则（甚至相互矛盾）时，应根据具体情况具体分析，以保证关键表面为主，兼顾次要表面的加工精度。

5）轴类零件的精基准：

① 轴类零件的加工，多以轴两端的中心孔作为定位精基准。因为轴的设计基准是中心线，这样既符合基准重合原则，又符合基准统一原则，还能在一次装夹中最大限度地完成多个外圆及端面的加工，易于保证各轴颈间的同轴度及端面的垂直度。

② 当不能用两端中心孔定位（如带内孔的轴）时，可以外圆表面或外圆表面和一端孔口作为精基准。

2. 轴类零件粗基准的选择

1）以毛坯表面作为定位基准，称为粗基准。

2）粗基准的选择原则详见 2.3 节。

3）轴类零件的粗加工，可选择外圆表面作为定位粗基准，以此定位加工两端面和中心孔，为后续工序准备精基准。

3. 轴类零件加工装备的选择

（1）机床夹具的分类

机床夹具就是用于装夹工件的工艺装备。它的主要作用是使被加工的工件在加工过程中占有正确的加工位置，并始终保持不变。机床夹具的种类繁多，可通过不同的角度进行划分，如按使用机床分类，有车床夹具、铣床夹具等；按动力源分类，有手动夹具、气动夹具、液压夹具、电动夹具、磁力夹具、真空夹具及自夹紧夹具等；按通用化程度分类，有通用夹具、专用夹具、组合夹具等。

除上述几种分类外，还衍生出了可调夹具、成组夹具等。在专用夹具中，通过调整或更换个别元件来扩大使用范围的夹具称为可调夹具。按成组原理进行设计，用于加工形状相似、尺寸相近的一组工件的夹具称为成组夹具。

（2）车床常用夹具及夹紧方法

车床常用夹具及夹紧方法如表 5-4 所示。

表 5-4　车床常用夹具及夹紧方法

名称	装夹简图	装夹特点	应用
自定心卡盘	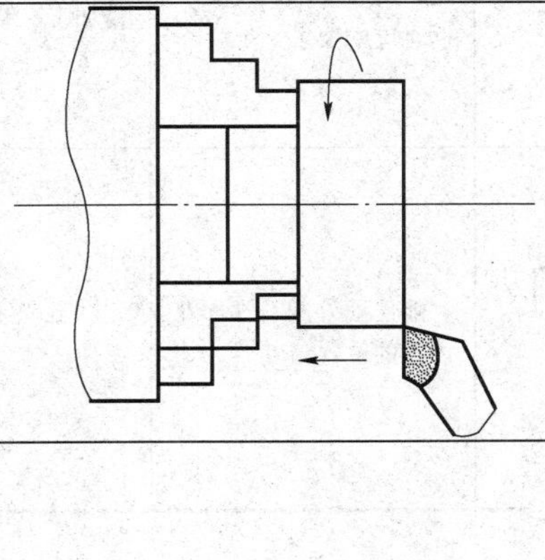	三个卡爪可同时移动，自动定心，装夹迅速方便，但重复定位精度不够高	长径比小于 4，截面为圆形、六方体的中、小型工件

续表

名称	装夹简图	装夹特点	应用
单动卡盘	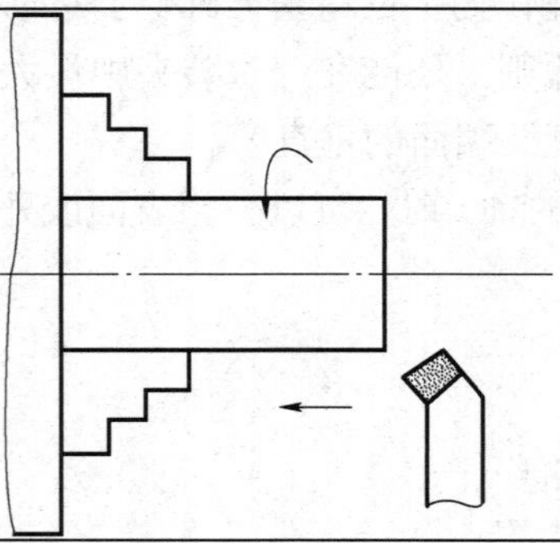	四个卡爪都可单独移动，装夹工件慢，需要找正，精度好	长径比小于4，截面为方形、椭圆形的较大、较重的工件
花盘	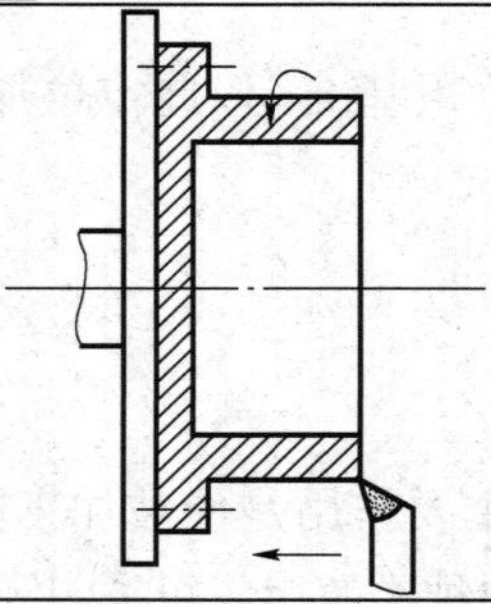	盘面上有多通槽和T形槽，使用螺钉、压板装夹，装夹前需要找正，适应性好	形状不规则的工件，孔或外圆与定位基准垂直的工件
双顶尖	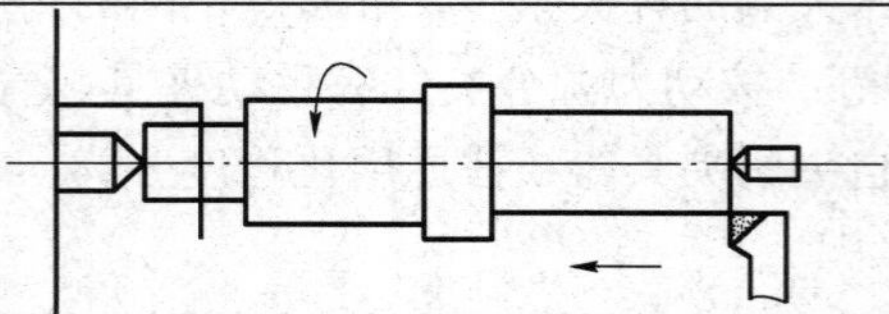	定心准确，装夹稳定，易于确保同轴度要求	长径比为4～15的实心传动轴
双顶尖中心架	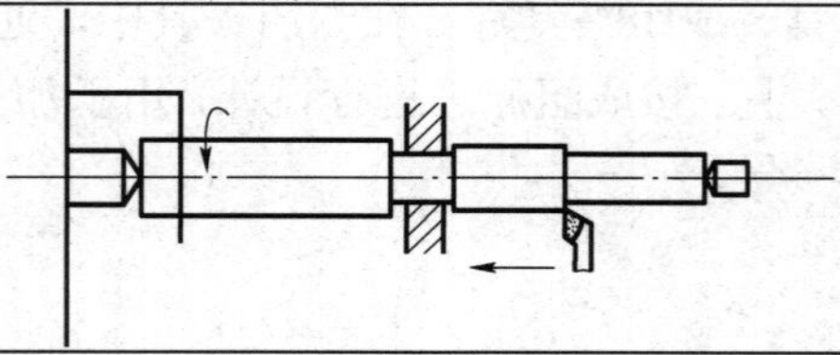	支爪可调，增加工件刚性，可确保同轴度要求	长径比为15的细长轴工件的粗加工
一夹一顶跟刀架	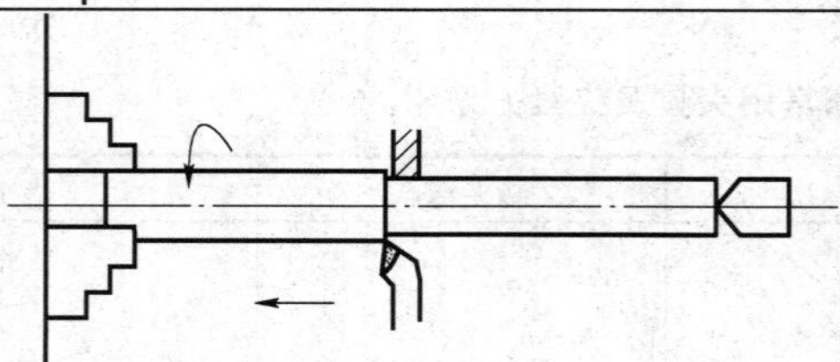	支爪随刀具一起运动，无接刀痕，可确保同轴度的要求	长径比为15的细长轴的半精加工、精加工
传动轴	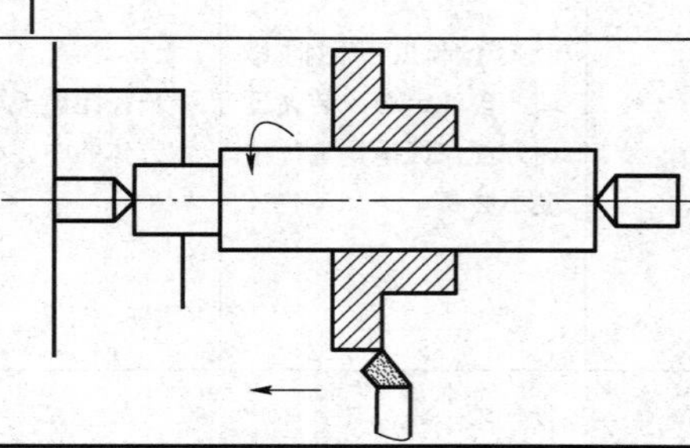	能保证外圆、端面对内孔的位置精度	以孔为定位基准的套类零件

（3）车床常用夹具的特点

工件的装夹方法大体可分为卡盘装夹、顶尖装夹、传动轴装夹三种。

1）卡盘装夹。卡盘的种类主要有自定心卡盘、单动卡盘和花盘等。

① 自定心卡盘。图 5-6 所示的自定心卡盘能自动定心，装夹方便，应用广泛，但它的夹紧力较小，且不便于夹持外形不规则的工件，主要适用于装夹轴类、盘套类零件。

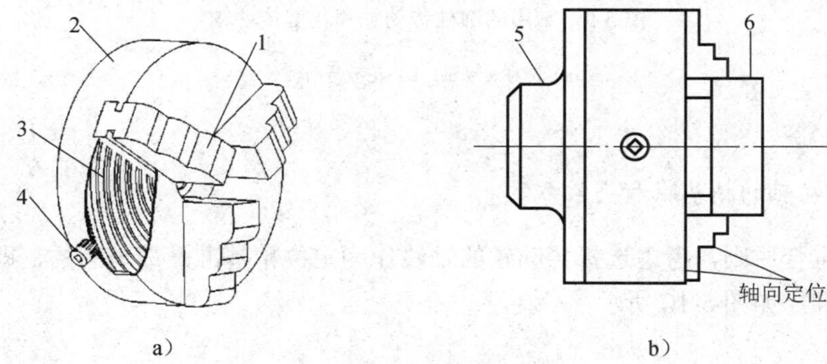

图 5-6　自定心卡盘

a）外形；b）反爪

1—卡爪；2—卡盘体；3—大锥齿轮；4—小锥齿轮；5—心轴；6—工件

② 单动卡盘。图 5-7 所示为四个爪都可单独移动的单动卡盘，安装工件时需找正，其夹紧力大，适合于装夹毛坯及外形不规则、非圆柱体、偏心、有孔距要求（孔距不能太大）的零件。

③ 花盘。图 5-8 所示的花盘适合于外形不规则、偏心和形状复杂的工件。装夹工件时，花盘与其他车床附件一起使用，需要端面定位夹紧，反复校正和平衡。

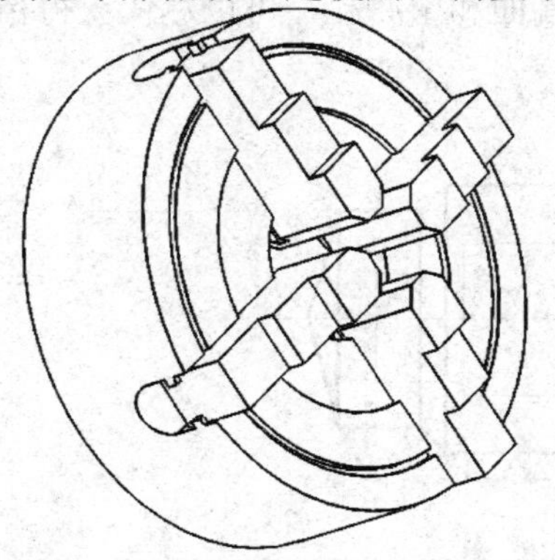

图 5-7　四爪单动卡盘

图 5-8　花盘

2）顶尖装夹。双顶尖装夹如表 5-4 所示，适于较长的轴类工件（长径比为 4～15）。

加工细长轴（长径比大于 15）时，为减少工件振动和弯曲变形，常用跟刀架或中心架作辅助支承，以增加工件的刚性，表 5-4 所示为常用的车削装夹方法。

3）传动轴装夹。对于以孔为定位基准的盘套类工件，可采用传动轴装夹，易于保证外圆、端面和内孔之间的位置精度。常用的圆柱传动轴和花键传动轴如图 5-9 所示。

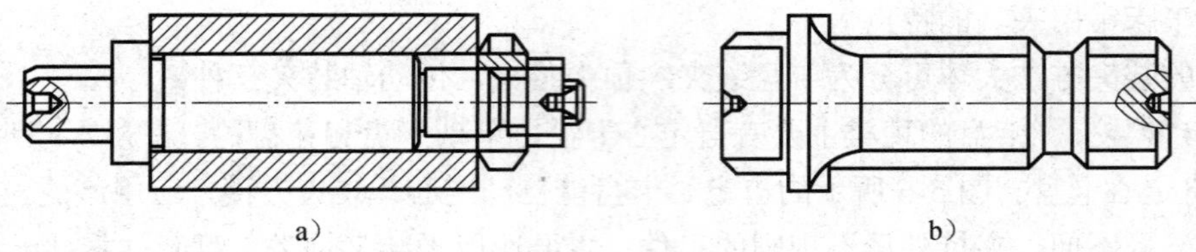

图 5-9　常用的圆柱传动轴和花键传动轴

a）圆柱传动轴；b）花键传动轴

任务实施

1. 选择传动轴的精基准和夹紧方案

根据基准重合原则，考虑选择传动轴的轴线作为定位精基准是最理想的，即采用两端中心孔作为精基准，如图 5-10 所示。

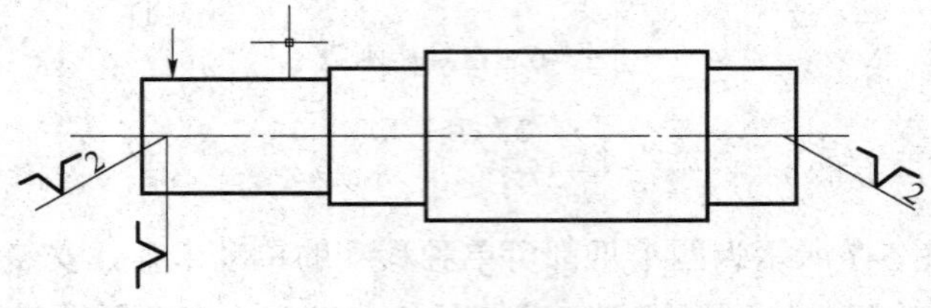

图 5-10　传动轴精基准

2. 选择传动轴的粗基准和夹紧方案

选择毛坯ϕ51 外圆作为粗基准，能方便地加工两端面和中心孔，可以尽快获得精基准，如图 5-11 所示。

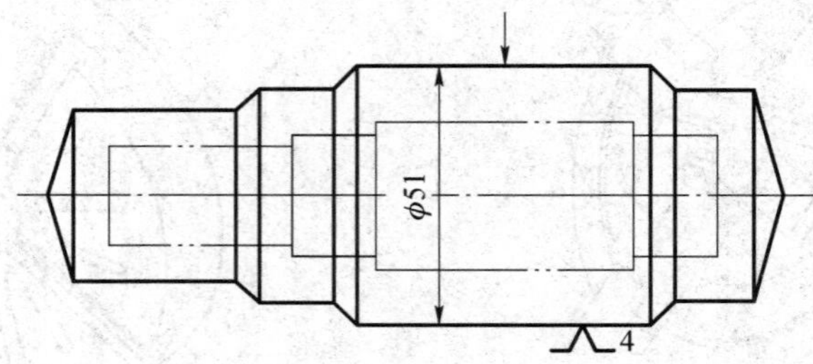

图 5-11　传动轴粗基准

3. 选择传动轴的加工装备

根据传动轴的工艺特性，加工设备采用通用机床，即普通车床、立式铣床、万能磨床。工艺装备采用通用夹具（自定心卡盘及顶尖）、通用刀具（标准车刀、键槽铣刀、砂轮等）、通用量具（游标卡尺、外径千分尺等）。

5.1.5　拟订轴类零件的工艺路线

教学目标

⋆掌握选择轴类零件各表面的加工方法。
⋆掌握初步拟订轴类零件机械加工工艺路线的方法。

任务引入

通过选择传动轴表面的加工方法及初步确定传动轴机械加工工艺路线，学习选择轴类零件的加工方法，以及轴类零件机械加工工艺路线的拟订方法。

相关知识

1. 轴类零件表面的常用加工方法

（1）轴类零件外圆的加工方法

1）车削加工。车削加工是轴类零件外圆的主要加工方法。根据生产批量不同，可在不同车床上进行，如卧式车床、多刀半自动车床等。轴类零件外圆车削的工艺范围很广，根据毛坯的类型、制造精度及轴的最终精度要求不同，可采用粗车、半精车、精车和细车等不同的加工阶段。

对于中小型铸件和锻件，可直接进行粗车，经过粗车后工件可达到 IT10～IT12 级精度，表面粗糙度 *Ra* 可达到 12.5～25μm，粗车可切除毛坯的大部分余量。

对经过粗车的工件，采用半精车可达到 IT9～IT10 级精度，表面粗糙度 *Ra* 值可达到 6.3～12.5μm。对于中等精度的工件表面，半精车可作为终加工工序，也可作为磨削或精加工的预加工工序。

精车可作为最终加工工序或光整工序的预加工，精车后工件表面可达到 IT7～IT8 级精度，表面粗糙度 *Ra* 可达到 1.6～3.2μm。

2）磨削加工。磨削加工是轴类零件外圆精加工的主要方法。它既能加工淬火零件，也能加工非淬火零件。通过磨削加工能有效地提高轴类零件，尤其是淬硬件的加工质量。

磨削加工可以达到的经济精度为 IT6 级，表面粗糙度 *Ra* 可达到 0.32～1.25μm。根据不同的精度和表面质量要求，磨削可分为粗磨、精磨、细磨和镜面磨削等。

工件表面粗磨后可达到 IT8～IT9 级精度，表面粗糙度 *Ra* 可达到 0.8～1.6μm。

工件表面精磨后可达到 IT6～IT8 级精度，表面粗糙度 *Ra* 可达到 0.1～0.8μm。

（2）轴类零件键槽的加工方法

键槽是轴类零件上常见的结构，其中以普通平键应用最为广泛，通常在普通立式铣床上用键槽铣刀加工。

键槽一般在外圆精车或粗磨之后、精加工之前进行。如果安排在精车之前铣键槽，在精车时由于断续切削而产生振动，既影响加工质量，又容易损坏刀具。另外，键槽的尺寸也较难控制。如果安排在主要表面的精加工之后，则会破坏主要表面的已有精度。

2. 加工阶段的划分（详见 2.5 节）

1）加工阶段按加工性质和作用的不同可分为粗加工、半精加工和精加工三个阶段。

2）划分加工阶段的作用：

① 避免加工残余应力释放过程中引起工件的变形；避免粗加工时较大的夹紧力和切削力所引起的变形对精加工的影响。

② 及时发现毛坯的缺陷，避免不必要的损失。

③ 便于精密机床长期保持精度。

④ 热处理工序的安排要求。

3. 切削加工顺序的安排原则（详见 2.5 节）

1）按“先基面后其他”的顺序，先加工基准面，后加工其他表面。

2）按“先主后次、先粗后精”的原则。

3）对于与主要表面有位置要求的次要表面，应安排在主要表面加工之后再加工。

4）除各工序操作者自检外，零件全部加工结束之后应单独安排检验工序。

4. 中心孔的应用与加工

1）中心孔的形式与应用范围见附表 6，中心孔的尺寸及其选用见附表 7。

2）车床上常用加工中心孔的方法见附表 8。

3）两端中心孔（或两端孔口 60° 倒角）作为工件车削和磨削加工的定位基准，其误差会直接影响工件的加工精度。中心孔误差如图 5-12 所示。

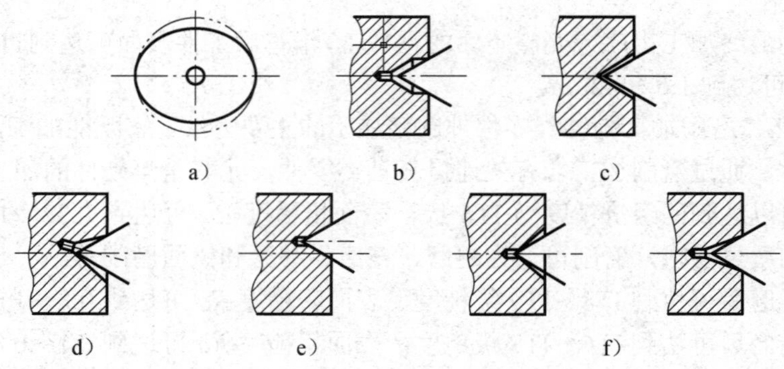

图 5-12　中心孔误差

a）中心孔为椭圆；b）中心孔过深；c）中心孔太浅；d）中心孔钻偏；e）两端不同轴；f）锥角有偏差

4）中心孔在使用过程中的磨损及热处理后产生的变形都会影响加工精度。因此，在热处理之后、精加工之前，应安排研修中心孔工序，以消除误差。中心孔的研修方法如图 5-13 和表 5-5 所示。

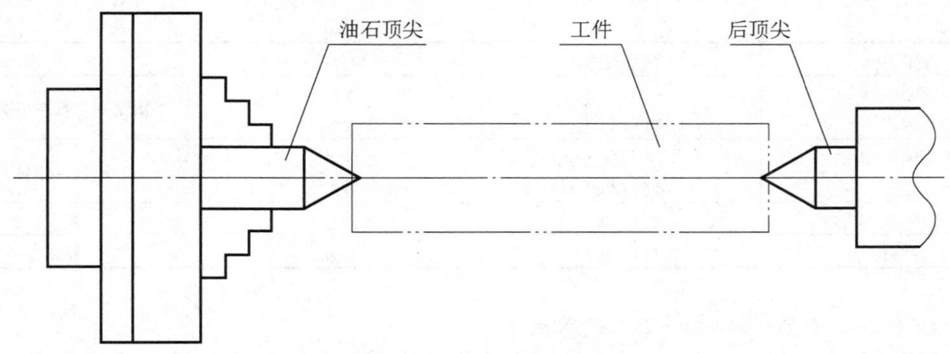

图 5-13　研修中心孔

表 5-5　中心孔的研修方法

方法	研修要点
用铸铁顶尖研修	将铸铁顶尖夹在车床卡盘上，将工件顶在铸铁顶尖和尾架顶尖之间研磨，研修时加研磨剂
用油石或橡胶砂轮研修	方法同上，用油石或橡胶砂轮代替铸铁顶尖。研修时加少量润滑剂（如轻机油）
用成形内圆砂轮修磨	主要用于研修淬火变形和尺寸较大的中心孔。将工件夹在内外圆磨床卡盘上，校正外圆后，用成形内圆砂轮修磨
用硬质合金顶尖刮研	在立式中心孔研磨机上，用四棱硬质合金顶尖进行刮研；刮研时加入氧化铬磨剂
用中心孔磨床修磨	修磨时，砂轮作行星运动，并沿 30°方向进给，适于修磨淬硬的精密零件中心孔，圆度可达 0.8μm

5. *轴类零件的一般加工工艺路线*

1）一般精度调质钢的轴类零件：锻造→正火或退火→钻中心孔→粗车→调质→半精车、精车→表面淬火→粗磨→加工次要表面→精磨。

2）一般精度整体淬火的轴类零件：锻造→正火或退火→钻中心孔→粗车→调质→半精车、精车→加工次要表面→整体淬火→粗磨→精磨。

3）一般精度渗碳钢的轴类零件：锻造→正火或退火→钻中心孔→粗车→调质→半精车、精车→渗碳（或碳氮共渗）→淬火→粗磨→加工次要表面→精磨。

4）精密渗碳钢的轴类零件：锻造→正火或退火→钻中心孔→粗车→调质→半精车、精车→低温时效→粗磨→氮化处理→加工次要表面→精磨→光磨。

任务实施

1. *确定各表面的加工方法*

根据加工表面的精度和表面粗糙度要求，查附表 9 可得各加工表面的加工方案，如表 5-6 所示。

表 5-6　各加工表面的加工方案

加工表面	精度要求	表面粗糙度 *Ra* / μm	加工方案
ϕ30js6 外圆	IT6	0.8	粗车→半精车→精车→粗磨→精磨
轴肩	IT11 以上	1.6	

续表

加工表面	精度要求	表面粗糙度 Ra / μm	加工方案
ϕ24g6 外圆 轴肩	IT6 IT11 以上	1.6 3.2	粗车→半精车→精车
键槽侧面 8N9 底面	IT6 IT11 以上	3.2 6.3	粗铣→精铣
挡圈槽 22.9×1.3	IT11 以上	12.5	粗车
各倒角	IT11 以上	12.5	粗车

2. 初步拟订传动轴机械加工工艺路线

（1）划分加工阶段

分析可知，传动轴主要表面的加工可划分为粗加工、半精加工和精加工三个阶段。

（2）安排加工顺序

根据机械加工工序的安排原则，先安排基准面和主要表面的粗加工，然后安排基准面和主要表面的精加工。先以ϕ51 作为基准粗加工两端中心孔（精基准），加工两端中心孔前需要车平两端面。

（3）初步拟订工艺路线

根据上述分析，初步拟订两个机械加工工艺路线方案，如表 5-7 和表 5-8 所示，以供分析选择。

表 5-7　传动轴机械加工工艺路线方案一

工序号	工序名称	工序内容	定位基准	加工设备
1	锻造	锻造毛坯		
2	热处理	正火处理		
3	车钻	分别车两端面、钻两端中心孔、总长车至 140	毛坯ϕ51 外圆	CA6140
4	粗车	分别粗车左、右端各外圆及轴肩端面，ϕ30、ϕ24 外圆和轴肩端面均留余量，ϕ37 车至尺寸	两中心孔	CA6140
5	热处理	调质处理		
6	研修	研修中心孔		CA6140
7	半精车、精车	半精车右端ϕ30 外圆及轴肩端面，留磨削余量；掉头半精车左端ϕ30 外圆及轴肩端面，留磨削余量；半精车、精车ϕ24g6 外圆及轴肩端面、圆角至尺寸，车左端槽ϕ22.9×1.3 至尺寸	两中心孔	CA6140
8	磨削	粗、精磨左、右端ϕ30js6 外圆及轴肩端面、圆角至尺寸	两中心孔	M131W
9	铣削	粗、精铣键槽 8N9×$20_{-0.2}^{\ 0}$ 至尺寸，去毛刺	两中心孔	X5032
10	终检	按图样技术要求全部检测		

注：优点为与方案二相比，工序少，ϕ24g6 外圆只精车（不磨削），加工成本低。
　　缺点为ϕ24g6 外圆的位置精度难保证。

表 5-8　传动轴机械加工工艺路线方案二

工序号	工序名称	工序内容	定位基准	加工设备
1	锻造	锻造毛坯		
2	热处理	正火处理		
3	车钻	分别车两端面、钻两段中心孔、总长车至 140	毛坯ϕ51 外圆	CA6140
4	粗车	分别粗车左、右端各外圆及轴肩端面，ϕ30、ϕ24 外圆和轴肩端面均留有余量，ϕ37 车至尺寸	两中心孔	CA6140
5	热处理	调质处理	两中心孔	CA6140
6	研修	研修中心孔	两中心孔	CA6140
7	半精车	分别半精车左、右端各外圆及轴肩端面，均留磨削余量	两中心孔	CA6140
8	磨削	粗、精磨左、右ϕ30js6、ϕ24g6 外圆及轴肩端面、圆角至尺寸	两中心孔	M131W
9	铣削	粗、精铣键槽 8N9×$20_{-0.2}^{0}$，去毛刺	两中心孔	X5032
10	车削	车左端槽ϕ22.9×1.3 至尺寸，去毛刺	两中心孔	
11	终检	按图样技术要求全部检测		

注：优点为ϕ24g6 外圆的尺寸和位置精度容易保证。
　　缺点为比方案一多一道工序，又磨削ϕ24g6 外圆，加工成本比方案一稍高。

传动轴为小批生产，应优先考虑保证其尺寸和位置精度的难易，其次才考虑其加工成本，所以选择方案二。

5.1.6　设计轴类零件的加工工序

教学目标

* 掌握轴类零件工序加工余量及尺寸的确定方法。
* 掌握轴类零件工序加工时间定额的计算方法。

任务引入

通过具体确定传动轴各工序加工余量及工序尺寸，计算传动轴各工序工时的定额，学习轴类零件工序尺寸及其公差的确定方法，以及工时定额的计算方法。

相关知识

1. 时间定额的概念

时间定额是在一定的生产条件下，规定生产一件产品或完成一道工序所消耗的时间。时间定额是安排作业计划、进行成本核算、确定设备数量和人员编制、规划生产面积的重要依据。

2. 时间定额及其组成（详见 2.8 节）

时间定额由以下几部分组成：基本时间、辅助时间、布置工作地时间、休息和生理需要时间、准备与终结时间。

3. 时间定额的制定方法

1）经验估算法：工时定额员和工人根据经验对产品工时定额进行估算的方法，主要应用于新产品试制。

2）统计分析法：对多人生产同一种产品测出的数据进行统计，计算出最优数、平均达到数、平均先进数，并以平均先进数为工时定额的方法，主要应用于大批、重复生产的产品工时定额的修订。

3）类比法：主要用于有可比性的系列产品。

4）技术定额法：分为实测法和计算法两种，是目前常用的方法。

任务实施

1. 确定传动轴各工序加工余量及工序尺寸

传动轴的各工序加工余量及工序尺寸如表 5-9 所示，其加工过程如图 5-14 所示。

表 5-9　各工序加工余量及工序尺寸　（单位：mm）

工序	外圆尺寸及公差	加工余量	端面（长度）尺寸	加工余量
磨削	ϕ30js6 ϕ24js6	0.3（查附表 10）	19 60 21	0.3（查附表 10）
半精车	ϕ30.3h11 ϕ24.3h11	1.3（查附表 11）	18.7 60.6 21	1（查附表 12）
粗车	ϕ31.6h13 ϕ25.6h13	44－31.6＝12.4 38－25.6＝12.4	17.7 62.6 21	
毛坯	ϕ44 ϕ38			

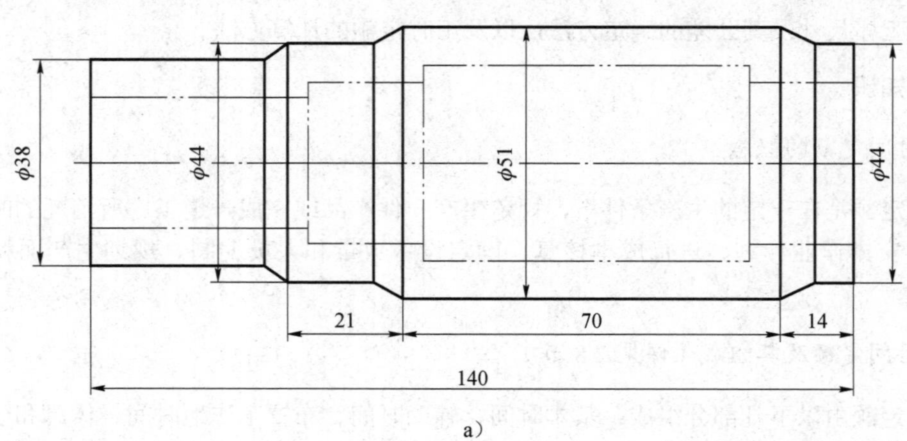

a）

图 5-14　传动轴的加工过程

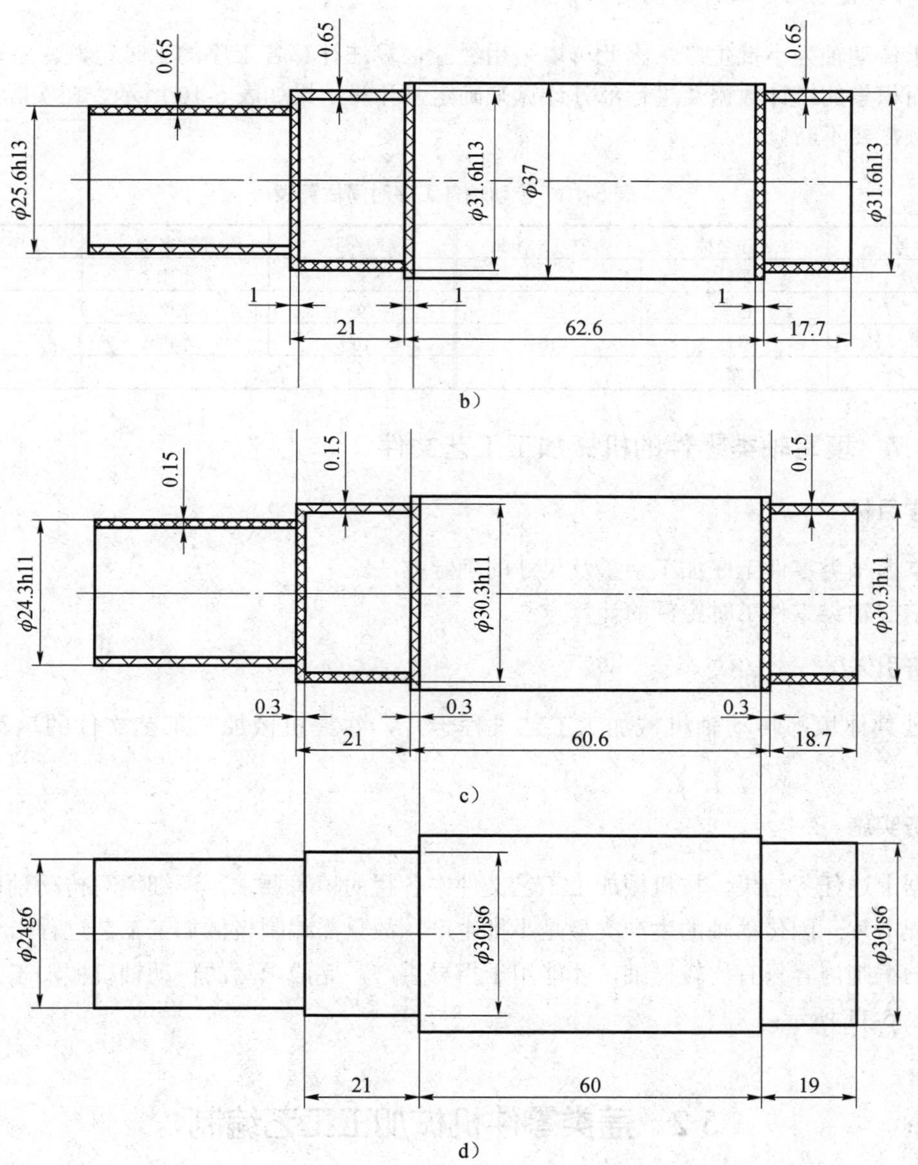

图 5-14　传动轴的加工过程（续）

a）毛坯；b）粗车；c）半精车；d）磨削

2. 计算传动轴各工序工时定额

由于传动轴为小批生产，因此可以采用经验估算法计算各工序的工时定额。主要利用经过实践而积累的统计数据及进行部分计算来确定，计算结果如表 5-10 所示。在实际生产中，时间定额需要不断修正。

表 5-10　传动轴各工序时间估算表

工序号	工序名称	工序工时/min	工序号	工序名称	工序工时/min
3	车钻	8	8	磨削	11
4	粗车	12	9	铣削	15
6	研修	10	10	车削	5
7	半精车	9	合计		70

5.1.7　填写轴类零件的机械加工工艺文件

教学目标

*掌握轴类零件工序加工余量及尺寸的确定方法。

*掌握轴类零件工时定额的计算方法。

任务引入

通过具体填写传动轴机械加工工艺过程卡片，掌握机械加工工艺文件的填写方法及要求。

任务实施

根据上述任务结果，按机械加工工艺文件中各栏的填写要求，详细填写传动轴机械加工工艺过程卡片。因传动轴的生产类型是小批生产，故只需编制机械加工工艺过程卡片，但过程卡片的编制内容只有比较详细，才能用于指导生产。完成填写的传动轴机械加工工艺过程卡片如表 5-11 所示。

5.2　盖类零件机械加工工艺编制

产品或机器中的箱体一般有为装配和调整而设置的孔，这些孔用以支承和调整各零部件，并需用端盖、支承盖等盖类零件加以保护。盖类零件的机械加工工艺编制任务书如表 5-12 所示，下面通过介绍主轴承盖机械加工工艺的编制过程，讲解盖类零件机械加工工艺编制的方法和步骤，以及相关的知识。

表 5-11　传动轴机械加工工艺过程卡片

文件编号：

（企业名称）	机械加工工艺过程卡片	产品型号		零（部）件型号	05001	共 1 页
		产品名称		零（部）件名称	传动轴	第 4 页

材料牌号	45	毛坯种类	锻件	毛坯外形尺寸	ϕ51×154	每毛坯可制件数	1	每台件数	1	备注	

	工序号	工序名称	工序内容	车间	工段	设备	工艺装备	工时 准终	工时 单位
	1	锻造	锻造毛坯						
	2	热处理	正火处理						
	3	车钻	分别车两端面、钻两端 A6.3 中心孔，总长车到 140	机加工	二班	CA6140	自定心卡盘、端面车刀、中心钻、游标卡尺		8min
	4	粗车	分别粗车左、右端各外圆至ϕ31.6h13、ϕ25.6h13 和ϕ37，轴肩端面均留余量 1.6	机加工	二班	CA6140	自定心卡盘、顶尖、外圆车刀、游标卡尺		12min
	5	热处理	调质处理						
	6	研修	研修中心孔	机加工	二班	CA6140	顶尖、研修顶法、游标卡尺		10min
	7	半精车	1）半精车右端ϕ30 外圆及轴肩端面，外圆车至ϕ30.3h11，长度车至 18.7 2）掉头半精车左端ϕ24 和ϕ30 外圆及轴肩端面，外圆车至ϕ24.3h11、ϕ30.3h11，长度车至 21、60.6	机加工	二班	CA6140	夹头、顶尖、外圆车刀、游标卡尺		9min
描图	8	磨削	粗磨、精磨 2×ϕ30js6、ϕ24g6 外圆及轴肩端面，保证各外圆及长度尺寸符合图样要求	机加工	二班	M131W	夹头、顶尖、外径行分尺、深度游标卡尺		11min
描校	9	铣削	粗铣键槽至 7×19（宽×长），粗铣键槽 8N9× $20_{-0.2}^{0}$ 至尺寸，去毛刺	机加工	二班	X5032	自定心卡盘、顶尖、ϕ7 立铣刀、ϕ8 键槽铣刀、游标卡尺		15min
底图号	10	车削	车左端槽ϕ22.3×1.3 至尺寸，去毛刺	机加工	二班	CA6140	自定心卡盘、顶尖、切槽车刀、游标卡尺		5min
装订号	11	终检	按零件图样尺寸及技术要求检验	质检处					
		合计					合计		70min

标记	处数	更改文件号	签名	日期	标记	处数	更改文件号	签名	日期	编制（日期）	审核（日期）	标准化（日期）	会签（日期）

表 5-12　机械加工工艺编制任务书

任务名称	编制主轴承盖机械加工工艺
编制依据	1．相关技术文件和资料 1）主轴承盖零件图，如图 5-15 所示 2）产品装配图（局部），如图 5-16 所示。每台产品中主轴承盖的数量为 1 件 2．产品生产纲领 1）产品的生产纲领为 50 000 台/年 2）主轴承盖的备品百分率为 10%，废品百分率为 1% 3．生产条件和资源 1）毛坯为外协件，生产条件可根据需要确定 2）由机加工车间三班（三班制）负责生产 3）现可供选用的加工设备如下： ① CB3463-1 半自动转台车床 1 台 ② CA6140×1000 普通车床多台 各设备均达到机床规定的工作精度要求 4）机械加工设备可根据需要增加专用机床，不再增加通用设备
工作结果	1）主轴承盖毛坯简图 2）主轴承盖机械加工工艺规程

5.2.1　分析盖类零件的技术资料

教学目标

*能看懂盖类零件的零件图和装配图。

*明确盖类零件在产品中的作用，找出其主要技术要求。

*确定盖类零件的加工关键表面。

任务引入

通过分析主轴承盖的技术资料，能看懂主轴承盖的零件图；明确主轴承盖在产品中的作用，找出其主要技术要求，确定主轴承盖的加工关键表面，从而学习盖类零件技术资料的分析方法。

相关知识

1．盖类零件的功用

盖类零件主要起支承、轴向定位、密封和防尘等作用。一般盖类零件有端盖、支承盖、法兰盘等，如图 5-17 所示。通常外圆柱面安装在箱体孔上，内孔用于支承轴或轴承。

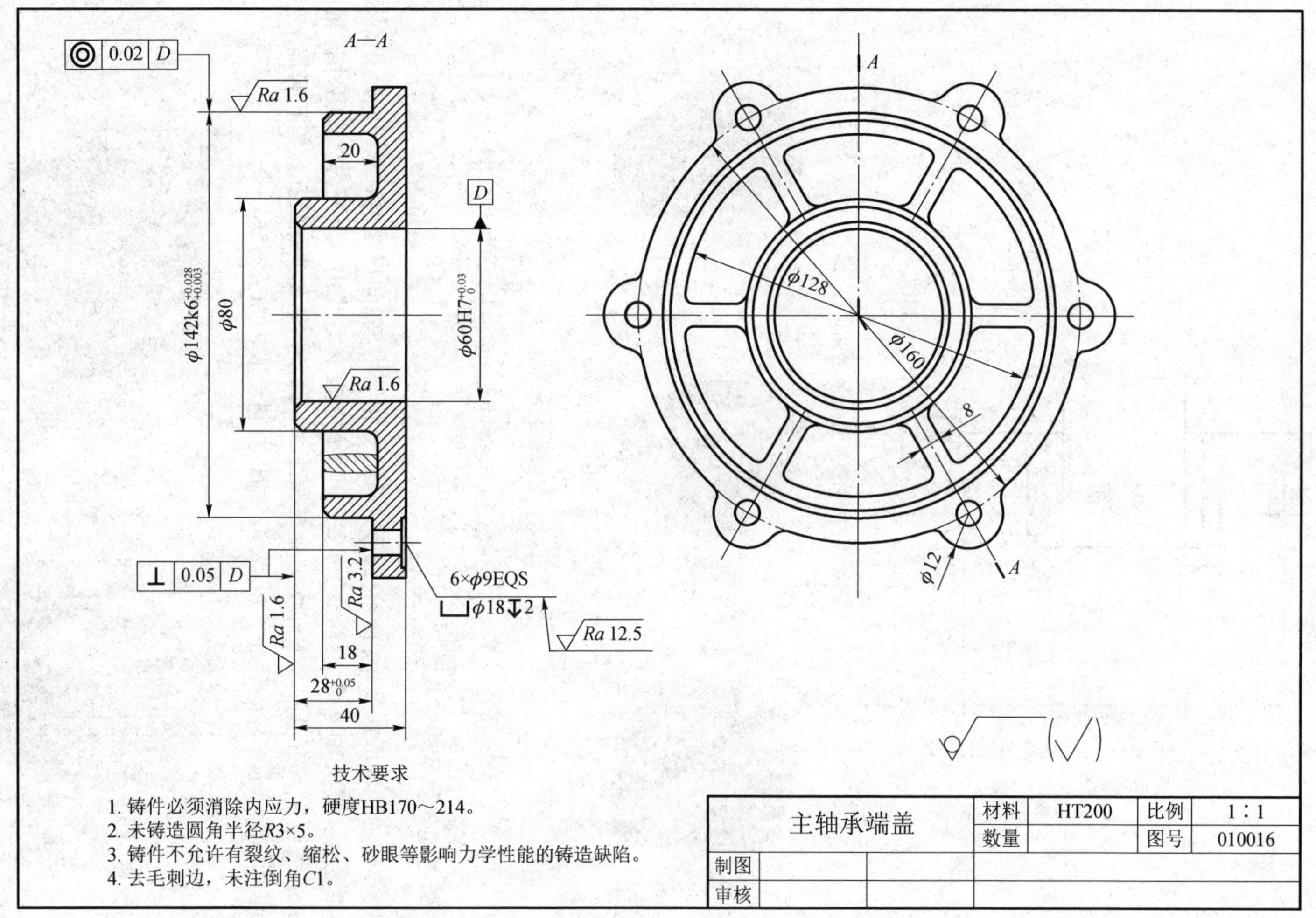

图 5-15 主轴承盖零件图

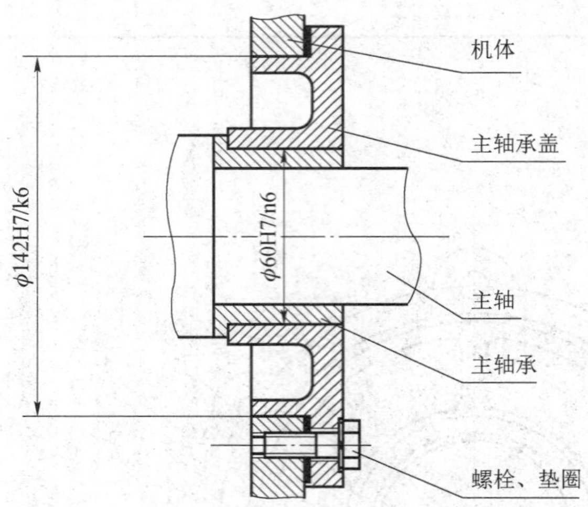

图 5-16　主轴承盖装配示意图

a）

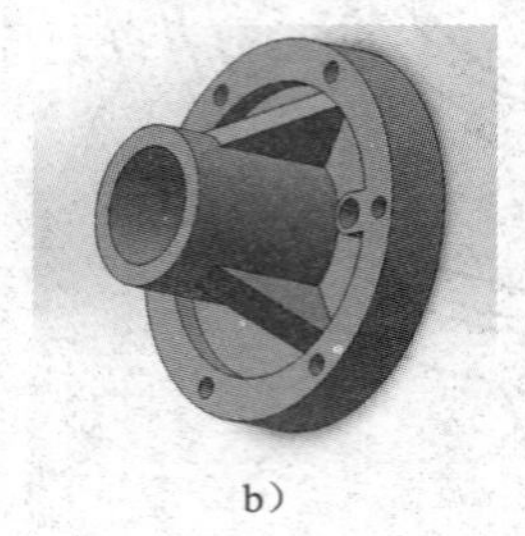
b）

c）

图 5-17　盖类零件

a）支承盖；b）法兰盘；c）闷盖

2. 盖类零件的结构形状

盖类零件的基本形状多为扁平的圆形或方形盘状结构，轴向尺寸相对于径向尺寸小很多，如图 5-18 所示。常见的零件主体一般由多个同轴的回转体，或由一个正方体与几个同轴的回转体组成；主体上常有沿圆周方向均匀分布的凸缘、肋条、光孔或螺纹孔、销孔等局部结构；常用作端盖、齿轮、带轮、链轮、压盖等，制造材料一般多为灰铸铁。

图 5-18　主轴承盖三维图

任务实施

1. 分析主轴承盖的结构形状

1）主轴承盖零件图采用了主视图和左视图表达其结构。其中，主视图为旋转剖切的全剖视图，主要表达零件的内部结构和各表面的轴向相对位置。左视图主要表达零件的外形轮廓，以及主体上凸缘、沉孔、肋条的分布情况。此外，主视图还采用重合断面图来表达肋条的结构。

2）从主视图可以看出，主体由多个同轴的内孔和外圆组成。从左视图可以看出，主体沿圆周方向均匀分布有圆弧状凸缘、肋条、沉孔，由此可以想象出主轴承盖的结构形状，如图 5-18 所示。

2. 明确主轴承盖的装配位置和作用

由产品（主轴承盖部分）装配示意图（图 5-16）可知，主轴承盖的作用是支承主轴承，并起轴向定位作用（ϕ142k6 外圆装配于机体内孔，ϕ60H7 孔用于安装主轴承，*M* 面为装配基面，与基体的侧面接合；*N* 面为轴向定位面，与主轴承的轴肩端面接合，主轴承盖用螺栓固定在机体上，如图 5-19 所示）。

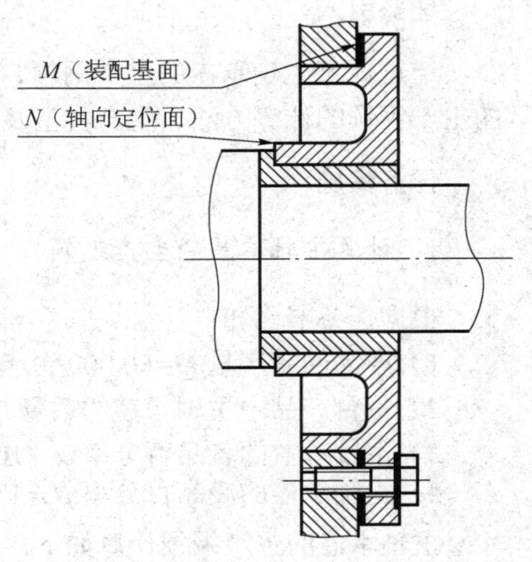

图 5-19　主轴承盖装配基准

3. 确定主轴承盖加工关键

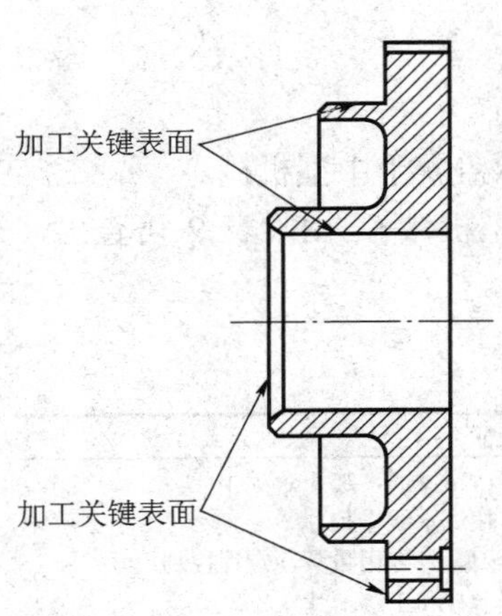

图 5-20　主轴承盖加工关键表面

1）ϕ60H7 孔、ϕ142k6 外圆都具有较高的尺寸精度（IT7、IT6 级）和位置精度（同轴度ϕ0.02）要求，表面粗糙度 *Ra* 的值为1.6μm，是加工关键表面。

2）*M*、*N* 面距离尺寸为$28^{+0.05}_{0}$，尺寸精度要求不高（查附表 1 可知约为 IT9 级），但位置精度要求较高（与ϕ60H7 孔轴线垂直度允差为 0.05），表面粗糙度 *Ra* 值分别为 1.6μm 和 3.2μm，也是加工关键表面。

3）6×ϕ9 和ϕ18 沉孔尺寸精度要求较低（未注公差等级），表面粗糙度 *Ra* 为 12.5μm，是加工次要表面。

4）其他表面均为不加工表面。

主轴承盖加工关键表面如图 5-20 所示。

5.2.2 确定盖类零件的生产类型

教学目标

*掌握盖类零件生产纲领的计算方法。
*掌握盖类零件生产类型及其工艺特征的确定方法。

任务引入

通过计算主轴承盖的生产纲领、确定主轴承盖的生产类型及其工艺特征，学习盖类零件的生产纲领的计算方法、生产类型及其工艺特征的确定方法。

任务实施

1. 计算主轴承盖的生产纲领

根据任务书已知：
1）产品的年产量 Q=50 000 台/年。
2）每台产品中主轴承盖的数量 $n=1$ 件/台。
3）主轴承盖的备品百分率 $\alpha=10\%$。
4）主轴承盖的废品百分率 $\beta=1\%$。
主轴承盖的生产纲领计算如下：

$$\begin{aligned}N&=Qn(1+\alpha)(1+\beta)\\&=50\,000\times1\times(1+10\%)\times(1+1\%)\\&=55\,550(\text{件}/\text{年})\end{aligned}$$

2. 确定主轴承盖的生产类型及其工艺特征

主轴承盖属于柴油机类型的零件，由附表 2 可确定，主轴承盖属于中型机械。
根据主轴承盖的生产纲领（55 550 件/年）及零件类型（中型机械），由附表 2 可查出，主轴承盖的生产类型为大量生产，工艺特征如表 5-13 所示。

表 5-13 主轴承盖的生产纲领和生产类型

生产纲领	生产类型	工艺特征
55 550 件/年	大量生产	1）毛坯采用金属模机器造型的制造方法，精度高，加工余量小 2）加工设备采用自动机床、专用机床，按流水线排列 3）工艺装备采用专用夹具、专用或复合刀具、专用量具，定程控制尺寸 4）工艺文档需编制详细的加工工艺过程卡片和工序卡片 5）生产效率高、成本低，对操作工人的技术要求较低，对调整工人的技术水平要求较高

5.2.3 确定盖类零件的毛坯类型及其制造方法

教学目标

*掌握盖类零件毛坯的类型及其制造方法的选择方法。

＊掌握盖类零件毛坯的机械加工余量的估算方法。

＊掌握盖类零件的毛坯简图的绘制方法。

任务引入

通过选择主轴承盖毛坯的类型及其制造方法，估算主轴承盖毛坯的机械加工余量，绘制主轴承盖的毛坯简图，学习选择盖类零件毛坯的类型及其制造方法，以及盖类零件毛坯的机械加工余量的估算方法、毛坯简图的绘制方法。

相关知识

1）铸造毛坯的制造方法：

① 铸造的方法有多种，如砂型铸造、压力铸造、金属型铸造、精密铸造等。其中，砂型铸造是最常用的方法。

② 铸造毛坯的制造方法决定了其制造精度。精度越高，毛坯机加工的余量越小，加工工作量和材料消耗量就越少，加工成本也就越低，但毛坯的制造成本反而会提高。因此，铸件毛坯的制造精度并不是越高越好，而应考虑生产总成本及加工条件。

③ 铸造毛坯的制造方法根据零件的生产类型、材料、力学性能、零件结构、生产条件来确定，不同的生产批量要与不同的毛坯制造方法相适应。

④ 生产批量较小时，铸件一般采用木模手工造型的砂型铸造法。由于木模制造一次性投入费用较低，因此这种方法适用于单件和小批量生产。

⑤ 生产批量较大时，铸件一般采用金属模机械造型的砂型铸造法。紧砂与起模工序均采用机械化代替手工操作，生产率高，但需配备金属模板和相应的造型设备，一次性投入费用较高，所以这种方法不适用于较小批量的生产。

2）毛坯尺寸的公差一般是在公称尺寸上标注双向偏差。

任务实施

1. 确定主轴承盖毛坯的类型及其制造方法

（1）选择毛坯的类型

由附表 3 可知，铸铁材料的零件一般情况下只能采用铸件。根据主轴承盖的制造材料（灰铸铁 HT200）可以确定，毛坯类型为铸件。

（2）选择毛坯的制造方法

根据主轴承盖的材料，查附表 2 可得出，主轴承盖的毛坯采用金属模机器造型的铸造方法。

2. 估算主轴承盖毛坯的机械加工余量

根据主轴承盖毛坯的最大轮廓尺寸（ϕ184）和加工表面的公称尺寸（按最大尺寸ϕ142），查附表 13（按中间等级 2 级精度查表）可得出，顶面的机械加工余量为 5，底面及侧面的机械加工余量为 4。各加工表面的机械加工余量统一取 5。查附表 14 可得出，主轴承盖毛坯的尺寸偏差为±1.0 。

3. 绘制主轴承盖毛坯简图

主轴承盖毛坯简图的绘制方法和步骤如表 5-14 所示。

表 5-14 主轴承盖毛坯简图的绘制方法和步骤

序号	步骤	图例	序号	步骤	图例
1	用双点画线画出零件图的主视图，只画主要结构，次要结构简化不画，非毛坯制造的孔不画	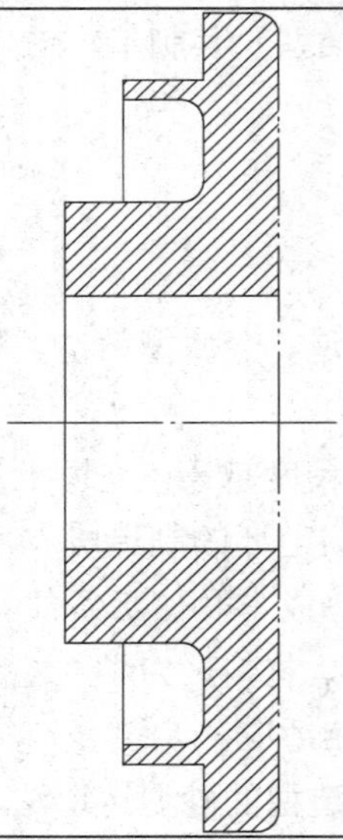	3	加粗或加深毛坯轮廓线，在余量层内打上网纹线，以区别剖面线	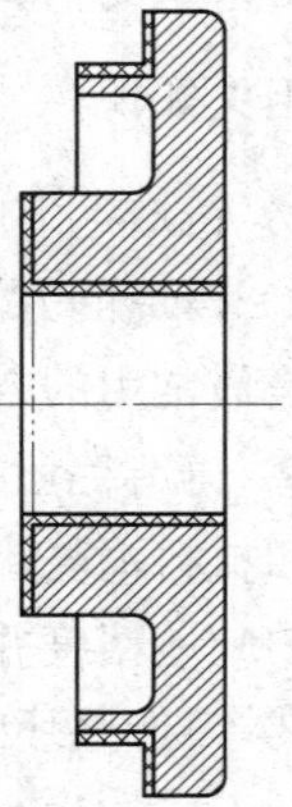
2	将加工总余量按尺寸用粗实线画在加工表面	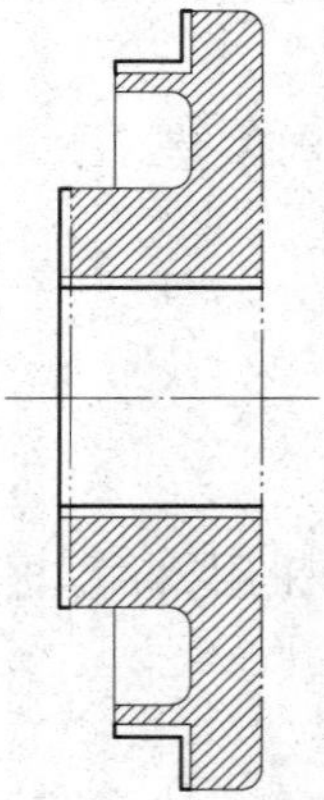	4	标注毛坯的主要尺寸	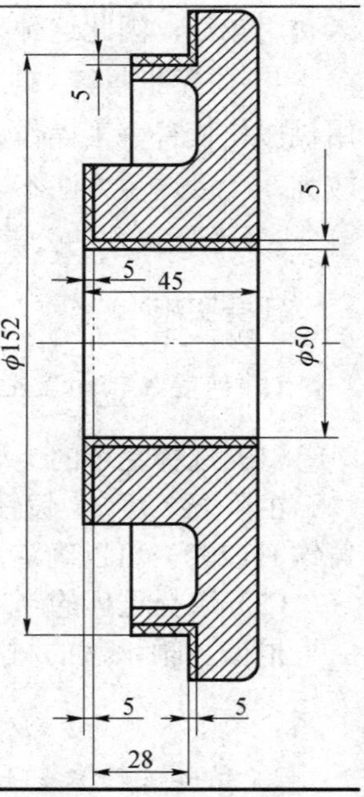 5 5 5 45 φ152 φ50 5 5 28

5.2.4 选择盖类零件的定位基准和加工装备

教学目标

⋆掌握盖类零件精基准的选择方法。

*掌握盖类零件粗基准的选择方法。

*掌握主轴承盖加工装备的选择方法。

任务引入

通过具体选择主轴承盖的精基准、粗基准及加工装备，掌握盖类零件的基准及其加工装备的选择方法。

相关知识

1）以毛坯表面作为定位基准，称为粗基准。

2）粗基准的选择原则如下（详见 2.3 节）：

① 选用的粗基准必须便于加工精基准，以尽快获得精基准。

② 粗基准应选用面积较大，平整光洁，没有浇口、冒口、飞边等缺陷的表面，这样工件定位才稳定可靠。

③ 当有多个不加工表面时，应选择与加工表面位置精度要求较高的表面作为粗基准。

④ 当工件的加工表面与某不加工表面之间有相互位置精度要求时，应选择该不加工表面作为粗基准。

⑤ 工件的某重要表面要求加工余量均匀时，应选择该表面作为粗基准。

⑥ 粗基准在同一尺寸方向上应只使用一次。

任务实施

1. 选择主轴承盖的精基准

1）分析零件图可知，ϕ60H7 孔轴线是高度方向和宽度方向的设计基准，*M* 面是长度方向的设计基准，如图 5-21 所示。

2）根据基准重合原则，考虑选择已加工的孔ϕ60H7 和 *M* 面作为精基准，这样可以保证关键表面ϕ142k6 外圆的同轴度、*N* 面的垂直度要求。此外，这一组定位基准定位面积较大，工件的装夹稳定可靠，容易操作，夹具结构也比较简单，如图 5-22 所示。

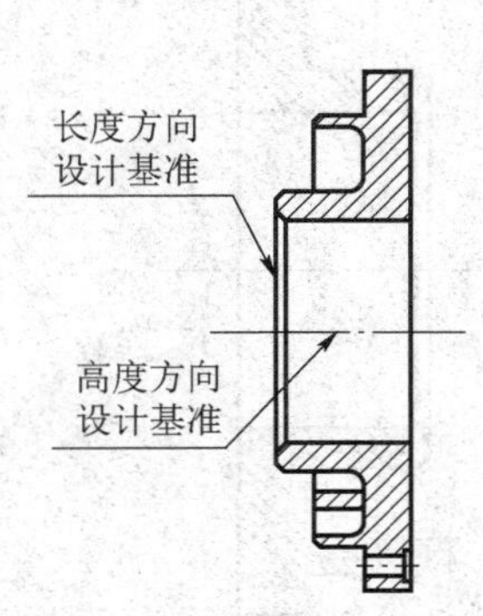

图 5-21　主轴承盖设计基准

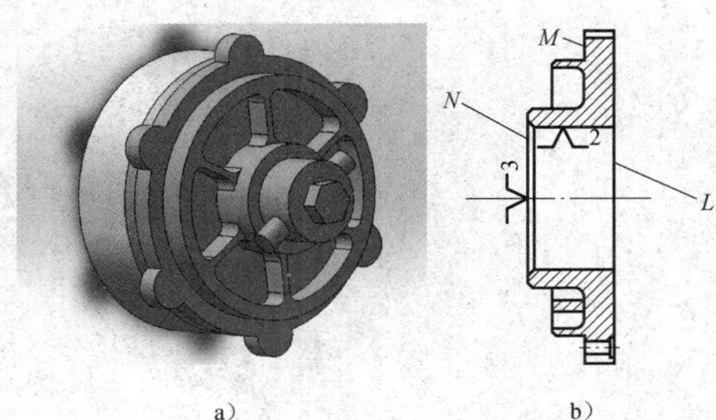

图 5-22　主轴承盖精基准

a）精基准装夹模型图；b）精基准示意图

3）根据基准统一原则，零件各表面的加工过程分析如下：

① 加工ϕ142k6 外圆、*N* 面时，可使用这一组精基准定位。

② 加工 6×ϕ9 孔和ϕ18 沉孔时，如图 5-23 所示，由于 *M* 面的直径只有ϕ80，比加工孔的位置尺寸ϕ160 小，工件装夹有可能不够稳定可靠。改用 *N* 面定位，可极大地提高工件装夹的稳定可靠性。因此，加工 6×ϕ9 孔和ϕ18 沉孔时，采用 *N* 面与ϕ60H7 孔作为定位基准更合理。

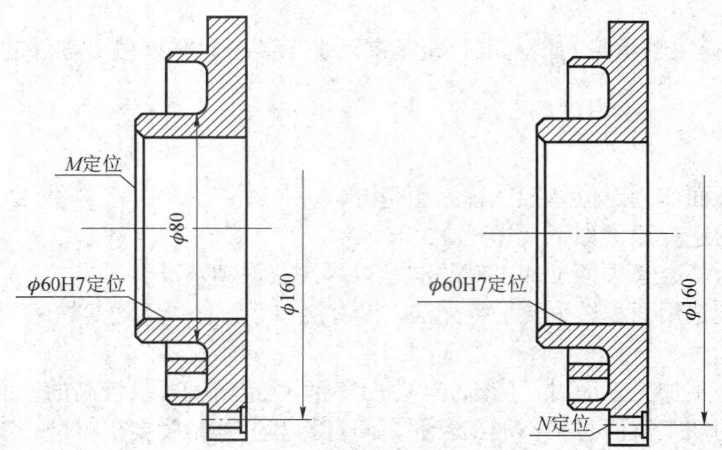

图 5-23　加工沉孔时采用的定位精基准

4）选择 *M* 面和ϕ60H7 孔作为主要定位基准时，加工其他表面时使用这一组定位基准作为主要精基准，既符合基准重合原则，又符合基准统一原则，且合理、可行。

5）由于定位基准与设计基准重合，不需要对它的工艺尺寸和定位误差进行分析和计算。

2. 选择主轴承盖的粗基准

选择不加工的ϕ160 外圆、*L* 面作为粗基准，不仅能方便地加工出 *M* 面和ϕ60H7 孔（精基准），还可以保证ϕ160 外圆与ϕ142k6 外圆的轴线重合。ϕ160 外圆、*L* 面的面积较大，也较平整光洁，无浇口、冒口、飞边等缺陷，符合粗基准的要求，如图 5-24 所示。

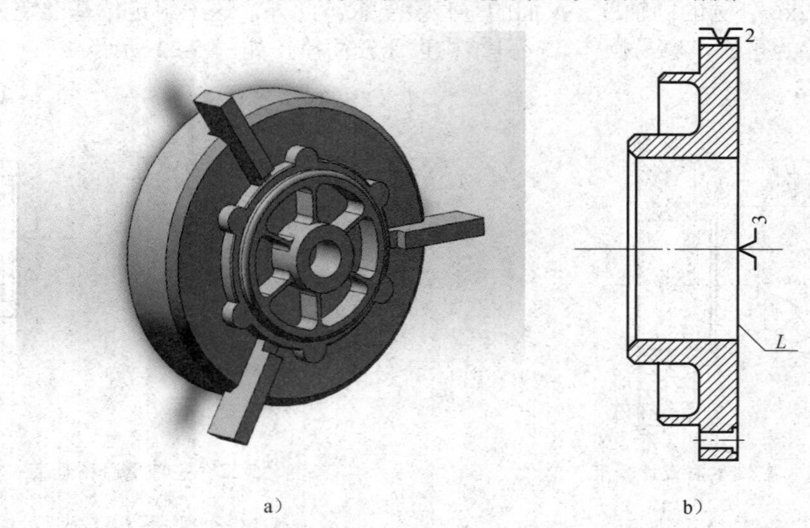

图 5-24　主轴承盖粗基准

a）粗基准装夹模型图；b）粗基准示意图

3. 选择加工工艺装备

根据主轴承盖的工艺特性，采用专用机床加工，如图 5-25 和图 5-26 所示。工艺装备采用专用夹具、专用刀具和专用量具。

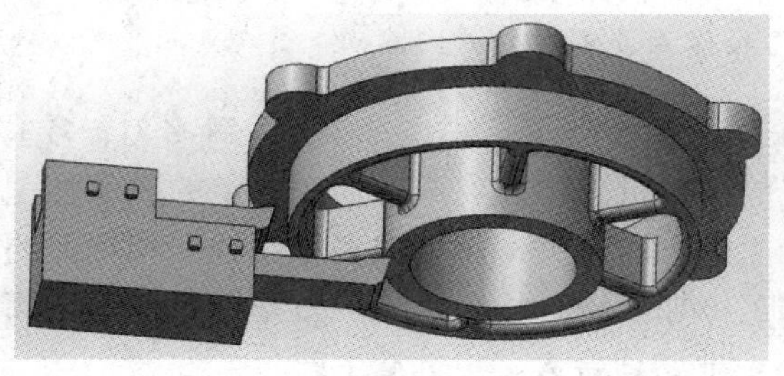

图 5-25　双刀切削端面示意图

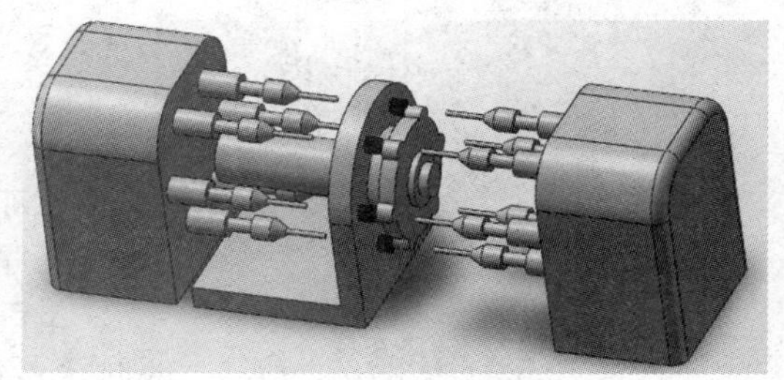

图 5-26　专用双面多轴钻床加工示意图

5.2.5 拟订盖类零件工艺路线

教学目标

* 掌握选择盖类零件各表面的加工方法。
* 掌握初步拟订盖类零件机械加工工艺路线的方法。

任务引入

通过选择主轴承盖表面的加工方法及初步确定主轴承盖机械加工工艺路线，学习选择盖类零件的加工方法，以及盖类零件机械加工工艺路线的拟订方法。

相关知识

1. 组合工序的原则

工序有两种不同的组合原则，即工序分散原则和工序集中原则。一般单件小批量生产应遵循工序集中原则，大批量生产既可按工序集中原则，又可按工序分散原则。

2. 工序分散的特点（详见 2.5 节）

1）工序多，工艺过程长，每个工序所包含的加工内容很少，特殊情况下每个工序只有一个工步。
2）所使用的加工设备与工艺装备比较简单，易于调整和掌握。
3）有利于选择合理的切削用量，以减少基本加工时间。
4）生产技术准备工作较容易，易于变换产品。

3. 工序集中的特点（详见 2.5 节）

1）零件各个表面的加工，集中在少数几个工序内完成，每个工序所安排的加工内容多。
2）工件装夹次数少，加工表面间的相互位置精度易于保证。
3）有利于采用高效的专用设备和工艺装备。

图 5-27　转塔车床

4）生产计划和组织简单化，生产面积和操作工人的数量少，辅助时间短。

5）专用设备和工艺装备投资大，调整和维护复杂，生产技术准备工作量大，变换产品困难。

4. 转塔车床介绍

1）如图 5-27 所示，转塔车床是一种多刀、多工位加工的高效机床，能完成普通车床上的各种加工工序，工件一次装夹，可完成多个圆柱面和端面的车削加工，加工质量稳定，生产效率比普通车床高 2～3 倍，非常适合大、中批量生产。

2）与普通车床相比，转塔车床的主要结构特点是没有尾架和丝杠，在尾架的位置上装有一个能纵向移动的六工位转塔刀架主切削刀架，另外还有能纵、横向移动的前、后刀架辅助刀架，可单独切削，也可联合切削，如图 5-28 所示。

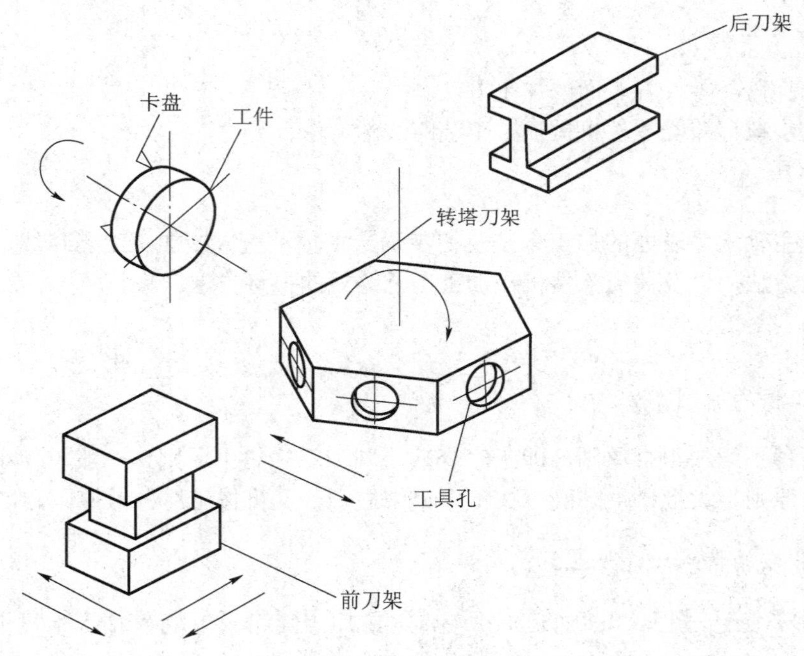

图 5-28　加转塔刀架示意图

3）转塔刀架各刀具均按加工顺序预调好，切削一次后，刀架退回并转位，再用另一把刀切削。由于刀具数量多，因此调整刀具需花费较多时间。

4）用可调挡块控制刀具行程终点位置，或用插销板式程序控制半自动循环加工。

5）刀架的纵横向进给设有撞停定程装置，可以自动控制工件尺寸，以保证成批工件尺寸的一致性。此外，还能自动实现机床的变速预选、进给量改变等操作，或整机半自动化和自动化操作。

任务实施

1. 选择主轴承盖各表面的加工方法

根据加工表面的精度和表面粗糙度要求，查附表 9，可得各外圆的加工方案，如表 5-15 所示。

表 5-15　各加工表面的加工方案

加工表面	精度要求	表面粗糙度 Ra/μm	加工方案
ϕ60H7 孔	IT7	1.6	粗车→半精车→精车
ϕ142k6 外圆	IT6	1.6	粗车→半精车→精车
M、N 面（两端面距离 $28_{0}^{+0.05}$）	IT9	1.6、3.2	粗车→半精车→精车
6×ϕ9、ϕ18 沉孔	IT12 以上	12.5	钻孔

2. 初步拟订主轴承盖机械加工工艺路线

（1）划分加工阶段

根据表 5-15 和相关知识可知，主轴承盖主要表面的加工可划分为粗加工、半精加工和精加工三个阶段。考虑工序过于分散，装夹次数太多，反而影响生产效率，所以划分为粗加工、精加工两个阶段即可。

（2）组合工序

由于主轴承盖属于大批量生产，组合工序既可按工序分散原则，又可按工序集中原则。本实例考虑要充分利用现有资源中的半自动转塔车床，因此尽量采用多刀多工位加工，组合工序遵循工序集中原则。

（3）安排加工顺序

根据机械加工的安排原则，先安排基准面和主要表面的粗加工，然后安排基准面和主要表面的精加工。

（4）初步拟订工艺路线

根据上述分析，初步拟订两个加工工艺路线方案，如表 5-16 和表 5-17 所示。

表 5-16　主轴承盖机械加工工艺路线方案一

工序号	工序名称	工序内容	加工设备
10	检验	外协毛坯检验	
20	车削	粗车ϕ60H7 内孔、ϕ142k6 外圆及 M、N 面（以毛坯面ϕl60 外圆和 L 端面定位）	转塔车床
30	车削	半精车、精车ϕ60H7 内孔（以已粗加工的ϕ142k6 外圆及 M 端面定位）	普通车床
40	车削	半精车、精车ϕ142k6 外圆及 M、N 面（以已加工ϕ60H7 的内孔和 N 端面定位）	普通车床
50	钻锪削	钻 6×ϕ9 孔，锪 6×ϕ18 沉孔（以已加工ϕ60H7 的内孔和 M 端面定位）	专用车床
60	去毛刺	去锐边毛刺，吹铁屑	
70	终检	按检验工序卡片的要求检验	

注：优点为定位精基准的选择比方案二更合理，各车削工序加工内容比方案二均衡。

缺点为转塔车床为半自动机床，价格高于普通车床，长期用于粗加工工序，易降低该机床的加工精度。如果该转塔车床为旧设备，则不需考虑保持机床精度的问题。

表 5-17　主轴承盖机械加工工艺路线方案二

工序号	工序名称	工序内容	加工设备
10	检验	外协毛坯检验	
20	车削	粗车ϕ60H7 内孔（以未加工的ϕ142k6 外圆及 M 端面定位）	普通车床
30	车削	粗车ϕ142k6 外圆及 M、N 面（以已加工的ϕ60H7 内孔及毛坯面和 L 端面定位）	普通车床
40	车削	半精车、精车ϕ60H7 孔、ϕ142k6 外圆及 M、N 面（以毛坯面ϕ160 外圆和 L 端面定位））	转塔车床
50	钻锪削	钻 6×ϕ9 孔，锪 6×ϕ18 沉孔（以已加工ϕ60H7 的内孔和 M 端面定位）	专用车床
60	去毛刺	去锐边毛刺，吹铁屑	
70	终检	按检验工序卡片的要求检验	

注：优点为半自动转塔车床用于精车工序，有利于长期保持该机床的加工精度。

缺点为半精车、精车工序的定位基准不合理，且其加工内容过于集中，精加工质量监控集中在同一工序，调刀、检验等工作量大；工序时间比其他工序长很多，工序不够均衡。

综合比较上述两个方案，方案一比方案二更合理，所以选择方案一。

5.2.6　设计盖类零件的加工工序

教学目标

*掌握盖类零件工序加工余量及尺寸的确定方法。

*掌握盖类零件工序工时定额的计算方法。

任务引入

通过具体确定主轴承盖各工序加工余量及工序尺寸，计算主轴承盖各工序工时定额，学习盖类零件工序尺寸及其公差的确定方法，以及工时定额的计算方法。

相关知识

1）加工余量的确定。

① 加工总余量（毛坯余量）：毛坯尺寸与零件图设计尺寸之差。

② 工序余量：相邻两工序的工序尺寸之差。

2）各种回转表面（内外圆柱面、圆锥面、成形回转面等）和回转体端面的加工主要采用车削的方法。

3）车床是车削加工的主要技术装备，是使用最多、应用最广和数量最多的一种金属切削机床，其中以卧式车床应用最广泛。

4）大批生产时，螺纹的加工应采用攻丝机。

5）各种表面的加工方案可参照相关附表确定。

6）工序尺寸的公差一般按入体原则标注（即公差指向体内）。

7）确定切削用量在已选定的刀具材料及几何角度的基础上进行。

任务实施

1. 确定主轴承盖各工序的加工余量及工序尺寸

（1）确定ϕ60H7 孔的加工余量及工序尺寸

已知：

1）ϕ60H7 孔的加工过程如图 5-29 所示。

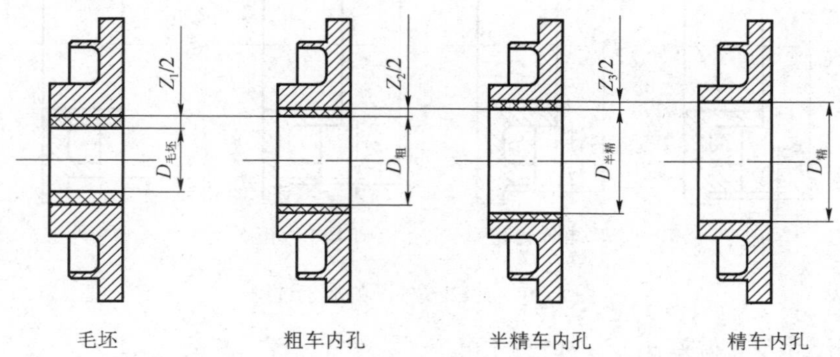

图 5-29　ϕ60H7 孔的加工过程

2）毛坯尺寸及其偏差 $D_{毛坯}=\phi50\pm1.0$。

3）精车工序尺寸及其公差 $D_{精}=\phi60H7^{+0.03}_{0}$。

查附表 15 得出，半精加工的加工余量经验值是 1～2mm，精加工的加工余量经验值是 0.1～0.8mm。考虑精车与半精车ϕ60H7 孔在同一工序同一次装夹的情况下完成，精车与半精车不存在定位误差，以及精车的加工余量可以取小值，所以精车ϕ60H7 孔的单边加工余量取 0.3，半精车单边加工余量取 1.2。

半精车内孔的尺寸及表面精度的确定，可参考附表 17。

附表 17 中粗镗（粗扩）半精镗孔的经济精度为 IT9～IT10 级，表面粗糙度 *Ra* 为 1.6～3.2μm。半精车ϕ60H7 孔的公差等级取 IT9 级，表面粗糙度 *Ra* 为 3.2μm。

粗车（参考粗镗）孔的经济精度为 TI11～IT12 级，表面粗糙度 *Ra* 为 6.3～12.5μm。粗车ϕ60H7 孔的公差等级取 IT12 级，表面粗糙度 *Ra* 取 12.5μm。

根据工序尺寸和公差等级，查附表 1 得出精车、半精车ϕ60H7 孔的工序尺寸偏差，按入体原则标注。ϕ60H7 孔的加工余量及工序尺寸如表 5-18 所示。

表 5-18　ϕ60H7 孔的加工余量及工序尺寸

工序	公称尺寸/mm	工序双边余量 *Z*/mm	公差等级	偏差/mm	尺寸及其公差/mm	表面粗糙度 *Ra*/μm
精车	$D_{精}=\phi60$	$Z_3=2\times0.3=0.6$	IT7	$^{+0.03}_{0}$	$\phi60H7^{+0.03}_{0}$	1.6
半精车	$D_{半精}=\phi(60-0.6)=\phi59.4$	$Z_2=2\times1.2=2.4$	IT9	$^{+0.074}_{0}$	$\phi59.4^{+0.074}_{0}$	3.2
粗车	$D_{粗}=\phi(59.4-2.4)=\phi57$	$Z_1=57-52=5$	IT12	$^{+0.3}_{0}$	$\phi57^{+0.3}_{0}$	12.5
毛坯	$D_{毛坯}=\phi52$	总余量 $Z_0=2\times4=8$		±1.0	$\phi52\pm1.0$	

（2）确定ϕ142k6 外圆的加工余量及工序尺寸

已知：

1）ϕ142k6 外圆的加工过程如图 5-30 所示。

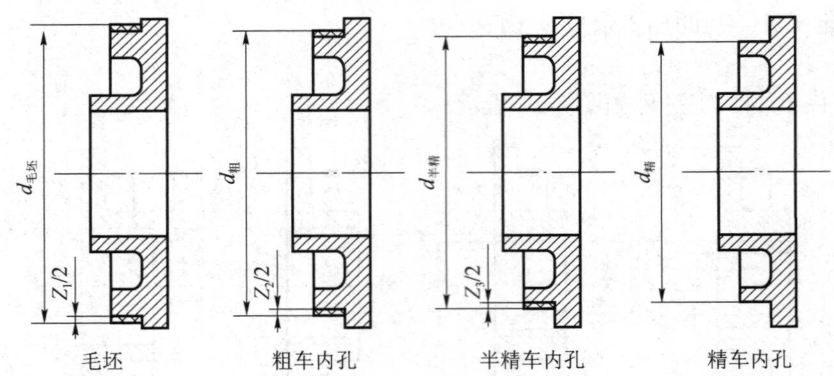

图 5-30　ϕ142k6 外圆的加工过程

2）毛坯尺寸及其偏差 $d_{毛坯}=\phi152\pm1.0$。

3）精车工序尺寸 $d_{精}=\phi142\text{k}6^{+0.028}_{+0.003}$。

查附表 15 得出，精车的加工余量经验值是 0.1～0.8mm。考虑精车与半精车ϕ142k6 外圆在同一工序一次装夹的情况下完成，精车与半精车不存在定位误差，以及精车的加工余量可以取小值，所以精车ϕ142k6 外圆的单边加工余量取 0.3mm。

根据尺寸（ϕ142）和长度（28），查附表 15 得出，半精车ϕ142k6 外圆的加工余量为 2.0mm（为双边余量时）。查附表 9 得出，半精车经济精度为 IT8～IT10 级，表面粗糙度 *Ra* 为 6.3～3.2μm。半精车ϕ142k6 外圆的公差等级取 IT9 级，表面粗糙度 *Ra* 为 3.2μm。

查附表 9 得出，粗车外圆的经济精度为 IT11 级以上表面粗糙度为 25～6.3μm。粗车ϕ142k6 外圆的公差等级取 IT12 级，表面粗糙度 *Ra* 取 12.5μm。

根据工序尺寸和公差等级，查附表 15 得出精车、半精车ϕ142k6 外圆的工序尺寸偏差，按“入体原则”标注，ϕ142k6 外圆的加工余量及工序尺寸见表 5-19。

表 5-19　ϕ142k6 外圆的加工余量及工序尺寸

工序	公称尺寸/mm	工序双边余量 Z/mm	公差等级	偏差/mm	尺寸及其公差/mm	表面粗糙度 Ra/μm
精车	$d_{精}=\phi142$	$Z_3=2\times0.3=0.6$	IT6	$^{+0.028}_{+0.003}$	$\phi142\text{k}6^{+0.028}_{+0.003}$	1.6
半精车	$d_{半精}=\phi(142+0.6)=\phi142.6$	$Z_2=2\times1.2=2.4$	IT9	$^{0}_{-0.1}$	$\phi142.6^{0}_{-0.1}$	3.2
粗车	$d_{粗}=\phi(142.6+2.4)=\phi145$	$Z_1=(150-145)=5$	IT12	$^{0}_{-0.4}$	$\phi144.6^{0}_{-0.4}$	12.5
毛坯	$d_{毛坯}=\phi150$	总余量 $Z_0=2\times4=8$		±1.0	$\phi150\pm1.0$	

（3）确定 *M*、*N* 面的加工余量及工序尺寸

已知：

1）*M*、*N* 面的加工过程如图 5-31 所示。

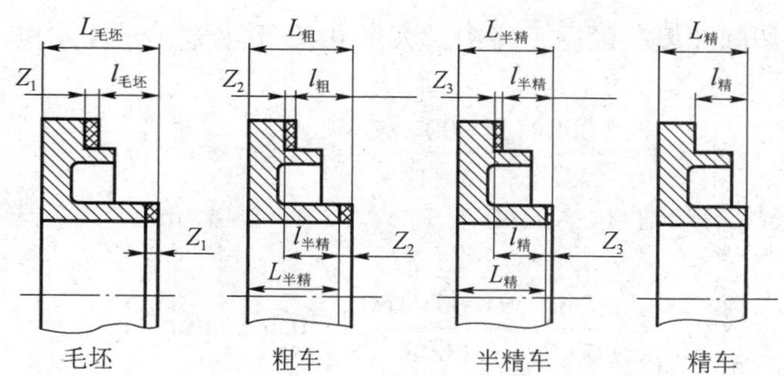

图 5-31　M、N 面的加工过程

2）毛坯尺寸及其偏差 $L_{毛坯}=43\pm1.0$，$l_{毛坯}=28\pm1.0$。

3）精车工序尺寸 $L_{精}=40$，$l_{精}=28_{0}^{+0.05}$。

查附表 15 得出，精车的加工余量经验值是 0.1～0.8mm。考虑精车与半精车 M、N 面在同一工序一次装夹的情况下完成，精车与半精车不存在定位误差，精车的加工余量可以取小值，所以精车 M、N 面的加工余量取 0.3mm。

根据零件全长（40）和长端面最大直径（ϕ184），查附表 12 得出，半精车时 M、N 面的加工余量为 1.2mm。查附表 9 得出，半精车外圆的经济精度为 IT8～IT10 级，表面粗糙度 *Ra* 为 3.2～6.3μm。M、N 面的公差等级取 IT10 级，表面粗糙度 *Ra* 为 3.2～6.3μm。

查附表 12 得出，粗车端面的尺寸精度为 IT12～IT13 级，粗车 M、N 面的公差等级取 IT13 级，表面粗糙度 *Ra* 取 12.5μm。

根据工序尺寸和公差等级，查附表 1 得出精车、半精车 M、N 面的工序尺寸及其公差数值，因 M、N 面距离尺寸无法按入体原则标注，此类工序尺寸的公差可以按精车工序的形式标注。M、N 面的加工余量及工序尺寸如表 5-20 所示。

表 5-20　M、N 面的加工余量及工序尺寸

工序	公称尺寸/mm	工序双边余量 Z/mm	公差等级	偏差/mm	尺寸及其公差 /mm	表面粗糙度 Ra/μm
精车	$L_{精}=40$(已知) $l_{精}=28$(已知)	$Z_3=0.3$	— IT9	— $_{0}^{+0.05}$	40 $28_{0}^{+0.05}$	1.6(M面) 3.2(N面)
半精车	$L_{半精}=40+0.3=40.3$ $l_{半精}=28+0.3-0.3=28$	$Z_2=1.2$	— IT10	— $_{0}^{+0.084}$	40.3 $28_{0}^{+0.084}$	3.2(M面) 6.3(N面)
粗车	$L_{粗}=40.3+1.2=41.5$ $l_{粗}=28+1.2-1.2=28$	$Z_1=44-41.5$ $=2.5$	— IT13	— $_{0}^{+0.33}$	41.5 $28_{0}^{+0.33}$	12.5
毛坯	$L_{毛坯}=44$ $l_{毛坯}=28$	总余量 $Z_0=4$		±1.0	44±1.0 28±1.0	

2. 选择主轴承盖各工序的切削用量

（1）粗车工序

1）确定进给量。根据加工材料（因附表 19 中未列出铸铁材料，可根据材料的硬度 170～241）和背吃刀量（3.5～3.7），查附表 19 得（大批量生产时按焊接式硬质合金刀具）切削速度 $v=90$～$100\text{m}\cdot\text{min}^{-1}$，进给量 $f=0.50\text{mm}\cdot\text{r}^{-1}$。

2）确定转速和切削速度。根据工序中最大尺寸（端面直径$\phi184$）和转速$v=\pi Dn/1\,000$，初算主轴转速为

$$n=\frac{1\,000v}{\pi D}=\frac{1\,000\times 90}{\pi\times 184}\approx 155.8(\mathrm{r\cdot min^{-1}})$$

查附表 20 车床技术参数（CA6140 正转），取$n=160\mathrm{r\cdot min^{-1}}$，各表面的实际切削速度分别为

$$v_{内孔}=\frac{\pi Dn}{1\,000}=\frac{\pi\times 60\times 160}{1\,000}\approx 30.1(\mathrm{m\cdot min^{-1}})$$

$$v_{外圆}=\frac{\pi Dn}{1\,000}=\frac{\pi\times 144.6\times 160}{1\,000}\approx 72.6(\mathrm{m\cdot min^{-1}})$$

$$v_{端面}=\frac{\pi Dn}{1\,000}=\frac{\pi\times 184\times 160}{1\,000}\approx 92.4(\mathrm{m\cdot min^{-1}})$$

（2）半精、精车$\phi60$H7 孔工序

1）确定进给量。根据加工材料（因附表 19 中未列出铸铁材料，可根据材料的硬度 170～241）和背吃刀量（0.3～1.3），查附表 19 得（大批量生产时按焊接式硬质合金刀具）切削速度$v=115\text{～}130\mathrm{m\cdot min^{-1}}$，进给量$f=0.18\mathrm{mm\cdot r^{-1}}$。

2）确定转速和切削速度。根据工序中最大尺寸（$\phi60$）和转速$v=\pi Dn/1\,000$，初算主轴转速为

$$n=\frac{1\,000v}{\pi D}=\frac{1\,000\times 115}{\pi\times 60}\approx 610.4(\mathrm{r\cdot min^{-1}})$$

查转塔车床说明书，取$n=560\mathrm{r\cdot min^{-1}}$，实际车削速度为

$$v_{半精}=\frac{\pi Dn}{1\,000}=\frac{\pi\times 59.4\times 560}{1\,000}\approx 104.4(\mathrm{m\cdot min^{-1}})$$

$$v_{精}=\frac{\pi Dn}{1\,000}=\frac{\pi\times 60\times 560}{1\,000}\approx 105.5(\mathrm{m\cdot min^{-1}})$$

（3）半精、精车$\phi142$k6 外圆和M、N面工序

1）确定进给量。根据加工材料（因附表 19 中未列出铸铁材料，可根据材料的硬度 170～241）和背吃刀量（0.3～1.3），查附表 19（大批量生产时按焊接式硬质合金刀具）得切削速度$v=115\text{～}130\mathrm{m\cdot min^{-1}}$，进给量$f=0.18\mathrm{mm\cdot r^{-1}}$。

2）确定转速和切削速度。根据工序中最大尺寸（$\phi184$）和转速$v=\pi Dn/1\,000$，初算主轴转速为

$$n=\frac{1\,000v}{\pi D}=\frac{1\,000\times 130}{\pi\times 184}\approx 225.0(\mathrm{r\cdot min^{-1}})$$

查附表 20 车床技术参数（CA6140 正转），取$n=250\,\mathrm{r\cdot min^{-1}}$，实际切削速度为

$$v_{半精车外圆}=\frac{\pi Dn}{1\,000}=\frac{\pi\times 142.6\times 250}{1\,000}\approx 111.9(\mathrm{m\cdot min^{-1}})$$

$$v_{精车外圆}=\frac{\pi Dn}{1\,000}=\frac{\pi\times 142\times 250}{1\,000}\approx 111.5(\mathrm{m\cdot min^{-1}})$$

$$v_{半精、精端面}=\frac{\pi Dn}{1\,000}=\frac{\pi\times 184\times 250}{1\,000}\approx 144.4(\mathrm{m\cdot min^{-1}})$$

（4）钻、锪 $6\times\phi9$、$\phi18$ 沉孔工序

1）确定进给量。本工序采用专用机床群钻加工，根据工件材料（灰铸铁、硬度 170～241HB）和深径比（$l/d_0=12/9\approx1.3$），查《机械加工工艺手册》（杨叔子主编，机械工业出版社）中表 28-16《群钻的切削用量》，表中未列出 $d_0=9$，可按 $d_0=8$ 或 $d_0=10$ 查表，也可取两者的中间值，得出进给量 $f=0.24\text{mm}\cdot\text{r}^{-1}$，$v=35\text{m}\cdot\text{min}^{-1}$。

根据刀具材料（高速钢锪钻）和工件材料（铸铁），查附表 21 得，进给量 $f=0.13$～$0.18\text{mm}\cdot\text{r}^{-1}$，切削速度 $v=37$～$43\text{m}\cdot\text{min}^{-1}$。因为锪孔采用专用机床多刀加工，所以切削用量取最小值或小于最小值，取 $f=0.1\text{mm}\cdot\text{r}^{-1}$，$v=35\text{m}\cdot\text{min}^{-1}$。

2）确定转速和实际切削速度。根据公式 $v=\pi Dn/1\,000$ 和加工直径（$\phi9$）、$v(16\text{m}\cdot\text{min}^{-1})$，计算钻孔主轴转速为

$$n=\frac{1\,000v}{\pi D}=\frac{1\,000\times16}{\pi\times9}\approx566.2(\text{r}\cdot\text{min}^{-1})$$

因专用机床为自行设计机床，其切削用量按计算值取整数既可。取钻孔主轴 $n=570\text{r}\cdot\text{min}^{-1}$，钻孔实际切削速度为

$$v_{钻}=\frac{\pi Dn}{1\,000}=\frac{\pi\times9\times570}{1\,000}\approx16.1(\text{m}\cdot\text{min}^{-1})$$

根据公式 $v=\pi Dn/1\,000$ 和加工直径（$\phi18$）、$v(35\text{m}\cdot\text{min}^{-1})$，计算锪孔主轴转速为

$$n=\frac{1\,000v}{\pi D}=\frac{1\,000\times35}{\pi\times18}\approx619.2(\text{r}\cdot\text{min}^{-1})$$

同理，取锪孔主轴转速 $n=620\text{r}\cdot\text{min}^{-1}$。锪孔实际切削速度为

$$v_{锪}=\frac{\pi Dn}{1\,000}=\frac{\pi\times18\times620}{1\,000}\approx35.0(\text{m}\cdot\text{min}^{-1})$$

各工步切削用量汇总表如表 5-21 所示。

表 5-21　各工步切削用量汇总表

工序	工步内容	背吃刀量 /mm	进给次数	进给量 /$(\text{mm}\cdot\text{r}^{-1})$	主轴转速 /$(\text{r}\cdot\text{min}^{-1})$	切削速度 /$(\text{m}\cdot\text{min}^{-1})$
粗车	粗车$\phi60$H7 孔至 $\phi57^{+0.3}_{0}$	2.4	1	0.5	160	30.1
	粗车$\phi142$k6 外圆至 $\phi144.6^{0}_{-0.4}$	2.7	1	0.5	160	72.6
	粗车 M、N 面至 $28^{+0.33}_{0}$	2.5	1	0.5	160	92.4
	车内、外倒角		1	0.5	160	
半精、精车内孔	半精车$\phi60$H7 孔至 $\phi59.4^{+0.074}_{0}$	1.3	1	0.18	560	104.4
	精车$\phi60$H7 孔	0.3	1	0.18	560	105.5
半精、精车外圆和端面	半精车$\phi142$k6 外圆至 $\phi142.6^{0}_{-0.1}$	1	1	0.18	250	111.9
	半精车 M、N 面至 $28^{+0.084}_{0}$	1.2	1	0.18	250	144.4
	精车$\phi142$k6 外圆	0.3	1	0.18	250	111.5
	精车 M、N 面至 $28^{+0.05}_{0}$	0.3	1	0.18	250	144.4
钻锪削	钻 $6\times\phi9$ 孔	4.5	1	0.24	570	16.1
	锪 $6\times\phi18$ 沉孔	4.5	1	0.1	620	35

3．计算工序工时定额

（1）计算机动工时

根据附表 22 得，车削工序的基本工时定额按下式计算：

$$T_{基本}=\frac{(L+L_1+L_2)}{nS}\cdot i\cdot 60(\mathrm{min})$$

基本工时计算汇总表如表 5-22 所示。各工序加工示意图如图 5-32～图 5-35 所示。

表 5-22　基本工时计算汇总表

工序	工步内容	背吃刀量/mm	进给量 $f/(\mathrm{mm\cdot r^{-1}})$	$n/(\mathrm{r\cdot min^{-1}})$	工件长度 L/mm	切入长度 L_1/mm	切出长度 L_2/mm	走刀次数	机动时间 $T_{基}$ / s
粗车	粗车ϕ60H7 孔至 $\phi57^{+0.3}_{0}$	3.5	0.5	160	45	3	2	1	38
	粗车ϕ142k6 外圆至 $\phi144.6^{0}_{-0.4}$	3.7	0.5	160	18	2	0	1	15
	粗车 M、N 面至 $28^{+0.33}_{0}$	3.5	0.5	160	22	0	2	1	18
	车内倒角 C2.5、外倒角 C2.3 和 C2.5	2.5	0.5	160	2.5	3	0	1	4
半精、精车内孔	半精车ϕ60H7 孔至 $\phi59.4^{+0.074}_{0}$	1.3	0.18	560	41.5	2	2	1	27
	精车ϕ60H7	0.3	0.18	560	41.5	2	2	1	27
半精、精车外圆和端面	半精车 ϕ142k6 外圆至 $\phi142.6^{0}_{-0.1}$	1	0.18	250	18	2	0	1	27
	半精车 M、N面至$28^{+0.084}_{0}$	1.2	0.18	250	21	0	2	1	31
	精车ϕ142k6 外圆	0.3	0.18	250	18	2	0	1	27
	精车 M、N面至$28^{+0.05}_{0}$	0.3	0.18	250	21	2	0	1	31
钻锪削	钻 6×ϕ9 孔	4.5	0.24	570	12	5	3	1	9
	锪 6×ϕ18 沉孔	4.5	0.1	620	2	10	0	1	12

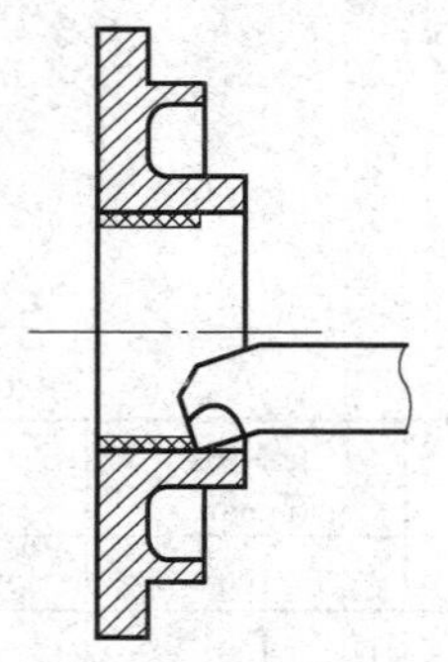
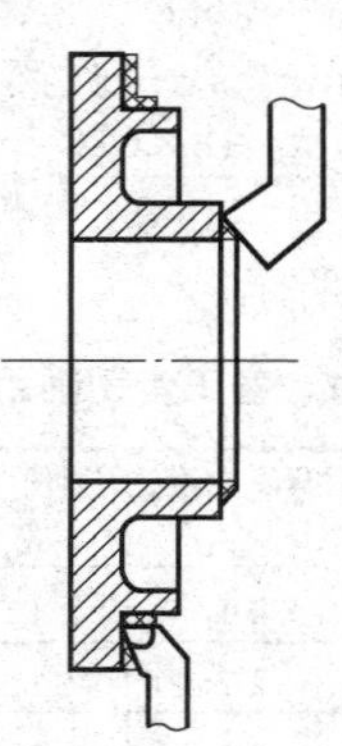
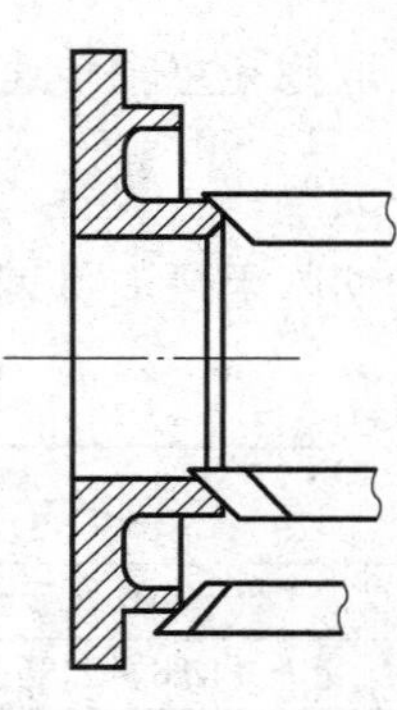

图 5-32　粗加工工序示意图

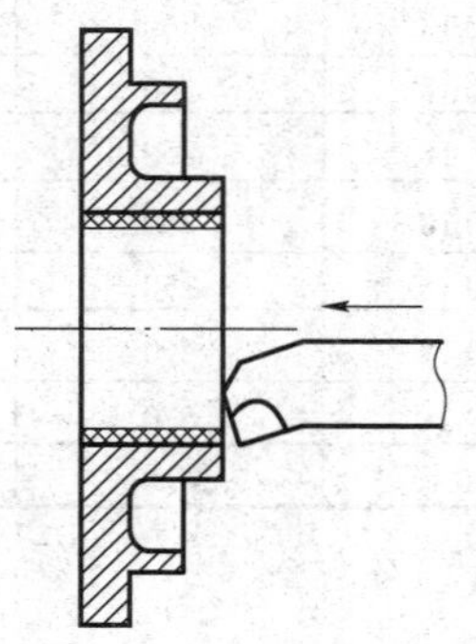
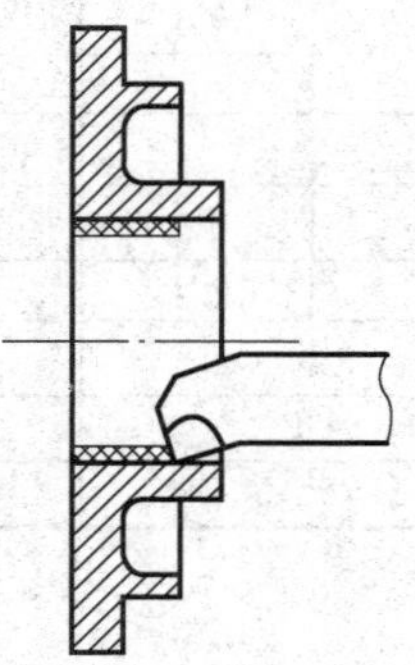
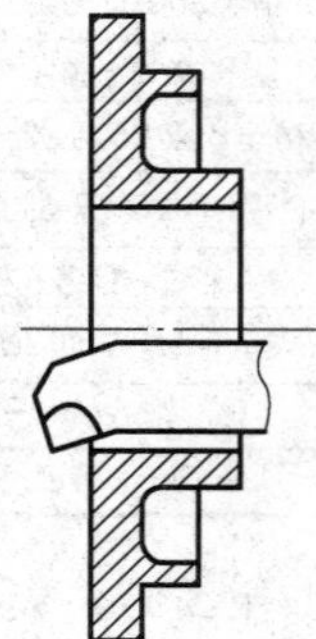

图 5-33　镗内孔工序加工示意图

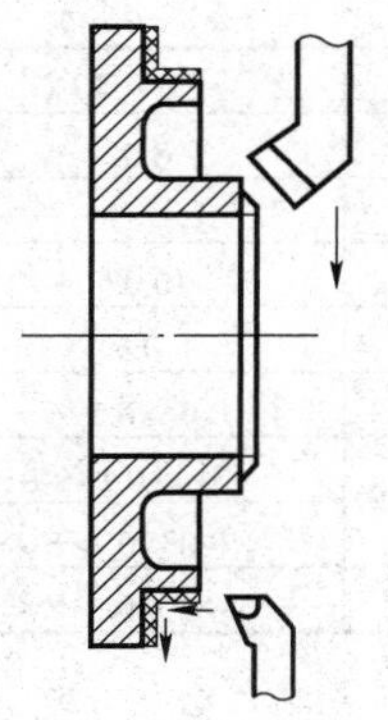
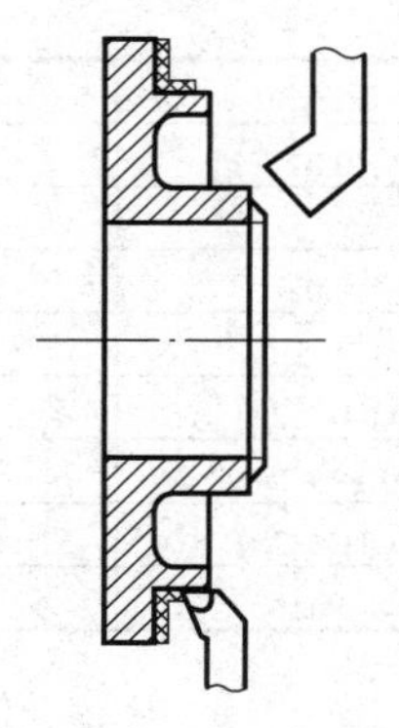
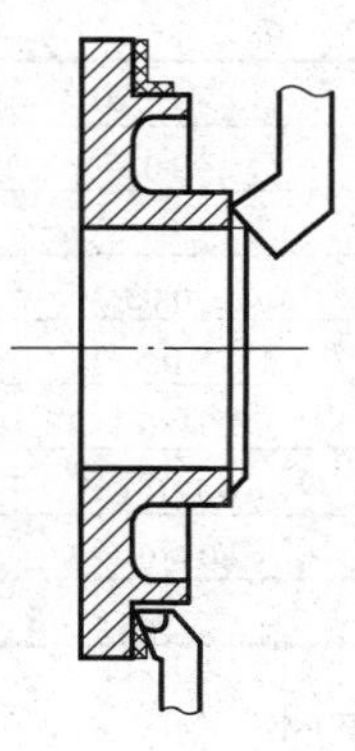
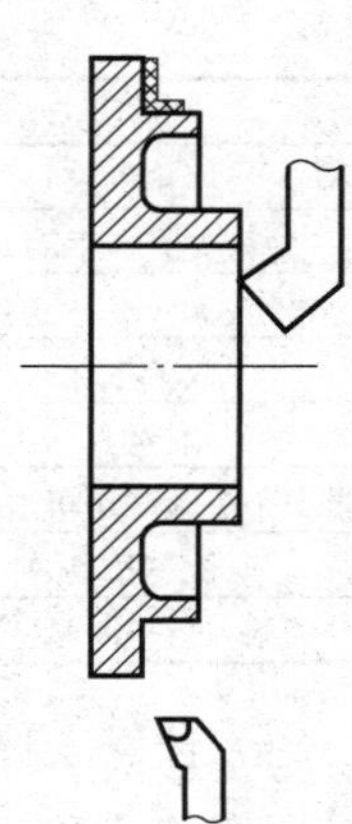

图 5-34　车外圆和端面工序的加工示意图

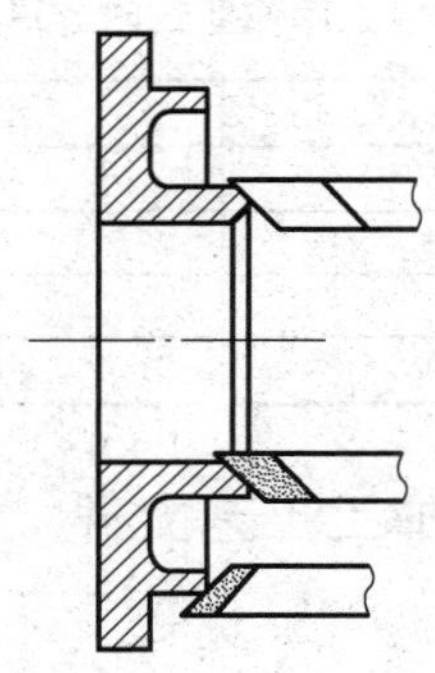

图 5-35　车内外倒角工序的加工示意图

通孔镗刀的主偏角一般为 60°～75°。

（2）计算工序辅助工时

各工序辅助工时计算汇总表如表 5-23 所示。

表 5-23　各工序辅助工时计算汇总表　（单位：min）

动作	工序 20	工序 30	工序 40	工序 50
取清扫工具	0.03	0.03	0.03	0.03
清扫工件和夹具定位基面	0.1	0.1	0.1	0.1
放下清扫工具	0.02	0.02	0.02	0.02
将工件放在夹具上	0.5	0.5	0.5	0.5
夹紧工件（手动）			0.5～0.05	
夹紧工件（气、液动）	0.05	0.05		0.05
起动机床	0.02	0.02	0.02	0.02
工件快速趋近刀具	0.02×4（次）	0.02×2（次）	0.02×4（次）	0.02×2（次）
开启自动进给	0.03×4（次）	0.03×2（次）	0.03×4（次）	0.03×2（次）
断开自动进给	0.03×4（次）	0.03×2（次）	0.03×4（次）	0.03×2（次）
工件或刀具退离并复位或转位	0.05×3（次）	0.05×1（次）	0.05×4（次）	0.05×2（次）

续表

动作	工序 20	工序 30	工序 40	工序 50
停止机床	0.02	0.02	0.02	0.02
放松夹紧（手动）			0.5～0.8	
放松夹紧（气、液动）	0.03	0.03		0.03
取下工件	0.5	0.5	0.5	0.5
取量具	0.04×0.1×3	0.04×0.2×1	0.04×0.2×2	0.04×0.1×6
测量一个尺寸（用极限验规）	0.1×0.1×3	0.1×0.2×1	0.1×0.2×2	0.1×0.1×6
放下量具	0.03×0.1×3	0.03×0.2×1	0.03×0.2×2	0.03×0.1×6
合计	103s	94s	163s	94s

（3）计算工序作业工时

计算工序作业工时的公式如下：工序作业工时=辅助工时+各加工面耗时，计算结果如表 5-24 所示。

表 5-24　工序作业工时计算汇总表

工时名称	机动工时/s	辅助工时/s	工序作业单件工时/s
工序 20	75	103	178
工序 30	54	94	148
工序 40	115	163	278
工序 50	20	94	114

5.2.7　填写盖类零件的机械加工工艺文件

教学目标

*掌握大量生产的机械加工工艺过程卡片的填写要求。

*掌握大量生产的机械加工工序卡片的填写要求。

任务引入

通过具体填写主轴承盖机械加工工艺过程卡片、机械加工工序卡片，掌握大量生产的机械加工工艺文件的填写要求。

任务实施

根据上述各任务结果，按机械加工工艺文件各栏目的填写要求，详细填写主轴承盖机械加工工艺过程卡片、机械加工工序卡片。因主轴承盖的生产类型是大量生产，故需编制机械加工工艺过程卡片、机械加工工序卡片，但过程卡片的编制内容比较简单，一般只用于指导生产，填写完成的主轴承盖机械加工工艺卡片如表 5-25 所示。

1）填写主轴承盖机械加工工艺过程卡片，如表 5-25 所示。

2）填写主轴承盖机械加工工序卡片，如表 5-26～表 5-29 所示。

表 5-25　主轴承盖机械加工工艺过程卡片

企业名称	机械加工工艺过程卡片	产品型号		零（部）件图号	010016		
		产品名称		零（部）件名称	主轴承盖	共 1 页	第 1 页

材料牌号	HT200	毛坯种类	铸件	毛坯外形尺寸	ϕ184×45	每毛坯可制件数	1	每台件数	1	备注	

工序号	工序名称	工序内容	车间	工段	设备	工艺装备	工时/s 准终	工时/s 单件
10	检验	外协毛坯检验	质检处					
20	车削	粗车内孔至ϕ57，粗车外圆至ϕ144.6，粗车 M、N 面，车两外圆及孔口倒角 C2.5	机加工	三班	CB 3463—1	J01、D01～D05、游标卡尺		178
30	车削	半精车、精车内孔至ϕ60H7	机加工	三班	CA6140	J02、D06、塞规和环规、内径百分表		148
40	车削	半精车、精车外圆至ϕ142k6，半精车、精车 M、N 面，保证尺寸 $28^{+0.1}_{0}$	机加工	三班	CA6140	J03、D07/08、卡规、外径千分尺等		279
50	钻削	钻 6×ϕ9 通孔，锪 6×ϕ18 沉孔	机加工	三班	双面钻孔专机	J04、麻花钻、锪钻、塞规、游标卡尺		115
60	去毛刺	去毛刺，吹铁屑	机加工	三班	风砂轮机			40
70	终检	按检验工序卡片的要求检验	质检处					

描图

描校

底图号

装订号

										编制（日期）	审核（日期）	标准化（日期）	会签（日期）
标记	处数	更改文件号	签名	日期	标记	处数	更改文件号	签名	日期				

表 5-26　主轴承盖机械加工工序卡片（20 工序）

企业名称	机械加工工序卡片	产品型号		零（部）件图号	010016		
		产品名称		零（部）件名称	主轴承盖	共 4 页	第 1 页

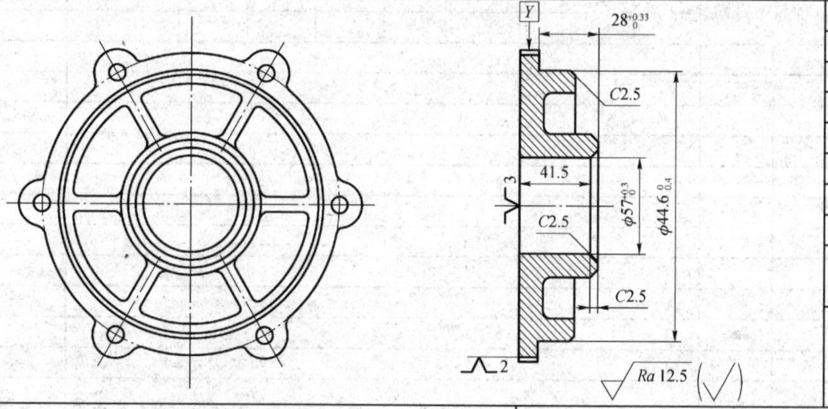

车间	工序号	工序名称	材料牌号
机加工	20	车削	HT200
毛坯种类	毛坯外形尺寸	每毛坯可制件数	每台件数
铸件	ϕ184×45	1	1
设备名称	设备型号	设备编号	同时加工件数
转塔车床	CB3463—1		1

夹具编号	夹具名称	切削液	
J01	自定心液压夹紧卡盘		
工位器具编号	工位器具名称	工序工时	
		准终	单件
			178

工步号	工步内容	工艺装备	主轴转速 /(r·min^{-1})	切削速度 /(m·min^{-1})	进给量 /(mm·r^{-1})	背吃刀量/mm	进给次数	工时/s 机动	工时/s 辅助
1	粗镗孔至 $\phi57^{+0.3}_{0}$	精镗刀 D01	160	28.6	0.5	3.5	1	38	103
2	粗车外圆至 $\phi144.6^{0}_{-0.4}$	外圆端面粗车刀 D02	160	72.6	0.5	3.7	1	15	
3	粗车 M、N 面至 $28^{+0.33}_{0}$	端面粗车刀 D03	160	92.4	0.5	3.5	1	18	
4	车两外圆及孔口倒角	45°倒角车刀 D04、D05	160		0.5	2.5	1	4	
		0~200/0.02 游标卡尺							

描图

描校

底图号

装订号

标记	处数	更改文件号	签名	日期	标记	处数	更改文件号	签名	日期	编制（日期）	审核（日期）	标准化（日期）	会签（日期）

表 5-27　主轴承盖机械加工工序卡片（30 工序）

企业名称	机械加工工序卡片	产品型号		零（部）件图号	010016		
		产品名称		零（部）件名称	主轴承盖	共 4 页	第 2 页

车间	工序号	工序名称	材料牌号
机加工	30	车削	HT200
毛坯种类	毛坯外形尺寸	每毛坯可制件数	每台件数
铸件	ϕ184×45	1	1
设备名称	设备型号	设备编号	同时加工件数
普通车床	CA6140		1
夹具编号	夹具名称		切削液
J02	精车内孔夹具		
工位器具编号	工位器具名称		工序工时（准终 / 单件）
			/ 148

工步号	工步内容	工艺装备	主轴转速/(r·min^{-1})	切削速度/(m·min^{-1})	进给量/(mm·r^{-1})	背吃刀量/mm	进给次数	工时/s 机动	工时/s 辅助
1	半精车内孔至 $\phi59.4^{+0.074}_{0}$	精镗刀 D06	560	104.4	0.18	1.3	1	27	94
2	精车内孔至 $\phi60H7\left(^{+0.03}_{0}\right)$	精镗刀 D06	560	105.5	0.18	0.3	1	27	
		ϕ60H7 塞规							

描图

描校

底图号

装订号

										编辑（日期）	审核（日期）	标准化（日期）	会签（日期）
标记	处数	更改文件号	签名	日期	标记	处数	更改文件号	签名	日期				

表 5-28　主轴承盖机械加工工序卡片（40 工序）

企业名称	机械加工工序卡片	产品型号		零（部）件图号	010016		
		产品名称		零（部）件名称	主轴承盖	共 4 页	第 3 页
				车间	工序号	工序名称	材料牌号
				机加工	40	车削	HT200
				毛坯种类	毛坯外形尺寸	每毛坯可制件数	每台件数
				铸件	ϕ184×45	1	1
				设备名称	设备型号	设备编号	同时加工件数
				双面钻锪孔专用机			1
				夹具编号	夹具名称		切削液
				J03	精车外圆夹具		
				工位器具编号	工位器具名称		工序工时
						准终	单件
							279

图中标注：$28^{+0.05}_{0}$；⊥ 0.05 D；Ra 3.2；◎ 0.02 D；ϕ60H7；$\phi 142k6^{+0.028}_{+0.003}$；(40)；3；2；D；Ra 1.6 (√)

工步号	工步内容	工艺装备	主轴转速/(r·min^{-1})	切削速度/(m·min^{-1})	进给量/(mm·r^{-1})	背吃刀量/mm	进给次数	工时/s 机动	工时/s 辅助
1	半精车外圆至 $\phi 142.6^{0}_{-0.1}$	外圆端面精车刀 D07	250	111.9	0.18	1.0	1	27	163
2	半精车 M、N 面至 $28^{+0.084}_{0}$	端面精车刀 D08	250	144.4	0.18	1.2	1	31	
3	精车外圆至 $\phi 142k6\left(^{+0.028}_{+0.003}\right)$	外圆端面精车刀 D07	250	111.5	0.18	0.3	1	27	
4	精车 M、N 面至 $28^{+0.05}_{0}$	端面精车刀 D08	250	144.4	0.18	0.3	1	31	
		ϕ142k6 卡规、175～200 外径千分尺、0～200/0.2 游标卡尺							
		同轴度和垂直度检测仪 L01							
标记	处数	更改文件号	签名	日期	标记	处数	更改文件号	签名	日期
标准化（日期）	审核（日期）	标准化（日期）	会签（日期）						

表 5-29　主轴承盖机械加工工序卡片（50 工序）

企业名称	机械加工工序卡片	产品型号		零（部）件图号	010016		
		产品名称		零（部）件名称	主轴承盖	共 4 页	第 4 页

车间	工序号	工序名称	材料牌号
机加工	50	车削	HT200
毛坯种类	毛坯外形尺寸	每毛坯可制件数	每台件数
铸件	ϕ184×45	1	1
设备名称	设备型号	设备编号	同时加工件数
双面钻锪孔专用机			1
夹具编号	夹具名称		切削液
J04	双面钻锪孔专用夹具		
工位器具编号	工位器具名称		工序工时 准终 / 单件
			单件 115

工步号	工步内容	工艺装备	主轴转速 /(r·min⁻¹)	切削速度 /(m·min⁻¹)	进给量 /(mm·r⁻¹)	背吃刀量 /mm	进给次数	工时/s 机动	工时/s 辅助
1	钻 6×ϕ9 通孔	ϕ9 标准直柄麻花钻，ϕ9 塞规	460	13	0.24	4.5	1	9	94
2	锪 6×ϕ18 沉孔	ϕ18×ϕ9 标准锪钻、0～125/0.02 游标卡尺	260	14.7	0.1	4.5	1	12	

标记	处数	更改文件号	签名	日期	标记	处数	更改文件号	签名	日期	标准化（日期）	审核（日期）	标准化（日期）	会签（日期）

5.3　箱体零件机械加工工艺编制

箱体类零件一般是机器或箱体部件中的主要零件，常将机器中的轴、齿轮、轴承、套等装配在箱体内，并按一定的连接方式传递运动。因此，箱体类零件的加工质量不仅直接影响装配精度与运动精度，还影响机器的工作精度、使用性能和寿命。本节通过蜗轮减速机箱体机械加工工艺的编制实例，讲解箱体类零件机械加工工艺编制的方法和步骤及相关知识。机械加工工艺编制任务书如表 5-30 所示。

表 5-30　机械加工工艺编制任务书

任务名称	编制蜗轮减速器箱体零件机械加工工艺
编制依据	1．相关技术文件和资料 1）箱体装配图如图 5-36 所示。每台产品中箱体零件的数量为 1 件。 2）产品零件图，如图 5-37～图 5-39 所示。 3）相关的设备和工艺装备资料。 2．产品生产纲领 产品的生产纲领为“小批单件”（≤100 台/年）。箱体的备品百分率为 2%、废品百分率为 1% 3．生产条件和资源 毛坯由铸铁车间提供，生产条件具备，可按时按量供应合格的毛坯，产品加工由机加工车间负责 现有相关设备 1）2000×5000 划线平台 2）Z5140A 立式钻床 3 台 3）B1010/1 单臂刨床 3 台 4）B6050 牛头刨床 5 台 5）X5030 立式铣床 3 台 6）X336 单柱平面铣床 3 台 7）TX618 卧式镗铣床 3 台 各设备均达到通用机床规定的各项精度要求
工作结果	1）机械加工工艺过程卡 2）关键加工工序卡和相关工艺附图

5.3.1　分析箱体零件的技术资料

教学目标

*能看懂箱体零件的零件图和装配图。

*明确箱体零件在产品中的作用，找出其主要技术要求。

*确定箱体零件的加工关键表面。

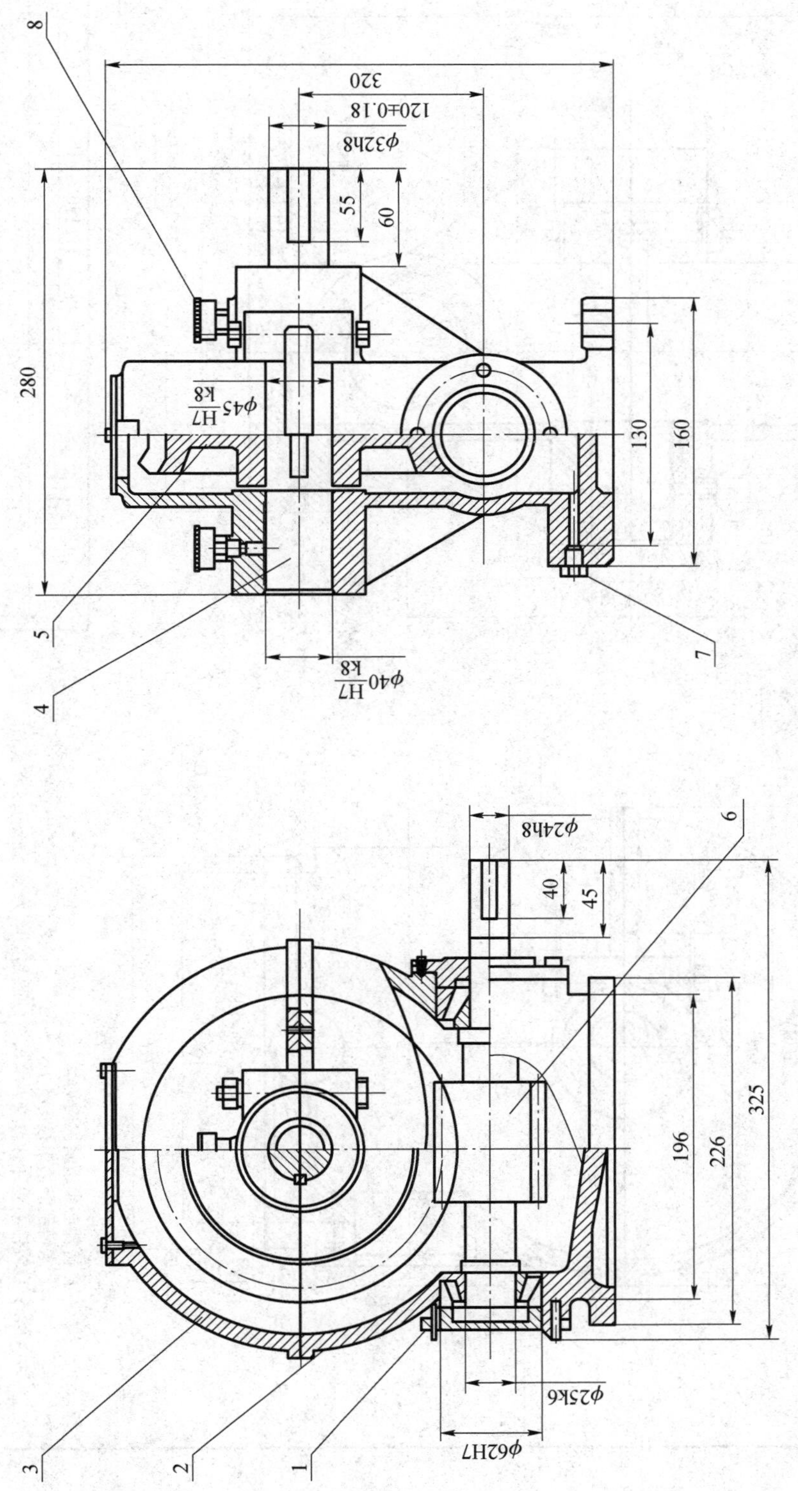

图 5-36　箱体装配图

1—圆锥滚子轴承；2—下体；3—上体；4—蜗轮轴；5—蜗轮；6—蜗杆；7—螺塞；8—油杯

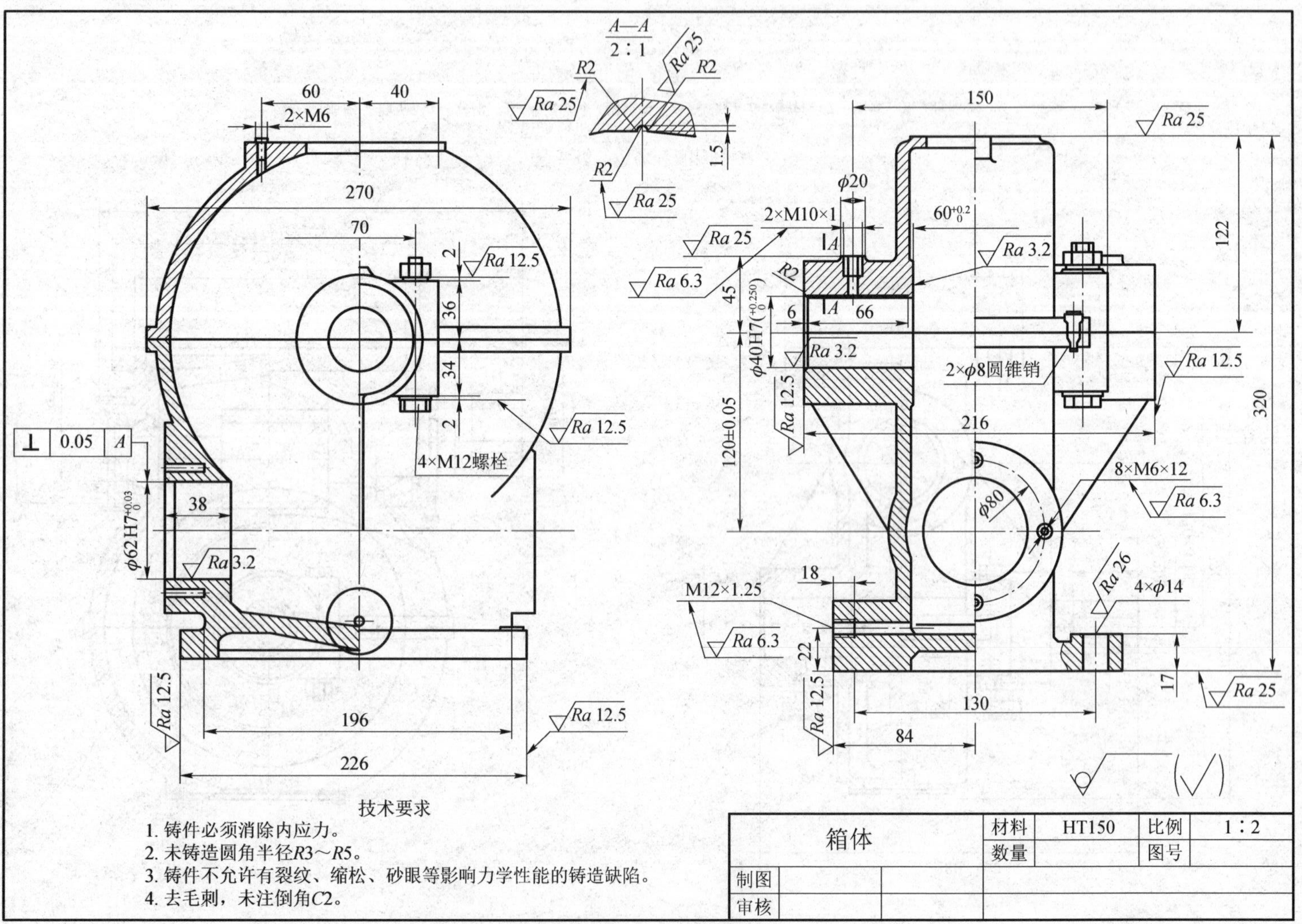
技术要求
1. 铸件必须消除内应力。
2. 未铸造圆角半径R3~R5。
3. 铸件不允许有裂纹、缩松、砂眼等影响力学性能的铸造缺陷。
4. 去毛刺，未注倒角C2。
箱体
材料 HT150
比例 1：2
数量
图号
制图
审核
A—A
2：1
2×φ8圆锥销
4×M12螺栓
8×M6×12
4×φ14
2×M10×1
M12×1.25
2×M6
φ40H7($^{+0.250}_{0}$)
φ62H7$^{+0.03}_{0}$
120±0.05
⊥ 0.05 A
图 5-37 箱体组件图

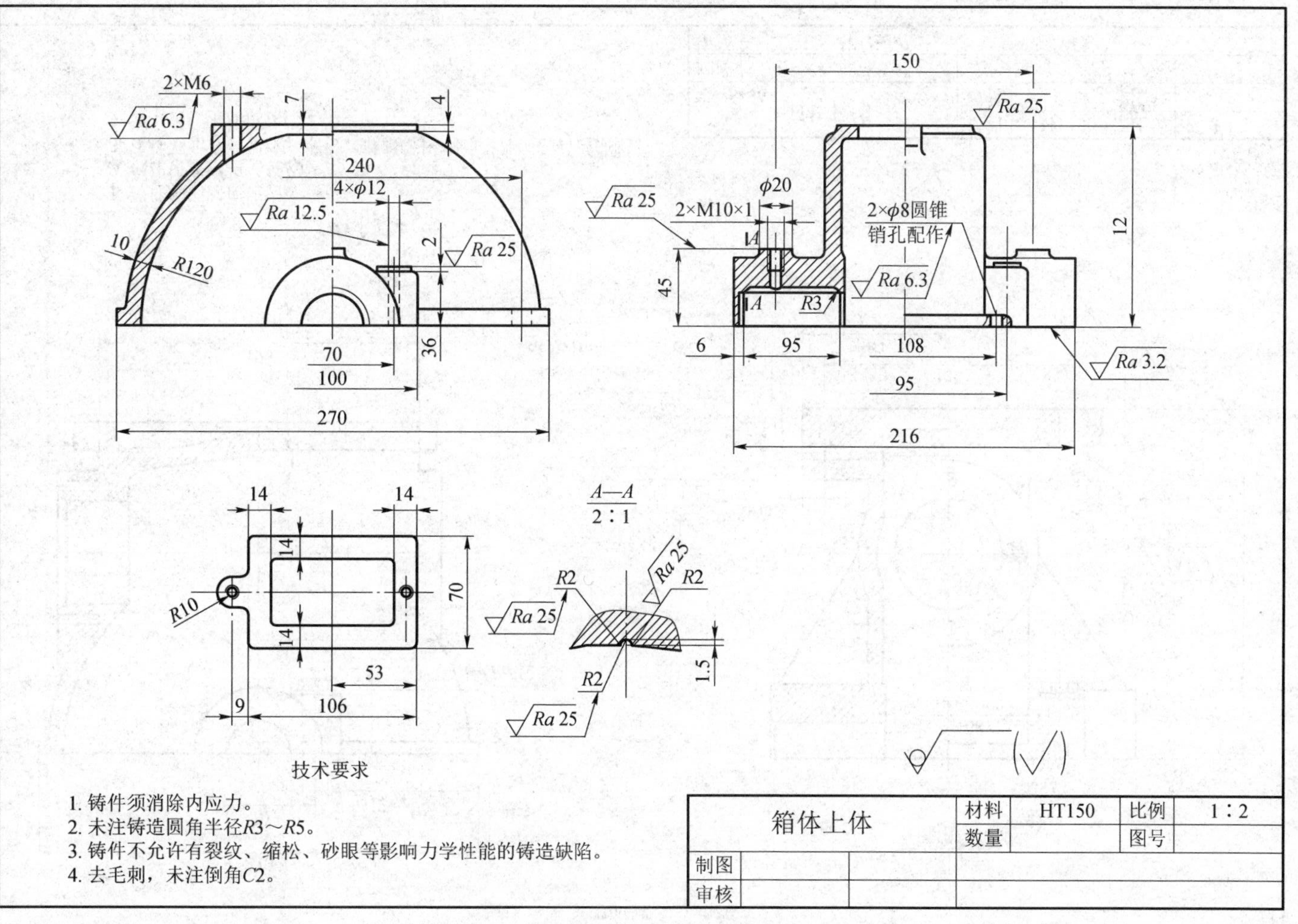

图 5-38　箱体上体零件图

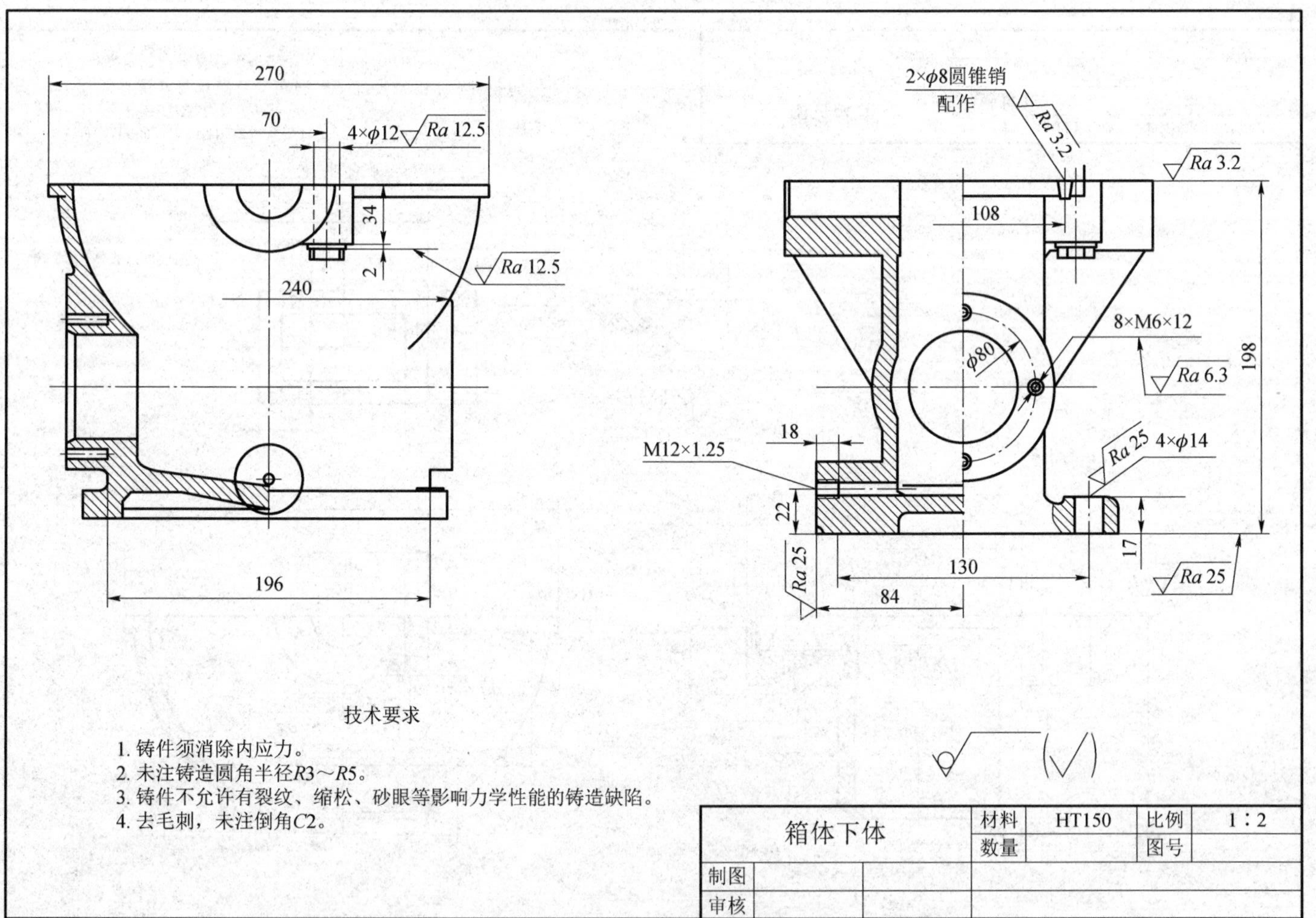

图 5-39　箱体下体零件图

任务引入

通过分析传动轴的技术资料，能看懂传动轴的零件图和装配图，明确传动轴在产品中的作用，找出其主要技术要求，确定传动轴的加工关键表面，并学习箱体零件技术资料的分析方法。

相关知识

1. 箱体类零件的功用

箱体类零件主要起支承、定位、密封和润滑等作用。一般零件有闭式或开式减速机箱体、机座、机架、机床主轴箱、进给箱、泵体等，如图 5-40 和图 5-41 所示。

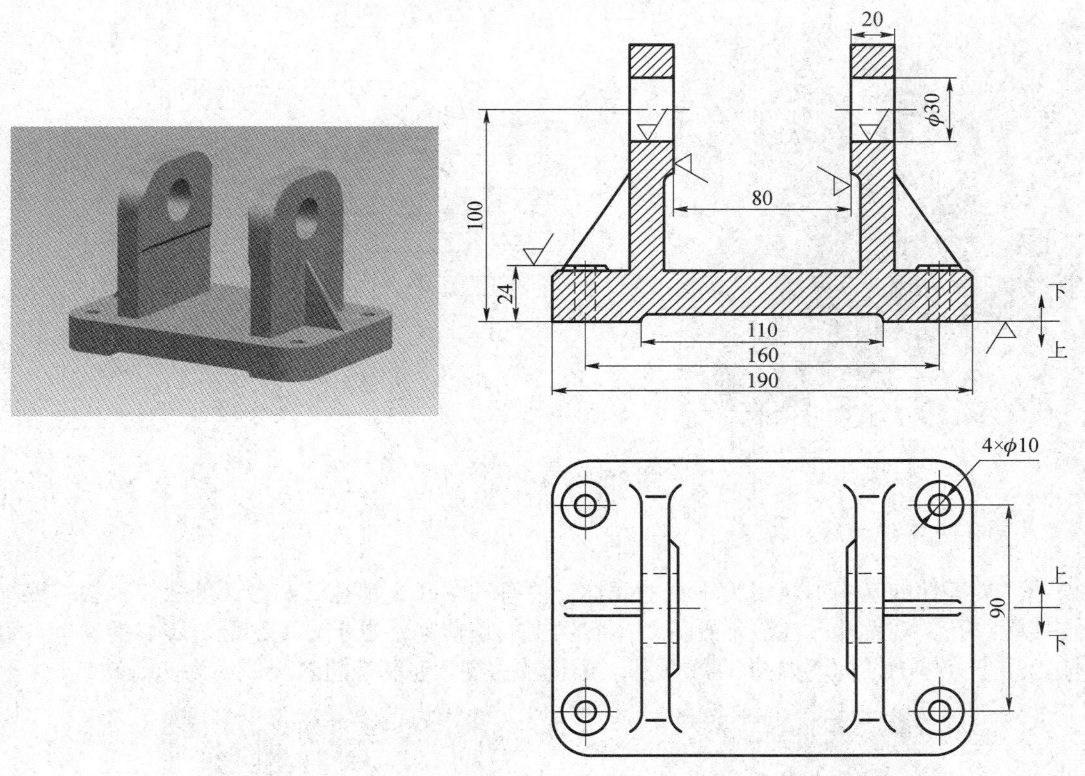

图 5-40　机架零件图

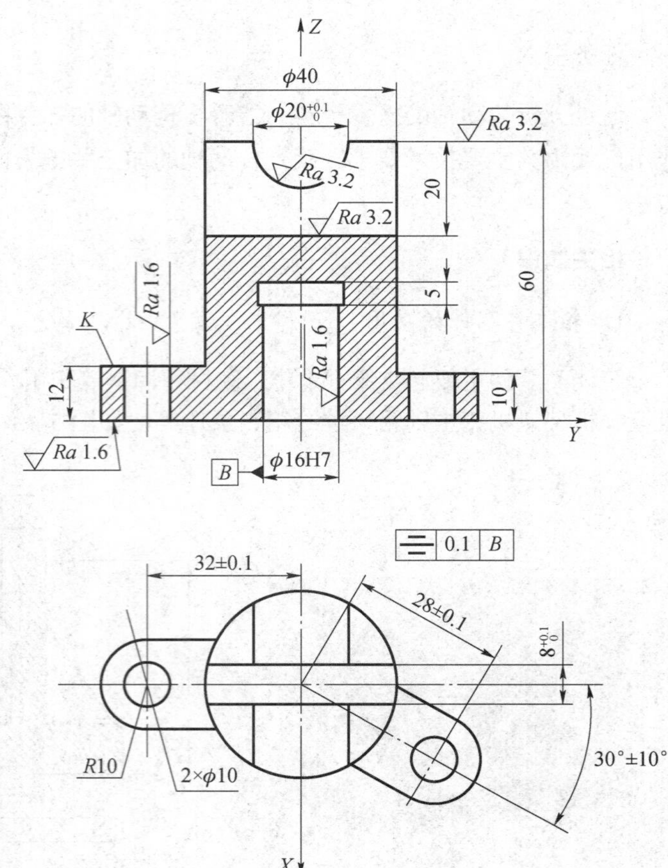

图 5-41　支架零件图

2. 箱体类零件的结构特点

箱体类零件的基本形状多为中空的壳体，并有轴承孔、销孔、凸台、筋板、弧板、底板及连接螺纹孔、观察孔、注放油孔等。本实例中的箱体零件出于方便装配与维修的原因，设计成上、下分体的结构，如图 5-42 所示，形状较为复杂，制造材料一般多为灰铸铁。

a）

b）

图 5-42　箱体实体图

a）上体零件；b）下体零件

3. 箱体类零件的精度要求

箱体零件中的孔与平面多为轴承和轴的支承孔或定位孔，一般为配合表面，精度要求较高。尺寸公差等级一般为 IT6～IT8，表面粗糙度 *Ra* 一般为 1.6～6.3，几何公差一般有圆柱度、同轴度、平行度、垂直度、圆跳动或全跳动等要求。其余表面的精度要求较低，有的不需要机械加工。

任务实施

为方便描述，将箱体各关键部位分别命名，如图 5-43 所示。

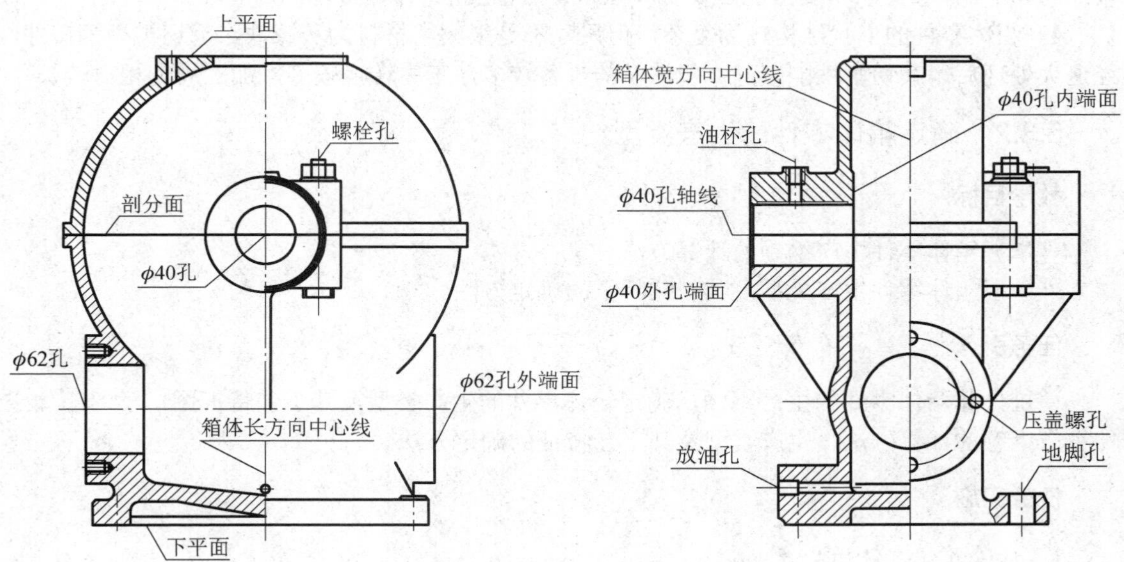

图 5-43　箱体关键部位命名

1. 明确箱体零件在蜗轮减速机中的作用和位置

由图 5-36 可知，箱体的作用是支承蜗轮轴及蜗杆与轴承等传动件，以保证传动系统中蜗轮、蜗杆正常啮合和各零件有序、合理定位，并起到安全保护、密封与润滑作用。

2. 分析零件的结构形状

1）箱体图是将上下体按照工作状态组合成箱体零件图，其基本视图均采用半剖的主视图和左视图表达其内外的主要结构。图中清晰地表达出箱体是封闭、中空的薄壳箱型，蜗轮与蜗杆是轴线互成 90° 的立体相交关系，均为圆柱、等径的通孔结构。

2）从视图可以看出，箱体内外是基本对称的结构；蜗轮与蜗杆的轴孔是由两个同轴的内孔与内外端面组成；左视图表达了上体中 ϕ40 孔内的局部油槽结构、下体中的放油孔结构及外部的加强筋和底部的斜面泄油结构。

由此可以想象出箱体的基本结构形状，如图 5-42 所示。

3）根据上述的零件形状与结构特点、作用等可以判定，此件是典型的箱体类零件。

3. 分析技术要求和加工关键

1）ϕ62H7、ϕ40H7 内孔都具有较高的尺寸精度（IT7）和位置精度（垂直度 0.05）要求，表面粗糙度 Ra 为 3.2μm，是加工的关键表面。

2）ϕ40 孔的内端面距离尺寸为 $60^{+0.2}_{0}$，尺寸精度要求不高，但均要求与ϕ40H7 轴线垂直，由于是对称标注，两平面要关于中心线为对称；表面粗糙度 Ra 为 3.2μm，也是加工的关键表面。

3）两孔以轴线互成 90°立体相交，而且中心上下距离为 120 ± 0.18，是加工的关键点和难点。90°立体相交的精度只能由设备（镗床）的精度予以保证。

4）箱体零件的形状结构较为复杂，但尺寸不是很大，材料为灰铸铁，毛坯类型为铸件，经退火处理后，其切削性能较好；但涉及的设备较多，工序转换较多，加工周期相对较长。

5.3.2 确定箱体零件的生产类型

教学目标

*掌握箱体零件生产纲领的计算方法。

*掌握箱体零件生产类型及其工艺特征的确定方法。

任务引入

通过计算箱体零件的生产纲领，确定箱体零件的生产类型及其工艺特征图，学习箱体零件生产纲领的计算方法、生产类型及其工艺特征的确定方法。

任务实施

1. 计算箱体零件的生产纲领

从机械加工工艺编制的依据中已知：

1）产品的生产纲领 $Q=100$ 台/年；

2）每台产品中箱体的数量 $n=1$ 件/台；

3）箱体零件的备品百分率 $a=2\%$；

4）箱体零件的废品百分率 $b=1\%$；

箱体零件的生产纲领计算如下：

$$\begin{aligned}N&=Qn(1+a)(1+b)\\&=100\times1(1+2\%)(1+1\%)\\&=103(件/年)\end{aligned}$$

2. 确定箱体零件的生产类型

根据箱体零件的生产纲领为 103 件/年，查附表 2 可知（箱体零件是中型机械零件），生产类型属于小批单件生产，其工艺特征如下：

1）生产效率不高，但需要技术熟练的工人。

2）毛坯的制造采用木模手工造型的铸造方法。

3）加工设备采用通用机床。

4）工艺装备采用通用夹具和专、通用刀具及标准量具。

5）工艺文件需编制加工工艺过程卡片和关键工序卡片。

5.3.3　确定箱体零件的毛坯类型及其制造方法

教学目标

* 掌握箱体零件毛坯的类型及其制造方法的选择。
* 掌握箱体零件毛坯的机械加工余量的估算方法。
* 掌握箱体零件的毛坯简图的绘制方法。

任务引入

通过选择传动轴毛坯的类型及其制造方法、估算传动轴毛坯的机械加工余量、绘制传动轴的毛坯简图，学习箱体零件毛坯的类型及其制造方法的选择，以及箱体零件毛坯机械加工余量的估算方法和毛坯简图的绘制方法。

相关知识

1）不同种类、不同工况条件、不同生产类型的毛坯，其选用的材料、加工工艺过程、加工设备和工艺装备等都不相同。

2）本实例选择铸铁材料，其工艺特性决定了毛坯只能是铸件，即用铸造方法制造毛坯。

3）铸件毛坯的制造精度越高，机加工的余量越小，其形状和尺寸越接近于零件成品，机械加工的劳动量和材料消耗就越低，机械加工的成本越低，但毛坯的制造成本高。

4）毛坯的制造方法与零件的生产类型、材料和机械性能要求、结构形状和尺寸、生产条件等因素相关。

5）在选择毛坯种类及其制造方法时，并非毛坯的制造精度越高越好，必须考虑其经济性，即综合考虑机械加工成本和毛坯制造成本，以达到零件制造总成本最低的目的。

任务实施

1. 确定毛坯类型

由于箱体的上体和下体的制造材料是灰铸铁 HT150，其毛坯种类只能是铸件。

2. 确定毛坯的制造方法

依据小批单件生产的工艺特征，箱体的毛坯常采用低效、低精度、余量较大的制造方法，所以箱体毛坯宜采用木模砂型铸造法。

3. 绘制毛坯图

根据箱体图样中的轮廓尺寸和各加工表面的公称尺寸，查附表 13，确定各加工表面的机械加工余量，根据附表 14，确定箱体零件的尺寸偏差，然后可以绘制箱体零件的毛坯图。

5.3.4 选择箱体零件的定位基准和加工装备

教学目标

* 掌握箱体零件的精基准和夹紧方案的选择方法。

* 掌握箱体零件的粗基准和夹紧方案的选择方法。

* 掌握传动轴的加工装备的选择方法。

任务引入

通过具体选择传动轴的精基准、粗基准、夹紧方案及加工装备，掌握箱体零件的基准、夹紧方案及加工装备的选择方法。

相关知识

1）箱体类零件尽管形状各异、大小不一，但都有以下特点：形状复杂、体积较大、壁薄易变形、需要加工的部位较多、有精度较高的孔与平面、加工难度较大、加工工序多、周期长，因此合理选择各道工序的定位基准是保证零件加工精度的关键，对加工工序的数量及排序及提高劳动生产率、降低生产成本都有重要影响。

2）选好第一道工序、创建或转换精基准是保证零件加工精度的关键，最初因毛坯的表面没有经过加工，只能以粗基准定位加工出精基准。在以后的工序中，则应采用精基准定位贯穿加工的全过程。

3）选择定位基准时，一般先根据零件主要表面的加工精度，特别是有位置精度要求的表面作精基准。同时，要确保工件装夹稳定可靠，控制好工件装夹变形，操作要方便，夹具要通用、简单。

4）精基准选择应遵循：基准重合原则、统一原则、自为与互为基准原则。

5）粗基准选择应遵循：便于加工转化为精基准；面积较大；表面平整光洁，无浇口、冒口、飞边等缺陷；有位置精度要求的表面；能保证各加工面有足够的加工余量。

6）在具体选择基准时，应根据具体情况进行分析，既要保证主要表面的加工精度，又要兼顾次要表面的加工精度。

任务实施

1. 选择精基准

1）分析零件图知，上下体零件中的剖分面是上下体合并成箱体的结合面，也是ϕ40孔轴线的平面，精度要求较高，因此，必须首先加工出上平面，并以上平面作为精基准，翻转掉头加工出剖分面，才可以保证箱体的孔与面的基本位置精度，如图 5-44 与图 5-45 所示。

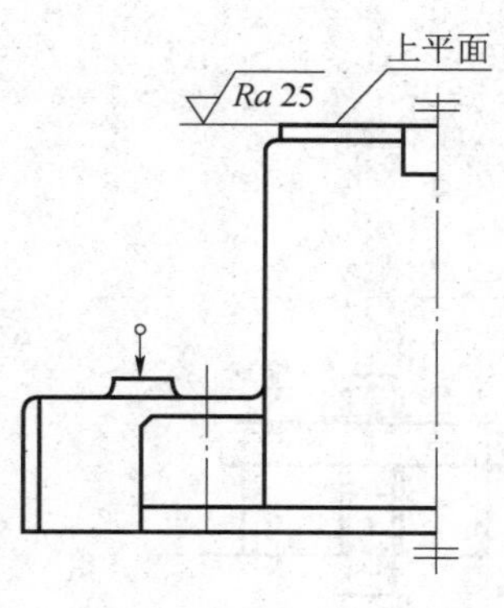

图 5-44　加工上体上平面

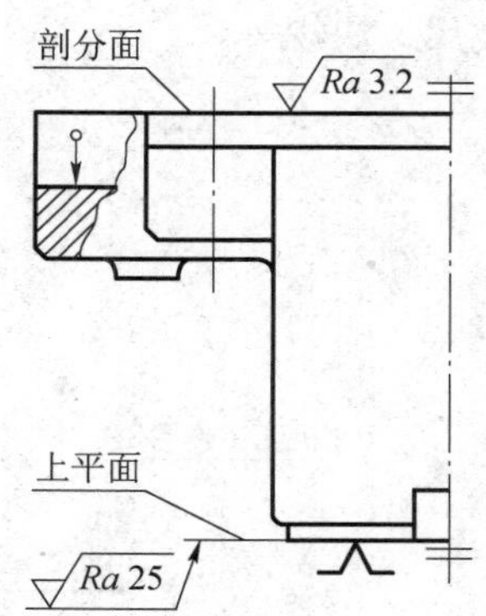

图 5-45　加工上体剖分面

2）用相同方法加工下体的下平面与剖分面，以及孔系加工如图 5-46 和图 5-47 所示。

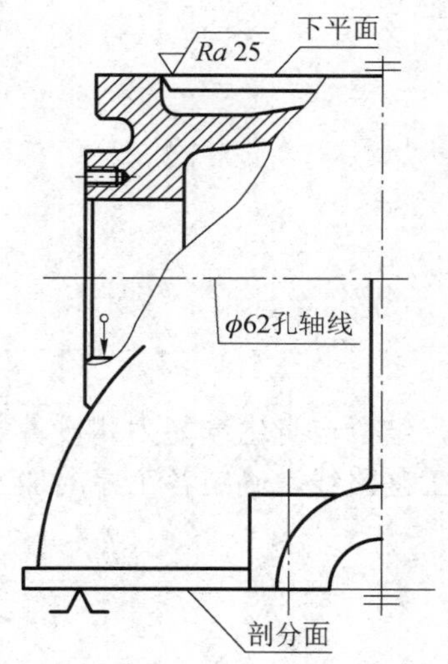

图 5-46　加工下体下平面

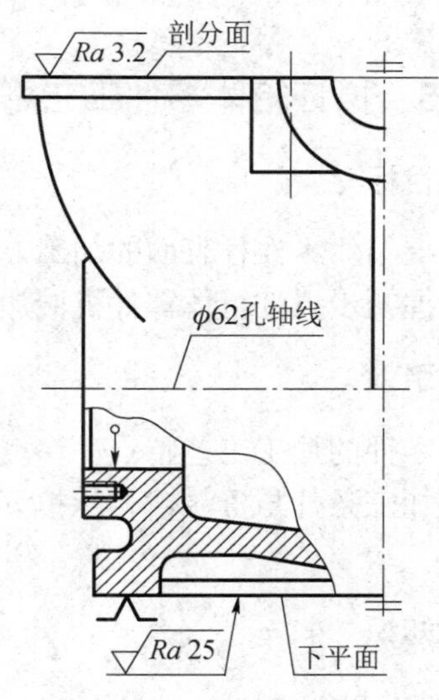

图 5-47　加工下体剖分面

3）综上所述，在零件的整个加工过程中，下平面由粗基准转为精基准后，再进行其余部分的加工，这样既符合基准重合原则，又符合基准统一原则，且合理、可行。

4）由于定位基准与设计基准重合，不需要对它的工序尺寸和定位误差进行分析和计算。

2. 选择粗基准

箱体类零件的第一道工序往往是选择面积较大、平整光洁的平面作为粗基准开始的。本实例上、下体的加工符合这一规律。

3. 选择加工装备

根据本实例生产类型的工艺特点（见附表 2），工艺装备采用通用夹具和专、通用刀具及标准量具的原则，夹具宜采用活动压板、T 形槽用螺栓（图 5-48）采用气动方法夹紧；刀具常采用专用多刃镗刀、铰刀、铣刀和麻花钻、标准车刀等；量具常用千分尺、游标卡尺、百分表、高度尺、块规等。

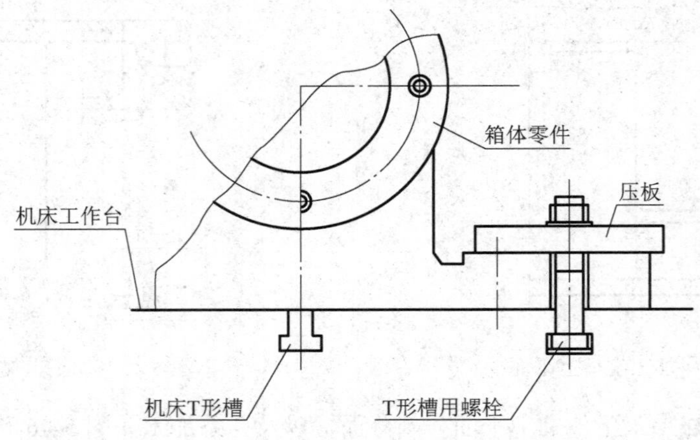

图 5-48　箱体装夹示意图

5.3.5　拟订箱体零件工艺路线

教学目标

*掌握箱体零件各表面的加工方法。

*掌握初步拟订箱体零件机械加工工艺路线的方法。

任务引入

分析零件的加工工艺特点、精度等级和生产率要求，结合自身生产能力和设备条件，分析和配置加工条件与资源，初步拟订出箱体的机械加工工艺路线，确定各工序的加工方法和设备。

相关知识

1. 箱体零件的加工方法

1）加工方法的确定依据是工件的结构形状、尺寸和技术要求、材料和毛坯，同时综合考虑生产类型、工厂的生产条件和资源。

2）箱体类零件的加工主要是一些平面和孔的加工，其常用的加工方法和工艺路线有平面加工可用粗刨—精刨；粗刨—半精刨—磨削；粗铣—精铣或粗铣—磨削，可查阅附表 18。

3）箱体中常由多个同心孔、阶梯孔与端面等结构组成，当其同轴度、圆柱度、平行度、垂直度的要求较高时，可采用镗床主轴或镗杆加尾座加工孔，采用镗床中的辐射刀架加工内外平面，本实例就是采用此方法来加工蜗轮与蜗杆的轴孔与端面的。

4）大批生产时，螺纹的加工应采用攻螺纹机，小批单件生产时可采用机攻或手工攻螺纹。

5）加工顺序的安排原则（详见 2.5 节）

① 先加工基准表面，后加工其他表面。

② 先加工主要表面（指装配基面、工作表面等），后加工次要表面（指沉孔、螺孔等）；

先加工高精度孔，后加工次高精度孔；先加工高精度孔端面，后加工次高精度孔端面。

③ 先安排粗加工工序，后安排精加工工序。

④ 热处理工序可参照《机械加工工艺手册》来安排。

⑤ 工序完成后，除各工序操作者自检外，全部加工结束后应安排检验工序。

2. 加工设备

1）采用镗铣机床（包括龙门镗铣床）加工平面时，质量比较稳定，生产效率比普通刨床（包括牛头刨和龙门刨）高 2～3 倍，因此，以铣代刨非常适合大、中批量的生产类型。

2）镗床分为卧式和立式（坐标）两种，可进行单孔和孔系（多孔）、深孔、通孔、阶梯孔、交叉孔和盲孔的加工；机床的圆柱度、同轴度、平行度、垂直度都相当高，因此可进行二维和三维方位孔的加工，可谓是万能机床；本实例就是采用镗床加工轴线互为 90° 的ϕ62 与ϕ40 的箱体孔系。

3）保证箱体孔系精度的加工方法有画线找正法、心轴和块规找正法、样板找正法、定心套找正法、镗模法和坐标法等。

4）镗床装上铣削刀具、钻削刀具、磨削工具或内孔滚压工具，可进行铣削、钻削、磨削和滚压加工，也可进行攻螺纹加工。

5）镗床可利用机床尾座，装上与主轴相连的胎具和靠模，可加工大小不等的内球面形状的零件。

6）镗床独有的平旋盘和辐射刀架，能实现径向进给送刀，可加工出比机床主轴直径大 10 多倍的轴孔端面和各种沟槽结构。

7）镗床的工作台可水平 360° 自由分度，也可进行复杂零件的加工。

8）箱体零件的精度取决于机床的精度和操作者的技术水平。随着高精度箱体零件的应用发展，采用功率大、功能多的精密卧式或立式“加工中心”的数控镗铣床取代单一用途的机床，可对复杂箱体零件完成钻、锪、扩、镗、铣、铰、攻螺纹等多种工序；“加工中心”因具有高精度、高效率的工艺特征，得到了广泛的应用和发展。

任务实施

1. 确定各表面的加工方法和设备

根据小批单件的生产类型来加工箱体类零件的设备选择原则：加工设备采用通用机床；工艺装备采用通用夹具和专、通用刀具及万能量具。现有的加工设备中有

1）2000×5000 划线平台；

2）Z5140A 立式钻床 3 台；

3）B1010/1 单臂刨床 3 台；

4）B6050 牛头刨床 5 台；

5）X5030 立式铣床 3 台；

6）X336 单柱平面铣床 3 台；

7）TX618 卧式镗铣床 3 台。

箱体的上、下体加工方案分析比较如表 5-31 所示。

表 5-31　箱体的上、下体加工方案分析比较

	方案 1		方案 2		方案 3	
加工方法	画—刨—掉头—粗刨—精刨		画—铣—掉头—粗铣—精铣		画—刨—掉头—粗刨—精刨	
工序设备	工序	刨削加工	工序	铣削加工	工序	刨削加工
	设备	B1010 单臂刨床	设备	X336 平面铣床	设备	B6050 牛头刨床
一次加工件数	5 件		5 件		1 件	
加工精度	上平面 *Ra*25；剖分面 *Ra*3.2		上平面 *Ra*25；剖分面 *Ra*3.2		上平面 *Ra*25；剖分面 *Ra*3.2	
单件功耗	12kW		3kW		3kW	
空回程	有		无		有	
多刀切削	无		有		无	
加工效率	中等		较高		低	
分析结果	良		优		一般	

综合比较结果应选择方案 2。

1）加工上、下体的螺栓孔 4×ϕ12 及锪平螺栓孔的端面并画出主要孔的位置线；用螺栓将其组装成箱体零件。

① 采用画线—配钻的加工方法：在划线平台上，以下体的下平面为精基准，将上、下体叠合成箱体状，根据图样的相关尺寸，画出箱体长、宽方向的中心线；画出孔ϕ62、ϕ40、4×ϕ12及放油孔、圆锥销孔的中心线和圆线及同时画出有加工要求的孔端面线并打上样冲眼作为记号。

② 以下平面为精基准，采用 Z5140A 钻床，根据画线的孔位，用麻花钻头和铰刀加工出 4×ϕ12 和圆锥销孔，表面粗糙度 *Ra* 分别为 25μm 和 1.6μm。

③ 用标准件 M10 螺栓、螺母、垫圈和圆锥形定位销，将上、下体组装成箱体零件。

2）加工箱体孔ϕ62H7 与端面、孔ϕ40H7 与内、外端面。

① 在 TX618 镗床上，分别以下平面为定位精基准，以剖分面为孔的中心基准，用镗削法加工出ϕ40H7 孔和内、外端面，其中孔和内端面的表面粗糙度 *Ra* 为 3.2μm，外端面的表面粗糙度 *Ra* 为 25μm，并要注意控制好内端面间的对称尺寸 60＋0.2。

② 完成ϕ40H7 孔和内、外端面的加工后，按照图样要求下降镗床的主轴箱，改变孔中心的坐标位置，同时将工作台旋转 90°，加工ϕ62H7 孔与外端面。表面粗糙度 *Ra* 分别为 3.2μm 和 25μm。

③ 加工放油孔和各外端面的螺纹孔。

④ 镗削过程应遵循先粗后精、先孔后面的原则，注意控制孔的尺寸精度、位置精度和表面粗糙度。完成所有镗孔作业后，先自检后再送检。然后上、下体分开，再加工上体轴孔的油槽。

3）加工上体轴孔的油槽和下体地脚孔。

① 以上平面为精基准，按照图样的要求在 X5030 立式铣床上加工ϕ40 轴孔油槽。

② 以下体剖分面为精基准，按照图样的要求在 Z5140A 钻床上加工地脚孔。

2. 工序顺序的安排

根据“先基准、后其他”和“先主要、后次要”的原则，先粗、精加工定位基准面，然后组合成箱体，再进行其他工序的加工。

3. 编制工艺路线卡片

根据上述的分析，拟订加工工艺路线。

5.3.6　设计箱体零件加工工序

教学目标

＊掌握箱体零件工序加工余量及尺寸的确定方法。

＊掌握箱体零件工序工时定额的计算方法。

任务引入

通过具体确定传动轴各工序加工余量及工序尺寸，计算传动轴各工序工时定额，学习箱体零件工序设计内容和方法。

相关知识

1）加工余量的确定（详见 2.6 节）。总的加工余量（即毛坯的加工余量）在设计铸造模型的工艺时应予以考虑，可查阅铸造工艺手册。工序余量的确定方法有三种：经验法、计算法、查表法。

2）箱体类零件的加工通常是对单孔或孔系与端面或大平面的加工；常用钻、镗、铣、刨等的切削加工工序，因此要按照不同的加工方法、不同的加工精度、不同的材料、不同的切削方式（是否高速切削）来考虑加工余量，可用经验法或查表法。

3）对单件小批螺纹加工，小直径手攻，大直径机攻，大批量用攻螺纹机攻。

4）钻、镗、铣、刨的切削用量要根据零件材质、精度高低、切削方式、刀具的形状与角度来考虑。

任务实施

1. 确定加工余量

本实例采用查表法（即查阅附表），本箱体的加工余量等级为 F～H，毛坯尺寸为 250～400 时的加工余量为 5mm；直径小于 40mm 的孔和各螺纹孔可铸成实心孔。

不同的造型工艺水平可以有不同的毛坯加工余量，常用经验估算或查表修正和分析计算的方法确定。

1）平面铣削工序中的加工余量（单边），一般为粗铣≤5mm、半精铣≤3mm 和精铣≤0.3mm。

2）镗削工序中的加工余量（双边）一般为粗镗≤5mm、半精镗≤2mm 和精镗≤0.2mm。

2. 确定切削用量

确定切削用量就是对不同的材质，在已选定的刀具材料和几何角度的基础上，合理选择主轴转速 n、切削速度 v_c、进给量 a_f、背吃刀量 a_p 和进给次数。

合理选择工艺过程中各工序加工的切削用量，可查阅附表。

本箱体零件属单件小批生产，工厂的生产条件与资源中有平式铣床、立式铣床、镗床和钻床，应充分利用铣床的多刀切削和镗床的多工位加工优势，以提高生产效率和加工质量。

尽量选择标准刀具、钻头、锪刀、丝锥等。

3. 计算工时定额

查阅附表确定各工序的加工工时。

4. 编制机械加工工序卡片及相关工艺附图

编制机械加工工序卡片及相关工艺附图，如表 5-32～表 5-39 所示。

表 5-32　机械加工工艺过程卡片

	机械加工工艺过程卡片		产品型号		工件图号	0301		
			产品名称	蜗轮减速机	工件名称	箱体	共 1 页	第 1 页
材料牌号	HT150	毛坯种类	铸件	毛坯外形尺寸	350×300×330	1	每台件数 1	备注
工序号	工序名称	工序内容	车间	工段	设备	工艺装备	工时	
							准终	单件
01	划线	划出上、下体的上、下面和剖分线的加工线	加工	1	划线平台			45min
02	铣削	加工上、下平面和剖分平面达到图样要求，上、下平面作精基准	加工	1	X336 铣床			65min
03	配划	将上、下体配划出箱体中心线和螺栓孔及各孔与端面的加工线，完成后组合箱体零件	加工	1	划线平台			45min
04	钻削	钻削加工 4×ϕ12 并平孔端面，完成后组合成箱体零件	加工	1	Z5140 钻床			35min
05	镗销	加工ϕ62H7 和ϕ40BB 孔和内外端面，加工软油孔	加工	1	TX618 镗床			240min
06	钻削	加工ϕ40 孔的端面及其他面的螺孔，加工地脚孔	加工	1	Z5140 钻床			35min
07	铣削	加工ϕ40 孔的油槽	加工	1	X5030 立铣			40min
08	终检							
描图								
描校								
底图号								
装订号								

标记	处数	更改文件号	签字	日期	标记	处数	更改文件号	签字	日期	设计（日期）	审核（日期）	标准化（日期）	会签（日期）

表 5-33　上、下体机械加工工艺卡片——工序 01

企业名称	机械加工工序卡片	产品型号		零件图号	0301		
		产品名称	蜗轮减速机	零件名称	上、下体	共　页	第 1 页

车间	工序号	工序名称	材料牌号
机加工	01	划线	HT150
毛坯种类	毛坯外形尺寸	每毛坯可制件数	每台件数
铸件		2 件	各 1 件
设备名称	设备型号	设备编号	同时加工件数
划线平台	2000×4500	01	2
夹具编号	夹具名称		切削液
工位器具编号	工位器具名称		工序工时
			准终 / 单件
			45min

工步号	工步内容	工艺装备	主轴转速/(r·min^{-1})	切削速度/(m·min^{-1})	进给量/(mm·r^{-1})	背吃刀量/mm	进给次数	工时定额/s 机动	工时定额/s 辅助
1	画出上体长、宽方向中心线	划线平台							
2	画出上体上平面和剖分面的加工线	划线平台							
3	画出下体长、宽方向中心线	划线平台							
4	画出下体下平面和剖分面的加工线	划线平台							

标记	处数	更改文件号	签字	日期	标记	处数	更改文件号	签字	日期	编制日期	审核日期	会签日期	标准化日期

表 5-34　上、下体机械加工工序卡片——工序 02

企业名称	机械加工工序卡片	产品型号		零件图号			
		产品名称	蜗轮减速机	零件名称	0301	共　页	第 2 页

车间	工序号	工序名称	材料牌号
机加工	01	铣削	HT150
毛坯种类	毛坯外形尺寸	每毛坯可制件数	每台件数
铸件		2	1
设备名称	设备型号	设备编号	同时加工件数
铣床	X336	003	5

夹具编号	夹具名称	切削液	
工位器具编号	工位器具名称	工序工时	
		准终	单件
			65min

工步号	工步内容	工艺装备	主轴转速 /(r·min^{-1})	切削速度 /(m·min^{-1})	进给量 /(mm·r^{-1})	背吃刀量 /mm	进给次数	工时定额/s 机动	工时定额/s 辅助
1	以上、下体的剖分面为粗基准，按照图样尺寸加工出上、下平面，表面粗糙度为 *Ra*25μm	X336 铣床	250			5	2		
2	将零件翻转调头，以上、下平面为精基准，按照图样尺寸加工出剖分面，表面粗糙度为 *Ra*25μm	X336 铣床	300		0.08	0.3	1		

标记	处数	更改文件号	签字	日期	标记	处数	更改文件号	签字	日期	编制日期	审核日期	会签日期	标准化日期	

表 5-35　箱体体机械加工工序卡片附图——工序 02

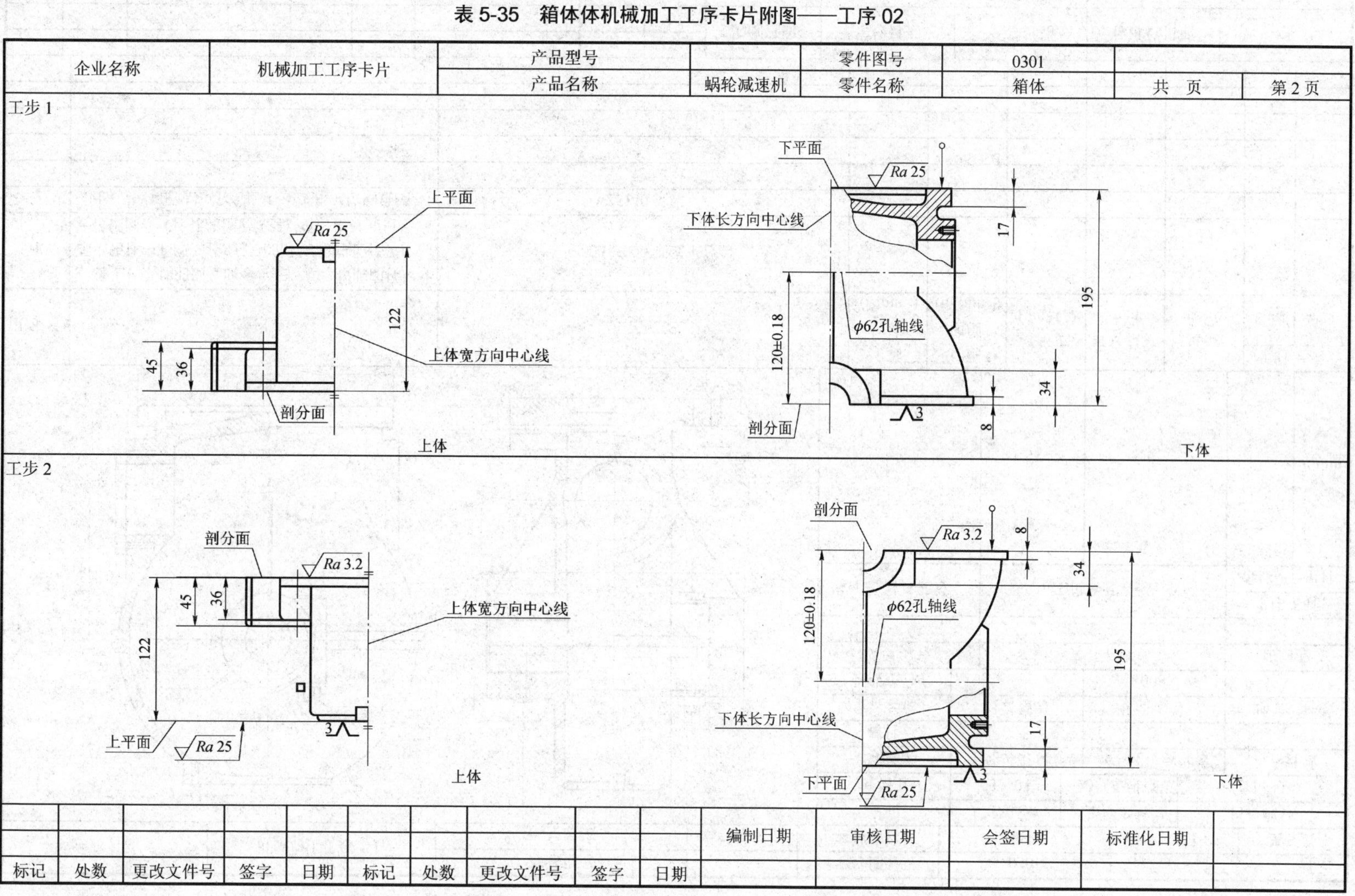

表 5-36　箱体机械加工工序卡片——工序 03、04

企业名称	机械加工工序卡片	产品型号		零件图号	0301		
		产品名称	蜗轮减速机	零件名称	箱体	共　页	第 3 页

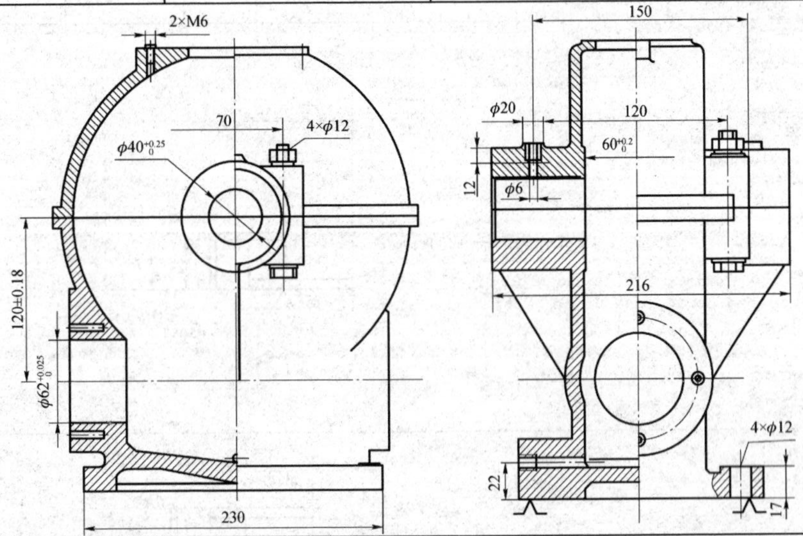

车间	工序号	工序名称	材料牌号
机加工	03、04	配划：锥削	HT150
毛坯种类	毛坯外形尺寸	每毛坯可制件数	每台件数
铸件		2	1
设备名称	设备型号	设备编号	同时加工件数
划线平台		008	1
夹具编号	夹具名称		切削液
工位器具编号	工位器具名称	工序工时 准终	工序工时 单件
			70min

工步号	工步内容	工艺装备	主轴转速/(r·min^{-1})	切削速度/(m·min^{-1})	进给量/(mm·r^{-1})	背吃刀量/mm	进给次数	工时定额/s 机动	工时定额/s 辅助
1	将上、下体的剖分面叠合在一起，按照图样尺寸画出箱体中心线；各加工孔的圆线和端面位置线；定位锥削；螺栓孔的位置线等；并打上样冲记号	2000×5000 划线平台							
2	上、下体配钻出螺栓孔 4×ϕ12 和定位圆锥销	Z5140 钻床							

										编制日期	审核日期	会签日期	标准化日期	
标记	处数	更改文件号	签字	日期	标记	处数	更改文件号	签字	日期					

表 5-37　箱体机械加工工序卡片——工序 05、06

企业名称	机械加工工序卡片	产品型号		零件图号	0301.1		
		产品名称	蜗轮减速机	零件名称	箱体	共　页	第 4 页
				车间	工序号	工序名称	材料牌号
				机加工	05、06	镗销、钻削	HT150
				毛坯种类	毛坯外形尺寸	每毛坯可制件数	每台件数
				铸件		2	1
				设备名称	设备型号	设备编号	同时加工件数
				镗床：钻床	TX68：Z5140	005	1
				夹具编号	夹具名称		切削液
				工位器具编号	工位器具名称		工序工时（准终 / 单件）

工步号	工步内容	工艺装备	主轴转速/(r·min^{-1})	切削速度/(m·min^{-1})	进给量/(mm·r^{-1})	背吃刀量/mm	进给次数	工时定额/s 机动	工时定额/s 辅助
	镗削：	TX38 镗床							
1	以下平面作为粗基准，校正箱体十字中心线和剖分面ϕ40H8 孔的中心，粗镗出孔和内外端面；移动纵坐标并旋转工作台 90°，粗镗出ϕ62H7 孔和外端面		80		0.4	3～5		150	30
2	按先面后孔原则精镗ϕ40 和ϕ62 孔与端面达图样要求		120		0.05	0.3		40	20
3	钻出放油孔达图样要求，完成后对孔与面尺寸自检，钻削	Z5140 钻床							
1	画出孔端面的螺纹孔位后按图样要求加工出各螺纹		150					25	20

										编制日期	审核日期	会签日期	标准化日期	
标记	处数	更改文件号	签字	日期	标记	处数	更改文件号	签字	日期					

表 5-38 箱体机械加工工序卡片附图——工序 05、06

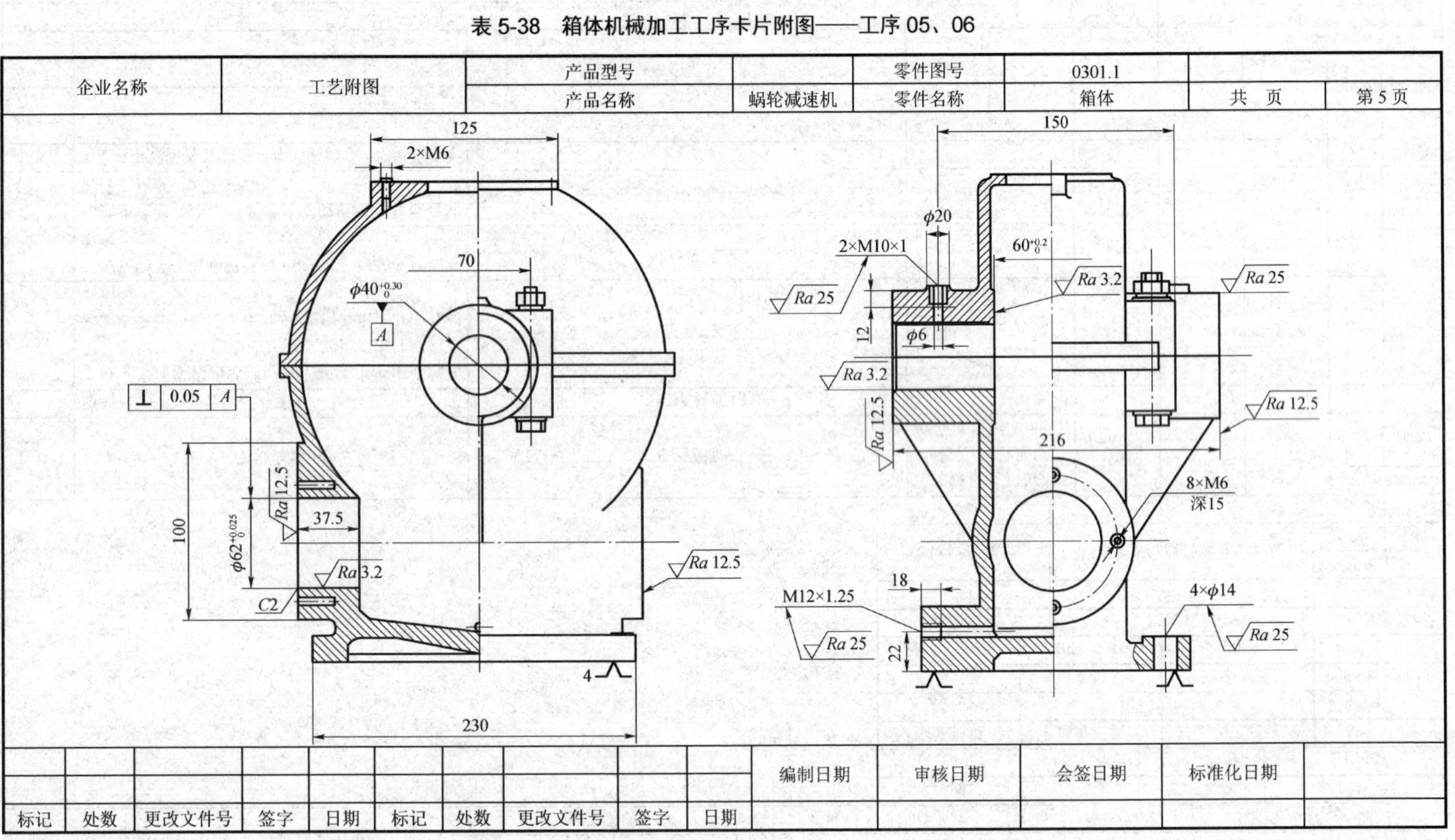

表 5-39　箱体机械加工工序卡片附图——工序 07

企业名称	机械加工工序卡片	产品型号		零件图号	0301-6		
		产品名称	蜗轮减速机	零件名称	上体	共　页	第 5 页

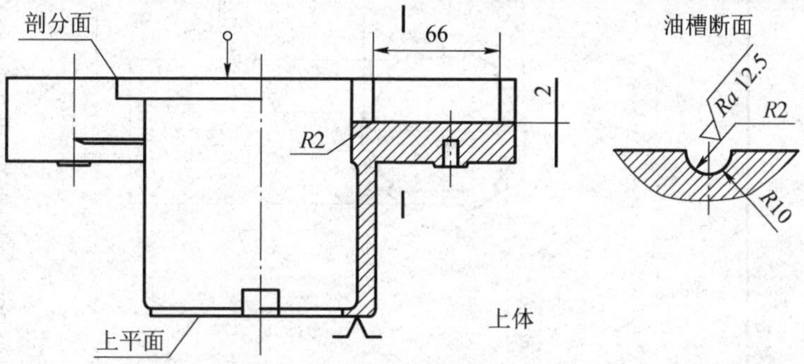

剖分面　66　2　R2　上平面　上体　油槽断面　Ra 12.5　R2　R10

车间	工序号	工序名称	材料牌号
机加工	07	铣削	HT150
毛坯种类	毛坯外形尺寸	每毛坯制件数	每台件数
铸件		1	1
设备名称	设备型号	设备编号	同时加工件数
划线平台	X5030	006	5
夹具编号	夹具名称		切削液
工位器具编号	工位器具名称		工序工时
		准终	单件
			35min

工步号	工步内容	工艺装备	主轴转速/(r·min^{-1})	切削速度/(m·min^{-1})	进给量/(mm·r^{-1})	背吃刀量/mm	进给次数	工时定额/s 机动	工时定额/s 辅助
	以上平面为基准，按照图样要求铣出ϕ40 孔内油槽	X5030 铣床	100		0.2	2	1	20	15

										编制日期	审核日期	会签日期	标准化日期	
标记	处数	更改文件号	签字	日期	标记	处数	更改文件号	签字	日期					

5.4　齿轮零件机械加工工艺编制

圆柱齿轮的结构由于使用要求不同而具有不同的形状，但从工艺角度可将齿轮看成由齿圈和轮体两部分构成。机械加工工艺编制任务书如表 5-40 所示。

表 5-40　机械加工工艺编制任务书

任务名称	编制减速器用圆柱齿轮零件机械加工工艺
编制依据	1．相关技术文件和资料 1）每台产品中该齿轮零件的数量为 2 件 2）产品零件图，如图 5-49 和图 5-50 所示 3）相关的设备和工艺装备资料。 2．产品生产纲领 产品的生产纲领为 200 件/年。齿轮的备品百分率为 10%、废品百分率为 1% 3．生产条件和资源 毛坯由锻造车间提供，生产条件具备按时按量供应合格的毛坯，产品加工由机加工车间负责生产 现有相关设备 1）2000×5000 划线平台 2）CA6140×1000 普通车床多台 3）Y3150 滚齿机 3 台 4）Y5150 插齿机 3 台 5）M1450×2000 各设备均达到通用机床规定的各项精度要求

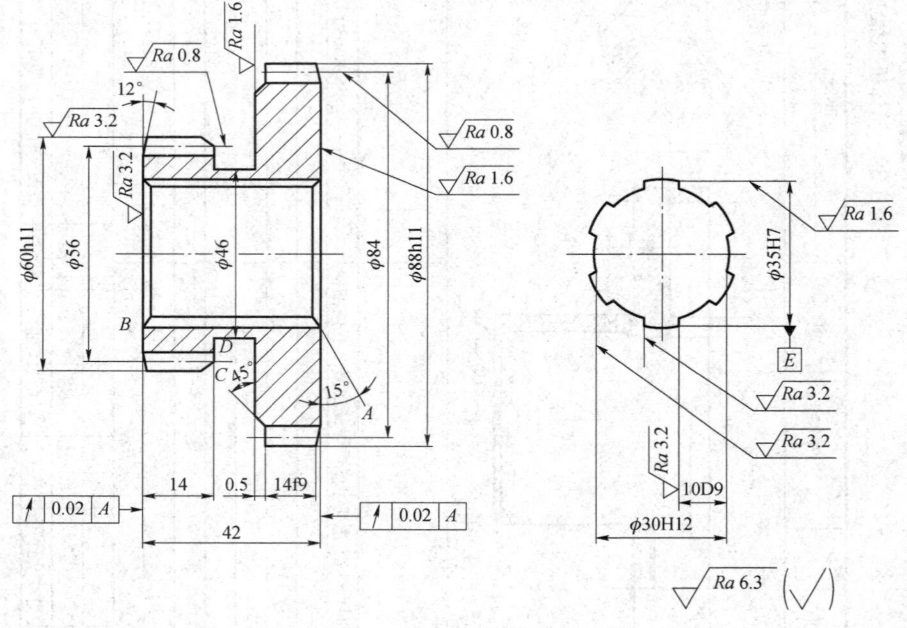

图 5-49　齿轮零件图（齿轮材料为 40Cr，精度等级为 7-6-6 级）

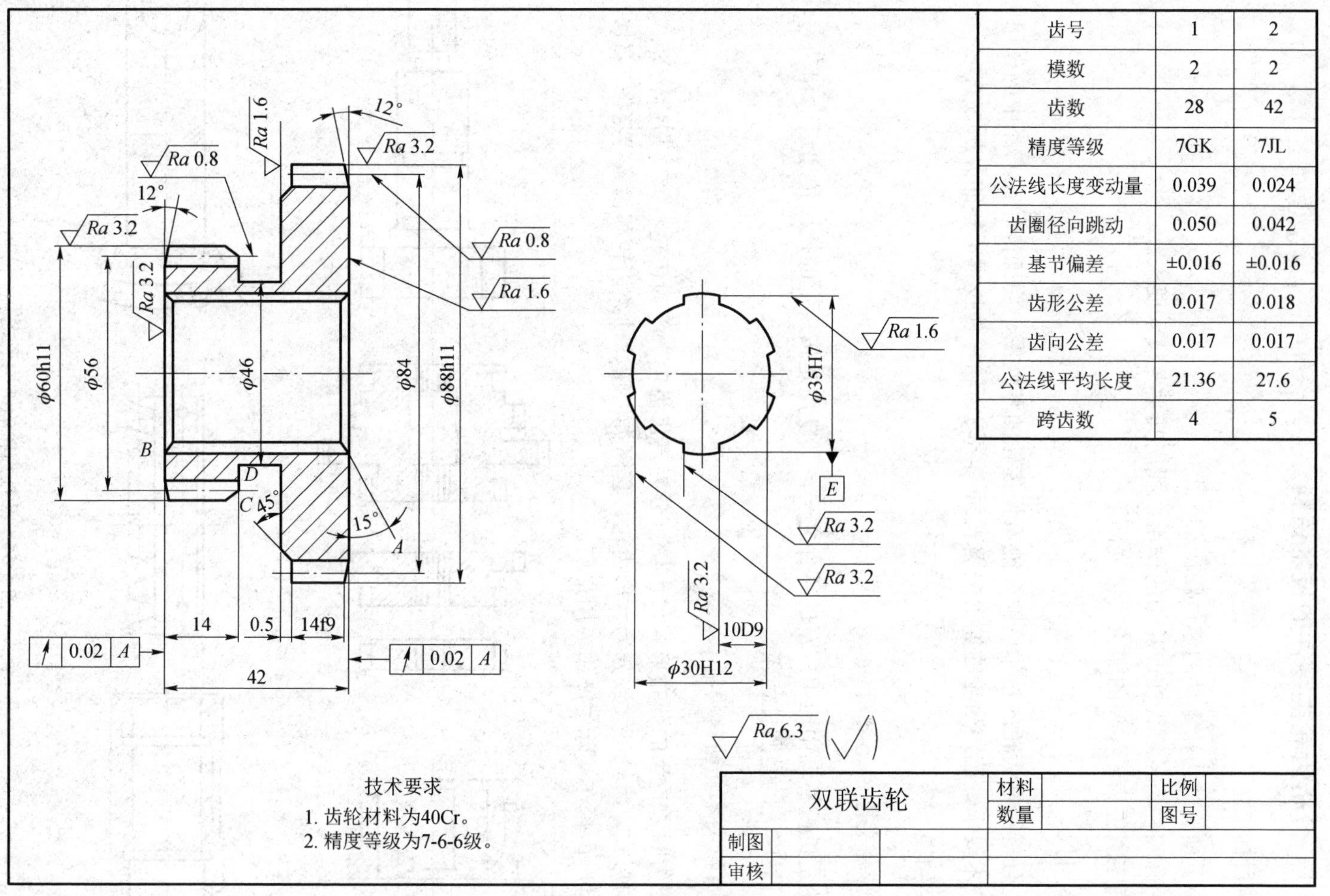

齿号	1	2
模数	2	2
齿数	28	42
精度等级	7GK	7JL
公法线长度变动量	0.039	0.024
齿圈径向跳动	0.050	0.042
基节偏差	±0.016	±0.016
齿形公差	0.017	0.018
齿向公差	0.017	0.017
公法线平均长度	21.36	27.6
跨齿数	4	5

图 5-50　双联齿轮零件图

5.4.1 分析齿轮类零件的技术资料

教学目标

*能看懂圆柱齿轮零件的零件图。
*明确圆柱齿轮零件在产品中的作用，找出其主要技术要求。
*确定圆柱齿轮零件的加工关键表面。

任务引入

通过分析圆柱齿轮的技术资料，能看懂齿轮的零件图，明确齿轮在产品中的作用，找出其主要技术要求，确定齿轮的加工关键表面，学习齿轮零件技术资料的分析方法。

相关知识

1. 齿轮类零件的功用

齿轮是机械传动中应用广泛的零件之一，其功用是按规定的速比传递运动和动力，而齿轮中应用最广泛的是圆柱齿轮。

2. 齿轮类零件的结构特点

按照齿圈上轮齿的分布形式，齿轮可分为直齿齿轮、斜齿齿轮、人字齿齿轮等；按照轮体的结构形式，齿轮可大致分为盘形齿轮、套筒类齿轮、轴类齿轮和齿条等（图 5-51），其中带孔的盘形齿轮在实际生产中应用最广。

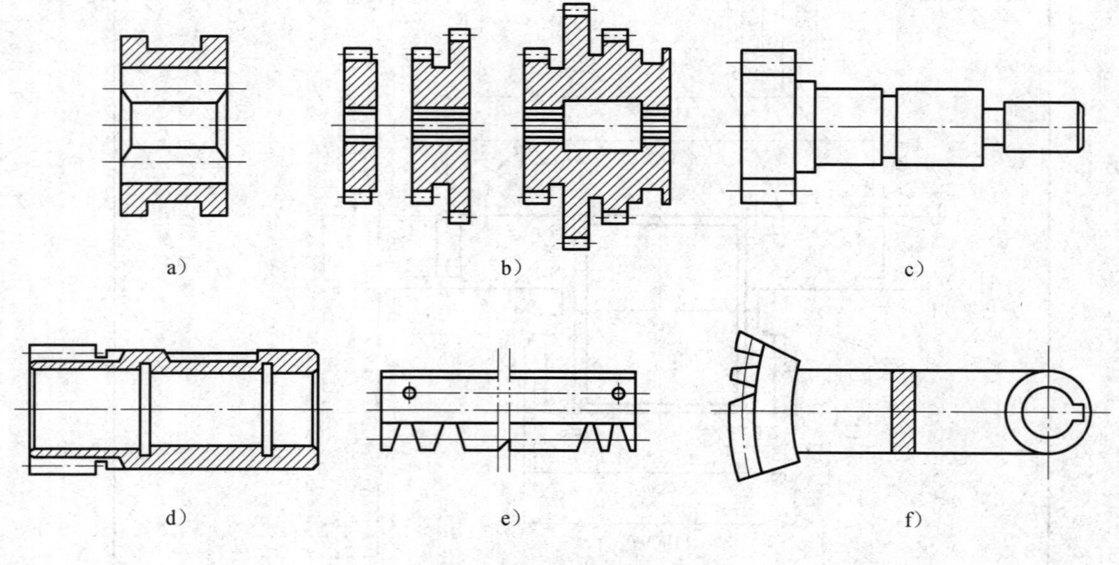

图 5-51 圆柱齿轮的结构形式

a）内齿轮；b）盘形齿轮；c）轴类齿轮；d）套筒类齿轮；e）齿条；f）扇形齿轮

齿轮的主要加工面是轮齿，内孔（或支撑轴颈）为设计基准和装配基准，基准孔常带键槽或花键孔。单齿圈齿轮的结构工艺性最好，可采用任一加工方法加工轮齿；而双联或三联的小齿圈往往会受到台阶的影响，限制了某些加工方法的使用，一般只能采用插齿。如果小齿圈精度要求高，需要精滚或磨齿加工，而轴径在设计上又不允许加大，可将此多齿圈齿轮做成单齿圈齿轮的组合结构，以改善其工艺性。

任务实施

1. 分析圆柱齿轮的结构形状

1）双联齿轮零件图采用了主视图和局部视图表达双联齿轮零件的结构。其中，主视图为齿轮的全剖视图，主要表达齿轮的内部结构和各表面的轴向相对位置及径向尺寸。局部视图主要表达内部花键孔的结构和尺寸。

2）从主视图可以看出，主体由多个同轴的内孔和外圆组成。

2. 分析技术要求和加工关键表面

（1）齿轮类零件的精度要求

1）齿轮的传动精度要求。齿轮本身的制造精度对整个机器的工作性能、承载能力及使用寿命都有很大的影响。根据其使用条件，齿轮传动应满足以下几方面的要求。

① 传递运动的准确性。要求齿轮较准确地传递运动，传动比恒定，即要求齿轮在旋转一转中的转角误差不超过一定范围。

② 传递运动的平稳性。要求齿轮传递运动平稳，以减小冲击、振动和噪声，即要求限制齿轮转动时瞬时速比的变化。

③ 载荷分布的均匀性。要求齿轮工作时，齿面接触要均匀，以使齿轮在传递运动时不致因载荷分布不均而使接触应力过大，引起齿面过早磨损。接触精度除了包括齿面接触均匀性外，还包括接触面积和接触位置。

④ 传动侧隙的合理性。要求齿轮工作时，非工作齿面间留有一定的间隙，以储存润滑油，补偿因温度变化引起的尺寸变化和加工、装配时的一些误差。

齿轮的制造精度和齿侧间隙主要根据齿轮的用途和工作条件而定。对于分度传动用的齿轮，对齿轮的运动精度要求较高；对于高速动力传动用齿轮，为了减少冲击和噪声，对工作平稳性精度有较高要求；对于重载、低速传动用的齿轮，要求齿面有较高的接触精度，以保证齿轮不致过早磨损；对于换向传动和读数机构用的齿轮，应严格控制齿侧间隙，必要时必须消除间隙。

2）齿坯的主要技术要求。齿坯的内孔（或轴颈）、端面（有时还有顶圆）常被用作齿轮加工、检验和安装的基准，所以齿坯加工精度对齿轮加工和传动的精度均有较大的影响。

齿坯主要的技术要求包括基准孔（或轴）的直径公差和基准端面的端面跳动。标准规定了对应于不同齿轮精度等级的齿坯的公差等级和公差值。

（2）齿轮的材料、热处理

1）材料的选择。齿轮应按照使用时的工作条件选用合适的材料。一般来说，对于低速重载的传力齿轮，齿面受压产生塑性变形和磨损，且轮齿易折断。应选用机械强度、硬度等综合力学性能较好的材料，如18CrMnTi；线速度高的传力齿轮，齿面容易产生疲劳点蚀，所以齿面应有较高的硬度，可用38CrMoAl氮化钢；承受冲击载荷的传力齿轮，应选用韧性好的材料，如低碳合金钢18CrMnTi；非传力齿轮可以选用不淬火钢、铸铁、夹布胶木、尼龙等非金属材料。一般用途的齿轮均用 45 钢等中碳结构钢和低碳合金结构钢如20Cr、40Cr、20CrMnTi等制成。

2）齿轮的热处理。

第一类：毛坯热处理。在齿坯加工前后安排预备热处理（正火或调质）。其主要目的是消除锻造及粗加工所引起的残余应力，改善材料的切削性能和提高综合力学性能。

第二类：齿面热处理。齿形加工完毕后，为提高齿面的硬度和耐磨性，常进行渗碳淬火、高频淬火、碳氮共渗和氮化处理等热处理工序。

（3）确定关键加工表面

1）$\phi 35$的花键，精度为IT7，其粗糙度为$Ra = 1.6\mu m$，它是加工的关键表面。

2）$Z = 28$、$Z = 42$的齿面，其粗糙度为$Ra = 0.8\mu m$，它们是加工的关键表面。

3）齿轮的两个端面，端面圆跳动值为0.02，其表面粗糙度分别为$3.2\mu m$和$1.6\mu m$，它们是加工的关键表面。

5.4.2 确定齿轮类零件的生产类型

教学目标

*掌握齿轮类零件的生产纲领的计算方法。

*掌握齿轮类零件的生产类型及其工艺特征的确定方法。

任务引入

通过计算齿轮的生产纲领，确定齿轮的生产类型及其工艺特征，学习齿轮生产纲领的计算方法、生产类型及其工艺特征的确定方法。

任务实施

1. 计算齿轮的生产纲领

根据任务书要求：

1）产品的生产纲领$Q = 200$台/年；

2）每台产品中该齿轮数量为$n = 2$件/台；

3）齿轮的备品百分率$a = 10\%$；

4）齿轮的废品百分率$b = 1\%$；

计算齿轮的生产纲领如下：

$$
\begin{aligned}
N &= Qn(1+a)(1+b) \\
&= 200 \times 2(1+10\%)(1+1\%) \\
&= 444\text{（件/年）}
\end{aligned}
$$

2. 确定齿轮的生产类型

查附表 2 进行类比，该产品属中批生产。齿轮的生产纲领和生产类型如表 5-41 所示。

表 5-41　齿轮的生产纲领和生产类型

生产纲领	生产类型	工艺特征
444 件/年	中批量	采用模锻毛坯，精度高、余量小
		加工设备采用通用机床
		工艺装备采用通用夹具或组合夹具、通用刀具、通用量具、标准附件
		工艺文件需编制简单的加工工艺过程卡片
		加工采用划线、试切等方法保证尺寸，生产率低，要求操作工人技术熟练

5.4.3　确定齿轮类零件的毛坯类型及其制造方法

教学目标

⋆掌握齿轮类零件毛坯的类型及其制造方法的选择。

⋆掌握齿轮类零件毛坯的机械加工余量的估算方法。

⋆掌握齿轮类零件的毛坯简图的绘制方法。

任务引入

通过选择齿轮毛坯的类型及其制造方法，估算齿轮毛坯的机械加工余量、绘制齿轮的毛坯简图，学习齿轮零件毛坯的类型及其制造方法的选择，以及齿轮零件毛坯的机械加工余量的估算方法、毛坯简图的绘制方法。

相关知识

齿形加工之前的齿轮加工称为齿坯加工，齿坯的内孔（或轴颈）、端面或外圆经常是齿轮加工、测量和装配的基准，齿坯的精度对齿轮的加工精度有着重要的影响。因此，齿坯加工在整个齿轮加工中占有重要的地位。

齿轮的毛坯形式主要有棒料、锻件和铸件。棒料用于小尺寸、结构简单且对强度要求不太高的齿轮。当齿轮强度要求高，并要求耐磨损、耐冲击时，多用锻件毛坯。当齿轮的直径大于ϕ400 时，常用铸造齿坯。为了减少机械加工量，对大尺寸、低精度的齿轮，可以直接铸出轮齿；对于小尺寸、形状复杂的齿轮，可以采用精密铸造、压力铸造、精密锻造、粉末冶金、热轧和冷挤等新工艺制造出具有轮齿的齿坯，以提高劳动生产率，节约原材料。

齿坯加工中，主要要求保证的是基准孔（或轴颈）的尺寸精度和形状精度及基准端面相对于基准孔（或轴颈）的位置精度。不同精度的孔（或轴颈）的齿坯公差及表面粗糙度等要求分别列于表 5-42、表 5-43 和表 5-44 中。

表 5-42　齿坯公差

齿轮精度等级	5	6	7	8	9
孔尺寸公差 形状公差	IT5	IT6	IT7		IT8
轴尺寸公差 形状公差	IT5		IT6		IT7
顶圆直径	IT7	IT8			IT8

注：① 当三个公差组的精度等级不同时，按最高精度等级确定公差值。
② 当顶圆不作为测量齿厚基准时，尺寸公差按 IT11 给定，但应小于 0.1mm。

表 5-43　齿轮基准面径向和端面圆跳动公差 (μm) 及分度圆直径 (mm) 精度等级

分度圆直径/mm		精度等级				
大于	到	IT1 和 IT2	IT3 和 IT4	IT5 和 IT6	IT7 和 IT8	IT9 和 IT12
0	125	2.8	7	11	18	28
125	400	3.6	9	14	22	36
400	800	5.0	12	20	32	50

表 5-44　齿坯基准面的表面粗糙度 Ra(μm)

精度等级	3	4	5	6	7	8	9	10
基准孔	≤0.2	≤0.2	0.4～0.2	≤0.8	1.6～0.8	≤1.6	≤3.2	≤3.2
基准轴径	≤0.1	0.2～0.1	≤0.2	≤0.4	≤0.8	≤1.6	≤1.6	≤1.6
基准端面	0.2～0.1	0.4～0.2	0.6～0.4	0.6～0.3	1.6～0.8	3.2～1.6	≤3.2	≤3.2

齿坯加工方案的选择主要与齿轮的轮体结构、技术要求和生产批量等因素有关。对轴、套筒类齿轮的齿坯，其加工工艺与一般轴、套筒零件的加工工艺相同。下面主要对盘齿轮的齿坯加工方案进行介绍。

1. 中、小批生产的齿坯加工

中小批生产尽量采用通用机床加工。对于圆柱孔齿坯，可采用粗车—精车的加工方案：

1）在卧式车床上粗车齿轮各部分。

2）在一次安装中精车内孔和基准端面，以保证基准端面对内孔的跳动要求。

3）以内孔在心轴上定位，精车外圆、端面及其他部分。对于花键孔齿坯，采用粗车—拉—精车的加工方案。

2. 大批量生产的齿坯加工

大批量生产中，无论花键孔还是圆柱孔，均采用高生产率的机床（如拉床、多轴自动或多刀半自动车床等），其加工方案如下：

1）以外圆定位加工端面和孔（留拉削余量）。

2）以端面支承拉孔。

3）以孔在心轴上定位，在多刀半自动车床上粗车外圆、端面和切槽。

4）不卸下心轴，在另一台车床上继续精车外圆、端面、切槽和倒角。

任务实施

1. 确定齿轮毛坯的类型及其制造方法

（1）选择毛坯的类型

由附表 3 可知，合金钢材料的零件一般情况下采用锻造的毛坯，根据齿轮制造材料 40Cr

可以确定毛坯类型为锻造。

（2）选择毛坯制造方法

根据齿轮的材料，查附表 2 可得出，齿轮的毛坯采用模锻的方法。

2. 估算齿轮毛坯的机械加工余量

根据齿轮加工面的公称尺寸（按最大尺寸ϕ88），查附表 11 得单边加工余量为 5mm。

3. 绘制齿轮毛坯简图

双联齿轮毛坯简图的绘制方法和步骤如表 5-45 所示。

表 5-45　双联齿轮毛坯简图的绘制方法和步骤

步骤	图例	步骤	图例
1）用双点画线画出零件图的主要视图，只画主要结构，次要细节简化不画，非毛坯制造的孔不画	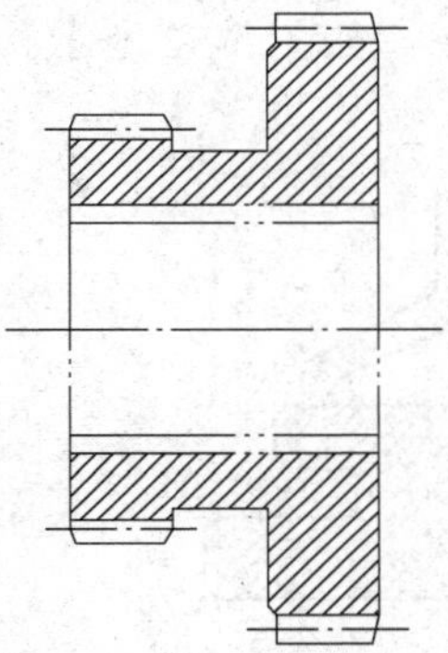	3）加粗或者加深毛坯轮廓线，在余量层内打上网纹线	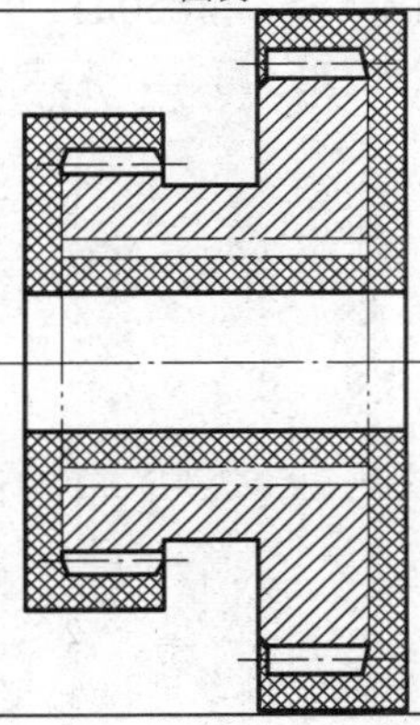
2）将加工总余量按尺寸用粗实线画在加工表面上	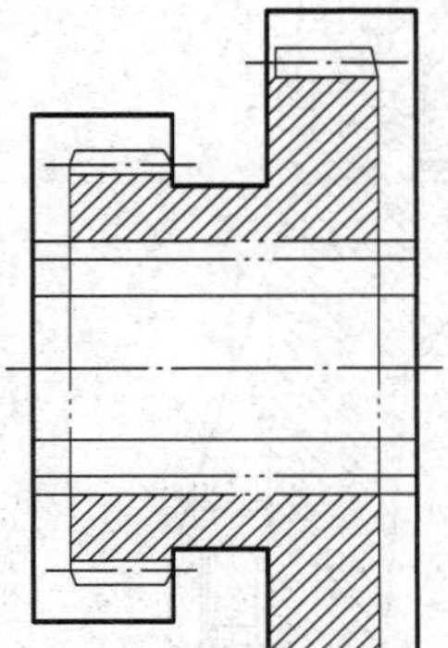	4）标注毛坯的主要尺寸	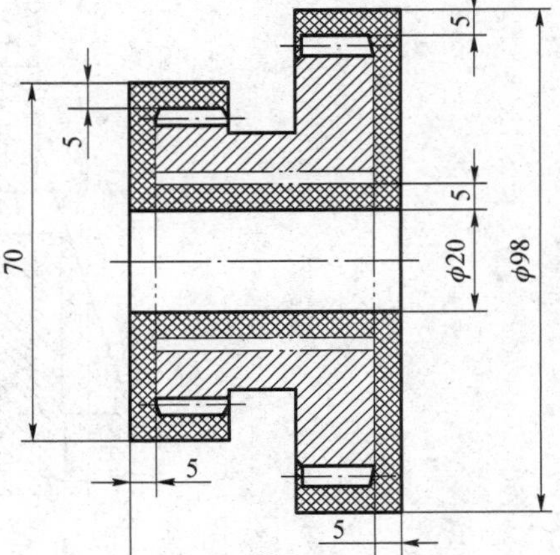 5　5　5　70　ϕ20　ϕ98　5　5　52

5.4.4　选择齿轮类零件的定位基准和加工装备

教学目标

* 掌握齿轮零件的粗基准和夹紧方案的选择方法。
* 掌握齿轮零件的精基准和夹紧方案的选择方法。

*掌握齿轮零件的加工装备的选择方法。

任务引入

通过具体选择齿轮的精基准、粗基准、夹紧方案及加工装备，掌握齿轮零件的基准、夹紧方案及加工装备的选择方法。

任务实施

1. 选择精基准

1）经分析零件图可知，ϕ30H12 孔轴线是高度和宽度方向的设计基准，A 面是长度方向的设计基准，如图 5-49 所示。

2）根据基准重合原则，考虑选择已加工的ϕ30H12 孔和 A 面作为精基准。这样可以保证关键表面ϕ88h11 和ϕ60h11 的同轴度、A 面的垂直度要求。此外，这一组定位基准的面积较大，工件的装夹稳定可靠，容易操作，夹具结构也比较简单，如图 5-52 所示。

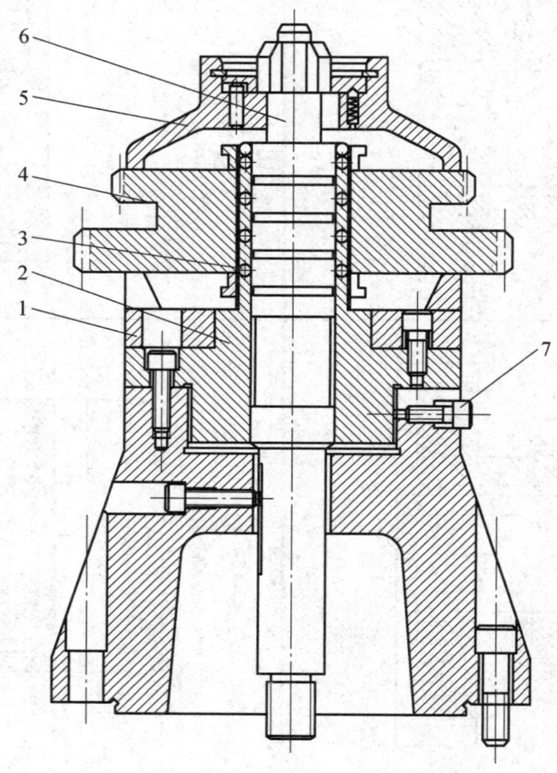

图 5-52　齿轮加工安装图

1—定位支座；2—心轴；3—滚珠；4—工件；5—压板；6—拉杆；7—调整螺钉

3）根据基准统一原则，零件各表面的加工过程分析如下所述：加工ϕ88h11 和ϕ60h11 外圆、B 面时可以采用这一组精基准定位。

4）选择 A 面和ϕ30H12 孔作为主要定位基准时，加工其他表面时能使用这一组定位基准作为主要精基准，既符合基准重合原则，又符合基准统一原则，且合理可行。

5）由于定位基准与设计基准重合，因此不需要对它的工序尺寸和定位误差进行分析和计算。

2. 选择粗基准

选择不加工外圆ϕ88h11、*B* 面作为粗基准，能方便地加工出 *A* 面和ϕ30H12 的孔（精基准），还可以保证ϕ88h11 外圆和ϕ60h11 外圆的轴线重合。ϕ88h11 外圆、*B* 面的面积较大，也较平整光洁，符合粗基准的要求。

5.4.5　拟订齿轮类零件工艺路线

教学目标

*掌握齿轮类零件各表面的加工方法。
*掌握初步拟订齿轮类零件机械加工工艺路线的方法。

任务引入

通过选择双联齿轮表面的加工方法及初步确定齿轮机械加工工艺路线，学习选择齿轮零件的加工方法，以及齿轮零件机械加工工艺路线的拟订方法。

任务实施

1. 选择齿轮各表面的加工方法

根据加工表面的精度和表面粗糙度要求，查附表 9，可得各外圆的加工方案，如表 5-46 所示。

表 5-46　各加工表面的加工方案

加工表面	精度要求	表面粗糙度 *Ra*/μm	加工方案
ϕ60h11 外圆	IT11	3.2	粗车—半精车—精车
ϕ88h11 外圆	IT11	1.6	粗车—半精车—精车
ϕ30H12 内孔	IT12	1.6	钻—拉
A、*B* 面（两端面距离 42）	IT11 以上	3.2、1.6	粗车—半精车—精车
ϕ60 齿面	IT11	0.8	插齿—磨齿
ϕ88 齿面	IT11	0.8	滚齿—磨齿

2. 初步拟订双联齿轮的机械加工工艺路线

根据相关知识将双联齿轮的加工分为粗加工、精加工和齿形加工三个阶段。

根据机械加工的安排原则，先安排基准和主要表面的粗加工，然后安排基准和主要表面的精加工，初步拟订工艺路线，如表 5-47 所示。

表 5-47　双联齿轮的加工工艺过程

工序号	工序名称	工步	工序内容	定位基准	设备	工装
1	锻		模锻			
2	钻		钻孔ϕ25	大端面和外圆	立式钻床	
3	热		调质 HB235			
4	车	（1）	粗车大端面取总厚度 47 及外圆ϕ93，镗内孔ϕ27，内外倒角	小端面和外圆	中车	
		（2）	粗车小端面取总厚度 45	大端面和外圆		

续表

工序号	工序名称	工步	工序内容	定位基准	设备	工装
5	拉		拉花键孔$\begin{pmatrix}6-35\text{H}7\times30\text{H}12\\ \times10\text{D}9\end{pmatrix}$	大端面	拉床	花键拉刀
6	车		套花键心轴 精车总厚度至 42（平均车去两端面），精车外圆ϕ88、ϕ60 至尺寸，各齿端 10° 倒角及外倒角	花键轴	中车	锥度心轴
7	检		齿坯检验			
8	滚		插齿 $Z=28, L=21.36, n=4$ 磨前滚齿 $Z=42, L=27.6, n=5$	大端面和花键孔	插齿机 滚齿机	滚夹具
9	钳		齿端倒圆角，去齿部毛刺		倒角机	
10	剃齿		剃齿：$Z=28, L=21.36, n=4$			
11	检		半成品检验			
12	热		高频齿部淬火 HB235～240			
13	推		压床用花键推孔校正花键孔	大端面	压床	
14	磨		磨齿：$Z=42, L=27.6, n=5$			
15	检		成品检验			

5.4.6 设计齿轮类零件的加工工序

教学目标

*掌握齿轮类零件各工序的加工余量及尺寸的确定方法。

*掌握齿轮零件工序工时定额的计算方法。

任务引入

通过具体确定齿轮各工序加工余量及工序尺寸，计算齿轮各工序工时定额，学习齿轮零件工序的设计内容和方法。

任务实施

1. 确定加工余量

采用查表法查阅附表，本齿轮的加工余量：粗车为 2.5mm，精车为 1.5mm，磨削余量为 0.5mm。

2. 确定切削用量

确定切削用量就是对不同的材质，在已选定的刀具材料和几何角度的基础上，合理选择主轴转速 n、切削速度 v_c、进给量 a_f、背吃刀量 a_p 和进给次数。

合理选择工艺过程中各工序加工的切削用量，可查阅附表。

3. 编制机械加工工序卡片

编制机械加工工序卡片及相关工艺附图，如表 5-48～表 5-60 所示。

表 5-48　齿轮机械加工工序卡片一

机械加工工序卡片	产品型号		零（部）件图号	1		
	产品名称	变速箱	零（部）件名称	双联齿轮	共 12 页	第 1 页

车间	工序号	工序名称	材料牌号
车工车间	10	车削	40Cr
毛坯种类	毛坯外形尺寸	每毛坯可制件数	每台件数
锻件	ϕ100mm×50mm	1	1
设备名称	设备型号	设备编号	同时加工件数
车床	CA6140		1
夹具编号	夹具名称		切削液
	自定心卡盘		
工位器具编号	工位器具名称	工序工时 准终	工序工时 单件

Ra 12.5　ϕ92　40　Ra 12.5

工步号	工步内容	工艺装备	主轴转速/(r·min^{-1})	切削速度/(m·min^{-1})	进给量/(mm·r^{-1})	背吃刀量/mm	进给次数	工时/s 机动	工时/s 辅助
1	自定心卡盘夹小端，粗车大端面及外圆至尺寸ϕ92	自定心卡盘							

描图	描校	底图号	装订号

标记	处数	更改文件号	签字	日期	标记	处数	更改文件号	签字	日期	编制（日期）	审核（日期）	标准化（日期）	会签（日期）

表 5-49 齿轮机械加工工序卡片二

机械加工工序卡片	产品型号		零（部）件图号	2		
	产品名称	变速箱	零（部）件名称	双联齿轮	共 12 页	第 2 页

车间	工序号	工序名称	材料牌号
车工车间	10	车削	40Cr
毛坯种类	毛坯外形尺寸	每毛坯可制件数	每台件数
锻件	ϕ100mm×50mm	1	1
设备名称	设备型号	设备编号	同时加工件数
车床	CA6140		1

夹具编号	夹具名称	切削液	
	自定心卡盘		
工位器具编号	工位器具名称	工序工时	
		准终	单件

工步号	工步内容	工艺装备	主轴转速/(r·min^{-1})	切削速度/(m·min^{-1})	进给量/(mm·r^{-1})	背吃刀量/mm	进给次数	工时/s 机动	工时/s 辅助
1	掉头夹大端面，粗车小端而保证总长 37mm	自定心卡盘							

描图

描校

底图号

装订号

										编制（日期）	审核（日期）	标准化（日期）	会签（日期）
标记	处数	更改文件号	签字	日期	标记	处数	更改文件号	签字	日期				

表 5-50 齿轮机械加工工序卡片三

	机械加工工序卡片	产品型号		零（部）件图号	3		
		产品名称	变速箱	零（部）件名称	双联齿轮	共 12 页	第 3 页

车间	工序号	工序名称	材料牌号
车工车间	10	车削	40Cr
毛坯种类	毛坯外形尺寸	每毛坯可制件数	每台件数
锻件	ϕ100mm×50mm	1	1
设备名称	设备型号	设备编号	同时加工件数
车床	CA6140		1

夹具编号	夹具名称	切削液	
	自定心卡盘		
工位器具编号	工位器具名称	工序工时	
		准终	单件

ϕ30H12

工步号	工步内容	工艺装备	主轴转速/(r·min^{-1})	切削速度/(m·min^{-1})	进给量/(mm·r^{-1})	背吃刀量/mm	进给次数	工时/s 机动	工时/s 辅助
1	钻镗花键底孔至尺寸ϕ30H12	自定心卡盘							

描图

描校

底图号

装订号

										编制（日期）	审核（日期）	标准化（日期）	会签（日期）
标记	处数	更改文件号	签名	日期	标记	处数	更改文件号	签名	日期				

表 5-51　齿轮机械加工工序卡片四

机械加工工序卡片	产品型号		零（部）件图号	4		
	产品名称	变速箱	零（部）件名称	双联齿轮	共 12 页	第 4 页

ϕ35H7　Ra 1.6　E　Ra 3.2　Ra 3.2　Ra 3.2　10D9　ϕ30H12　ϕ30H12　ϕ35H17

车间	工序号	工序名称	材料牌号
机加工车间	15	拉	40Cr
毛坯种类	毛坯外形尺寸	每毛坯可制件数	每台件数
锻件	ϕ100mm×50mm	1	1
设备名称	设备型号	设备编号	同时加工件数
拉床	L6120		1
夹具编号	夹具名称		切削液
	拉夹具		
工位器具编号	工位器具名称		工序工时（准终） / （单件）

工步号	工步内容	工艺装备	主轴转速/(r·min^{-1})	切削速度/(m·min^{-1})	进给量/(mm·r^{-1})	背吃刀量/mm	进给次数	工时/s 机动	工时/s 辅助
1	拉花键孔ϕ30H12	拉床夹具							

描图

描校

底图号

装订号

标记	处数	更改文件号	签名	日期	标记	处数	更改文件号	签名	日期	编制（日期）	审核（日期）	标准化（日期）	会签（日期）

表 5-52　齿轮机械加工工序卡片五

机械加工工序卡片	产品型号		零（部）件图号	5		
	产品名称	变速箱	零（部）件名称	双联齿轮	共 12 页	第 5 页

车间	工序号	工序名称	材料牌号
车工车间	25	车削	40Cr
毛坯种类	毛坯外形尺寸	每毛坯可制件数	每台件数
锻件	ϕ100mm×50mm	1	1
设备名称	设备型号	设备编号	同时加工件数
车床	CA6140		1
夹具编号	夹具名称		切削液
	自定心卡盘		
工位器具编号	工位器具名称		工序工时
		准终	单件

工步号	工步内容	工艺装备	主轴转速/(r·min^{-1})	切削速度/(m·min^{-1})	进给量/(mm·r^{-1})	背吃刀量/mm	进给次数	工时/s 机动	工时/s 辅助
1	用心轴定位，车退刀槽	心轴							

描图
描校
底图号
装订号

										编制（日期）	审核（日期）	标准化（日期）	会签（日期）
标记	处数	更改文件号	签名	日期	标记	处数	更改文件号	签名	日期				

表 5-53　齿轮机械加工工序卡片六

机械加工工序卡片	产品型号		零（部）件图号	6		
	产品名称	变速箱	零（部）件名称	双联齿轮	共 12 页	第 6 页

14　Ra 3.2　Ra 1.6　14　Ra 3.2　Ra 3.2

车间	工序号	工序名称	材料牌号
车工车间	25	车削	40Cr
毛坯种类	毛坯外形尺寸	每毛坯可制件数	每台件数
锻件	ϕ100mm×50mm	1	1
设备名称	设备型号	设备编号	同时加工件数
车床	CA6140		1

夹具编号	夹具名称	切削液	
	自定心卡盘		
工位器具编号	工位器具名称	工序工时	
		准终	单件

工步号	工步内容	工艺装备	主轴转速/(r·min^{-1})	切削速度/(m·min^{-1})	进给量/(mm·r^{-1})	背吃刀量/mm	进给次数	工时/s 机动	工时/s 辅助
1	用心轴定位，精车外圆、端面及齿槽至尺寸要求	心轴							

描图

描校

底图号

装订号

标记	处数	更改文件号	签名	日期	标记	处数	更改文件号	签名	日期	编辑（日期）	审核（日期）	标准化（日期）	会签（日期）

表 5-54　齿轮机械加工工序卡片七

机械加工工序卡片	产品型号		零（部）件图号	7		
	产品名称	变速箱	零（部）件名称	双联齿轮	共 12 页	第 7 页

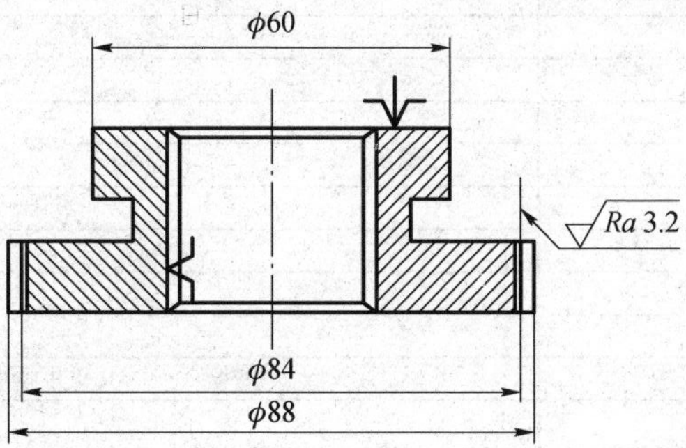

车间	工序号	工序名称	材料牌号
机加工车间	35	滚齿	40Cr
毛坯种类	毛坯外形尺寸	每毛坯可制件数	每台件数
锻件	ϕ100mm×50mm	1	1
设备名称	设备型号	设备编号	同时加工件数
滚齿机	Y3150		1

夹具编号	夹具名称	切削液	
	上心轴装夹		
工位器具编号	工位器具名称	工序工时	
		准终	单件

ϕ60　ϕ84　ϕ88　Ra 3.2

工步号	工步内容	工艺装备	主轴转速/(r·min^{-1})	切削速度/(m·min^{-1})	进给量/(mm·r^{-1})	背吃刀量/mm	进给次数	工时/s 机动	工时/s 辅助
1	滚齿（Z=42），留剩余量 0.07～0.10mm	心轴							

描图
描校
底图号
装订号

标记	处数	更改文件号	签名	日期	标记	处数	更改文件号	签名	日期	编辑（日期）	审核（日期）	标准化（日期）	会签（日期）

表 5-55　齿轮机械加工工序卡片八

机械加工工序卡片	产品型号		零（部）件图号	8		
	产品名称	变速箱	零（部）件名称	双联齿轮	共 12 页	第 8 页

$\phi60$　$\phi56$　$Ra\ 3.2$

车间	工序号	工序名称	材料牌号
机加工车间	40	插齿	40Cr
毛坯种类	毛坯外形尺寸	每毛坯可制件数	每台件数
锻件	ϕ100mm×50mm	1	1
设备名称	设备型号	设备编号	同时加工件数
插齿机	Y5132		1

夹具编号	夹具名称	切削液
	上心轴装夹	

工位器具编号	工位器具名称	工序工时	
		准终	单件

工步号	工步内容	工艺装备	主轴转速/(r·min^{-1})	切削速度/(m·min^{-1})	进给量/(mm·r^{-1})	背吃刀量/mm	进给次数	工时/s 机动	工时/s 辅助
1	插齿（Z=28），留剩余量 0.04～0.06mm	心轴							

描图

描校

底图号

装订号

标记	处数	更改文件号	签名	日期	标记	处数	更改文件号	签名	日期	编辑（日期）	审核（日期）	标准化（日期）	会签（日期）

表 5-56　齿轮机械加工工序卡片九

机械加工工序卡片	产品型号		零（部）件图号	9		
	产品名称	变速箱	零（部）件名称	双联齿轮	共 12 页	第 9 页

工序简图	车间	工序号	工序名称	材料牌号
$\phi60$　$\phi56$　14　14　12°　12°	机加工车间	45	倒角	40Cr
	毛坯种类	毛坯外形尺寸	每毛坯可制件数	每台件数
	锻件	ϕ100mm×50mm	1	1
	设备名称	设备型号	设备编号	同时加工件数
	倒角机			1
	夹具编号	夹具名称		切削液
		上心轴装夹		
	工位器具编号	工位器具名称		工序工时：准终 / 单件

	工步号	工步内容	工艺装备	主轴转速/(r·min^{-1})	切削速度/(m·min^{-1})	进给量/(mm·r^{-1})	背吃刀量/mm	进给次数	工时/s 机动	工时/s 辅助
	1	倒角（齿圆 12°）	心轴							
描图										
描校										
底图号										
装订号										

标记	处数	更改文件号	签名	日期	标记	处数	更改文件号	签名	日期	编辑（日期）	审核（日期）	标准化（日期）	会签（日期）

表 5-57　齿轮机械加工工序卡片十

机械加工工序卡片	产品型号		零（部）件图号	10		
	产品名称	变速箱	零（部）件名称	双联齿轮	共 12 页	第 10 页

车间	工序号	工序名称	材料牌号
机加工车间	55	剃齿	40Cr
毛坯种类	毛坯外形尺寸	每毛坯可制件数	每台件数
锻件	ϕ100mm×50mm	1	1
设备名称	设备型号	设备编号	同时加工件数
剃齿机			1
夹具编号	夹具名称		切削液
	上心轴装夹		
工位器具编号	工位器具名称		工序工时
		准终	单件

工步号	工步内容	工艺装备	主轴转速/(r·min^{-1})	切削速度/(m·min^{-1})	进给量/(mm·r^{-1})	背吃刀量/mm	进给次数	工时/s 机动	工时/s 辅助
1	剃齿（Z=42）公法线长度至尺寸上限剃齿（Z=28）公法线长度至尺寸上限	心轴							

描图

描校

底图号

装订号

										编辑（日期）	审核（日期）	标准化（日期）	会签（日期）
标记	处数	更改文件号	签名	日期	标记	处数	更改文件号	签名	日期				

表 5-58　齿轮机械加工工序卡片十一

机械加工工序卡片	产品型号		零（部）件图号	11		
	产品名称	变速箱	零（部）件名称	双联齿轮	共 12 页	第 11 页

φ60
φ56
Ra 0.8
φ30H12
φ35H7

车间	工序号	工序名称	材料牌号
机加工车间	70	推孔	40Cr
毛坯种类	毛坯外形尺寸	每毛坯可制件数	每台件数
锻件	φ100mm×50mm	1	1
设备名称	设备型号	设备编号	同时加工件数
推孔机			1

夹具编号	夹具名称	切削液	
	推孔夹具		
工位器具编号	工位器具名称	工序工时	
		准终	单件

工步号	工步内容	工艺装备	主轴转速/(r·min⁻¹)	切削速度/(m·min⁻¹)	进给量/(mm·r⁻¹)	背吃刀量/mm	进给次数	工时/s 机动	工时/s 辅助
1	推孔	推孔夹具							

描图

描校

底图号

装订号

标记	处数	更改文件号	签名	日期	标记	处数	更改文件号	签名	日期	编辑（日期）	审核（日期）	标准化（日期）	会签（日期）

表 5-59 齿轮机械加工工序卡片十二

机械加工工序卡片	产品型号		零（部）件图号	12		
	产品名称	变速箱	零（部）件名称	双联齿轮	共 12 页	第 12 页

φ60
φ56
14
14
Ra 0.8
Ra 0.8
Ra 0.8
Ra 0.8

车间	工序号	工序名称	材料牌号
机加工车间	75	珩齿	40Cr
毛坯种类	毛坯外形尺寸	每毛坯可制件数	每台件数
锻件	φ100mm×50mm	1	1
设备名称	设备型号	设备编号	同时加工件数
珩齿机			1
夹具编号	夹具名称		切削液
	上心轴装夹		
工位器具编号	工位器具名称		工序工时
			准终 / 单件

工步号	工步内容	工艺装备	主轴转速/(r·min^{-1})	切削速度/(m·min^{-1})	进给量/(mm·r^{-1})	背吃刀量/mm	进给次数	工时/s 机动	工时/s 辅助
1	珩齿至尺寸要求	心轴							

描图

描校

底图号

装订号

标记	处数	更改文件号	签名	日期	标记	处数	更改文件号	签名	日期	编辑（日期）	审核（日期）	标准化（日期）	会签（日期）

表 5-60　齿轮机械加工检验卡片

班级	101021	检验卡片	产品型号	
工厂			零组件图号	1
车间			共 1 页	第 1 页

材料		工序名称	检验
名称	双联齿轮		
牌号			
规格			
一个毛坯制造之零件数	10	检验后交：	

序号	检验内容	检验设备及工具
1	大齿轮外圆尺寸	游标卡尺
2	小齿轮外圆尺寸	游标卡尺
3	花键孔尺寸	
4		
5		

Ra 1.6　Ra 0.8　Ra 3.2　12°　Ra 0.8　Ra 3.2　Ra 1.6　A　B　D　C　50°
φ60h11　φ56　φ46　φ84　φ88h11
14　14f9　35　0.02 F
Ra 1.6　φ35H7　E　Ra 3.2　Ra 3.2　Ra 3.2　10D9　φ30H12
材料：40Cr
齿部：5132
Ra 6.3 (√)

描图
描校
底图号

装订号	更改号	文件号	签字	日期	更改号	文件号	签字	日期

习 题

5-1 轴类零件的主要技术参数包括哪些？

5-2 试为某轴ϕ50h6 外圆表面选择加工方案，加工条件如下。

生产类型：大批生产。

工件尺寸：全长 560mm，最大直径ϕ75mm，最小直径ϕ40mm。

工件材料及热处理要求：40Cr，ϕ50h6 表面要求淬硬 56HRC。

5-3 箱体类零件的主要技术参数包括哪些？

5-4 拟订箱体类零件机械加工工艺规程的基本原则有哪些？

5-5 试介绍齿轮零件的基本工艺过程。

5-6 试为某机床齿轮的齿形加工选择加工方案，加工条件如下。

生产类型：大批生产。

工件材料：45 钢，要求高频淬火 52HRC。

齿面加工要求：模数 $m = 2.25$mm；齿数 $z = 56$；精度等级为 7-7-6；表面粗糙度 Ra 为 0.8μm。

第 6 章

机械加工表面质量及其控制

学习目标

1）了解加工表面质量及其对零件使用性能的影响。
2）掌握影响加工表面的表面粗糙度的工艺因素及其改进措施。
3）掌握影响表层金属力学、物理性能的工艺因素及其改进措施。
4）了解机械加工过程中的振动。

知识要点

1）加工表面质量及其对零件使用性能的影响。
2）影响加工表面的表面粗糙度的工艺因素及其改进措施。
3）影响表层金属力学、物理性能的工艺因素及其改进措施。
4）机械加工过程中的振动。

6.1 表面质量对零件使用性能的影响

零件机械加工的质量除取决于加工精度外，还取决于表面层的质量。产品的工作性能，尤其是它的可靠性、精度保持性，在很大程度上取决于其主要零件的表面质量。

6.1.1 机械加工表面质量的概念

任何机械加工所得的零件表面，都不可能是绝对理想的表面，总会存在一定程度的微观几何形状误差、划痕、裂纹、表面层的金相组织变化和表面层的残余应力等缺陷，这些均会影响零件的使用和产品的质量。加工表面质量主要包括两个方面的内容：表面几何形状特性；表面层的物理、力学性能。

1. *表面几何形状特性*

加工表面的几何形状特性如图 6-1 所示，按表面纹理相邻两波峰或波谷之间距离的大小分为以下三种情况：

1）表面粗糙度：指已加工表面波距在 1mm 以下的微观几何形状误差。其大小以表面轮廓算术平均偏差 *Ra* 或轮廓最大高度 *Rz* 表示。它是由加工过程中的残留面积、塑性变形、积屑瘤、鳞刺及工艺系统的高频振动等造成的。

2）表面波度：指已加工表面波距为 1～10mm 的几何形状误差，是介于宏观形状误差与表面粗糙度之间的周期性几何形状误差，其大小以波长 λ 和波高 H_2 表示。它是由加工过程中工艺系统的低频振动引起的。

3）表面形状误差：指已加工表面波距大于 10mm 的宏观几何形状误差，不属表面质量范畴。

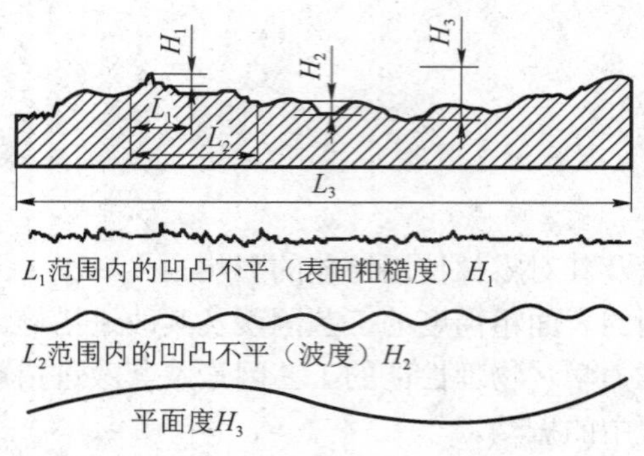

图 6-1　表面粗糙度和波度

2. *表面层的物理、力学性能*

表面层的物理、力学性能主要有以下三个方面的内容：

1）表面层加工硬化：加工后表面层强度、硬度提高的现象。

2）表面层金相组织变化：加工后表面层的金相组织发生改变，不同于基体组织。

3）表面层残余应力：经加工后表面层与基体间存在内应力。

6.1.2　表面质量对耐磨性的影响

零件的磨损，一般分为初期磨损、正常磨损和急剧磨损三个阶段，如图 6-2 所示。工作表面在初期磨损阶段磨损得很快，这是因为两个零件的表面互相接触时，实际上只是一些凸峰顶部接触，当零件上有了载荷作用时，凸峰处的单位面积压力也就很大。当两个零件发生相对运动时，在接触的凸峰处就产生弹性变形、塑性变形及剪切等，造成零件表面的磨损，且磨损很快；随着磨损的发展，接触面积逐渐加大，单位面积的压力逐渐降低，磨损变慢，进入正常磨损；磨损到一定程度后，零件表面质量明显恶化，将产生急剧磨损。

1）表面粗糙度的影响。由试验得知（图 6-3），适当的表面粗糙度可以有效减轻零件的磨损，但表面粗糙度值过低，也会导致磨损加剧。因为表面越光滑，存储润滑油的能力越差，金属分子的吸附力增大，难以获得良好的润滑条件，紧密接触的两表面便会发生分子黏合现象而咬合起来，金属表面发热而产生胶合，导致磨损加剧。

2）表面加工硬化的影响。机械加工后的表面，由于冷作硬化，表面层金属的硬度显著提高，可降低磨损。加工表面的冷作硬化，一般能提高耐磨性，但过度的冷作硬化将使加工表面金属组织变得“疏松”，严重时甚至出现裂纹，使磨损加剧。

3）金相组织变化的影响。金相组织的变化也会改变表面层的原有硬度，影响表面的耐磨性。例如，淬火钢工件在磨削时产生回火软化，将降低其表面的硬度，使耐磨性明显下降。

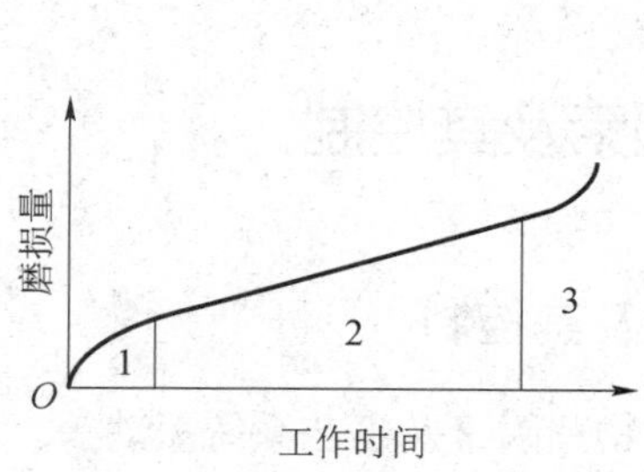

图 6-2　磨损过程的基本规律

1—初期磨损；2—正常磨损；3—急剧磨损

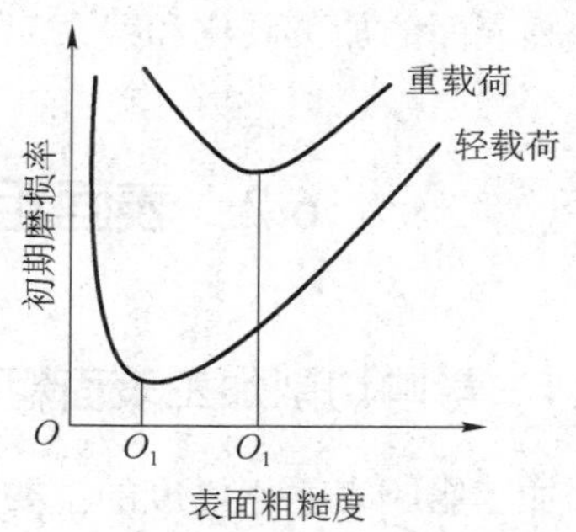

图 6-3　表面粗糙度与初期磨损率的关系

6.1.3　表面质量对疲劳强度的影响

在交变载荷的作用下，零件表面的微观不平、划痕和裂纹等缺陷会引起应力集中现象，零件表面的微观低凹处的应力容易超过材料的疲劳极限而出现疲劳裂纹，造成疲劳损坏。减小零件的表面粗糙度，可以提高零件的疲劳强度。加工纹理的方向对疲劳强度的影响更大，如果刀痕与受力的方向垂直，则疲劳强度显著降低。

表面层的残余应力对疲劳强度的影响极大。若表面层的残余应力为压应力，则可部分抵消交变载荷引起的拉应力，延缓疲劳裂纹的产生和扩散，从而提高零件的疲劳强度。若表面层的残余应力为拉应力，则易使零件在交变载荷作用下产生裂纹而降低零件的疲劳强度。带有不同残余应力表面的零件其疲劳寿命可相差数倍至数十倍。

表面的加工硬化层能够阻碍已有裂纹的扩大和新的疲劳裂纹产生，提高零件的疲劳强度，但加工硬化程度过高时，常产生大量显微裂纹而降低疲劳强度。

6.1.4　表面质量对配合性质的影响

对于相互配合的零件，无论是间隙配合还是过盈配合，若配合表面的粗糙度值过大，都必然影响它们的实际配合性质。对于间隙配合的表面，如果粗糙度值过大，相对运动时摩擦磨损就大，经初期磨损后配合间隙就会增大很多，从而改变了应有的配合性质，甚至使机器出现漏气、漏油或晃动而不能正常工作。对于过盈配合的表面，在将轴压入孔内时，配合表面的部分凸峰会被挤平，使实际过盈量减小，影响配合的可靠性。所以，有配合要求的表面一般要求有适当小的表面粗糙度，配合精度越高，要求配合表面的粗糙度越小。

6.1.5　表面质量对耐腐蚀性的影响

当零件在潮湿的环境或有腐蚀性介质的环境中工作时，常会发生化学腐蚀或电化学腐蚀。无论是哪一种腐蚀，其腐蚀程度均与表面粗糙度有关。腐蚀性介质一般在表面凹谷处，特别在表面裂纹中作用最严重。腐蚀过程通过凹谷处的微小裂纹向金属层的内部进行，直至侵蚀的裂纹扩展相交时，表面的凸峰从表面上脱落而又形成新的凸凹面，侵蚀的作用再重新进行。零件的表面粗糙度越大，加工表面与气体、液体接触面积越大，腐蚀作用就越强烈。加工表面的冷作硬化和残余拉应力，使表层材料处于高能位状态，有促进腐蚀的作用。减小表面粗糙度，控制表面的加工硬化和残余应力，可以提高零件的抗腐蚀性能。

6.2 表面粗糙度的影响因素及其控制

6.2.1 影响切削加工表面粗糙度的主要因素及其控制

切削加工影响表面粗糙度的主要因素有几何因素、物理因素及工艺系统振动等。

1. 刀具切削刃几何形状的影响

由于刀具切削刃的几何形状、几何参数、进给运动及切削刃本身粗糙等因素的影响，未能将被加工表面上的材料层完全干净地除去，在已加工表面上遗留下残留面积的形状与刀具形状完全一致，其高度 H 为理论表面粗糙度。

若背吃刀量较大，如图 6-4a）所示，刀尖圆弧半径 r_ε 为零时，其波峰的高度 H 为

$$H = \frac{f}{\cot\kappa_r + \cot\kappa_r'} \tag{6-1}$$

式中 f ——进给量（$\text{mm}\cdot\text{r}^{-1}$）；

κ_r ——主偏角（°）；

κ_r' ——副偏角（°）。

若背吃刀量及中心角 α 很小，如图 6-4b）所示，刀尖圆弧半径为 r_ε 时，其波峰的高度 H 为

$$H = \frac{f^2}{8r_\varepsilon} \tag{6-2}$$

由式（6-1）和式（6-2）可知，减小进给量，减小刀具的主、副偏角，以及增大刀尖圆弧半径都可减小表面粗糙度。对于宽刃刀具，刃口的表面粗糙度对工件表面的表面粗糙度影响很大。

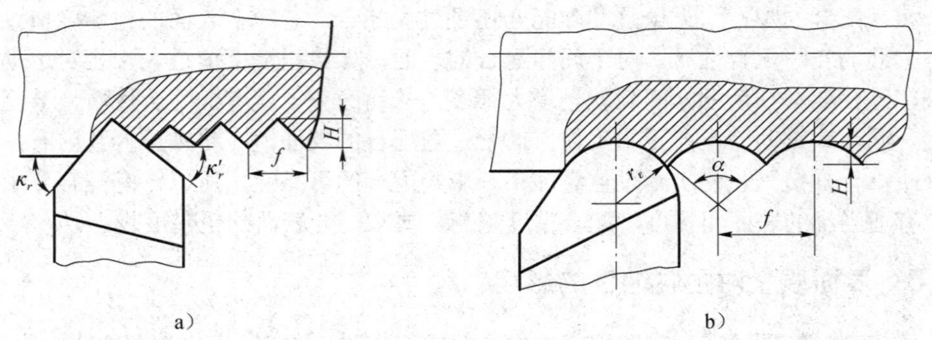

图 6-4 车削加工时影响表面粗糙度的几何因素

2. 工件材料的影响

上述计算只考虑了影响表面粗糙度的几何因素，是个理论值。实际切削时，切削刃及后刀面与工件的挤压和摩擦，工件材料发生塑性变形，致使已加工表面的实际轮廓与理论残留面积的轮廓有很大的差异。一般来说，韧性较大的弹塑性材料，加工后表面粗糙度也大。对于同样的材料，晶粒组织越粗大，加工后的粗糙度越大。为了减小加工后的粗糙度，常在切削加工前进行正火、调质处理等热处理，以得到均匀细密的晶粒组织。

3. 切削用量的影响

1）切削速度 v 的影响。切削速度高，切削过程中的切屑和加工表面的塑性变形小，加工表面的粗糙度也小；以较低的切削速度切削时，有可能产生积屑瘤和鳞刺，使加工表面上出现深浅和宽窄都不断变化的刀痕，严重恶化了加工表面质量。

2）进给量 f 的影响。减小进给量不仅可减小粗糙度，还可减小切削时的塑性变形，但当 f 过小时，则增加刀具与工件表面的挤压次数，使塑性变形增大，反而增大了粗糙度。

3）背吃刀量 a_p 的影响。一般背吃刀量对表面粗糙度影响不大，但在精加工中却对表面粗糙度有影响。过小的 a_p 将使切削刃圆弧对加工表面产生强烈的挤压和摩擦，引起附加的塑性变形，从而增大了表面粗糙度。

6.2.2 影响磨削加工表面粗糙度的主要因素及其控制

磨削时，砂轮速度很高，其表面的磨粒分布高低不均，形状不一。作为切削刃的磨粒，大多数为负前角，切削层单位面积切削力较大，磨削温度很高。磨削加工时，如果单位面积上的磨粒越多，则刻痕就越多且深度越均匀，表面粗糙度就越小。所以，影响磨削表面粗糙度的主要因素有以下几个：

1. 砂轮的影响

1）砂轮的粒度。砂轮的粒度号数越大，单位面积上的磨粒就越多，在工件表面上留下的刻痕就越多越细，表面粗糙度就越小。但磨粒过细，砂轮容易堵塞，使砂轮失去切削能力，增加了摩擦热，反而造成工件表面塑性变形增大，使表面粗糙度增大。

2）砂轮的硬度。砂轮太硬，钝化的磨粒不能脱落，工件表面受到强烈的摩擦和挤压，塑性变形加剧，使工件表面粗糙度值增大；砂轮太软，磨粒脱落过快，磨粒不能充分发挥切削作用，且刚修整好的砂轮表面会因磨粒的脱落而过早被破坏，工件表面粗糙度值也会增大。

3）砂轮的组织。紧密组织砂轮的磨粒比例大，气孔小，在成形磨削和精密磨削时，能获得较小的表面粗糙度。疏松组织砂轮不易堵塞，适用于磨削韧性大而硬度不高的材料或热敏性材料。一般情况下，选用中等组织的砂轮。

4）砂轮的修整。砂轮修整质量对表面粗糙度影响很大，修整砂轮时，金刚石笔越锋利，在磨粒上修整出的微刃就越多；金刚石笔的纵向进给量越小，砂轮表面磨粒的等高性也越好，被磨工件的表面粗糙度值也就越小。

2. 磨削用量的影响

磨削用量包括砂轮速度、工件速度、纵向进给量和磨削深度等。

1）砂轮速度。砂轮的速度越高，单位时间内通过被磨表面的磨粒就越多，因而工件表面的粗糙度值就越小。同时，砂轮速度越高，使工件表面金属塑性变形传播的速度小于切削速度，工件材料来不及变形，致使表层金属的塑性变形减小，磨削表面的粗糙度值也将减小。

2）工件速度和纵向进给量。工件速度低，在砂轮上每一磨粒刃口的平均切削厚度小，塑性变形小，同时单位时间内通过被磨表面的磨粒数增加，有利于降低表面粗糙度；纵向进给量小，则工件表面上每个部位被砂轮重复磨削的次数增加，被磨表面的粗糙度值将减小。

3）磨削深度。磨削深度小，工件塑性变形就小，工件表面粗糙度值也小，通常在磨削过程中开始采用较大磨削深度以提高生产率，而后采用小的磨削深度以减小粗糙度值。

图 6-5 所示为采用 GD60ZR2A 砂轮磨削 30CrMnSiA 材料时磨削用量对表面粗糙度的影响曲线。

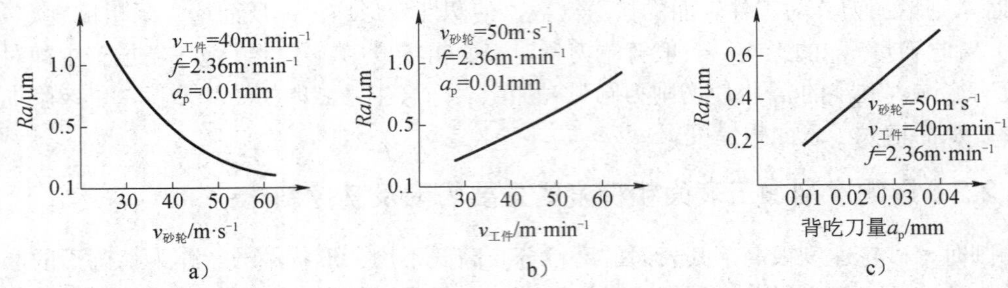

图 6-5 磨削用量对表面粗糙度的影响

a）砂轮速度影响；b）工件速度；c）背吃刀量影响

3. 工件材料和切削液的影响

一般工件材料硬度高有利于减小工件表面粗糙度值，但硬度过高使磨粒刃口容易变钝，致使工件表面粗糙度值增大。切削液减少了磨削热，减小了塑性变形，同时可及时冲掉碎落的磨粒，减轻砂轮与工件的摩擦，并能防止磨削烧伤，使工件表面粗糙度值减小。

6.2.3 减小表面粗糙度的加工方法

减小表面粗糙度的加工方法有很多，主要有精密加工和光整加工。

1. 精密加工

精密加工需要机床有高的运动精度、良好的刚度和精确的微量进给装置，机床低速稳定性好、能有效消除各种振动对工艺系统的干扰，同时还要求稳定的环境温度等。

1）精密车削。精密车削一般采用细颗粒硬质合金刀具材料，若加工非铁合金则采用金刚石车刀，若为黑色金属则可采用 CBN 刀具或陶瓷刀具。切削速度 v 在 160m·min^{-1} 以上，背吃刀量 $a_p = 0.02$～0.2mm，进给量 $f = 0.03$～0.05 mm·r^{-1}。由于切削速度高，切削层截面小，因此切削力和热变形很小。加工精度可达 IT5～IT6 级，表面粗糙度为 Ra0.8～0.2μm。

2）高速精镗。高速精镗一般采用硬质合金刀具，主偏角较大（45°～90°），刀尖圆弧半径较小，径向切削力小，对于有色金属则采用金刚石刀具。切削速度 $v=150～500\ \mathrm{m\cdot min^{-1}}$，为保证质量，一般分粗镗和精镗两步进行：粗镗 a_p=0.12～0.3mm、f=0.04～0.12mm·r^{-1}；精镗 a_p<0.075mm，f=0.02～0.08mm·r^{-1}。由于切削力小，切削温度低，加工质量好，加工精度可达到 IT6～IT7，表面粗糙度为 Ra0.8～0.1μm。高速精镗广泛用于不适宜用内圆磨削加工的各种结构零件的精密孔。

3）宽刃精刨。宽刃精刨的刃宽为 60～200mm，刀具材料常用 YG8、YG5 或 W18Cr4V，加工铸铁时前角 $\gamma_0=-10°～-15°$，加工钢件时 $\gamma_0=25°～30°$，一般采用斜角切削，刀具切入平稳。切削速度 v=5～10m·min^{-1}，背吃刀量 a_p=0.005～0.1mm。宽刃精刨适用于在龙门刨床上加工铸铁和钢件。加工直线度可达 1 000∶0.005，平面度不大于 1 000∶0.02，表面粗糙度在 Ra0.8μm 以下。

4）高精度磨削。高精度磨削可使加工表面获得很高的尺寸精度、位置精度和几何形状精度及较小的表面粗糙度。通常，表面粗糙度为 Ra0.1～0.5μm 称为精密磨削，Ra0.025～0.012μm 称为超精密磨削，小于 Ra0.008μm 为镜面磨削。

2. 光整加工

光整加工是用粒度很细的磨粒（自由磨粒或烧结成的磨条）对工件表面进行微量切削、挤压和刮擦的一种加工方法。其目的主要是减小表面粗糙度值并切除表面变质层，加工余量极小，不能修正表面的位置误差，其位置精度只能靠前道工序来保证。

1）研磨。研磨是在研具与工件加工表面之间加入研磨剂，在一定压力下两表面作复杂的相对运动，通过研磨剂的微切削及化学作用，从工件表面上去除极薄的金属层。

研具是涂覆或嵌入磨粒的载体。研具材料硬度一般比工件材料低，硬度一致性好，组织均匀致密。研具可用铸铁、低碳钢、纯铜、黄铜等软金属或硬木、塑料等非金属材料制成，研具表面具有较高的几何精度。

研磨剂由磨粒、研磨液和辅助填料等混合而成。磨粒主要起机械切削作用。研磨液主要起冷却和润滑作用并使磨粒均布在研具表面。辅助填料是由硬脂酸、石蜡、工业用猪油、蜂蜡按一定比例混合成的混合脂，在研磨过程中起吸附磨粒、防止磨粒沉淀和润滑作用，还通过化学作用在工件表面形成一层极薄的氧化膜，这层氧化膜很容易被磨掉而不损伤基体。

研磨按研磨方式分为手工研磨和机械研磨，根据磨粒是否嵌入研具又分为嵌砂研磨和无嵌砂研磨。

研磨因在低速低压下进行，故工件表面的形状精度和尺寸精度高，可以达到 IT6 以上，表面粗糙度可以达到 Ra0.01～0.04μm。金属材料和非金属材料都可加工，如半导体、陶瓷、光学玻璃等。

2）珩磨。珩磨是利用带有磨条的珩磨头，以一定压力压在被加工表面上，机床主轴带动珩磨头旋转并作直线往复运动，工件固定不动，在珩磨头的运动过程中，磨条从工件上切除薄层金属，如图 6-6 所示。磨条在工件表面上的运动轨迹是均匀而不重复的交叉网纹，有利于获得小表面粗糙度值的加工表面和存储润滑油。尺寸精度可达 IT6～IT7，表面粗糙度可达 Ra 0.025～0.20μm，表面层的变质层极薄。珩磨头与机床主轴浮动连接，故不能纠正位置误差，适于大批量生产精密孔的终加工，不适宜加工较大韧性的有色合金及断续表面，如带槽的孔等。

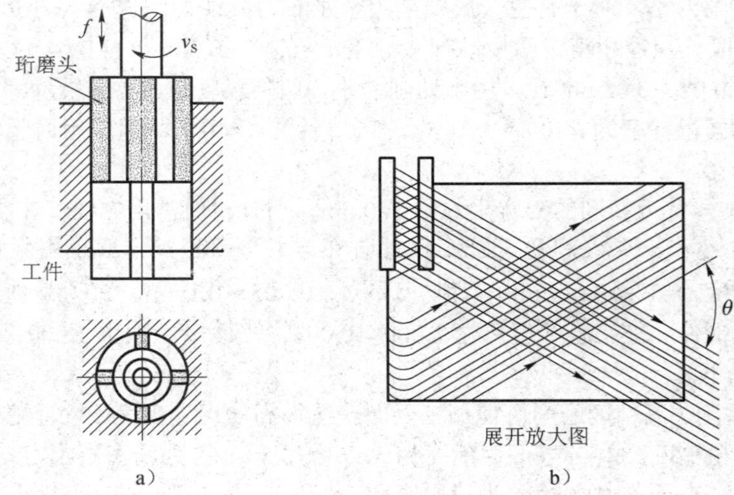

图 6-6　珩磨示意图

3）抛光。抛光加工是用涂敷有抛光膏的布轮、皮轮等软性器具，利用机械、化学或电化学的作用，去除工件表面微观凸凹不平处的峰顶，以获得光亮、平整表面的加工方法。抛光加工去除的余量通常小到可以忽略不计，因此，抛光加工一般不能提高工件的形状精度和尺寸精度，多用于要求很低的表面粗糙度值，而对尺寸精度没有严格要求的场合。

6.3　影响表面物理、力学性能的因素及其控制

切削加工过程中，由于工件表面层受到切削力、切削热的作用，工件表面一定深度内的表面层的物理、力学性能不同于基体材料，其主要表现为表面层的加工硬化、金相组织变化和表面层的残余应力。

6.3.1　表面层的加工硬化

1. 加工硬化及衡量指标

机械加工时，工件表层金属产生严重的塑性变形，金属晶体产生剪切滑移，晶格扭曲，晶粒的拉长、破碎，使金属表层的强度、硬度提高，塑性下降，这就是加工硬化。衡量加工硬化的指标有硬化层的深度 h、表层金属的显微硬度 HV 和硬化程度 N：

$$N = \frac{\mathrm{HV} - \mathrm{HV}_0}{\mathrm{HV}_0} \times 100\% \tag{6-3}$$

式中　HV_0——基体材料的硬度。

表面层的硬化程度取决于产生塑性变形的力、变形速度及变形时的温度。力越大，塑性变形越大，硬化程度越严重；变形速度快，则变形不充分，硬化程度也相应减小；变形时的温度影响塑性变形程度，还影响变化后金相组织的恢复程度，当温度高达一定值时，金相组

织产生恢复现象，将部分甚至全部消除加工硬化现象。

2. 影响加工硬化的主要因素

1）刀具的影响。刀具切削刃钝圆半径的大小和后刀面的磨损对加工硬化有显著的影响。实验证明，已加工表面的显微硬化随着切削刃钝圆半径的加大而明显增大。这是因为切削刃钝圆半径增大，径向切削分力也将随之加大，表层金属的塑性变形程度加剧，导致冷硬加剧。

刀具磨损对表层金属的影响如图 6-7 所示，刀具后刀面磨损宽度 VB 从 0 到 0.2μm，表层金属的显微硬度由 220HV 增大到 340HV，这是由于刀面磨损宽度加大后，刀具后刀面与被加工工件的摩擦加剧，塑性变形增大，导致表面冷硬增大。但磨损宽度继续加大，摩擦热急剧增大，弱化趋势变得明显，表层金属显微硬度逐渐下降，直至稳定在某一水平上。

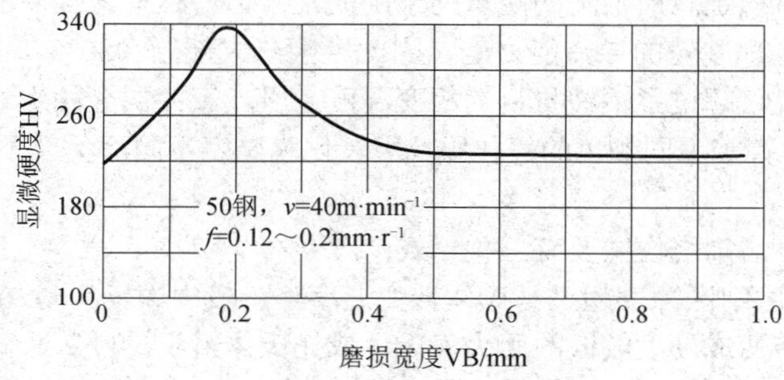

图 6-7　刀具磨损对表层金属的影响

2）切削用量的影响。切削用量中以进给量和切削速度的影响最大。图 6-8 给出了在切削 45 钢时，进给量和切削速度对加工硬化的影响。由图 6-8 可知，加大进给量时，表层金属的显微硬度将随之增大，这是因为随着进给量的增大，切削力也增大，表层金属的塑性变形加剧，冷硬程度增大，这种情况只是在进给量比较大时出现；如果进给量很小，如切削厚度小于 0.05～0.06mm 时，若继续减小进给量，则表层金属的冷硬程度反而增大。

图 6-9 所示为切削速度对加工硬化的影响，切削速度对加工硬化的影响是力因素和热因素综合作用的结果。当切削速度增大时，刀具与工件的作用时间减少，使塑性变形的扩展深度减小，因而冷硬程度有减小的趋势。但切削速度增大时，切削热在工件表面层的作用时间也缩短了，所以冷硬程度有增大的趋势。

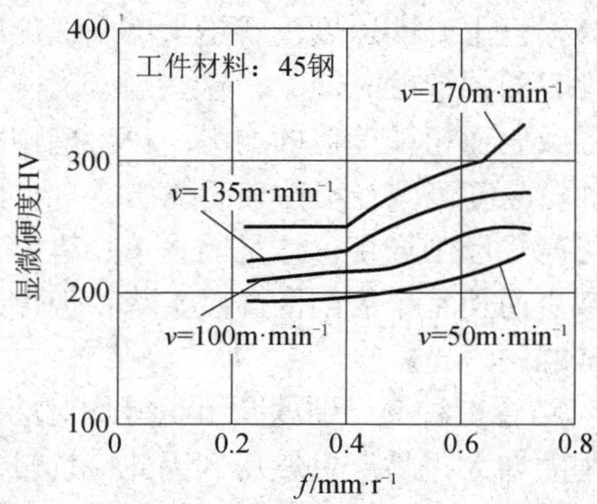

图 6-8　进给量和切削速度对加工硬化的影响

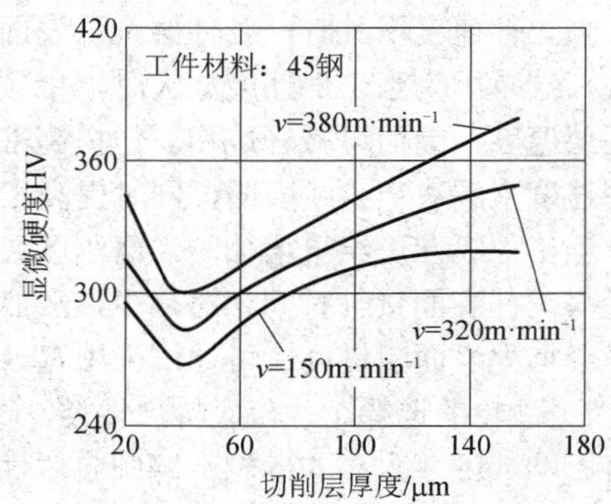

图 6-9　切削速度对加工硬化的影响

切削深度对表层金属加工硬化的影响不大。

3）工件材料的影响。工件材料的硬度越低，塑性越大，则切削加工后的加工硬化现象越严重。

6.3.2 加工表面金相组织变化和磨削烧伤

1. 金相组织变化的产生

机械加工过程中，在加工区由于加工时所消耗的能量绝大部分转化为热能而使加工表面温度升高，当温度升高到金相组织变化的临界点时，就会产生金相组织的变化。

金相组织的变化主要发生在磨削过程中。磨削时，磨粒在很高速度下以较大的负前角进行切削，切除单位体积金属所消耗的能量为车削的几十倍，这些消耗的能量大部分转化为热能。由于切屑非常少，砂轮的导热能力差，因此磨削热大部分（80%以上）传递给工件，造成工件表面局部高温，超过了钢铁材料的相变温度，引起表面层金相组织的变化，同时表面层呈现黄、褐、紫、青等不同颜色的氧化膜（因氧化膜厚度不同而呈现不同的颜色），这种现象又称磨削烧伤。

磨削淬火钢时，磨削烧伤主要有三种形式：

1）回火烧伤。磨削区温度超过马氏体转变温度（一般中碳钢为 720℃），表层中的淬火马氏体发生回火而转变成硬度较低的回火索氏体或托氏体组织。

2）退火烧伤。磨削区温度超过相变温度，马氏体转变为奥氏体，当不用切削液进行磨削时，冷却较缓慢，使工件表层退火，硬度急剧下降。

3）淬火烧伤。与退火烧伤情况相同，但充分使用切削液时，工件最外层刚形成的奥氏体因急冷形成二次淬火马氏体组织，硬度比回火马氏体高，但很薄（仅几微米），其下层为硬度较低的回火组织，使工件表层总的硬度仍是降低的。

2. 影响磨削烧伤的因素

磨削烧伤是由磨削时工件表面层的高温引起的，而磨削温度取决于磨削热源强度和热作用时间，因此影响磨削温度的因素对磨削烧伤均有一定程度的影响。

1）磨削用量。实践表明，增大磨削深度，磨削力和磨削热也急剧增加，表面层温度将显著增加，容易造成烧伤，故磨削深度不能太大。

当工件速度增大时，工件磨削区表面温度将升高，但上升的速度没有增大磨削深度时那么大，这是因为当工件速度增大时，单颗磨粒与工件表面的接触时间少，这些因素又降低了表面层温度，因而可减轻烧伤。但提高工件速度会导致表面粗糙度值的增大，可考虑用提高砂轮速度来解决。实践表明，同时提高工件速度和砂轮速度可减轻工件表面烧伤。

当工件纵向进给量增加时，磨削区温度下降，可减轻磨削烧伤。这是因为增加进给量使砂轮与工件表面接触时间相对减少，故热作用时间减少而使整个磨削区温度下降。但增加进给量会增大表面粗糙度，可通过采用宽砂轮等方法来解决。

2）砂轮的选择。砂轮磨料的种类、砂轮的粒度、结合剂种类、硬度及组织等均对磨削烧伤有影响。硬度太高的砂轮，磨削自锐性差，使磨削力增大，易产生烧伤，因此应选较软的砂轮为好；选择弹性好的结合剂（如橡胶、树脂结合剂等），磨削时磨粒受到较大磨削力，可以产生一定的弹性退让，减小了磨削深度，从而降低了磨削力，有助于避免烧伤；砂轮中的气孔对消减磨削烧伤起着重要作用，因为气孔既可以容纳切屑使砂轮不易堵塞，又可以把切削液或空气带入磨削区使温度下降，因此磨削热敏感性强的材料，应选组织疏松的砂轮，但应注意，组织过于疏松、气孔过多的砂轮，易于磨损而失去正确的形状。另外，在砂轮上开槽，变连续磨削为间断磨削时，工件和砂轮间断接触，改善了散热条件，工件受热时间短，可以减轻烧伤。

3）冷却条件。采用适当的切削液和冷却方法，可有效避免或减小烧伤，降低表面粗糙度。常用的切削液有切削油、苏打水和乳化液。切削油润滑效果好，可使表面粗糙度减小；苏打水冷却效果好；乳化液既能冷却冲洗，又有一定的润滑作用，故用得较多。由于砂轮的高速回转，表面产生强大的气流，切削液很难进入磨削区，如何将切削液送入磨削区内，是提高磨削冷却润滑的关键。因此，常采用内冷却的砂轮。如图 6-10 所示，经过过滤的切削液通过中空主轴法兰套引入砂轮中心腔 3 内，由于离心力的作用，切削液通过砂轮内部的孔隙甩出，直接进入磨削区进行冷却，解决了外部浇注切削液时切削液进不到磨削区的难题。

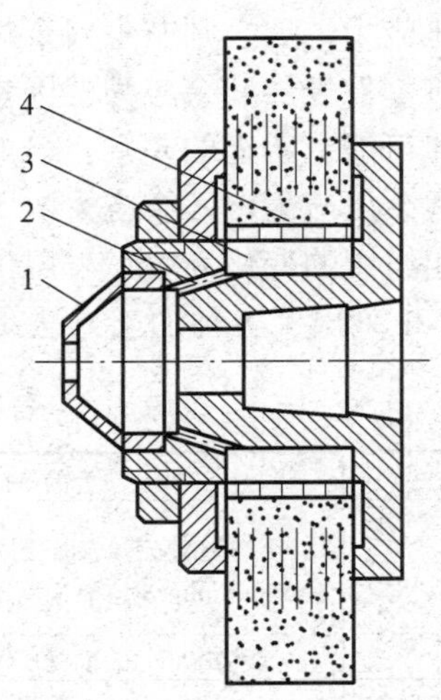

图 6-10　内冷却砂轮结构

1—锥形盖；2—主轴法兰套；3—砂轮中心腔；4—薄壁套

4）工件材料。工件材料对磨削区的影响主要取决于它的硬度、强度、韧性等力学性能和热导率。力学性能越好，磨削力越大，发热就越多。工件硬度若过低，切屑易堵塞砂轮，也容易产生烧伤；导热性较差的材料，磨削区温度高，易产生烧伤。

6.3.3　表面层的残余应力

1. *表面层残余应力的产生*

在切削和磨削过程中，工件表面层发生形状变化或组织改变时，将在表层金属与基体金属间产生相互平衡的残余应力，其产生的主要原因有以下三个方面：

（1）冷态塑性变形引起的残余应力

在切削或磨削过程中，工件加工表面受到刀具或砂轮磨粒的挤压和摩擦后，产生拉伸塑性变形，表面积趋于增大，但里层金属处于弹性变形状态。当切削或磨削之后，里层金属趋于弹性恢复，但受到已产生塑性变形的表面层的牵制，恢复不到原态，于是在表面层产生残余压应力，而里层则为拉应力与之相平衡。

（2）热态塑性变形引起的残余应力

切削或磨削过程中，产生的大量切削热使工件表面层的温度比里层高，表层的热膨胀较大，但受到里层金属的阻碍，表层金属产生压缩塑性变形。加工结束后温度下降，表层金属体积的收缩又受到里层金属的牵制，因而表层金属产生残余拉应力，里层金属产生残余压应力。工件表层温度越高，热塑性变形就越大，所造成的残余应力就越大。

（3）金相组织变化引起的残余压力

由于不同的金相组织具有不同的密度，如马氏体密度 $\rho_{马} = 7.75\ g \cdot cm^{-3}$，奥氏体密度 $\rho_{奥} = 7.96\ g \cdot cm^{-3}$，珠光体密度 $\rho_{珠} = 7.78\ g \cdot cm^{-3}$，铁素体密度 $\rho_{铁} = 7.88\ g \cdot cm^{-3}$，因此机械加工产生的高温会引起表层金属金相组织的变化，导致其体积的变化，这种变化受到基体金属的限制，从而在工件表层产生残余应力。当金相组织的变化使表层金属的体积膨胀时，表层产生残余压应力，反之则产生残余拉应力。

影响零件表层残余应力的因素比较复杂，不同的加工条件下，残余应力的大小、符合及分布规律可能有明显的差别。一般情况下，用刀具进行切削加工以冷态塑性变形为主，表层常产生残余压应力，残余应力的大小取决于塑性变形和加工硬化程度；磨削时，以热塑性变形或金相组织的变化为主，表层常存有残余拉应力。

表 6-1 列出了各种加工方法在工件表面上产生残余应力的情况。

表 6-1　各种加工方法在工件表面上产生的残余应力

加工方法	残余应力的特征	残余应力值 σ/MPa	残余应力层的深度 h/mm
车削	一般情况下，表面受拉，里层受压；v>500m·min^{-1}时，表面受压，里层受拉	一般情况下，σ 为 200～800，刀具磨损后可到 1 000	一般情况下，0.05～0.1，当用大负荷角（γ=−30°）车刀，γ 很大时，h 可达 0.65
磨削	一般情况下，表面受压，里层受拉	200～1 000	0.05～0.30
钻削	同车削	600～1 500	—
碳钢淬硬	表面受压，里层受拉	400～750	—
钢珠滚压钢件	表面受压，里层受拉	700～800	—
喷丸强化钢件	表面受压，里层受拉	1 000～1 200	—
渗碳淬火	表面受压，里层受拉	1 000～1 100	—
镀铬	表面受压，里层受拉	400	—
镀铜	表面受压，里层受拉	200	—

2. 零件主要工作表面最终加工工序加工方法的选择

表层存在残余压应力而受拉时，零件的使用从力学性能而言是有利的，残余拉应力则有很大的害处，工件表层残余应力将直接影响机器零件的使用性能，所以加工零件时选择好工件最终工序的加工方法是至关重要的。工件加工最终工序加工方法的选择与机器零件的失效形式密切相关，机器零件的失效主要有以下三种形式：

1）疲劳破坏。在交变载荷作用下，机器零件使用到一定程度后表面开始出现微小的裂纹，之后在拉应力的作用下裂纹逐渐扩大，最终导致零件断裂。如果零件的最终工序选择能在加工表面产生压缩残余应力的加工方法，则可以提高零件抵抗疲劳破坏的能力。

2）滑动磨损。两个零件相对滑动时，滑动面将逐渐磨损。滑动磨损的机理十分复杂，既有滑动摩擦的机械作用，又有物理、化学方面的综合作用。滑动摩擦工作面应力分布如图 6-11a）所示，当表面层的压缩工作应力超过材料的许用应力时，将使表层金属磨损。如果零件的最终工序选择能在加工表面产生拉伸残余应力的加工方法，则可以提高零件抵抗滑动磨损的能力。

3）滚动磨损。两个零件作相对滚动时，滚动面会逐渐磨损。滚动磨损主要来自滚动摩擦的机械作用，也有来自黏接、扩散等物理、化学方面的综合作用。滚动摩擦工作面应力分布如图 6-11b 所示，滚动磨损的决定因素是表面层下 h 深度的最大拉应力。如果零件的最终工序是选择的能在加工表面下 h 深处产生残余压应力的加工方法，则可以提高零件抵抗滚动磨损的能力。

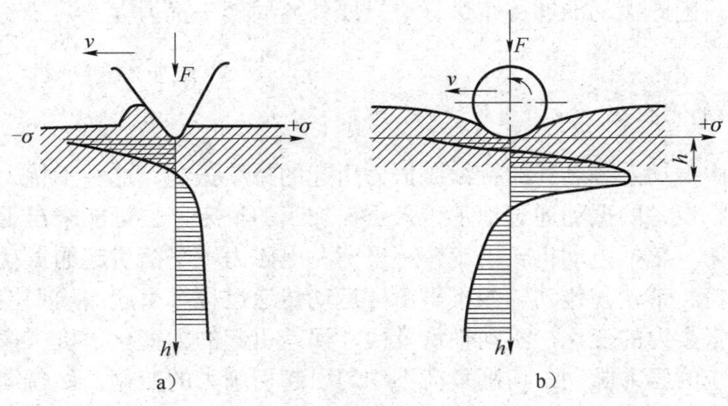

图 6-11　应力分布图

a）滑动摩擦；b）滚动摩擦

6.3.4　提高和改善零件表面层物理、力学性能的措施

为了获得良好的表面质量，改善表面层的物理、力学性能，如进一步提高表层强度、硬度、使表层产生残余压应力，同时进一步降低表面粗糙度，常采用表面强化工艺、如挤压齿轮、滚压内外圆柱面、冷轧丝杆等，通过对表面的冷挤压，使之产生冷态塑性变形。经变形强化的零件表面同时具有残余压应力，耐磨性和耐疲劳强度均较高。此外，还可以对零件表面进行喷丸强化，用直径为ϕ0.4～ϕ2mm 的珠丸以 35～50m·s^{-1}的速度打击已加工完毕的工件表面，使表面产生加工硬化和残余压应力。

6.4　机械加工中的振动

6.4.1　工艺系统的振动简介

机械加工过程中，工艺系统经常会发生振动，即刀具相对于工件周期性地往复移动，使两者间的运动关系和正确位置受到干扰和破坏。振动使加工表面产生振纹，降低了零件的加工精度和表面质量，低频振动增大波度，高频振动增加表面粗糙度。此外，振动还会损坏机床的几何精度，产生噪声，恶化劳动条件，危害操作者的身心健康。生产中为了减少振动，往往被迫降低切削用量，使生产率降低。所以，加工中的振动是提高加工质量和生产率、改善劳动条件的障碍。因此，研究机械加工过程中的振动，探索抑制、消除振动的措施是十分必要的。

机械加工过程中的振动有自由振动、强迫振动和自激振动三种。其中，自由振动是由切削力突变或外部冲击力引起的，是一种迅速衰减的振动，对加工的影响较小，通常可忽略。

6.4.2 强迫振动及其控制

强迫振动是工艺系统在外界周期性干扰力的作用下被迫产生的振动。由于有外界周期干扰力作能量补充，因此振动能够持续进行。只要外界周期干扰力存在，振动就不会被阻尼衰减掉。

1. 强迫振动的产生

强迫振动是由振动系统之外的持续激振力引起的持续振动，这种干扰力可能来自周围环境，如其他机床、设备的振动通过地基传入正在加工的机床，也可能来自工艺系统自身，如机床电动机的振动，包括电动机转子旋转不平衡、电磁力不平衡引起的振动；机床回转零件的不平衡，如砂轮、带轮和传动轴的不平衡；运动传递过程中引起的周期性干扰力，齿轮啮合的冲击，皮带张紧力的变化，滚动轴承及尺寸误差引起的力变化，机床往复运动部件的工作冲击；液压系统的压力脉动；切削负荷不均匀引起切削力的变化，如断续切削、周期性余量不均匀等。这些因素都可能导致工艺系统作强迫振动。

2. 强迫振动的特性

一般的机械加工工艺系统，其结构都是一些具有分布质量、分布弹性和阻尼的振动系统。严格来说，这些振动具有无穷多个自由度。要精确地描述和求解无穷多个自由度的振动系统是十分困难的，因此通常把工艺系统的强迫振动简化为单自由度振动系统，且经历过渡过程而进入稳态后的振动方程为

$$x = A\sin(\omega t - \varphi) \tag{6-4}$$

式中 x——振动位移（mm）；

A——振幅（mm）；

ω——激振力圆频率（$\text{rad}\cdot\text{s}^{-1}$）；

t——时间（s）；

φ——振动振幅相对激振力的相位角（rad）。

研究式（6-4），强迫振动具有以下特性：

1）不管加工系统本身的固有频率多大，强迫振动的频率总与外界干扰力的频率相同或成倍数关系。

2）强迫振动的振幅除了与工艺系统的刚度、振动的阻尼及激振力的大小有关外，还与频率特性有关，即激振力的频率与工艺系统固有频率之间的关系。当激励力的频率与工艺系统的固有频率的比值等于或接近于 1 时，发生共振，振幅急剧增加，并达到最大值。

3）强迫振动的位移总是滞后于激振力一定的相位角。

4）强迫振动是在外界周期性干扰力的作用下产生的，但振动本身并不能引起干扰力的变化。

3. 减小或消除强迫振动的途径

（1）减小或消除振源的激振力

在工艺系统中高速回转的零件、机床主轴部件、电动机及砂轮等由于质量不平衡都会产

生周期性干扰力，为了减少这种干扰力，对一般的回转件应作静平衡，对高速回转件应作动平衡，这样就能减小回转件所引起的离心惯性力。例如，砂轮，除了作静平衡外，由于在磨削过程中砂轮磨损不均匀或吸附在砂轮表面上磨削液分布不均匀，仍会引起新的不平衡，因此精磨时，最好能安装自动或半自动平衡器。

尽量减小机床传动机构的缺陷，设法提高齿轮传动、带传动、链传动及其他传动装置的稳定性。例如，对齿轮传动，应提高齿轮制造及安装精度，以减小传动过程中的冲击；对带传动，应采用较完善的带接头，使其连接后的刚度和厚度变化最小。

对于往复运动部件，应采用较平稳的换向机构，在条件允许的情况下，适当降低换向速度及减小往复运动部件的质量，以减小惯性力。

（2）调整振源的频率

机床上的转动件转速选择尽可能远离系统的固有频率，以避开共振区。

（3）提高工艺系统的抗振性

增加工艺系统刚度，主要是提高在振动中起主振作用的机床主轴、刀架、尾座、床身、立柱、横梁等部件的动刚度。增大阻尼以减小系统的振动，如适当调节零件间某些间隙、采用内阻尼较大的材料等。此外，夹具及安装工件的方式也应保证有足够的静刚度。

（4）隔振

当振源来自机床外部时，干扰力是经地基传到机床的，可采用把机床用橡胶、软木、泡沫塑料等与地基隔开的方法来隔振。

当振源来自机床内部时，可在振动的传动路线中安装具有弹性性能的隔振装置，吸收振源产生的大部分振动，以减少振源对加工过程的干扰，如在刀具和工件之间设置弹簧或橡皮垫片等，如图 6-12 所示。

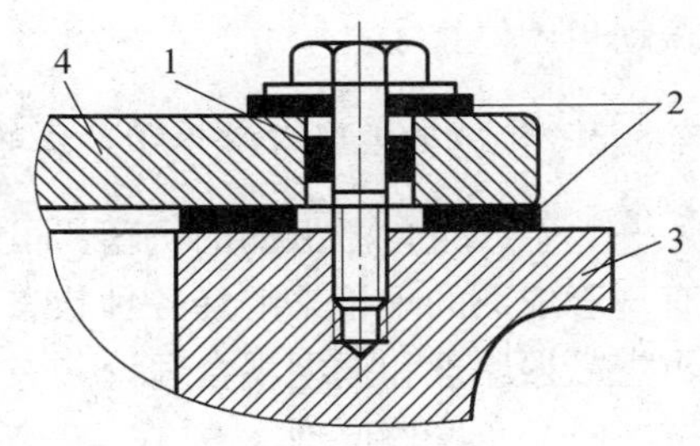

图 6-12　隔振装置

1—橡皮圈；2—橡胶垫；3—机床；4—附加质量

6.4.3　自激振动及其控制

1. 自激振动的概念

自激振动就是在机械加工过程中，在没有周期性外力作用下，由系统内部激发反馈产生的周期性振动，简称颤振。

实际切削过程中，由于工艺系统由若干个弹性环节组成，在某些瞬时的偶然性扰动力的作用下便会产生振动。工艺系统的振动必然引起刀具和工件相对位置的变化，这一变化又会引起切削力的波动，并由此再次引起工艺系统的振动，在一定条件下便会激发成自激振动。这个过程可用传递函数的概念来分析。机床加工系统是一个由振动系统和调节系统组成的闭环反馈控制系统，如图 6-13 所示。在加工过程中，偶然性的外界干扰（如加工材料硬度不均、加工余量有变化等）引起切削力的变化而作用在机床系统上，会使系统产生振动。系统的振动将引起工件、刀具间的相对位置发生周期性变化，使切削过程产生交变切削力，并因此再次引起工艺系统振动。如果工艺系统不存在自激振动的条件，这种偶然性的外界干扰将因工艺系统存在阻尼而使振动逐渐衰减。维持自激振动的能力来自电动机，电动机通过动态切削过程把能量传给振动系统，以维持振动运动。

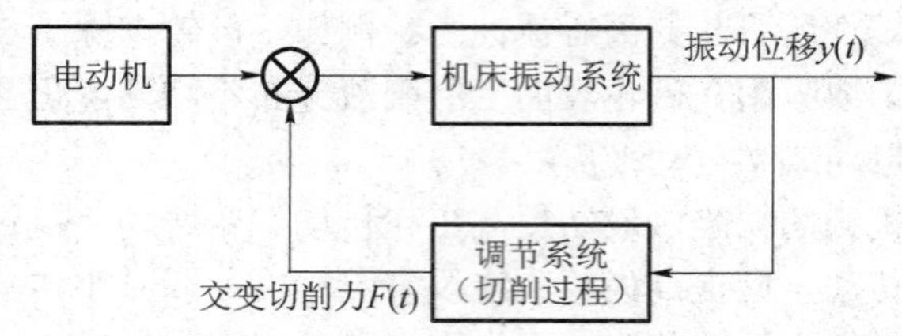

图 6-13　机床自激振动闭环系统

2. 自激振动的特点

1）自激振动的频率接近或等于工艺系统的固有频率，完全由工艺系统本身的参数所决定。

2）自激振动是一种不衰减的振动。自激振动能从振动过程获得能量来补偿阻尼的消耗。当获得的能量大于消耗的能量时，振动加剧，振幅加工，能耗也增加；反之则衰减，直至获得的能量与消耗的能量相等，形成稳定振幅的不衰减振动。

3）自激振动的形成和持续是由切削过程产生的，若停止切削过程，即机床空运转，自激振动也就停止了。

3. 机械加工中自激振动产生的机理

关于产生自激振动的机理，虽然人们进行了大量的研究，提出了很多学说，但至今尚没有一套成熟的理论来解释各种状态下产生自激振动的原因。比较公认的理论有负摩擦原理、再生颤振原理和振型耦合理论。

（1）负摩擦原理

这是早期解释自激振动机理的一种理论。该理论把车削系统简化为单自由度系统，刀具只作 y 方向的运动，如图 6-14a）所示。在车削弹塑性材料时，切削力 F_y 与切屑和前刀面相对滑动速度 v 的关系如图 6-14b）所示。分析刀具切入、切出的运动，设稳定切削时切削速度为 v_0，则刀具和切削之间的相对滑动速度为 $v_1 = v_0 / \xi$（ξ 为切屑的收缩系数）。当刀具产生振动时，刀具前刀面与切屑间的相对滑动速度要附加一个振动速度 y'。当刀具切入工件时，相对滑动速度为 $v_1 + y'$，此时的切削力为 F_{y_1}，刀具退离工件时，相对滑动速度为 $v_1 - y'$，对应的切削力为 F_{y_2}。所以，在刀具切入工件的半个周期中，切削力小，负功小；在刀具退离工件的半个周期中，切削力大，所做的正功大，故有多余能量输入振动系统，使自激振动得以维持下去。

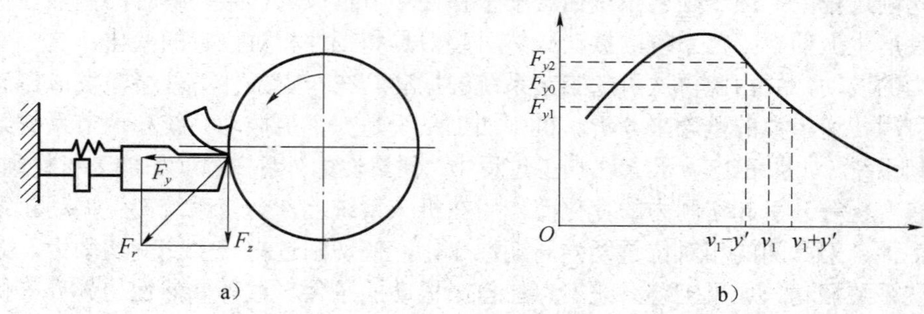

图 6-14　负摩擦颤振原理示意图

（2）再生颤振原理

在切削、磨削外圆表面时，为了减小加工表面的粗糙度，车刀平刃宽度或砂轮的宽度 B 都是大于工件每转进给量 f，因此，工件转动一周后切削第二周时还会切削到前一周的表面，这种现象称为重叠。重叠部分的大小用重叠系数 μ 表示，则有

$$\mu = \frac{B-f}{B} \tag{6-5}$$

切断及横向进给磨削时，μ=1；车螺纹时，μ=0，一般情况下，0<μ<1。如果 μ<1，即说明有重叠部分存在，当切削第一周时，由于某种偶然原因（如材料不均匀有硬质点、加工余量不均匀等），刀具与工件产生相对振动，振动本来是一个自由振动，振动的振幅将因阻尼存在而逐渐衰减，这种振动会在加工面上形成振纹。但在切削第二周时，由于有重叠，当切到第一周的振纹时，切削厚度将发生波动，造成动态切削力的变化，使工艺系统产生振动，这个振动又会影响下一周的切削，从而引起持续的振动，即产生自激振动，又称再生颤振。

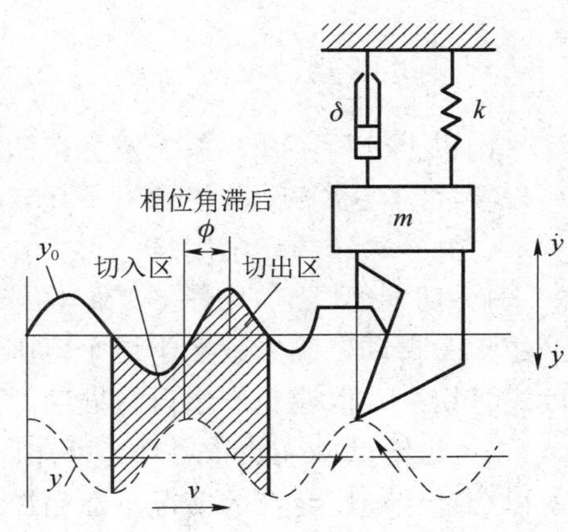

图 6-15　再生颤振示意图

维持再生自激振动的能量是如何输入振动系统的，可用如图 6-15 所示的切削过程示意图进行说明。前后两次切削，后一转切削振纹 y 相对前一转振动 y_0 滞后一相位角 ϕ。在后次振纹曲线上的一个振动周期内，后半个周期的平均切削厚度大于前半个周期的平均切削厚度，于是振出时切削力所做的正功大于振入时切削力所做的负功，就会有多余的能量输入振动系统中，以维持系统的振动。如果改变加工中某项工艺参数，使 y 与 y_0 同相或超前一个相位角，则可消除再生颤振。

（3）振型耦合理论

上面讨论的再生颤振是由刀具在有振纹的表面上重叠切削引起的。在车削螺纹时，后一转的切削表面与前一转的切削表面完全没有重叠，不存在再生颤振的条件。但当切削深度加大到一定程度时，切削过程中仍有自激振动产生，其原因可用振型耦合理论来解释。

为简化分析，设工艺系统的振动只作平面运动，仅 y、z 两个自由度。如图 6-16 所示，设刀具系统等效为由一个质量为 m，两个刚度为 k_1、k_2 的弹簧组成。弹簧轴线 x_1、x_2 称刚度主轴，分别表示系统的两个自由度方向。x_1 与切削点的法向 X 成 α_1 角，x_2 与 X 成 α_2 角，切削力 F 与 X 成 β 角。如果系统在偶然因素的干扰下刀具 m 产生了振动，它将同时在两个方向 x_1、x_2 以不同的振幅和相位进行振动，刀尖实际运动轨迹为一椭圆，且沿着椭圆曲线的顺时针方向行进，则刀具从 a 经 b 到 c 作振入运动时，切削厚度较薄，切削力较小，而在刀具从 c 经 d 到 a 作振出运动时，切削厚度较大，切削力较大。于是，振出时切削力所做的正功大于振入时切削力所做的负功，系统就会有能量输入，振动得以维持。这种由于振动系统在各主模态间相互耦合、相互关联而产生的自激振动，称为振型耦合颤振。若刀尖沿 $dcba$ 作逆时针方向运动或作直线运动，系统不能获得能量，因此不可能产生自激振动。

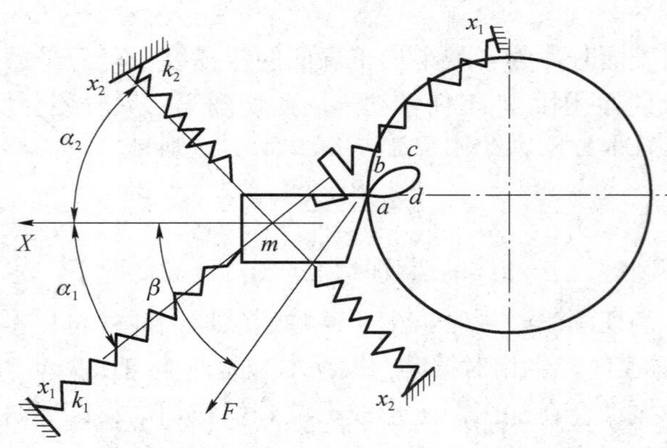

图 6-16　车床刀架振型耦合模型

4. 自激振动的控制

由以上分析可知，系统发生自激振动，既与切削过程有关，又与工艺系统的结构有关，所以要控制自激振动应注意以下几方面。

（1）合理选择切削用量

1）切削速度 v。由图 6-17a）可知，在车削加工中切削速度 v 在 20～70m·min^{-1} 范围内易产生自激振动，高于或低于这个范围，振动呈现减弱趋势，故可选择低于或高于此范围的速度进行切削，以避免产生自激振动。

2）进给量 f。由图 6-17b）可知，进给量 f 较小时，振幅较大，随着 f 的增加，振幅变小，所以应在粗糙度允许的情况下适当加大进给量以减小自激振动。

3）背吃刀量 a_p。由图 6-17c）可知，随着切削深度 a_p 的增加，振幅也增大，因此，减小 a_p 可减小自激振动，但 a_p 减小会降低生产率，因此，通常采用调整切削速度和进给量来抑制切削自激振动。

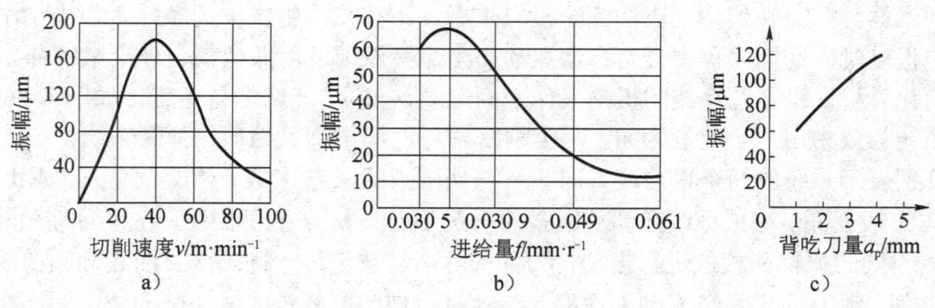

图 6-17　切削速度、进给量、背吃刀量与振幅的关系

（2）合理选择刀具几何参数

加大前角，有利于减小切削力，振动也小，增大主偏角，可以减小切削重叠系数，减小轴向切削力和切削宽度，也利于避免振动。适当加大副偏角，有利于减轻副切削刃与已加工表面的摩擦，减小振动；适当减小刀具后角 α_0，保证后刀面与工件间有一定的摩擦阻尼，有

利于系统的稳定，但后角太小反而会引起摩擦自振。此外，刀尖半径 r_ε、前刀面倒棱 b_r 都应尽量小，以减小振动。

（3）提高工艺系统的抗振性

1）提高工艺系统的刚度。例如，减小主轴系统、进给系统的间隙，减小接触面的粗糙度，施加一定的预紧力；合理安排刀杆截面尺寸及在刀杆中间增加支持套和导向套；加工细长轴时，用跟刀架、中心架等提高工艺系统的刚度。

2）增大振动系统的阻尼。工艺系统的阻尼主要来自零部件材料的内阻尼、结合面上的摩擦阻尼和其他附加阻尼等。不同材料的内阻尼是不同的，如由于铸铁的内阻尼比较大，一般机床的床身、立柱等大型支承件常用铸铁制造。此外，还可以把高阻尼材料附加到零件上，如图 6-18 所示。对于机床的活动结合面，注意调整其间隙，增大结合面的摩擦；对于机床的固定结合面，要适当选择加工方法、表面粗糙度等级及结合面上的比压、固定方式等。

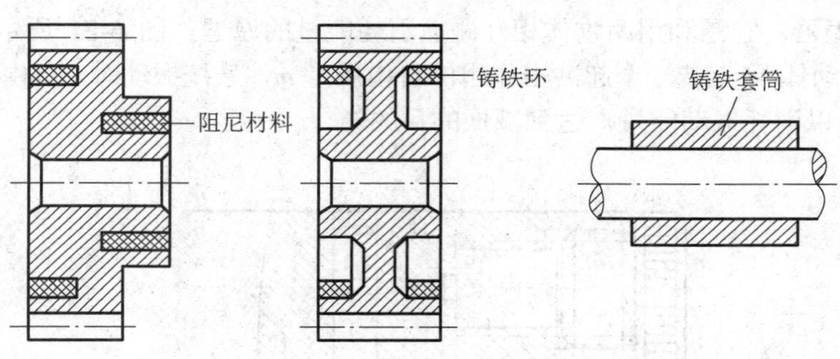

图 6-18　在零件上加入阻尼材料

（4）采用减振、消振装置

常用的减振、消振装置有动力减振器、摩擦减振器和冲击减振器三种类型。

1）动力减振器。动力减振器是用弹性元件把一个附加质量块连接到振动系统中，利用附加质量的动力作用，使附加质量作用在系统上的力与系统的激振力大小相等，方向相反，从而达到减振、消振的目的。图 6-19 所示为用于镗刀杆的动力减振器。

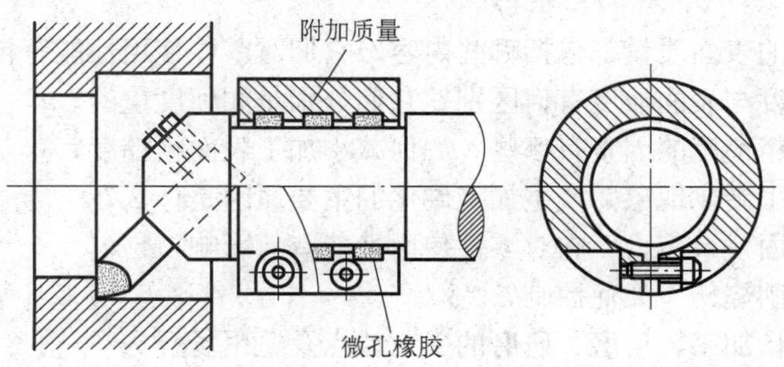

图 6-19　用于镗刀杆的动力减振器

2）摩擦减振器。摩擦减振器利用摩擦阻尼来消耗振动的能量，从而达到减振的目的。图 6-20 所示是车床用固体摩擦减振器，触杆是用耐磨耐振的改良铸铁做的，弹簧刚度为 $200\text{N}\cdot\text{mm}^{-1}$，使触杆滚轮与工件总是接触。当产生振动时，工件与支架一起移动，从而使推杆在壳体内移动，由皮圈的摩擦力来减振、消振。

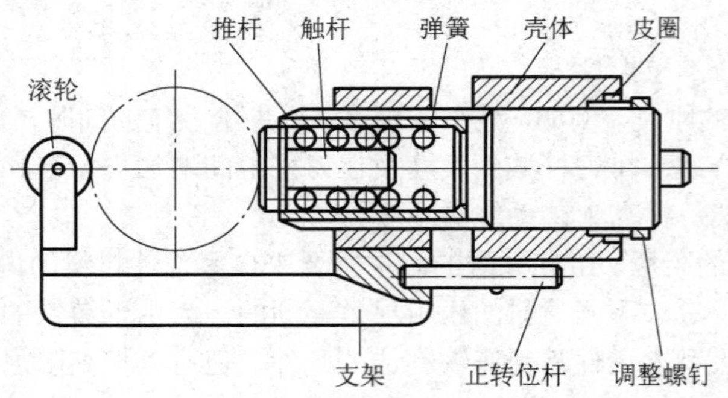

图 6-20 摩擦减振器

3）冲击减振器。它是利用两物体相互碰撞消耗能量的原理。图 6-21 所示是一冲击式减振镗刀杆，在振动体 M 上装一个起冲击作用的自由质量 m，系统振动时，自由质量 m 将反复冲击振动体 M，以消耗振动能量，达到减振的目的。

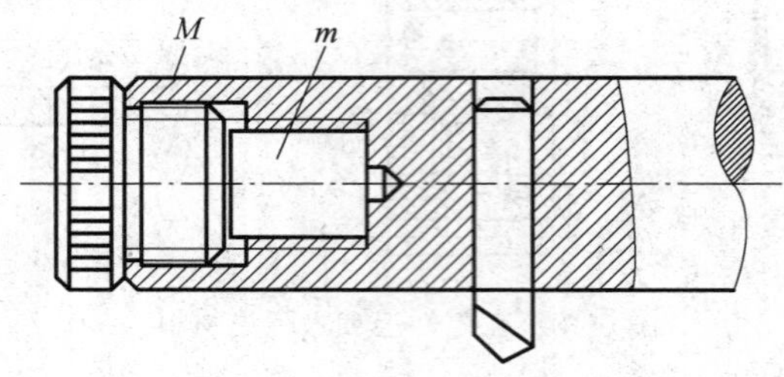

图 6-21 冲击式减振镗刀

习 题

6-1 机械零件的表面质量都包括哪些内容？它们对零件使用性能有什么影响？

6-2 表面粗糙度与表面波度有何区别？它们分别是如何度量的？

6-3 影响表面粗糙度的因素有哪些？如何减小加工表面粗糙度？

6-4 什么是加工硬化现象？产生加工硬化的主要原因是什么？

6-5 什么是表面残余应力？它对零件使用性能有何影响？

6-6 什么是磨削烧伤？如何控制？

6-7 试分析超精加工、珩磨、研磨的工艺特点及适用场合。

6-8 机械加工中的振动有哪几类？分别对机械加工有何影响？

6-9 什么是强迫振动？有何特点？如何消除和控制机械加工中的强迫振动？

6-10 什么是自激振动？有何特点？控制自激振动的措施有哪些？

6-11 简述再生颤振、振型耦合原理。

6-12 常用的减振、消振装置有哪几种？它们的工作原理分别是什么？

第7章

机器装配工艺规程设计

学习目标

1）了解机器装配的基本概念、机器装配的自动化及机器虚拟装配的关键技术。

2）熟练掌握装配工艺规程的制订原则和步骤、机器结构的装配工艺性、装配尺寸链的建立与解算、保证装配精度的装配方法与关键技术。

知识要点

1）装配工艺规程的制订。

2）机器结构的装配工艺性。

3）装配尺寸链的建立与解算。

4）保证装配精度的装配方法。

7.1 装配过程概述

机器制造的最后一个工艺过程是将加工好的零件装配成机器的装配工艺过程。机器的质量最终通过装配来保证。同时，通过机器的装配，也能发现机器设计或零件设计中的问题，从而不断改进和提高产品质量、降低成本、提高产品的综合竞争能力。

7.1.1 机器装配的内容

装配是机器制造中的最后一个阶段，其主要内容包括零件的清洗、刮研、平衡及各种方式的连接；调整及校正各零部件的相对位置使之符合装配精度要求；总装后的检验、试运转、油漆及包装等。其具体内容如下：

1）清洗。用清洗剂清除零件上的油污、灰尘等脏污的过程称为清洗。它对保证产品质量和延长产品的使用寿命均有重要意义。常用的清洗方法有擦洗、浸洗、喷洗和超声波清洗等。常用的清洗剂有煤油、汽油和其他各种化学清洗剂，使用煤油和汽油作清洗剂时应注意防火，清洗金属零件的清洗剂必须具备防锈能力。

2）连接。装配过程中常见的连接方式包括可拆卸连接和不可拆卸连接两种。螺纹连接、键连接、销钉连接和间隙配合属于可拆卸连接；而焊接、铆接、黏接和过盈配合属于不可拆卸连接。过盈配合可使用压装、热装或冷装等方法来实现。

3）平衡。对于机器中转速较高、运转平稳性要求较高的零、部件，为了防止其内部质量分布不均匀而引起有害振动，必须对其高速回转的零、部件进行平衡试验。平衡可分为静平衡和动平衡两种，前者主要用于直径较大且长度短的零件（如叶轮、飞轮、带轮等）；后者用于长度较长的零部件（如电动机转子、机床主轴等）。

4）校正及调整。在装配过程中为满足相关零部件的相互位置和接触精度而进行的找正、找平和相应的调整工作称为校正及调整。其中，除调节零部件的位置精度外，为了保证运动零部件的运动精度，还需调整运动副之间的配合间隙。

5）验收试验。机器装配完后，应按产品的有关技术标准和规定，对产品进行全面的检验和必要的试运转工作。只有经检验和试运转合格的产品才能准许出厂。多数产品的试运转在制造厂进行，少数产品（如轧钢机）由于制造厂不具备试运转条件，因此其试运转只能在使用厂安装后进行。

7.1.2 装配精度

机器的质量主要取决于机器结构设计的正确性、零件的加工质量及机器的装配精度。正确规定机器的装配精度，不仅关系到产品质量和工作性能，也关系到制造、装配的难易程度和生产成本。装配精度是确定零件精度和制订装配工艺规程的主要依据。

1. 装配精度的内容

机器的装配精度应根据机器的工作性能来确定，一般包括：

1）位置精度。位置精度是指机器中相关零部件的距离精度和相互位置精度。例如，机床主轴箱装配时，相关轴之间中心距尺寸精度和同轴度、平行度和垂直度等位置精度。

2）运动精度。运动精度是指有相对运动的零部件在相对运动方向和相对运动速度方面的精度。运动方向的精度常表现为部件间相对运动的平行度和垂直度，如卧式车床溜板的运动精度就规定为溜板移动对主轴中心线的平行度。相对运动速度精度即传动精度，如滚齿机滚刀主轴与工作台之间的相对运动精度。

3）配合精度。配合精度包括配合表面间的配合质量和接触质量。配合质量是指两个零件配合表面之间达到规定的配合间隙或过盈的程度，它影响着配合的性质。接触质量是指两配合或连接表面间达到规定的接触面积的大小和接触点分布的情况，它主要影响接触刚度，同时也影响配合质量。

2. 装配精度与零件精度的关系

机器及其部件是由零件装配而成的，因此，零件的精度特别是关键零件的精度直接影响相应的部件和机器的装配精度。一般情况下，装配精度高，则必须提高各相关零件的精度，使它们的误差累积之后仍能满足装配精度的要求。但是，对于某些装配精度项目来说，如果完全由有关零件的制造精度来直接保证，则相关零件的制造精度都将很高，给加工带来很大困难。这时常按经济加工精度来确定零件的加工精度，使之易于加工，而在装配时则采取一定的工艺措施（修配、调整等）来保证装配精度。这样做虽然增加了装配工作量和装配成本，但从整个产品制造来说，仍是比较经济的。

产品的装配方法根据产品的性能要求、生产类型、装配生产条件来确定。不同的装配方法，零件的加工精度和装配精度具有不同的相互关系，为了定量地分析这种关系，用尺寸链分析的方法，解决零件精度与装配精度之间的定量关系。

在制订产品的装配工艺过程、确定装配工序、解决生产中的装配质量问题时，也需要应用装配尺寸链进行分析计算。

7.2　装配尺寸链的分析与计算

7.2.1　装配尺寸链的概念

在机器的装配关系中，由相关零件的尺寸或相互位置关系所组成的尺寸链，称为装配尺寸链。装配尺寸链的封闭环就是装配所要保证的装配精度或技术要求，封闭环是零部件装配后最后形成的尺寸或位置关系。在装配尺寸链中，除了封闭环以外的所有环都称为组成环，组成环分为增环和减环。

如图 7-1 所示装配关系，双联齿轮是空套在轴上的，在轴向也必须有适当的装配间隙，既能保证转动灵活，又不致引起过大的轴向窜动。故规定轴向间隙量为 A_0=0.05～0.2mm。此尺寸即为装配精度。与此装配精度有关的相关零件的尺寸分别为 A_1、A_2、A_3、A_4、A_k，这组尺寸 A_1、A_2、A_3、A_4、A_k、A_0 即组成一装配尺寸链。

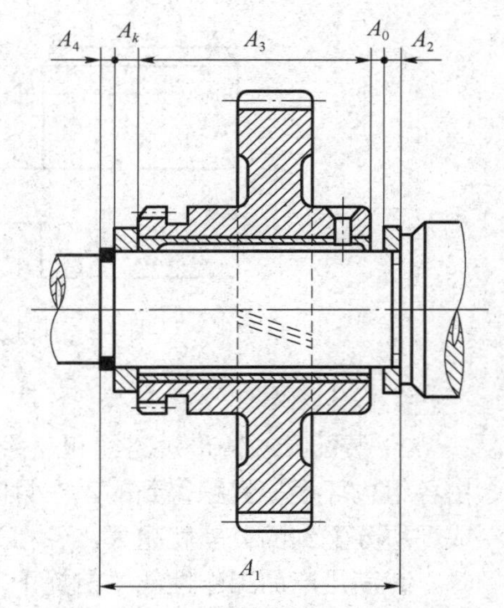

图 7-1　线性装配尺寸链举例

装配尺寸链按各环的几何特征和所处空间位置不同可分为直线尺寸链、角度尺寸链、平面尺寸链和空间尺寸链。其中直线尺寸链是最常见的。

7.2.2　装配尺寸链的查找方法

正确地建立装配尺寸链，是进行尺寸链计算的基础。为此，首先应明确封闭环。对于装配尺寸链，装配精度要求就是封闭环。再以封闭环两端的任一零件为起点，沿封闭环的尺寸方向，分别找出影响装配精度要求的相关零件，直至找到同一个基准零件或是同一基准表面为止。

7.2.3　查找装配尺寸链应注意的问题

在查找装配尺寸链时，应遵循以下原则：

1）装配尺寸链的简化原则。机械产品的结构通常都比较复杂，影响某一装配精度的因素可能很多，在查找该装配尺寸链时，在保证装配精度的前提下，可忽略那些影响较小的因素，使装配尺寸链适当简化。以车床主轴锥孔轴心线和尾座顶尖套锥孔轴心线对车床导轨的等高度的装配尺寸链的建立为例，如图 7-2 所示，由于各个同轴度 e_1、e_2、e_3，以及床身上安装主轴箱的平导轨面和安装尾座的平导轨面之间的高度误差 e_4 的数值对组成环 A_1、A_2、A_3 的影响很小，对装配精度（封闭环）的影响也较小，所以装配尺寸链可以简化成图 7-3 所示的结果。

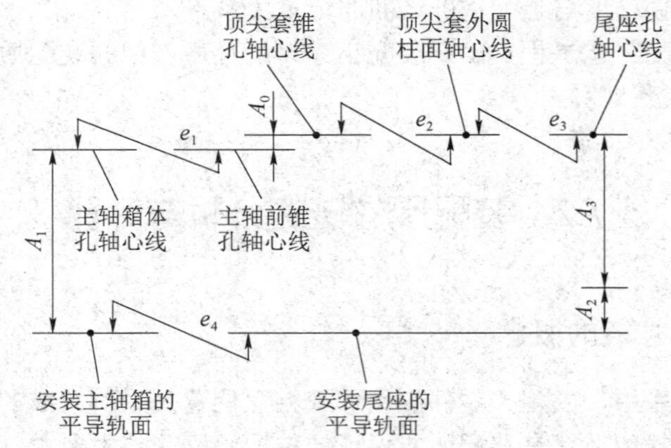

图 7-2 车床主轴与尾座中心线等高装配尺寸链

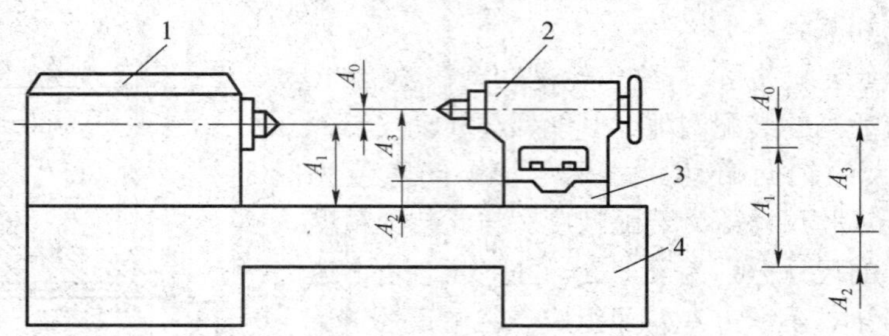

图 7-3 车床主轴中心线与尾座中心线的等高性要求

1—主轴箱；2—尾座；3—底板；4—床身

2）装配尺寸链最短路线和一件一环的原则。由尺寸链的基本理论可知，封闭环的误差是由各组成环误差累积得到的。在封闭环公差一定的条件下，尺寸链中组成环数目越少，各组成环所分配到的公差就越大，各相关零件的加工就可更容易和经济。因此，在产品结构设计时，在满足产品工作性能的前提下，应尽可能简化结构，使影响封闭环精度的有关零件数目最少。

在结构既定的情况下查找装配尺寸链时，应使每一个零件仅以一个尺寸作为组成环。相应地，应将该尺寸或位置关系直接标注在有关零件图上。这样，组成环的数目就仅等于有关零件的数目，即一件一环的原则。

3）装配尺寸链的方向性原则。在同一装配结构中，在不同方向都有装配精度要求时，应按不同方向分别建立装配尺寸链。例如，在蜗杆蜗轮副传动结构中，为了保证其正常啮合，除应保证蜗杆与蜗轮的轴线距离精度外，还必须保证两轴线的垂直度精度、蜗杆轴线与蜗轮中心平面的重合度要求。这是在三个不同方向上的三个装配精度要求，因而应分别建立装配尺寸链。

7.2.4　装配尺寸链的计算

在确定了装配尺寸链的组成之后，就可以进行具体的分析计算工作。装配尺寸链的计算方法与装配方法密切相关，同一项装配精度，采用不同的装配方法时，其装配尺寸链的计算方法也不相同。

装配尺寸链的计算是在产品设计过程中进行的，多采用反计算法，而正计算法仅用于验算。反计算即已知装配精度（封闭环）的公称尺寸及其偏差，求解与该项装配精度有关的各零部件（组成环）的公称尺寸及其偏差。

计算装配尺寸链的公式可分为极值法和概率法。概率法仅适用于大批量生产的装配尺寸链计算；而极值法可用于各种生产类型的装配尺寸链计算。

1. 装配尺寸链的极值解法

在装配尺寸链中，一般各组成环的公称尺寸是已知的，在计算时仅对其进行验算。所以，计算装配尺寸链主要是如何将封闭环的公差合理地分配成各组成环的公差。

按极值法解算装配尺寸链的公式与工艺尺寸链的计算公式相同，这里不再赘述。

采用极值法解算装配尺寸链时，为保证装配精度要求，应确保各组成环公差之和小于或等于封闭环公差，但为了使各组成环公差尽可能大，在计算时取等号，即

$$T_0 = \sum_{i=1}^{m} |\xi_i| T_i \tag{7-1}$$

对于线性尺寸链，$|\xi_i| = 1$，则

$$T_0 = \sum_{i=1}^{m} T_i = T_1 + T_2 + \cdots + T_m$$

式中　T_0——封闭环公差；

T_i——第 i 个组成环的公差；

ξ_i——第 i 个组成环的传递系数；

m——组成环的环数。

在按极值法计算装配尺寸链时，可按以下步骤进行。

1）首先校核封闭环尺寸是否正确：

$$A_0 = \sum_{i=1}^{m} \xi_i A_i \tag{7-2}$$

2）按等公差原则，计算各组成环平均公差：

$$T_{av} = \frac{T_0}{\sum_{i=1}^{m} |\xi_i|} \tag{7-3}$$

当装配尺寸链中有 q 个组成环的公差已经确定时（组成环是标准件或已在别的装配尺寸链中先行确定），其余组成环的平均公差计算公式为

$$T_{\mathrm{av}} = \frac{T_0 - \sum_{j=1}^{q}\left|\xi_j\right|}{\sum_{i=q+1}^{m}\left|\xi_i\right|} \tag{7-4}$$

3）根据各组成环公称尺寸的大小和加工时的难易程度，对各组成环的公差进行适当的调整。在调整过程中应遵循以下原则：

① 组成环是标准件尺寸时（如轴承环的宽度或弹性挡圈的厚度等），其公差值及其分布在相应标准中已有规定，为已定值。

② 当组成环是几个尺寸链的公共环时，其公差值及其分布由对其要求最严的尺寸链先行确定，对其余尺寸链则也为已定值。

③ 尺寸相近、加工方法相同的组成环，其公差值相等。

④ 难加工或难测量的组成环，其公差可适当加大；易加工、易测量的组成环，其公差可取较小值。各组成环的公差值尽量取成标准值，各组成环的公差等级尽量相近。

⑤ 选一组成环作为协调环，按尺寸链公式最后确定。协调环应选择易于加工、易于测量的组成环，但不能选择标准件或已经在其他尺寸链中确定了公差及其偏差的组成环作为协调环。

⑥ 确定各组成环的极限偏差，对于属于外尺寸的组成环（如轴的直径）按基轴制（h）确定其极限偏差；对于属于内尺寸的组成环（如孔的直径）按基孔制（H）确定其极限偏差，协调环的极限偏差按公式计算确定。

2. 装配尺寸链的概率解法

用极值解法时，封闭环的极限尺寸是按组成环的极限尺寸来计算的，而封闭环公差与组成环公差之间的关系是式（7-1）来计算的。显然，此时各零件具有完全的互换性，机器的使用要求能得到充分的保证。但是，当封闭环精度要求较高，而组成环数目又较多时，由于各环公差大小的分配必须满足式（7-1）的要求，故各组成环的公差值 T_i 必将取得很小，从而导致加工困难，制造成本增加。生产实践表明，一批零件加工时其尺寸处于公差带范围的中间部分的零件占多数，接近两端极限尺寸的零件占极少数。至于一批部件在装配时（特别是对于多环尺寸链的装配），同一部件的各组成环，恰好都是接近极值尺寸的，这种情况就更为罕见。这时，如按极值解法求算零件尺寸公差，则显然是不经济的。但如按概率法来进行计算，就能扩大零件公差，且便于加工。

装配尺寸链的组成环是有关零件的加工尺寸或相对位置精度，显然，各零件加工尺寸的数值是彼此独立的随机变量，因此作为各组成环合成量的封闭环的数值也是一个随机变量。由概率理论可知，在分析随机变量时，必须了解其误差分布曲线的性质和分散范围的大小，同时还应了解尺寸聚集中心（即算术平均值）的分布位置。

（1）各环公差值的计算

由概率论可知，各独立随机变量（装配尺寸链的组成环）的均方根偏差 σ_i 与这些随机变量之和（尺寸链的封闭环）的均方根偏差 σ_0 之间的关系为

$$\sigma_0^2 = \sum_{i=1}^{m}\sigma_i^2 \tag{7-5}$$

但由于解算尺寸链时是以误差量或公差量之间的关系来计算的，因此上述公式还需要转化成所需要的形式。

正如在加工误差的统计分析中已介绍过的那样，当零件加工尺寸服从正态分布时，其尺寸误差分散范围 ω_i 与均方根偏差 σ_i 之间的关系为

$$\omega_i = 6\sigma_i \quad 或 \quad \sigma_i = \frac{1}{6}\omega_i$$

当零件尺寸分布不为正态分布时，需引入一个相对分布系数 k_i，因此有

$$\sigma_i = \frac{1}{6}k_i\omega_i$$

相对分布系数 k_i 表明了所研究的尺寸分布曲线的不同分散性质（即曲线的不同形状），并取正态分布曲线作为比较的根据（正态分布曲线的 k_i 值为 1）。各种 k_i 值可参见第 4 章表 4-5。

尺寸链中如果不存在公差数值比其余各组成环公差大得很多，且尺寸分布又偏离于正态分布很大的组成环的情况，则不论各组成环的尺寸为何种分布曲线，只要组成环的数目足够多，则封闭环的分布曲线通常总是趋近于正态分布的，即 $k_0 \approx 1$。一般来说，组成环环数不少于 5 个时，封闭环的尺寸分布都趋近于正态分布。

此外，在尺寸分散范围 ω_i 恰好等于公差 T_i 的条件下，就得到尺寸链计算的一个常用公式：

$$T_0 = \sqrt{\sum_{i=1}^{m} k_i^2 \xi_i^2 T_i^2} \tag{7-6}$$

只有在各组成环都是正态分布的情况下，才有

$$T_0 = \sqrt{\sum_{i=1}^{m} \xi_i^2 T_i^2}$$

又若各组成环公差相等，即令 $T_i = T_{av}$ 时，则可得各环平均公差 T_{av} 为

$$T_{av} = \frac{T_0}{\sqrt{\sum_{i=1}^{m}\xi_i^2}} = \frac{\sqrt{\sum_{i=1}^{m}\xi_i^2}}{\sum_{i=1}^{m}\xi_i^2}T_0$$

当装配尺寸链为直线尺寸链时，有

$$T_{av} = \frac{T_0}{\sqrt{m}} = \frac{\sqrt{m}}{m}T_0$$

与用极值法求得的组成环平均公差比较，概率解法可将组成环平均公差扩大 $\sqrt{m}$ 倍。但实际上，由于各组成环的尺寸分布曲线不一定是按正态分布的，即 k_i 大于 1，所以实际扩大的倍数小于 $\sqrt{m}$。

用概率解法之所以能够扩大公差，是因为在确定封闭环正态分布曲线的尺寸分散范围时假定 $\omega_0 = 6\sigma_0$，而这时部件装配后在 $T_0 = 6\sigma_0$ 范围内的数量可占总数的 99.73%，只有 0.27% 的部件装配后不合格。这样做在生产上仍是经济的。因此，这个不合格率常常可忽略不计，只有在必要时才通过调换个别组件或零件来解决废品问题。

（2）各环公称尺寸和中间偏差的计算

根据概率论，封闭环的算术平均值 $\overline{A}_0$ 等于各组成环算术平均值 $\overline{A}_i$ 的代数和，即

$$\overline{A}_0 = \sum_{i=1}^{m} \xi_i \overline{A}_i \tag{7-7}$$

当各组成环的尺寸分布曲线均属于对称分布，而且分布中心与公差带中心重合时，算术平均值 $\overline{A}_i = A_i + \varDelta_i$（$i$=0，1，2，…，$m$），即算术平均值等于公称尺寸与中间偏差之和。因此，上式可以分为以下两式：

$$A_0 = \sum_{i=1}^{m} \xi_i A_i$$

$$\varDelta_0 = \sum_{i=1}^{m} \xi_i \varDelta_i \tag{7-8}$$

此时的计算公式与极值解法时所用相应计算公式完全一致。

当组成环的尺寸分布属于非对称分布时，算术平均值 $\overline{A}$ 相对于公差带中心的尺寸即平均尺寸就有一偏移量，此偏移量可用 $\alpha \dfrac{T}{2}$ 表示（图 7-4）。这时：

$$\overline{A} = A + \varDelta + \frac{1}{2}\alpha T \tag{7-9}$$

显然，在 T 为定值的条件下，偏移量越大，α 也越大，可见 α 可用来说明尺寸分布的不对称程度。因而 α 即称为相对不对称系数，一些尺寸分布曲线的 α 值可参见第 4 章表 4-5。

由于多数情况下封闭环为正态分布，所以当某些组成环为偏态分布时，其公称尺寸计算公式不变，而中间偏差计算公式为

$$\varDelta_0 = \sum_{i=1}^{m} \xi_i (\varDelta_i + \frac{1}{2}\alpha_i T_i) = \sum_{i=1}^{m} \xi_i \varDelta_i + \sum_{i=1}^{m} \frac{1}{2} \xi_i \alpha_i T_i \tag{7-10}$$

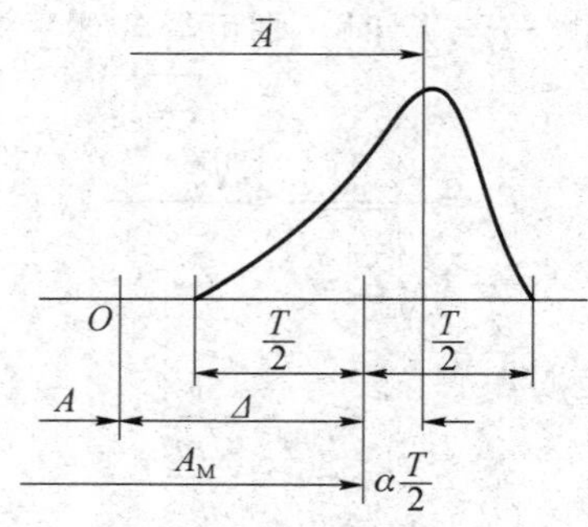

图 7-4　不对称分布时的尺寸计算关系

（3）概率解法时的近似估算法

对概率解法进行准确计算时，需要知道各组成环的误差分布情况（T_i、k_i 及 α_i 值）。如有现场统计资料或成熟的经验统计数据，便可据之进行准确计算。而在通常缺乏这种资料或不能预先确定零件的加工条件时，便只能假定一些 k_i 及 α_i 值进行近似估算。

这一方法是以假定各环的尺寸分布曲线均对称分布于公差带的全部范围内，即 $\alpha_i = 0$，并取平均相对分布系数 k_{av} 来作近似估算的。至于 k_{av} 的具体数值，有的资料建议在 1.2～1.7 范围内选取；有的资料则在一定的统计试验基础上，建议采用 $k_{av} = 1.5$ 的经验数据。

这样，对直线尺寸链整个计算只用到两个简化公式：

$$T_0 = k_{av}\sqrt{\sum_{i=1}^{m} T_i^2} \tag{7-11}$$

$$\Delta_0 = \sum_{i=1}^{m} \xi_i \Delta_i$$

但必须指出，在采用概率近似算法时，要求尺寸链中组成环的数目不能太少。

7.3　保证装配精度的装配方法

根据产品的精度及性能要求、结构特点、生产类型及生产条件等，可采取不同的装配方法。保证装配精度的方法有互换装配法、选择装配法、修配装配法和调整装配法。

7.3.1　互换装配法

根据零件的互换程度，互换装配法可分为完全互换法和大数互换装配法。

1. 完全互换法

零件按图纸公差加工，装配时所有零件不需经过任何选择、调整和修配，就能达到规定的装配精度和技术要求，这种装配方法称为完全互换法。完全互换装配法其装配精度主要取决于零件的制造精度。

这种装配法的特点是：装配工作简单，生产率高；有利于组织流水生产、协作生产，同时也有利于维修工作。但是，当装配精度要求较高时，尤其是组成环数目较多时，组成环公差规定得严，零件制造困难，成本高。采用完全互换法装配时，采用极值法解算装配尺寸链。

【例 7-1】 图 7-5 为某双联转子泵的轴向装配关系简图。已知装配间隙要求为 $A_0 = 0.05 \sim 0.15$mm，各组成环的公称尺寸为 $A_1 = 41$ mm，$A_2 = A_4 = 17$ mm，$A_3 = 7$ mm。试按极值法确定各组成环公差及上、下极限偏差。

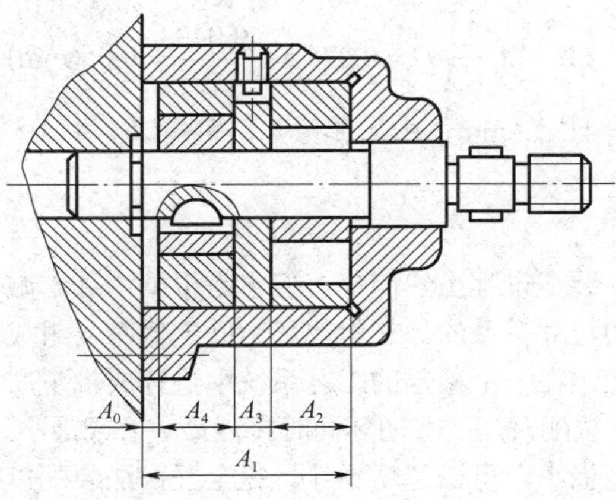

图 7-5　双联转子泵的轴向装配关系简图

解：1）画出装配尺寸链图，校验各环公称尺寸。

图 7-5 的下方是装配尺寸链图，其中：A_0是封闭环，$A_0 = 0_{+0.05}^{+0.15}$ mm，A_1是增环，其余是减环。

封闭环计算的公称尺寸为

$$A_0 = A_1 - A_2 - A_3 - A_4 = 0$$

可见，各环公称尺寸的确定无误。

2）确定各组成环的平均公差。

为了满足封闭环公差值 $T_0 = 0.1$ mm 的要求，即

$$\sum_{i=1}^{4} T_i = T_1 + T_2 + T_3 + T_4 \leqslant T_0 = 0.1\text{mm}$$

各组成环平均公差的数值，即

$$T_{av} = \frac{T_0}{m} = \frac{0.1}{4} = 0.025(\text{mm})$$

3）选择协调环。

考虑尺寸 A_2、A_3、A_4 可用平面磨床加工，其公差容易确定，故选尺寸 A_1 为协调环。

4）确定各组成环的公差及上、下极限偏差。

在组成环平均公差基础上，考虑零件加工的难易程度和入体原则，由此确定：

$$A_2 = A_4 = 17_{-0.018}^{\ 0}\ \text{mm}$$

$$A_3 = 7_{-0.015}^{\ 0}\ \text{mm}$$

协调环 A_1 的公差值 T_1 应为

$$T_1 = T_0 - T_2 - T_3 - T_4 = 0.1 - (0.018 \times 2 + 0.015) = 0.049(\text{mm})$$

而协调环的中间偏差值为

$$\varDelta_1 = \varDelta_0 + \varDelta_2 + \varDelta_3 + \varDelta_4 = 0.1 + (-0.009 \times 2) + (-0.007\,5) = 0.074\,5(\text{mm})$$

协调环的上、下极限偏差为

$$\text{ES}_1 = \varDelta_1 + \frac{1}{2}T_1 = 0.074\,5 + \frac{0.049}{2} = 0.099(\text{mm})$$

$$\text{EI}_1 = \varDelta_1 - \frac{1}{2}T_1 = 0.074\,5 - \frac{0.049}{2} = 0.05(\text{mm})$$

所以，协调环为 $A_1 = 41_{+0.05}^{+0.099}$ mm，由入体原则，可得 $A_1 = 41.05_{\ 0}^{+0.049}$ mm。

2. 大数互换装配法

用完全互换法装配，装配过程虽然简单，但它是根据增环、减环同时出现极值情况来建立封闭环与组成环之间的尺寸关系的，在封闭环为既定值时，组成环分得的公差过小常使零件加工产生困难。实际上，在一个稳定的工艺系统中进行成批生产和大量生产时，零件尺寸出现极值的可能性极小；装配时，所有增环同时接近最大（或最小），而所有减环又同时接近最小（或最大）的可能性极小，可以忽略不计。完全互换法装配以提高零件加工精度为代价来换取完全互换装配，有时是不经济的。

大数互换装配法又称统计互换装配法，指机器或部件的所有合格零件，在装配时无须选

择、修配或改变其大小或位置，装入后即能使绝大多数装配对象达到装配精度的装配方法。

其实质是将组成环的制造公差适当放大，使零件容易加工，这会使极少数产品的装配精度超出规定要求，但这是小概率事件，很少发生，从总的经济效果分析，仍然是经济可行的。

采用大数互换法装配时，装配尺寸链采用概率法解算。

【例 7-2】　已知条件与例 7-1 相同，试用概率法确定各组成环尺寸公差及上、下极限偏差。

解：1）尺寸链分析及公称尺寸验算同上。

2）确定各组成环的平均公差。

封闭环的公差为

$$T_0 = 0.15 - 0.05 = 0.1(\text{mm})$$

由概率解法封闭环公差计算公式

$$T(A_0) = \sqrt{\sum_{i=1}^{n-1} T^2(A_i)}$$

则各组成环平均公差为

$$T_{\text{av}} = \frac{T_0}{\sqrt{m}} = \frac{0.1}{\sqrt{4}} = 0.05(\text{mm})$$

由所得数值可以看出，概率解法所计算的各组成环的平均公差比极值解法的大，在生产中能够降低零件加工精度，提高经济效益。

3）选择协调环及确定各组成环公差及上、下极限偏差。

仍选择 A_1 为协调环，因平均公差接近于各组成环的 IT9，本例按 IT9 确定 A_2～A_4 的公差，查表得

$$T_2 = T_4 = 0.043\,\text{mm},\quad T_3 = 0.036\,\text{mm}$$

所以协调环的公差为

$$T_1 = \sqrt{T_0^2 - T_2^2 - T_3^2 - T_4^2} = 0.071(\text{mm})$$

各组成环公差及其偏差确定如下：

$$A_2 = A_4 = 17_{-0.043}^{\ \ 0}\,\text{mm}$$

$$A_3 = 7_{-0.036}^{\ \ 0}\,\text{mm}$$

4）确定协调环的公差及偏差。

协调环的中间偏差值计算如下：

$$\varDelta_1 = \varDelta_0 + \varDelta_2 + \varDelta_3 + \varDelta_4 = 0.1 + (-0.021\,5 \times 2) + (-0.018) = 0.039(\text{mm})$$

协调环的上、下极限偏差为

$$\text{ES}_1 = \varDelta_1 + \frac{1}{2}T_1 = 0.039 + \frac{0.071}{2} = 0.075(\text{mm})$$

$$\text{EI}_1 = \varDelta_1 - \frac{1}{2}T_1 = 0.039 - \frac{0.071}{2} = 0.004(\text{mm})$$

即 $A_1 = 41_{+0.004}^{+0.075}\,\text{mm}$，由入体原则，可得 $A_1 = 41.004_{\ \ 0}^{+0.071}\,\text{mm}$。

由两种解法计算结果可见，对 A_1 尺寸，公差等级基本不变；而对于 A_2、A_3、A_4 尺寸，其公差等级分别由 IT7 级降低到 IT8 级，减小了加工难度。

当以完全互换法解尺寸链所得零件制造公差在规定生产条件下难于制造时，则常常按经

济制造精度来规定各组成环的公差，从而使封闭环误差超过规定的公差范围，这时便需要采取相应的装配工艺措施（修配法或调节法），使超差部分得到补偿，以满足规定的要求，或者根据不同的条件，采取选择装配法。

7.3.2 选择装配法

选择装配法是将尺寸链中组成环的公差放大到经济可行的程度，然后选择合适的零件进行装配，以保证规定的装配精度要求，常用于装配精度要求较高而组成环数又较少的成批或大量生产中。选择装配法有直接选配法、分组装配法、复合选配法三种装配形式。

1. 直接选配法

直接选配法是指装配工人从许多待装配的零件中，凭经验挑选合格的零件通过试凑进行装配的方法。这种方法的优点是不需将零件分组，但工人选择零件需要较长时间，且装配质量在很大程度上取决于装配工人的技术水平，不宜用于节拍要求较严的大批量生产，这种装配方法没有互换性。

2. 分组装配法

分组装配法是指将组成环的公差按互换装配法中极值解法所求得的值放大数倍（一般为2～4 倍），使之能按经济精度加工，然后将零件测量和分组，再按对应组分别进行装配，满足原定装配精度的要求。由于同组零件可以进行互换，故又称为分组互换法。

分组装配法是在对装配精度要求很高而组成环数较少时，采用完全互换法或大数互换法解尺寸链，组成环的公差非常小，这时可将组成环公差增大若干倍（一般为2～4 倍），使组成环零件可以按经济精度进行加工，然后将各组成环按实际尺寸大小分为若干组，各对应组进行装配，同组零件具有互换性，并保证全部装配对象达到规定的装配精度。分组装配法的特点是扩大了组成环的制造公差，零件制造精度不高，但可获得高的装配精度，增加了零件测量、分组、存储、运输的工作量，常用于大批量生产中装配精度要求高、组成环数少的装配尺寸链中。

现以某发动机的活塞销与活塞销孔的装配为例来讨论分组装配法。如图 7-6a）所示，其装配技术要求规定，销子直径 d 和销孔直径 D 在冷态装配时，应有 0.002 5～0.007 5mm 的过盈量，即

$$T_0 = 0.007\,5 - 0.002\,5 = 0.005(\text{mm})$$

若活塞销和活塞销孔采用互换法装配，并设活塞销和活塞销孔的公差作“等公差分配原则”，则它们的公差都仅为 0.002 5mm。活塞销公差按基轴制原则确定，则其尺寸为

$$d = 28_{-0.0025}^{\ 0}\ \text{mm}$$

相应地，可求得活塞销孔尺寸为

$$D = 28_{-0.0075}^{-0.0050}\ \text{mm}$$

显然，制造这样精确的活塞销和活塞销孔是很困难的，也是很不经济的。因此生产上采用的办法是将它们的公差值均按同向放大 4 倍，如图 7-6b）所示，使活塞销尺寸确定为 $d = 28_{-0.010}^{\ 0}$ mm，活塞销孔尺寸则为 $D = 28_{-0.015}^{-0.005}$ mm。这样，活塞销外圆可用无心磨床磨削加工，

活塞销孔可用金刚石镗床镗削加工，然后用精密量具来测量，并按尺寸大小分成 4 组，用不同颜色区别，以便进行分组装配。虽然互配零件的公差扩大了 4 倍，但只要用对应组的零件进行互配，其装配精度完全符合设计要求。

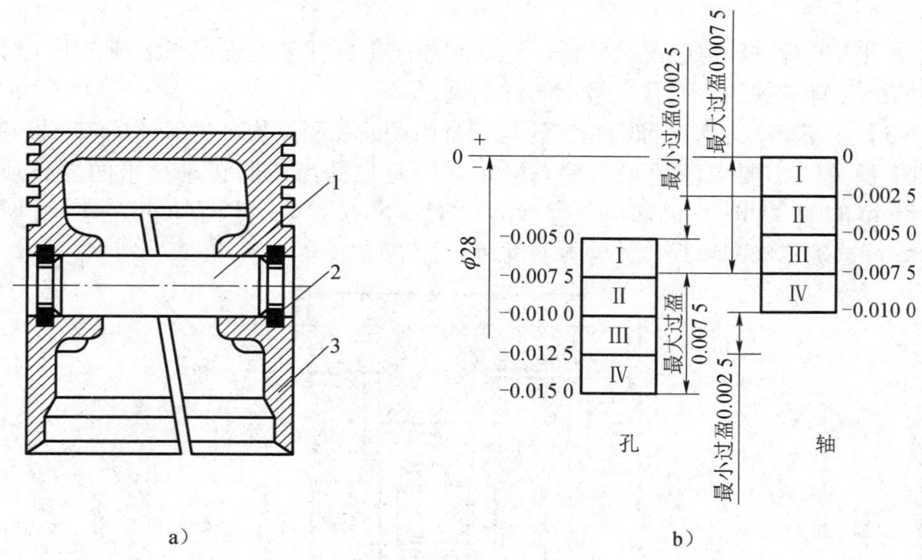

图 7-6　活塞销与活塞的装配关系

1—活塞销；2—轴用弹性挡圈；3—活塞

分组装配应满足的条件如下：

1）配合件公差应当相等，公差要向同方向增大，增大的倍数要等于分组数。如果轴、孔公差不相等，采用分组互换可以保持配合精度不变，但配合性质却发生变化，这时各组的最大间隙和最小间隙不等，因此在生产上应用不广。

2）要保证零件分组后对应组零件数量相匹配。如果零件尺寸分布不相同或不是对称分布，造成各组零件数量不等，应在聚集相当数量后，通过专门加工一批零件来配套，以减少零件的积压和浪费。

3）分组数不宜太多，只要将公差放大到经济加工精度就行，否则零件的测量、分组、保管的工作量增加，会使组织工作复杂，容易造成生产混乱。

4）要保证分组后各组的配合精度和配合性质符合原设计要求，原规定的几何公差和表面粗糙度值不能随公差增大而任意增大。

3. 复合选配法

复合选配法是上述两种方法的复合，即把零件预先测量分组，装配时再在各对应组中直接选配，汽车发动机的气缸与活塞的装配就是采用这种方法。

7.3.3　修配装配法

修配装配法简称修配法，在单件生产、小批生产中装配那些装配精度要求高、组成环数又多的机器结构时，常用修配法装配。采用修配法装配时，各组成环均按经济精度加工，装配时封闭环所积累的误差通过修配装配尺寸链中某一组成环尺寸（此组成环称为修配环）的办法，达到规定的装配精度要求。为减少修配工作量，应选择那些便于进行修配（装拆方便，修刮面小）的组成环作修配环。同时，不应选已进行表面处理的零件作修配环，以免修配时破坏表面处理层。

修配法用极值解法解算装配尺寸链，这种解法的主要任务是确定修配环在加工时的实际尺寸，使修配时有足够的，而且是最小的修配量。

【例 7-3】 图 7-7 为车床溜板箱齿轮与床身齿条的装配结构，为保证车床溜板箱沿床身导轨移动平稳灵活，要求溜板箱齿轮与固定在床身上的齿条间在垂直平面内必须保证有0.17～0.28mm 的啮合间隙。已知 $A_1 = 53\text{mm}$， $A_2 = 25\text{mm}$， $A_3 = 15.74\text{mm}$， $A_4 = 71.74\text{mm}$， $A_5 = 22\text{mm}$，试确定修配环尺寸并验算修配量。

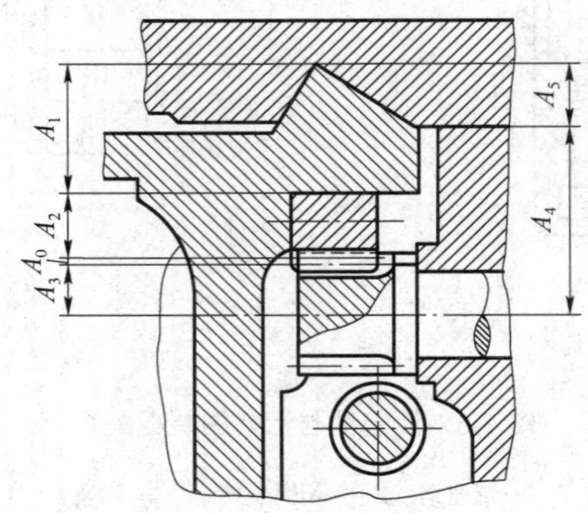

图 7-7 车床溜板箱齿轮与床身齿条的装配结构

解：1）选择修配环，从便于修配考虑，选取组成环 A_2 为修配环。

2）确定组成环的极限偏差，按加工经济精度确定各组成环公差，并按入体原则确定极限偏差，有

$$A_1 = 53\text{h}10 = 53_{-0.12}^{\ 0}\ \text{mm}，\quad A_3 = 15.74\text{h}11 = 15.74_{-0.055}^{\ 0}\ \text{mm}$$

$$A_4 = 71.74\,\text{js}11 = (71.74 \pm 0.095)\text{mm}，\quad A_5 = 22\,\text{js}11 = (22 \pm 0.065)\text{mm}$$

并设 $A_2 = 25_0^{+0.13}\ \text{mm}$。

3）计算封闭环的极限尺寸 $A_{0\max}$ 和 $A_{0\min}$。

由公式 $A_{0\max} = \sum_{i=1}^{m} \vec{A}_{i\max} - \sum_{i=m+1}^{n-1} \overleftarrow{A}_{i\min}$ 可得

$$\begin{aligned} A_{0\max} &= A_{4\max} + A_{5\max} - A_{1\min} - A_{2\min} - A_{3\min} \\ &= (71.74 + 0.095) + (22 + 0.065) \\ &\quad - (53 - 0.12) - 25 - (15.74 - 0.055) = 0.335(\text{mm}) \end{aligned}$$

由公式 $A_{0\min} = \sum_{i=1}^{m} \vec{A}_{i\min} - \sum_{i=m+1}^{n-1} \overleftarrow{A}_{i\max}$ 可得

$$\begin{aligned} A_{0\min} &= A_{4\min} + A_{5\min} - A_{1\max} - A_{2\max} - A_{3\max} \\ &= (71.74 - 0.095) + (22 - 0.065) \\ &\quad - 53 - (25 + 0.13) - 15.74 = -0.29(\text{mm}) \end{aligned}$$

故 $A_0 = 0_{-0.290}^{+0.335}\text{mm}$，由此可知封闭环不符合装配要求，需要通过调整修配环来达到规定的装配

精度。

4）确定修配环尺寸。图 7-8 左侧公差带图给出了装配要求，溜板箱齿轮与床身齿条间在垂直平面内的啮合间隙最大值为 0.28mm，最小值为 0.17mm，图 7-8 中部方框线给出的是按上述组成环尺寸计算得到的齿条相对于齿轮的啮合间隙变化范围，最大为+0.335mm，最小为−0.29mm。当出现齿条相对于齿轮的啮合间隙大于 0.28mm 时，就将无法通过修配组成环 A_2 来达到规定的装配精度要求。分析图 7-8 所示的尺寸关系可知，适当增大修配环 A_2 的公称尺寸可以使修配环 A_2 留有必要的修配量；但增大修配环 A_2 的公称尺寸，装配过程中修配量相应增大，为使最大修配量不致过大，修配环 A_2 的公称尺寸增量 ΔA_2 可取为

$$\Delta A_2 = 0.335 - 0.28 \approx 0.06(\text{mm})$$

故修配环公称尺寸 $A_2 = 25 + \Delta A_2 = 25 + 0.06 = 25.06(\text{mm})$。

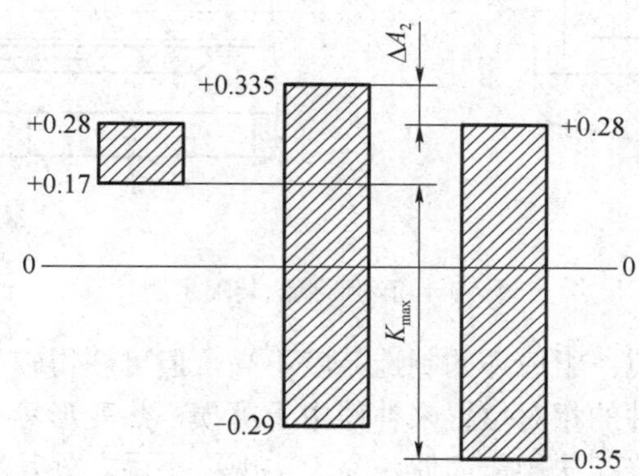

图 7-8　修配量验算图

5）验算修配量。图 7-8 右侧方框图给出的是当修配环按 $A_2 = 25.06^{+0.13}_{0}$ mm 制造时，齿条相对于齿轮的啮合间隙变化范围，最大为+0.28mm，最小为−0.29−0.06=−0.35(mm)。当出现齿条相对于齿轮的啮合间隙为最大值+0.28mm 时，无须修配就满足装配要求；当出现齿条相对于齿轮的间隙为−0.35mm 时，修配量最大，A_2 最大修配量 $K_{\max} = 0.35 + 0.17 = 0.52(\text{mm})$，验算结果表明修配环的修配量是合适的。

修配装配法的主要优点是组成环均能以加工经济精度制造，且可获得较高的装配精度。不足之处是增加了修配工作量，生产效率低，对装配工人技术水平要求高。

7.3.4　调整装配法

装配时用改变调整件在机器结构中的相对位置或选用合适的调整件来达到装配精度的装配方法，称为调整装配法，调整装配法与修配装配法的原理基本相同。在以装配精度要求为封闭环建立的装配尺寸链中，除调整环外各组成环均以加工经济精度制造，由于扩大组成环制造公差造成封闭环超差，通过调节调整件相对位置达到装配精度要求。调节调整件相对位置的方法有可动调整法、固定调整法和误差抵消调整法三种。

1. 可动调整法

图 7-9a）所示结构是靠拧螺母 1 来调整轴承外环相对于内环的轴向位置，从而使滚动体

与内环、外环间具有适当间隙；螺钉 2 调到位后，用螺母 1 背紧。图 7-9b）所示结构为车床刀架横向进给机构中丝杠螺母副间隙调整机构，丝杠螺母间隙过大时，可拧动螺钉 2，使撑垫 3 向上移，迫使螺母 1、4 分别靠紧丝杠 5 的两侧螺旋面，以减小丝杠与螺母 1、4 之间的间隙。

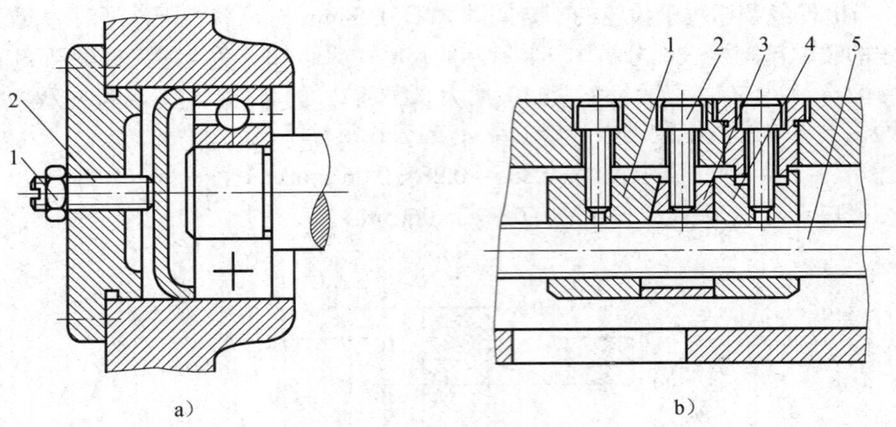

图 7-9　可动调整法装配示例

可动调整法的主要优点：组成环的制造精度不高，但可获得较高的装配精度；在机器使用中可随时通过调节调整件的相对位置来补偿由于磨损、热变形等原因引起的误差，使之恢复到原来的装配精度；比修配法操作简便，易于实现。不足之处是需增加一套调整机构，增加了结构复杂程度。

2. 固定调整法

在以装配精度要求为封闭环建立的装配尺寸链中，组成环均按加工经济精度制造，由于扩大组成环制造公差造成封闭环超差，可通过更换不同尺寸的固定调整环进行补偿，最终达到装配精度要求，这种装配方法称为固定调整法。

【例 7-4】　图 7-10 所示的车床主轴大齿轮的装配情况。要求双联齿轮的轴向间隙量 $A_0 = 0.05 \sim 0.2\text{mm}$（$T_0 = 0.15\text{mm}$）。其尺寸为 $A_1 = 115\text{mm}$，$A_2 = 8.5\text{mm}$，$A_3 = 95\text{mm}$，$A_4 = 2.5_{-0.12}^{\ 0}\text{mm}$（标准件），$A_5 = 9\text{mm}$。试以固定调整法解算各组成环的极限偏差，并求调整环的分组数和调整环的尺寸系列。

解：1）建立装配尺寸链，如图 7-11 所示。

2）选择调整环。选择加工比较容易，拆卸比较方便的组成环 A_5 为调整环。

3）确定组成环公差。按经济加工精度确定各组成环公差，并按入体原则标注偏差如下：

$$A_2 = 8.5_{-0.1}^{\ 0}\text{mm},\quad A_3 = 95_{-0.1}^{\ 0}\text{mm},\quad A_4 = 2.5_{-0.12}^{\ 0}\text{mm},\quad A_5 = 9_{-0.03}^{\ 0}\text{mm}$$

组成环 A_1 的下极限偏差用极值法公式计算如下：

$$\text{EI}_1 = \text{EI}_0 + \text{ES}_2 + \text{ES}_3 + \text{ES}_4 + \text{ES}_5 = 0.05 + 0 + 0 + 0 + 0 = 0.05(\text{mm})$$

为便于加工，令 A_1 的制造公差 $T_1 = 0.15\text{mm}$，故 $A_1 = 115_{+0.05}^{+0.20}\text{mm}$。

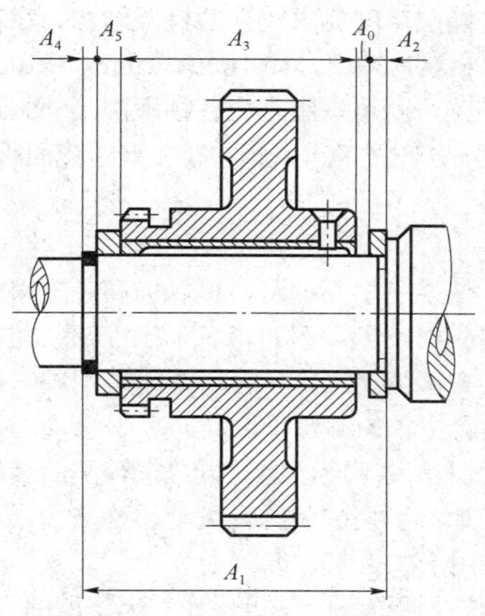

图 7-10　双联齿轮装配简图

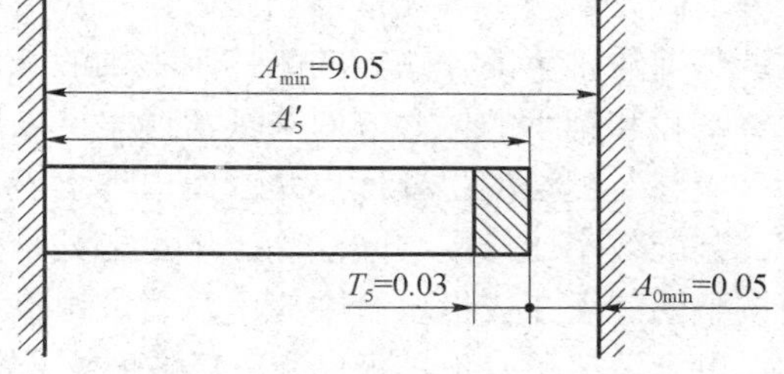

图 7-11　装配尺寸关系图

4）确定调整范围。在未装入调整环 A_5 之前，先实测齿轮左端面到挡圈右端面轴向间隙 A 的大小，然后选一组合适厚度的调整环 A_5 装入该间隙中，要求达到装配精度。所测间隙 A（$A = A_5 + A_0$）的变动范围就是所要求取的调整范围 δ。

$$A_{max} = A_{1max} - A_{2min} - A_{3min} - A_{4min} = (115+0.20)-(8.5-0.1)-(95-0.1)-(2.5-0.12) = 9.52(\text{mm})$$

$$A_{min} = A_{1min} - A_{2max} - A_{3max} - A_{4max} = (115+0.05)-8.5-95-2.5 = 9.05(\text{mm})$$

所以 $\delta = A_{max} - A_{min} = 9.52 - 9.05 = 0.47(\text{mm})$。

5）确定调整环的分组数 i。由于调整环自身有制造误差，故取封闭环公差与调整环制造公差之差作为调整环尺寸分组间隔 $\varDelta$，有

$$i = \frac{\delta}{\varDelta} = \frac{0.47}{0.15-0.03} \approx 3.9$$

调整环的分组数不宜过多，否则组织生产费事，一般取 3～4 为宜，本例中取 $i = 4$。

6）确定调整环 A_5 的尺寸系列。从实测间隙 A 出现最小值 A_{min} 时，在装入一个最小基本尺寸的调整环 A'_5 后，应能保证齿轮轴向具有装配精度要求的最小间隙值（$A_{0min} = 0.05\text{mm}$），如图 7-11 所示。由图知，$A'_5 = A_{min} - A_{0min} = 9.05 - 0.05 = 9(\text{mm})$，由此得 $A'_5 = 9_{-0.03}^{\ 0}$ mm，以此为基础，再依次加上一个尺寸间隙 $\varDelta$，便可求得调整环 A_5 的尺寸系列为 $9_{-0.03}^{\ 0}$ mm、$9.12_{-0.03}^{\ 0}$ mm、$9.24_{-0.03}^{\ 0}$ mm、$9.36_{-0.03}^{\ 0}$ mm。

各调整环的适用范围如表 7-1 所示。

表 7-1　调整环尺寸系列及适用范围

编号	调整环尺寸/mm	适用的间隙 A/mm	调整后的实际间隙/mm
1	9～8.03	9.05～9.17	0.05～0.20
2	9.12～8.03	9.17～9.29	0.05～0.20
3	9.24～8.03	9.29～9.41	0.05～0.20
4	9.36～8.03	9.41～9.52	0.05～0.19

固定调整装配方法适于在大批量生产中装配那些装配精度要求较高的机器结构。在产量大、精度高的装配中，固定调节件可用不同厚度的薄金属片冲出，如 1mm、2mm、0.10mm、0.30mm、0.01mm、0.05mm 等，再加上一定厚度的垫片，就可以组合成各种不同尺寸。这样可以在不影响接触刚度的前提下，使调节更为方便。这种方法在汽车、拖拉机生产中应用很广。

3. 误差抵消调整法

在机器装配中，通过调整被装零件的相对位置，使误差相互抵消，可以提高装配精度，这种装配方法称为误差抵消调整法。它在机床装配中应用较多。例如，在车床主轴装配中通过调整前后轴承的径跳方向来控制主轴的径向跳动；在滚齿机工作台分度蜗轮装配中，通过调整蜗轮和轴承的偏心方向来抵消误差，以提高工作台主轴的回转精度。

调整装配法的主要优点是：组成环均能以加工经济精度制造，但却可获得较高的装配精度；装配效率比修配装配法高。不足之处是要另外增加一套调整装置。可动调整法和误差抵消调整法适于在成批生产中应用，固定调整法则主要用于大批量生产。

以上论述了互换装配法、选择装配法、修配装配法及调整装配法等保证装配精度的方法。一个机器（或部件）到底采用什么装配方法来保证装配精度取决于产品的装配精度要求、机器（或部件）的结构特点、尺寸链的环数、生产批量及现场生产条件等因素，应进行综合考虑，确定一种最佳的装配方法，以保证产品优质、高效和低成本的要求。故一般选择原则为：首先应优先选择互换装配法，因为该法的装配工作简单、可靠、经济、生产率高且零、部件具有互换性，能满足机器（或部件）成批或大量生产的要求，并且对零件的加工也无过高的要求；当装配精度要求较高时，采用互换装配法装配，将会使零件的加工比较困难或很不经济时，就应该采用其他装配方法。例如，大批量生产时可采用分组装配法或调整法；单件成批生产时可采用修配装配法；若装配精度要求很高，不宜选择其他装配方法，也可采用修配装配法。

7.4 装配工艺规程的制订

在机器的制造工艺过程中，与装配有关的工艺过程称为装配工艺过程。将装配工艺过程以工艺文件的形式固定下来就是装配工艺规程。装配工艺规程是制订装配生产计划、进行技术准备、指导装配生产的主要技术文件，也是新建或扩建装配车间的主要依据。装配工艺规程的好坏对保证装配质量、提高装配生产效率、降低装配生产成本等都有重要的影响。

7.4.1 制订装配工艺规程的主要内容

1）划分装配单元，确定装配方法。

2）拟订装配顺序，划分装配工序。

3）计算装配时间定额。

4）确定各工序装配技术要求，制订质量检查方法及工具。

5）确定装配时零部件的输送方法及所需要的设备和工具。

6）选择和设计装配过程中所需的工具、夹具和专用设备。

7.4.2　制订装配工艺规程的基本原则

在制订装配工艺规程时，应遵循以下原则：

1）保证产品装配质量，并力求提高质量，以延长产品的使用寿命。

2）合理安排装配顺序和工序，尽量减少钳工修配的工作量，缩短装配周期，提高装配效率。

3）尽可能减少装配占地面积。

7.4.3　制订装配工艺规程时所需的原始资料

1）产品的总装配图和各部件装配图，为了在装配时对某些零件进行修配加工和核算装配尺寸链，有时还需要某些零件图。

2）产品验收的技术条件，检验的内容和方法。

3）产品的生产纲领。

4）现有的生产条件。

7.4.4　制订装配工艺规程的步骤

根据上述原则和原始资料，可以按下列步骤制订装配工艺规程。

1. 研究产品的装配图和验收技术条件

1）审查图纸的完整性和正确性，对其中的问题、缺点或错误提出解决的建议，与设计人员协商后予以修改。

2）对产品的装配结构工艺性进行分析，明确各零、部件之间的装配关系。

3）审核产品装配的技术要求和检查验收的方法，确切掌握装配中的技术关键问题，并制订相应的技术措施。

4）研究设计人员所确定的保证产品装配精度的方法，进行必要的装配尺寸链的初步分析和计算。

2. 确定装配的组织形式

根据产品的生产纲领和产品的结构特点，并结合现场的生产设备和条件，确定装配的生产类型和组织形式。各种生产类型装配工作的特点和组织形式见表 7-2。

表 7-2　各种生产类型装配工作的特点和组织形式

生产类型	大批量生产	成批生产	单件小批生产
装配工作特点	产品固定，生产活动长期重复，生产周期一般较短	产品在系列化范围内变动，分批交替投产或多品种同时投产，生产活动在一定时期内重复	产品经常变换，不定期重复生产，生产周期一般较长
组织形式	多采用流水装配，有连续移动、间歇移动及可变节奏移动等方式，还可采用自动装配机或自动装配线	笨重、批量不大的产品多采用固定流水装配，批量较大时采用流水装配，多品种平行投产时采用变节奏流水装配	多采用固定装配或固定式流水装配进行总装，同时对批量较大的部件也可采用流水装配

续表

生产类型	大批量生产	成批生产	单件小批生产
装配方法	按互换法装配，允许有少量简单调整，精密偶件成对供应或分组供应装配，无任何修配工作	主要采用互换法，但灵活运用其他保证装配精度的装配工艺方法，如调整法、修配法及合并法，以节约加工费用	以修配法和调整法为主，互换件比例较少
工艺过程	工艺过程划分很细，力求达到高度的均衡性	工艺过程划分应适合批量的大小，尽量使生产均衡	一般不详细制订工艺文件，工序可适当调度，工艺也可灵活掌握
工艺装备	专业化程度高，宜采用高效工艺装备，易于实现机械化自动化	通用设备较多，但也采用一定数量的专用工、夹、量具，以保证装配质量和提高功效	一般为通用设备及通用工、夹、量具
手工操作要求	手工操作比重小，熟练程度容易提高，便于培养新工人	手工操作比重小，技术水平要求较高	一般为通用设备及通用工、夹、量具
应用实例	汽车、拖拉机、内燃机、滚动轴承、手表、缝纫机	机床、机车车辆、中小型锅炉、矿山采掘机械	重型机床、大型内燃机、大型锅炉、汽轮机

装配组织形式主要分为固定式和移动式两种。固定式装配全部装配工作都在固定工作地进行。根据生产规模，固定式装配又可分为集中式固定装配和分散式固定装配。按集中式固定装配形式装配，整台产品的所有装配工作都由一个工人或一组工人在一个工作地集中完成。它的工艺特点是装配周期长，对工人技术水平要求高，工作地面积大。按分散式固定装配形式装配，整台产品的装配分为部装和总装，各部件的部装和产品总装分别由几个或几组工人同时在不同工作地分散完成。它的工艺特点是产品的装配周期短，装配工作专业化程度较高。固定式装配多用于单件小批生产或质量大、体积大的批量生产中。

移动式装配即被装配产品（或部件）不断地从一个工作地移动到另一个工作地，每个工作地分别完成一部分装配工作，各装配地点工作的总和就完成了产品的全部装配工作。根据零、部件移动的方式不同又可分为连续移动、间歇移动和变节奏移动三种方式。这种装配组织形式常用于产品的大批量生产中，以组成流水作业线和自动作业线。

装配组织形式的选择主要取决于产品结构特点（包括尺寸、质量和装配精度）和生产类型。

3. 划分装配单元、确定装配顺序

将产品划分为不同的装配单元是制订装配工艺规程中最重要的一个步骤，一个产品的装配单元可以划分为零件、合件、组件、部件和产品五个级别。其中，合件是由两个或两个以上零件结合成的不可拆卸的整体件；组件是若干零件和合件的组合体；部件是由若干零件、合件和组件结合成的、能完成某种功能的组合体，如普通车床的床头箱、进给箱等。在确定除零件外其他几个级别的装配单元的装配顺序时，首先需要选择某一个零件（或合件、部件）作为装配基准件，其余零件、合件、组件或部件按一定顺序装配到基准件上，成为下一级的装配单元。装配基准件一般选择产品的基体或主干零部件，因为它有较大的体积和质量及足够的支承面，有利于装配和检验的进行。

确定了装配基准件后，就可以安排装配顺序。安排装配顺序的一般原则是先下后上、先内后外、先难后易、先精密后一般、先重大后轻小，预处理工序在前。最后将装配顺序用装配系统图的形式表示出来。装配系统图的格式如图 7-12 所示。图 7-13 所示为车床床身装配

简图，它是车床总装的基准部件。一般采用固定式装配形式，其装配系统图如图 7-14 所示。

装配顺序确定后就可将装配工艺过程划分为若干个工序，确定每个工序的工序内容、使用的设备和工具及工时定额等，并规定每个工序的技术要求和检验指标。对于流水装配线，应尽量使每个工序所需时间大致相同。

工序内容确定以后，就可以制订装配工艺卡片。单件小批生产时，通常可用装配系统图代替装配工艺卡片。成批生产时，通常制订部件及总装的装配工艺卡片。而大批量生产时，则每个工序都应制订装配工艺卡片。

制订装配工艺规程的最后步骤是按产品图样要求和验收技术条件制订检验与实验规范。产品装配完毕后，按此规范对产品进行检验。

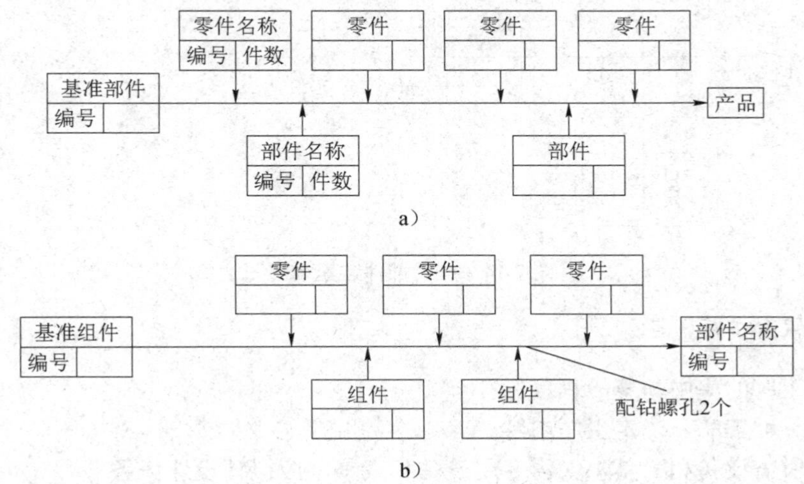

图 7-12　装配系统图

a）产品装配系统图；b）部件装配系统图

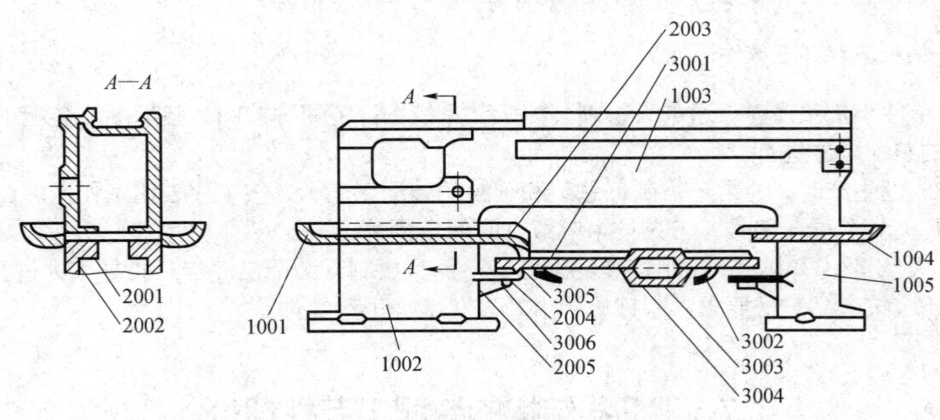

图 7-13　普通车床床身装配简图

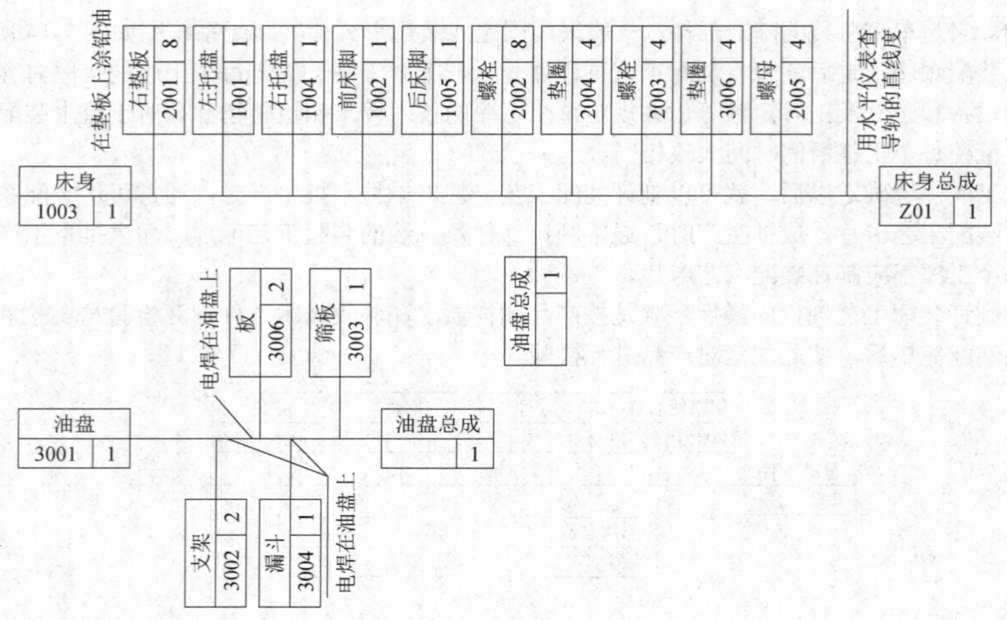

图 7-14　床身部件装配系统图

4. 划分装配工序

1）确定工序的集中与分散程度。

2）划分装配工序，确定工序内容。

3）确定所需设备和工具，如需专用设备和夹具，应拟订设计任务书。

4）制订各工序操作规范，如压入力、温度、转矩等。

5）确定各工序装配质量要求及检测方法。

6）确定工序时间定额，平衡各工序节拍。

5. 编制装配工艺文件

1）单件小批生产时，通常只绘制装配工艺系统图，装配时按产品装配图及装配工艺系统图规定的装配顺序进行。

2）成批生产时，通常还需制订总装和部装的装配工艺卡，按工序表明工作内容、设备名称、工具夹具名称及编号、工人技术等级、时间定额等。

3）大批量生产中，不仅制订装配工艺卡，而且要制订装配工序卡，指导工人进行装配。此外，还应按产品装配要求，制订检验卡及试验卡等工艺文件。

7.5　机器结构的装配工艺性评价

7.5.1　机器结构应能划分成几个独立的装配单元

机器结构如能被划分成几个独立的装配单元生产好处很多，主要是便于组织平行装配作业，缩短装配周期；便于组织厂际协作生产，便于组织专业化生产；有利于机器的维护修理运输。机器局部结构改进不影响产品装配进度，有利于产品改进和更新换代。图 7-15 给出了两种传动轴结构，图 7-15a）所示齿顶圆直径大于箱体轴承孔孔径，轴上零件须依次逐一装到箱体中去；图 7-15b）所示结构齿顶圆直径小于箱体轴承孔孔径，轴上零件可以在箱体外先组装成一个组件，然后再将其装入箱体中，这就简化了装配过程，缩短了装配周期。

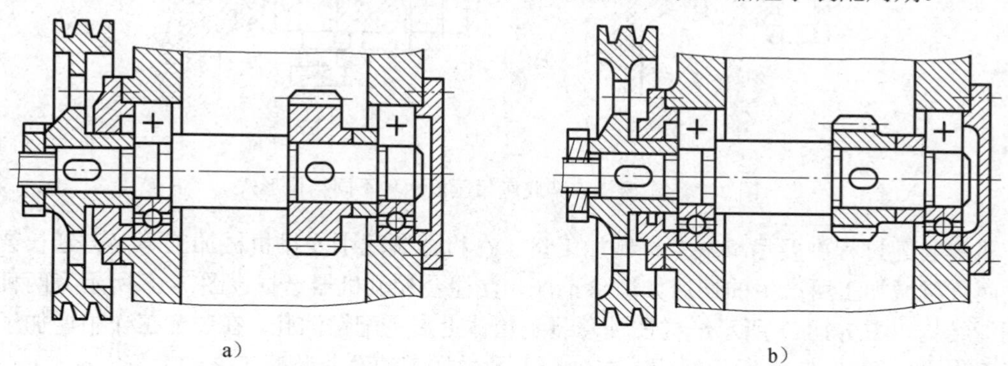

图 7-15　两种传动轴结构

7.5.2　尽量减少装配过程中的修配劳动量和机械加工劳动量

图 7-16a）所示结构，车床主轴箱以山形导轨作为装配基准，装在床身基准面的修刮劳动量大。图 7-16b）所示结构，车床主轴箱以平导轨作装配基准，装配时基准面的修刮劳动量显著减少，是一种装配工艺性较好的结构。

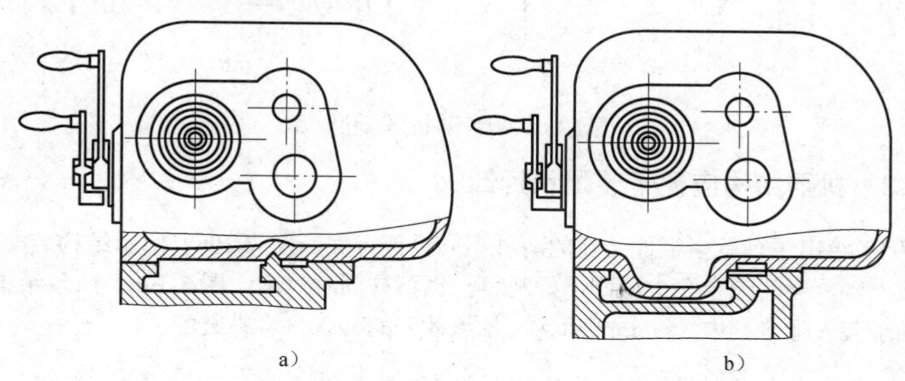

图 7-16　车床主轴箱与床身的两种不同装配结构

在机器设计中，采用调整法装配代替修配法装配可以减少修配工作量。图 7-17 给出了两种车床横刀架底座后压板结构，图 7-17a）所示结构用修刮压板装配面的方法使横刀架底座后压板和床身下导轨间具有规定的装配间隙，图 7-17b）所示结构采用可调整结构使后压板与床身下导轨间具有规定的装配间隙，图 7-17b）所示结构比图 7-17a）所示结构的装配工艺性好。

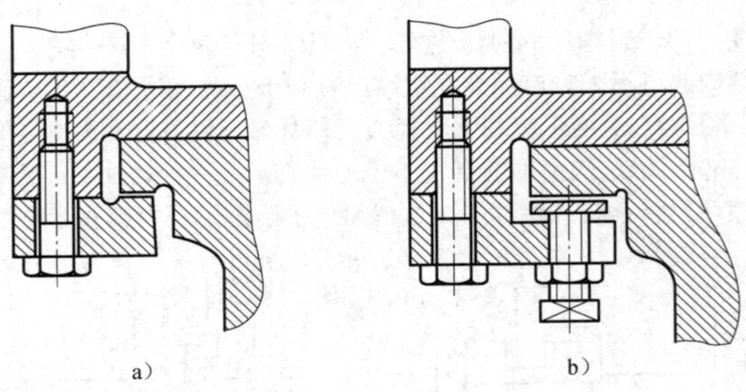

图 7-17　车床横刀架底座后压板两种不同结构形式

机器装配过程中要尽量减少机械加工量。在机器装配中安排机械加工不仅会延长装配周期，而且机械加工所产生的切屑如清除不净，往往会加剧机器磨损。图 7-18 所示为两种轴颈的润滑结构，图 7-18a）所示结构在轴套装到箱体上后需配钻油孔，在装配工作中增加了机械加工工作量；图 7-18b）所示结构改在轴套上预先加工油孔，装配工艺性就好。

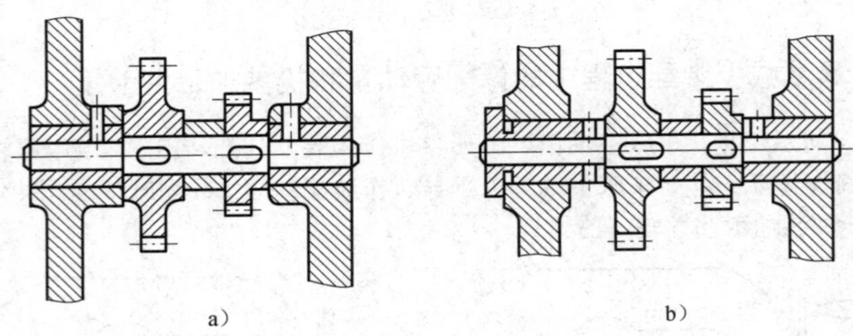

图 7-18　两种不同的轴润滑形式

7.5.3　机器结构应便于装配和拆卸

图 7-19 给出了轴承座组件装配的两种不同设计方案。图 7-19a）所示结构装配时，两轴承同时装入轴承座的配合孔中，既不好观察，也不易同时对准；图 7-19b）所示结构装配时，先让后轴承装入配合孔中 3～5mm 后，前轴承才开始装入，容易装配。

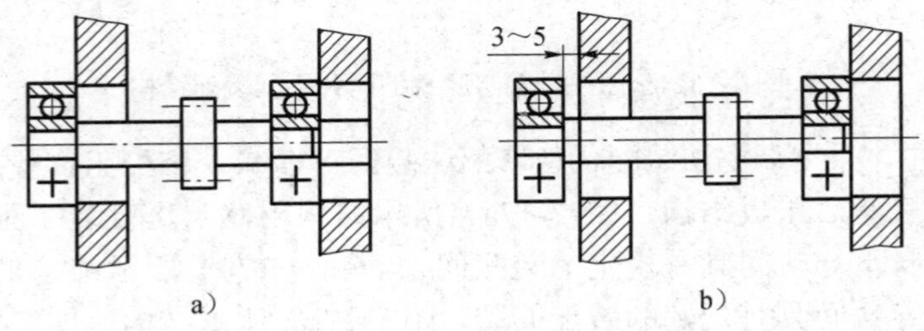

图 7-19　轴承座装配两种形式

图 7-20 为轴承装配的两种结构方案。图 7-20a）所示结构为轴承座台肩内径等于或小于

轴承外圈内径，而轴承内圈直径又等于或小于轴肩直径，轴承内外圈均无法拆卸，装配工艺性差；图 7-20b）所示结构轴承座台肩内径大于轴承外瓦的内径，轴肩直径小于轴承内瓦外径，装配工艺性好。

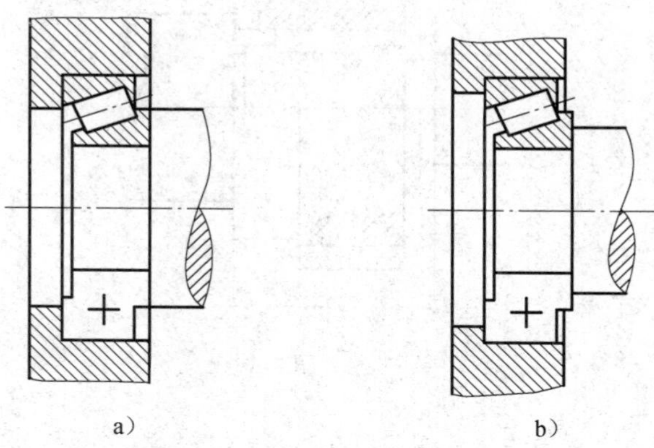

图 7-20　轴承座台肩和轴肩结构

习　题

7-1　何为完全互换装配法？什么是大数互换装配法？各适用于什么场合？试分析其异同。

7-2　图 7-21 所示为减速器某轴结构简图，已知 $A_1 = 40\text{mm}$，$A_2 = 36\text{mm}$，$A_3 = 4\text{mm}$。要求装配后齿轮端部间隙 A_0 保持在 0.10～0.25mm 范围内，如采用完全互换法装配，试确定 A_1、A_2、A_3 的极限偏差。

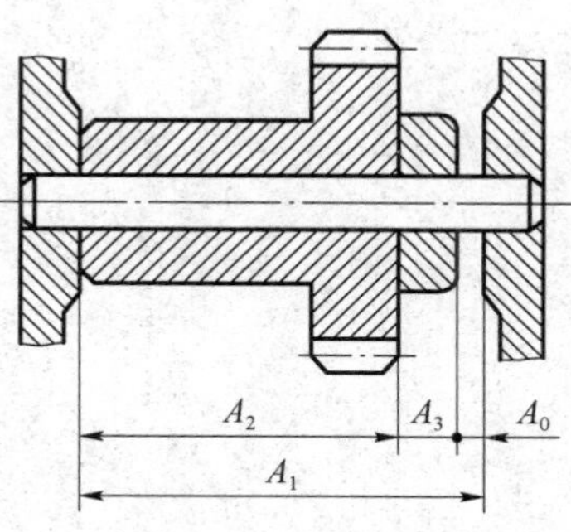

图 7-21　题 7-2 图

7-3　如图 7-22 所示的轴类零件，为保证弹性挡圈顺利装入，要求保证轴向间隙 $A_0 = 0^{+0.41}_{+0.05}\text{mm}$。已知各组成环的公称尺寸 $A_1 = 32.5\text{mm}$，$A_2 = 35\text{mm}$，$A_3 = 2.5\text{mm}$。试用极值法和统计法分别确定各组成环的极限偏差。

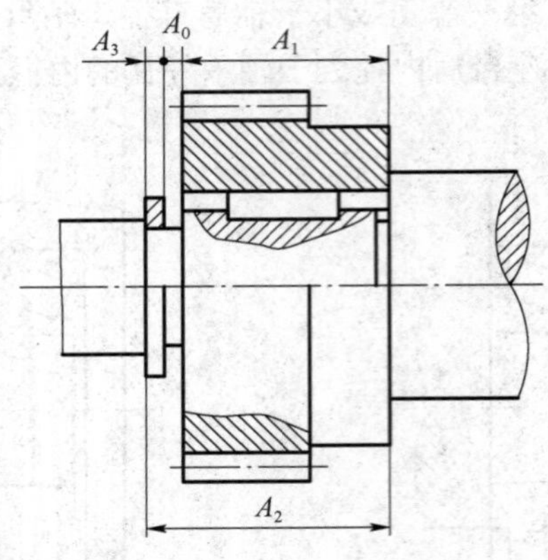

图 7-22　题 7-3 图

附　录

附表 1　标准公差数值

公称尺寸/mm		标准公差等级																			
		IT01	IT0	IT1	IT2	IT3	IT4	IT5	IT6	IT7	IT8	IT9	IT10	IT11	IT12	IT13	IT14	IT15	IT16	IT17	IT18
大于	至	μm													mm						
	3	0.3	0.5	0.8	1.2	2	3	4	6	10	14	25	40	60	0.10	0.14	0.25	0.40	0.60	1.0	1.4
3	6	0.4	0.6	1	1.5	2.5	4	5	8	12	18	30	48	75	0.12	0.18	0.30	0.48	0.75	1.2	1.8
6	10	0.4	0.6	1	1.5	2.5	4	6	9	15	22	36	58	90	0.15	0.22	0.36	0.58	0.90	1.5	2.2
10	18	0.5	0.8	1.2	2	3	5	8	11	18	27	43	70	110	0.18	0.27	0.43	0.70	1.10	1.8	2.7
18	30	0.6	1	1.5	2.5	4	6	9	13	21	33	52	84	130	0.21	0.33	0.52	0.84	1.30	2.1	3.3
30	50	0.6	1	1.5	2.5	4	7	11	16	25	39	62	100	160	0.25	0.39	0.62	1.00	1.60	2.5	3.9
50	80	0.8	1.2	2	3	5	8	13	19	30	46	74	120	190	0.30	0.46	0.74	1.20	1.90	3.0	4.6
80	120	1	1.5	2.5	4	6	10	15	22	35	54	87	140	220	0.35	0.54	0.87	1.40	2.20	3.5	5.4
120	180	1.2	2	3.5	5	8	12	18	25	40	63	100	160	250	0.40	0.63	1.00	1.60	2.50	4.0	6.3
180	250	2	3	4.5	7	10	14	20	29	46	72	115	185	290	0.46	0.72	1.15	1.85	2.90	4.6	7.2
250	315	2.5	4	6	8	12	16	23	32	52	81	130	210	320	0.52	0.81	1.30	2.10	3.20	5.2	8.1
315	400	3	5	7	9	13	18	25	36	57	89	140	230	360	0.57	0.89	1.40	2.30	3.60	5.7	8.9
400	500	4	6	8	10	15	20	27	40	63	97	155	250	400	0.63	0.97	1.55	2.50	4.00	6.3	9.7
500	630	4.5	6	9	11	16	22	30	44	70	110	175	280	440	0.70	1.10	1.75	2.8	4.4	7.0	11.0
630	800	5	7	10	13	18	25	35	50	80	125	200	320	500	0.80	1.25	2.00	3.2	5.0	8.0	12.5
800	1 000	5.5	8	11	15	21	29	40	56	90	140	230	360	560	0.90	1.40	2.30	3.6	5.6	9.0	14.0
1 000	1 250	6.5	9	13	18	24	34	46	66	105	165	260	420	660	1.05	1.65	2.60	4.2	6.6	10.5	16.5
1 250	1 600	8	11	15	21	29	40	54	78	125	195	310	500	780	1.25	1.95	3.10	5.0	7.8	12.5	19.5
1 600	2 000	9	13	18	25	35	48	65	92	150	230	370	600	920	1.50	2.30	3.70	6.0	9.2	15.0	23.0
2 000	2 500	11	15	22	30	41	57	77	110	175	280	440	700	1100	1.75	2.80	4.40	7.0	11.0	17.5	28.0
2 500	3 150	13	18	26	36	50	69	93	135	210	330	540	860	1350	2.10	3.30	5.40	8.6	13.5	21.0	33.0

注：公称尺寸小于 1 mm 时，无 IT14～IT18。

附表 2　机加工工作各种生产类型的生产纲领及工艺特点

纲领及特点＼生产类型		单件生产	成批生产			大量生产
			小批	中批	大批	
产品类型	重型机械	<5	5～100	100～300	300～1 000	>1 000
	中型机械	<20	20～200	200～500	500～5 000	>5 000
	轻型机械	<100	100～500	500～5 000	5 000～50 000	>50 000
工艺特点	毛坯的制造方法及加工余量	自由锻造，木模手工造型；毛坯精度低，余量大		部分采用模锻，金属造型；毛坯精度及余量中等	广泛采用模锻、机器造型等高效方法；毛坯精度高、余量小	
	机床设备及机床布置	通用机床按机群式排列；部分采用数控机床及柔性制造单元		通用机床和部分专用机床及高效自动机床；机床按零件类别分工段排列	广泛采用自动机床、专用机床；采用自动线或专用机床流水线排列	

续表

纲领及特点 \ 生产类型		单件生产	成批生产			大量生产
			小批	中批	大批	
工艺特点	夹具及尺寸保证	通用夹具，标准附件或组合夹具；画线试切保证尺寸		通用夹具、专用或成组夹具；定程法保证尺寸		高效专用夹具；定程及自动测量控制尺寸
	刀具、量具	通用刀具，标准量具		专用或标准刀具、量具		专用刀具、量具，自动测量
	零件的互换性	配对制造，互换性低，多采用钳工修配		多数互换，部分适配或修配		全部互换，高精度偶见采用分组装配、配磨
	工艺文件的要求	编制简单的工艺过程卡片		编制详细的工艺过程卡片及关键工序的工序卡片		编制详细的工艺过程、工序卡片及调整卡片
	生产率	用传统加工方法，生产率低，用数控机床可提高生产率		中等		高
	成本	较高		中等		低
	对工人的技术要求	需要技术熟练的工人		需要一定熟练程度的技术工人		对操作工人的技术要求较低，对调整工人的技术要求较高
	发展趋势	采用成组工艺、数控机床、加工中心及柔性制造单元		采用成组工艺，用柔性制造系统或柔性自动生产线		用计算机控制的自动化制造系统、车间或无人工厂，实现自适应控制

附表 3　常用毛坯类型

毛坯类型	材料	特点	毛坯制造方法	说明
热轧件	普通碳钢、合金钢、优质钢及特殊种类和特殊质量钢	钢坯在热轧过程中直接成型为材料（型材），供各领域各行业选用	钢坯由轧机模轧成标准型材，如圆钢、扁钢、工字钢、槽钢、角钢、钢管、钢轨等	热轧件一般是在生产线上大量生产 另外，相对热轧件，也有冷轧件，同样由轧机冷轧成各种型材
铸件	铸铁、铸钢及铜、铝等有色金属	适用于形状复杂的零件；刮板造型和离心造型多半为旋转体	手工造型、机械造型、刮板造型、砂型铸造及精密铸造	铸铁材料的零件只能采用铸造的方法制造毛坯 手工造型、精密造型多用于单件小批，其他造型用于批量生产
锻件	碳钢、合金钢和合金	适用于形状较简单的零件，形状复杂零件受模具能否制造的限制	锤锻、自由锻、模锻、挤压等	自由锻多用于单件、小批生产，其他锻造常用于大批量生产
冲压件	钢、铜、铝、铝合金和其他塑性材料粉末金属、石墨	适用于简单零件，复杂零件受模具及能否制造的限制	冷冲压、板材冲压、压制成型等	冲压件多用于批量生产
焊接件	碳钢、低合金钢、不锈钢、耐热钢、铜、铝及其合金，以及铸钢、铸铁	较低的结构质量、结构设计灵活；不同部位可采用不同材料，具有加工余量少，生产周期短等特点，应用广泛	剪切、冲裁、火焰切割、等离子切割。手工焊、二氧化碳气体保护焊、氩弧焊、自动埋弧焊、电渣焊等	高碳钢和合金钢焊接性不好，在工艺上有要求。焊接易变形，应力集中，容易产生缺陷

附表 4　自由锻件机械加工余量计算公式　　（单位：mm）

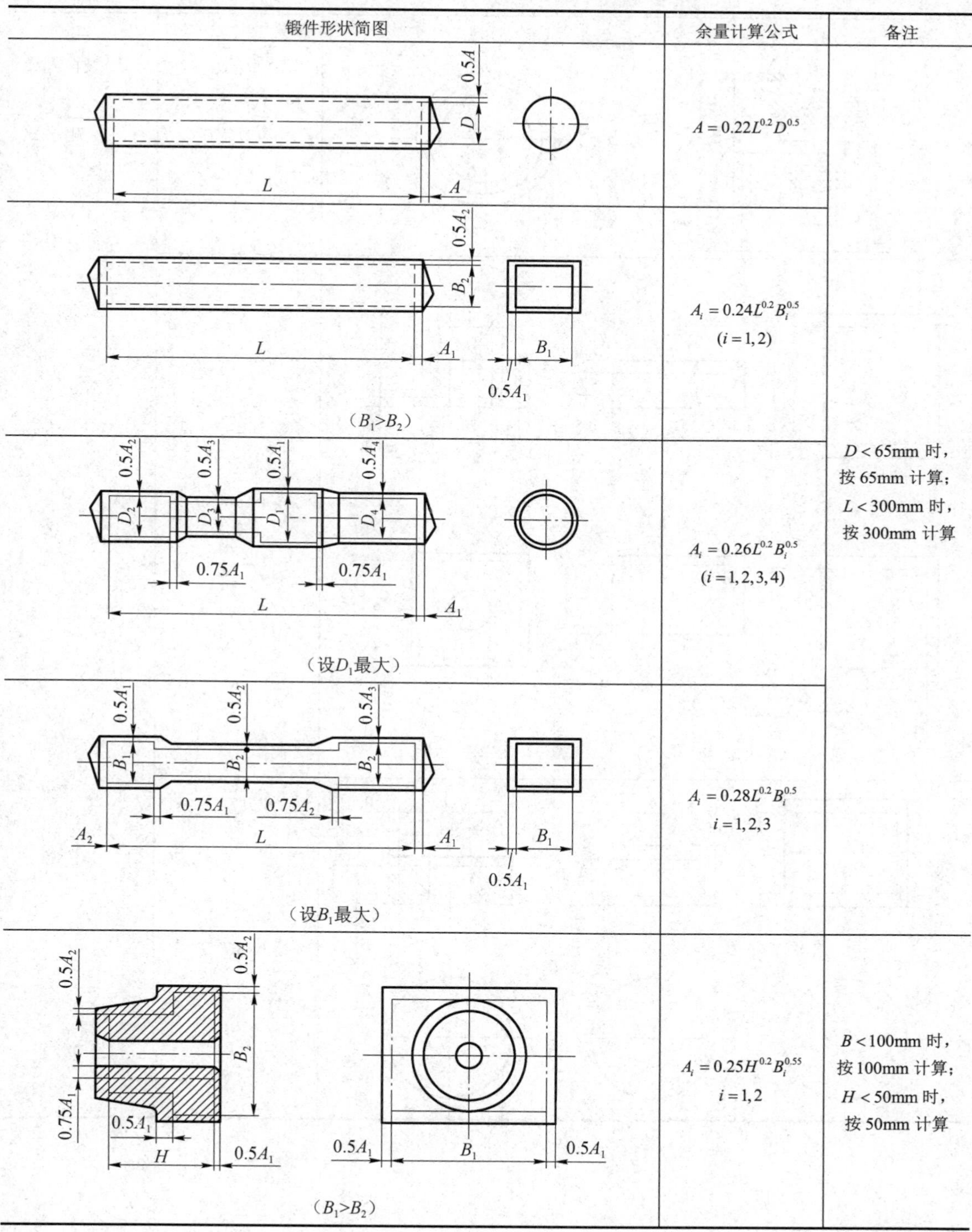

锻件形状简图	余量计算公式	备注
	$A=0.22L^{0.2}D^{0.5}$	$D<65$mm 时，按 65mm 计算；$L<300$mm 时，按 300mm 计算
（$B_1>B_2$）	$A_i=0.24L^{0.2}B_i^{0.5}$ $(i=1,2)$	
（设D_1最大）	$A_i=0.26L^{0.2}B_i^{0.5}$ $(i=1,2,3,4)$	
（设B_1最大）	$A_i=0.28L^{0.2}B_i^{0.5}$ $i=1,2,3$	
（$B_1>B_2$）	$A_i=0.25H^{0.2}B_i^{0.55}$ $i=1,2$	$B<100$mm 时，按 100mm 计算；$H<50$mm 时，按 50mm 计算

续表

锻件形状简图	余量计算公式	备注
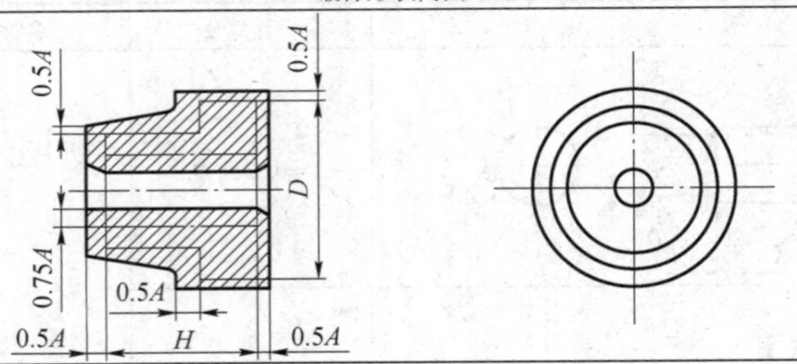 0.5A, 0.5A, D, 0.75A, 0.5A, 0.5A, H, 0.5A	$A=0.2H^{0.2}D^{0.55}$	
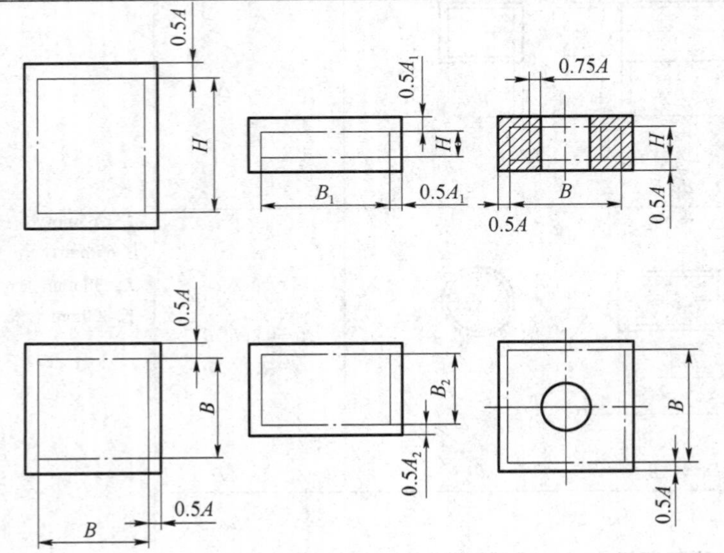 0.5A, H, $0.5A_1$, H, 0.75A, H, B_1, $0.5A_1$, B, 0.5A, 0.5A; 0.5A, B, B_2, B, $0.5A_2$, 0.5A, B, 0.5A; (B_1>B_2)	$A_i=0.18H^{0.2}B_i^{0.55}$ $(i=1,2)$	
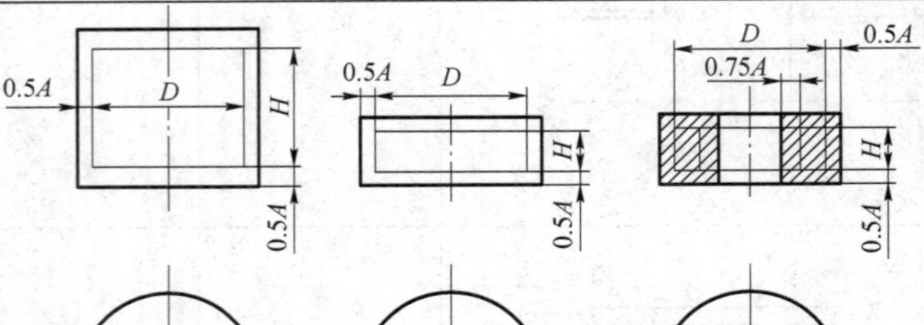 0.5A, D, H, 0.5A, 0.5A, D, H, 0.5A, D, 0.5A, 0.75A, H, 0.5A	$A=0.18H^{0.2}D^{0.55}$	

附表 5　模锻件单面加工余量

（单位：mm）

最大边长 \ 模锻件材料		钢和钛	铝、镁和铜
大于	至	单面加工余量	
0	50	1.5	1.0
50	80	1.5	1.5
80	120	2.0	1.5
120	180	2.0	2.0
180	250	2.5	2.0
250	315	2.5	2.5
315	400	3.0	2.5
400	500	3.0	3.0
500	630	3.0	3.0
630	800	3.5	3.5

附表 6　常见中心孔形式与应用范围

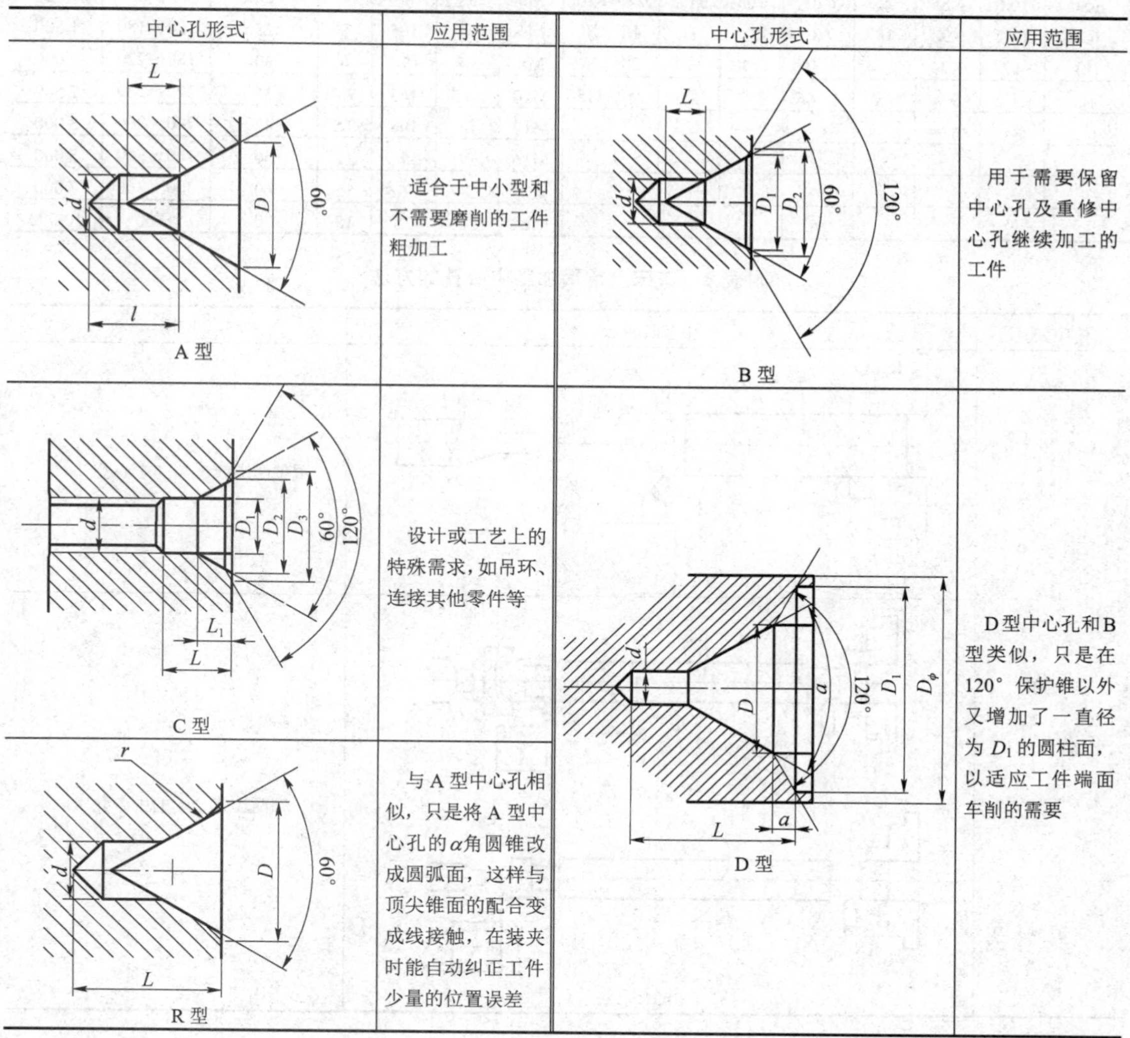

中心孔形式	应用范围	中心孔形式	应用范围
A 型	适合于中小型和不需要磨削的工件粗加工	B 型	用于需要保留中心孔及重修中心孔继续加工的工件
C 型	设计或工艺上的特殊需求，如吊环、连接其他零件等	D 型	D 型中心孔和 B 型类似，只是在 120° 保护锥以外又增加了一直径为 D_1 的圆柱面，以适应工件端面车削的需要
R 型	与 A 型中心孔相似，只是将 A 型中心孔的 α 角圆锥改成圆弧面，这样与顶尖锥面的配合变成线接触，在装夹时能自动纠正工件少量的位置误差		

附表 7　中心孔的尺寸及其选用

d	A 型		B 型		R 型			C 型				选择中心孔的参考数据		
	D	L	D	L	D	L_{min}	r	d	D_1	D_2	L	原料端部最小直径 D_0	轴状原料最大直径 D_0	工件的最大质量 m/kg
(0.5)	1.06	0.48												
(0.63)	1.32	0.6												
(0.8)	1.7	0.78												
1	2.12	0.97	3.15	1.27	2.12	2.3	2.5～3.15					4	4～7	
(1.25)	2.65	1.21	4	1.6	2.65	2.8	315～4					5	7～8	10
1.6	3.35	1.52	5	1.99	3.35	3.5	4～5					7	8～10	15
2	4.25	1.95	6.3	2.54	4.25	4.4	5～6.3					8	10～18	120
2.5	5.3	2.42	8	3.2	5.3	5.5	63～8					10	18～30	200
3.15	6.7	3.07	10	4.03	6.7	7	8～10	M3	3.2	58	2.6	12	30～50	500
4	8.5	3.9	12.5	5.05	8.5	8.9	10～12.5	M4	43	7.4	3.2	15	50～80	800
(5)	10.6	4.85	16	6.41	106	11.2	125～16	M5	53	88	4	20	80～120	1 000
6.3	13.2	5.98	18	7.36	13.2	14	16～20	M6	6.4	105	5	25	120～180	1 500
(8)	17	7.79	22.4	9.36	17	179	20～25	M8	8.4	13.2	6	30	180～220	2 000
10	21.2	9.7	28	11.66	212	225	25～315	M10	10.5	163	7.5	35	220～240	2 500
								M12	13	198	9.5	42	240～260	3 000
								M16	17	25.3	12	50	260～300	5 000
								M20	21	31.3	15	60	300～360	7 000
								M24	25	38	18	70	>360	10 000

附表 8　车床上常用加工中心孔的方法

使用刀具	加工简图	应用
中心孔	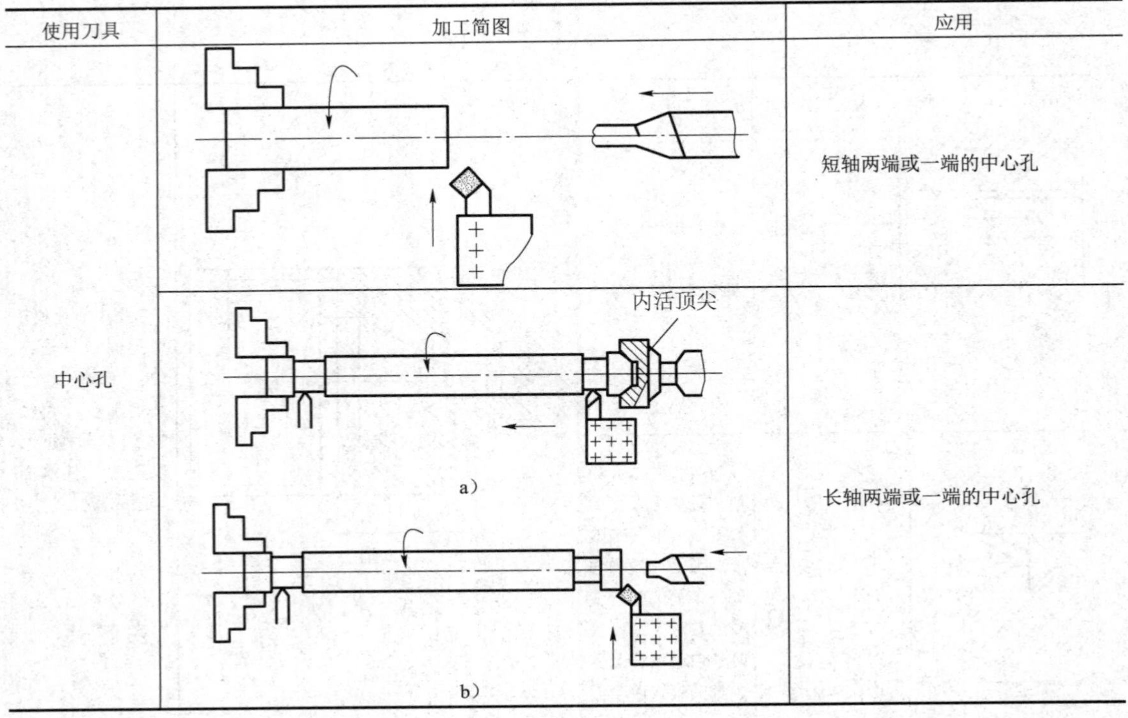	短轴两端或一端的中心孔 长轴两端或一端的中心孔

续表

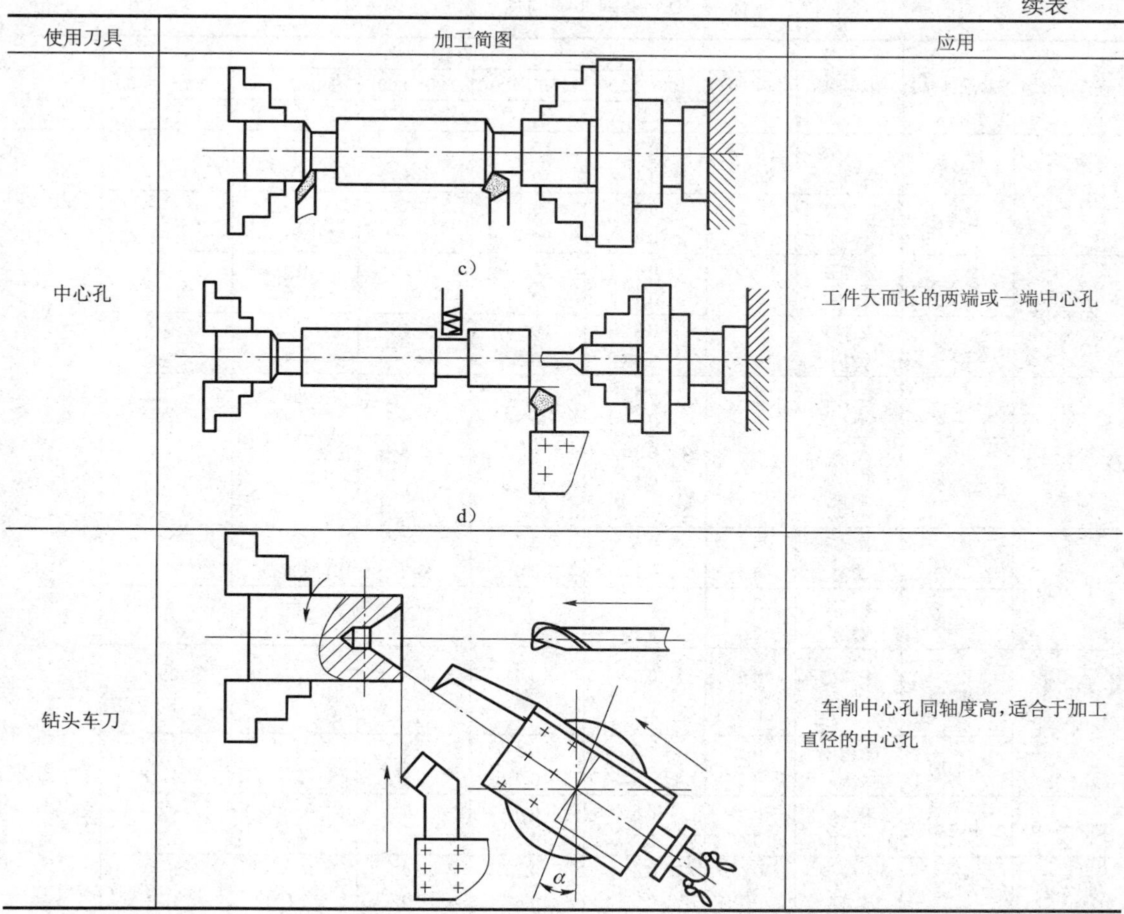

使用刀具	加工简图	应用
中心孔	c） d）	工件大而长的两端或一端中心孔
钻头车刀		车削中心孔同轴度高，适合于加工直径的中心孔

附表 9　外圆表面加工方案

序号	加工方法	公差等级（IT）	表面粗糙度 Ra/μm	适用范围
1	粗车	11 以上	25～6.3	适用于淬火钢以外的各种金属
2	粗车—半精车	8～10	6.3～3.2	
3	粗车—半精车—精车	6～9	1.6～0.8	
4	粗车—半精车—精车—滚压（或抛光）	6～8	0.2～0.025	
5	粗车—半精车—磨削	6～8	0.8～0.4	主要用于淬火钢、未淬火钢
6	粗车—半精车—粗磨—精磨	5～7	0.4～0.1	
7	粗车—半精车—粗磨—精磨—超精加工	5～6	0.1～0.012	
8	粗车—半精车—粗磨—精磨—超精磨或镜面磨	5 级以上	<0.1	
9	粗车—半精车—粗磨—精磨—研磨	5 级以上	<0.05	
10	粗车—半精车—精车—金刚石车	5～6	0.2～0.025	适用于有色金属加工

附表 10　磨削外圆的加工余量及偏差

（单位：mm）

轴的直径 d	磨削性质	轴的性质	轴的长度 L 直径余量 ≤100	100~250	250~500	500~800	800~1 200	1 200~2 000	磨前轴的直径偏差
18~30	中心磨	未淬硬	0.3	0.3	0.3	0.4	0.4	—	h11
		淬硬	0.3	0.4	0.4	0.5	0.6	—	
	无心磨	未淬硬	0.3	0.3	0.3	0.3	—	—	
		淬硬	0.3	0.4	0.4	0.5	—	—	
30~50	中心磨	未淬硬	0.3	0.3	0.4	0.5	0.6	0.6	
		淬硬	0.4	0.4	0.5	0.6	0.7	0.7	
	无心磨	未淬硬	0.3	0.3	0.3	0.4	—	—	
		淬硬	0.4	0.4	0.5	0.5	—	—	
50~80	中心磨	未淬硬	0.3	0.4	0.4	0.5	0.6	0.7	
		淬硬	0.4	0.5	0.5	0.6	0.8	0.9	
	无心磨	未淬硬	0.3	0.3	0.3	0.4	—	—	
		淬硬	0.4	0.5	0.5	0.6	—	—	
80~120	中心磨	未淬硬	0.4	0.4	0.5	0.5	0.6	0.7	
		淬硬	0.5	0.5	0.6	0.6	0.8	0.9	
	无心磨	未淬硬	0.4	0.4	0.4	0.5	—	—	
		淬硬	0.5	0.5	0.6	0.7	—	—	
120~180	中心磨	未淬硬	0.5	0.5	0.6	0.6	0.7	0.8	
		淬硬	0.5	0.6	0.7	0.8	0.9	1.0	
	无心磨	未淬硬	0.5	0.5	0.5	0.5	—	—	
		淬硬	0.5	0.6	0.7	0.8	—	—	
180~260	中心磨	未淬硬	0.5	0.6	0.6	0.7	0.8	0.9	
		淬硬	0.6	0.7	0.7	0.8	0.9	1.1	
260~360	中心磨	未淬硬	0.6	0.6	0.7	0.7	0.8	0.9	
		淬硬	0.7	0.7	0.8	0.9	1.0	1.1	
360~500	中心磨	未淬硬	0.7	0.7	0.8	0.8	0.9	1.0	
		淬硬	0.8	0.8	0.9	0.9	1.0	1.2	

附表 11　粗车及半精车外圆的加工余量及偏差

（单位：mm）

零件公称尺寸	直径余量						直径偏差	
	经或未经热处理零件的粗车		半精车					
			未经热处理		经热处理			
	折算长度						精车 (h14)	粗车 (h12~h13)
	≤200	200~400	≤200	200~400	≤200	200~400		
3~6	—	—	0.5	—	—	—	−0.30	−0.12~−0.18
6~10	1.5	1.7	0.8	1.0	1.0	1.3	−0.36	−0.15~−0.22
10~18	1.5	1.7	1.0	1.3	1.3	1.5	−0.43	−0.18~−0.27
18~30	2.0	2.2	1.3	1.3	1.3	1.5	−0.52	−0.21~−0.33
30~50	2.0	2.2	1.4	1.5	1.5	1.9	−0.62	−0.25~−0.39
50~80	2.3	2.5	1.5	1.8	1.8	2.0	−0.74	−0.30~−0.45
80~120	2.5	2.8	1.5	1.8	1.8	2.0	−0.87	−0.35~−0.54
120~180	2.5	2.8	1.8	2.0	2.0	2.3	−1.00	−0.40~−0.63
180~250	2.8	3.0	2.0	2.3	2.3	2.5	−1.15	−0.46~−0.72
250~315	3.0	3.3	2.0	2.3	2.3	2.5	−1.30	−0.52~−0.81

注：加工带凸台的零件时，其加工余量要根据零件的全长和最大直径来确定。

附表 12　半精车轴端面加工余量及偏差

（单位：mm）

零件长度（全长）	端面最大直径					粗车端面尺寸偏差（IT12～IT13）
	≤30	30～120	120～260	260～500	＞500	
	端面余量					
≤10	0.5	0.6	1.0	1.2	1.4	−0.15～−0.22
10～18	0.5	0.7	1.0	1.2	1.4	−0.18～−0.27
18～30	0.6	1.0	1.2	1.3	1.5	−0.21～−0.33
30～50	0.6	1.0	1.2	1.3	1.5	−0.25～−0.39
50～80	0.7	1.0	1.3	1.5	1.7	−0.30～−0.46
80～120	1.0	1.0	1.3	1.5	1.7	−0.35～−0.54
30～180	1.0	1.3	1.5	1.7	1.8	−0.40～−0.63
180～250	1.0	1.3	1.5	1.7	1.8	−0.46～−0.72
250～315	1.2	1.4	1.5	1.7	1.8	−0.52～−0.97
＞500	1.4	1.5	1.7	1.8	2.0	−0.70～−1.10

注：（1）加工有台阶的轴时，每台阶的加工余量应根据该台阶的直径及零件全长分别选用。

（2）表中余量指单边余量，偏差指长度偏差。

（3）加工余量及偏差适用于经热处理或未经热处理的零件。

附表 13　铸件的机械加工余量

铸件最大轮廓尺寸	浇铸时位置	公称尺寸																
		1 级精度						2 级精度						3 级精度				
		≤50	50～120	120～260	260～500	500～800	800～1 250	≤50	50～120	120～260	260～500	500～800	800～1 250	≤120	120～260	260～500	500～800	800～1 250
≤120	顶面	2.5	2.5					3.5	4.0					4.5				
	底面及侧面	2	2					2.5	3.0					3.5				
120～260	顶面	2.5	3.0	3.0				4.0	4.5	5.0				5.0	5.5			
	底面及侧面	2	2.5	2.5				3.0	3.5	4.0				4.0	4.5			
260～500	顶面	3.5	3.5	4.0	4.5			4.5	5.0	6.0	6.5			6.0	7.0	7.0		
	底面及侧面	2.5	3.0	3.5	3.5			3.5	4.0	4.5	5.0			4.5	5.0	6.0		
500～800	顶面	4.5	4.5	5.0	5.5	5.5		5.0	6.0	6.5	7.0	7.5		7.0	7.0	8.0	9.0	
	底面及侧面	3.5	3.5	4.0	4.5	4.5		4.0	4.5	4.5	5.0	5.5		5.0	5.0	6.0	7.0	
800～1 250	顶面	5.0	5.0	6.0	6.5	7.0	7.0	6.0	7.0	7.0	7.5	8.0	8.5	7.0	8.0	8.0	9.0	10.0
	底面及侧面	3.5	4.0	4.5	4.5	5.0	5.0	4.0	5.0	5.0	5.5	5.5	6.5	5.5	6.0	6.0	7.0	7.5

附表 14　铸件的尺寸偏差

<table>
<tr><th rowspan="3">铸件最大轮廓尺寸</th><th colspan="18">公称尺寸</th></tr>
<tr><th colspan="6">1 级精度</th><th colspan="6">2 级精度</th><th colspan="6">3 级精度</th></tr>
<tr><th>≤50</th><th>50～120</th><th>120～260</th><th>260～500</th><th>500～800</th><th>800～1 250</th><th>≤50</th><th>50～120</th><th>120～260</th><th>260～500</th><th>500～800</th><th>800～1 250</th><th>≤50</th><th>50～120</th><th>120～260</th><th>260～500</th><th>500～800</th><th>800～1 250</th></tr>
<tr><td>≤120</td><td>±0.2</td><td>±0.3</td><td></td><td></td><td></td><td></td><td rowspan="2">±0.5</td><td rowspan="2">±0.8</td><td rowspan="2">±1.0</td><td rowspan="2"></td><td rowspan="3"></td><td rowspan="3"></td><td rowspan="3">±1.0</td><td rowspan="3">±1.5</td><td rowspan="3">±2.0</td><td rowspan="3">±2.5</td><td rowspan="3"></td><td rowspan="3"></td></tr>
<tr><td>120～260</td><td>±0.3</td><td>±0.4</td><td>±0.6</td><td></td><td></td><td></td></tr>
<tr><td>260～500</td><td>±0.4</td><td>±0.6</td><td>±0.8</td><td>±1.0</td><td></td><td></td><td>±0.8</td><td>±1.0</td><td>±1.2</td><td>±1.5</td></tr>
<tr><td>500～1 250</td><td>±0.6</td><td>±0.8</td><td>±1.0</td><td>±1.2</td><td>±1.4</td><td>±1.6</td><td>±1.0</td><td>±1.2</td><td>±1.5</td><td>±2.0</td><td>±2.5</td><td>±3.0</td><td>±1.2</td><td>±1.8</td><td>±2.2</td><td>±3.0</td><td>±4.0</td><td>±5.0</td></tr>
</table>

附表 15　车削加工的加工余量经验参考值

加工性质	表面粗糙度 *Ra* 要求/μm	加工余量/mm	走刀次数	说明
粗车	12.5～6.3	≥3	1 次或多次	当加工余量过大，机床功率不足，刀具强度不够时，可多次走刀
半精车	6.3～3.2	1～2	1 次	有时为了保证工件的加工精度和表面质量，也可采用二次走刀
精车	1.6～0.8	0.1～0.8	1 次	

附表 16　铸件机械加工余量等级的选择（摘自 GB/T 6414—2017）

铸造方法	要求的机械加工余量等级								
	铸件材料								
	铸钢	灰铸铁	球墨铸铁	可锻铸铁	铜合金	锌合金	轻金属合金	镍基合金	钴基合金
砂型铸造手工造型	G～J	F～H	F～H	F～H	F～H	F～H	F～H	G～K	G～K
砂型铸造机器造型和壳型	F～H	E～G	E～G	E～G	E～G	E～G	E～G	F～H	F～H
金属型铸造（重力铸造或低压铸造）	—	D～F	D～F	D～F	D～F	D～F	D～F	—	—
压力铸造	—	—	—	—	B～D	B～D	B～D	—	—
熔模铸造	E	E	E	—	E	—	E	E	E

附表 17　内圆表面加工方案

加工方法	公差等级（IT）	表面粗糙度 *Ra*/μm	适用范围
钻	12 以上	12.5	加工未淬火钢及铸铁的实心毛坯，也可用于加工孔径小于 15mm 的有色金属（但表面稍粗糙）
钻—铰	8～10	3.2～1.6	
钻—粗铰—精铰	7～8	1.6～0.8	
钻—扩	10～11	12.5～6.3	同上，但孔径大于 20mm
钻—扩—铰	8～9	3.2～1.6	
钻—扩—粗铰—精铰	7～8	1.6～0.8	
钻—扩—机铰—手铰	6～7	0.4～0.1	
钻—扩—拉	7～9	1.6～0.1	大批量生产，精度视拉刀的精度而定
粗镗（或扩孔）	11～13	12.5～6.3	毛坯有铸孔或锻孔的未淬火钢及铸件
粗镗（扩）—半精镗（精扩）	9～10	3.2～1.6	
粗镗（扩）—半精镗（精扩）—精镗（铰）	7～8	1.6～0.8	
镗—拉	7～9	1.6～0.1	毛坯有铸孔或锻孔的铸件及锻件（未淬火）
粗镗（扩）—半精镗（粗扩）—精镗—浮动镗刀精镗	6～7	0.8～0.4	
粗镗（扩）—半精镗—磨孔	7～8	0.8～0.2	淬火钢或非淬火钢
粗镗（扩）—半精镗（粗扩）—精镗—精磨	6～7	0.2～0.1	
粗镗—半精镗—精镗—金刚石镗	6～7	0.4～0.05	有色金属加工
钻—（扩）—粗铰—精铰—珩磨	6～7	0.2～0.025	有色金属高精度打孔的加工
钻—（扩）—拉—珩磨			
粗镗—半精镗—精镗—珩磨			
粗镗—半精镗—精镗—研磨	6 级以上	0.1 以下	
钻（粗镗）—扩（半精镗）—精镗—金刚石镗—脉冲	6～7	0.1	有色金属及铸件上的小孔

附表 18　平面加工方案

加工方法	公差等级（IT）	表面粗糙度 Ra/μm	适用范围
粗车—半精车	IT9	6.3～3.2	
粗车—半精车—精车	IT7～IT8	1.6～0.8	端面
粗车—半精车—磨削	IT8～IT9	0.8～0.2	
粗刨（或粗铣）—精刨（或精铣）	IT8～IT9	6.3～0.2	一般不淬硬平面（端铣表面粗糙度较细）
粗刨（或粗铣）—精刨（或精铣）—刮研	IT6～IT7	0.8～0.1	粗糙度要求较高的不淬硬平面；批量较大时宜采用宽刃精刨方案
以宽刃刨削代替上述方案刮研	IT7	0.8～0.2	
粗刨（或粗铣）—精刨（或精铣）—磨削	IT7	0.8～0.2	精度要求高的淬硬平面或不淬硬平面
粗刨（或粗铣）—精刨（或精铣）—粗磨—精磨	IT6～IT7	0.4～0.02	
粗铣—拉	IT7～IT9	0.8～0.2	大量生产，较小的平面（精度视拉刀精度而定）
粗铣—精铣—磨削—研磨	IT6 级以上	0.1～0.05	高精度平面

附表 19　车削加工的切削用量参考值

加工材料		硬度 HBW	背吃刀量 a_p/mm	高速钢刀具		硬质合金刀具					
						未涂层				涂层	
				v_c/(m·min^{-1})	f/(mm·r^{-1})	v_c/(m·min^{-1}) 焊接式	v_c/(m·min^{-1}) 可转位	f/(mm·r^{-1})	材料	v_c/(m·min^{-1})	f/(mm·r^{-1})
易切碳钢	低碳	100～200	1	55～90	0.18～0.2	185～240	220～275	0.18	YT15	320～410	0.18
			4	41～70	0.40	135～185	160～215	0.50	YT14	215～275	0.40
			8	34～55	0.50	110～145	130～170	0.75	YT5	170～220	0.50
	中碳	175～225	1	52	0.20	165	200	0.18	YT15	305	0.18
			4	40	0.40	125	150	0.50	YT14	200	0.40
			8	30	0.50	100	120	0.75	YT5	160	0.50
碳钢	低碳	125～225	1	43～46	0.18	140～150	170～195	0.18	YT15	260～290	0.18
			4	33～34	0.40	115～125	135～150	0.50	YT14	170～190	0.40
			8	27～30	0.50	88～100	105～120	0.75	YT5	135～150	0.50
	中碳	175～225	1	34～40	0.18	115～130	150～160	0.18	YT15	220～240	0.18
			4	23～30	0.40	90～100	115～125	0.50	YT14	145～160	0.40
			8	20～26	0.50	70～78	90～100	0.75	YT5	115～125	0.50
	高碳	175～275	1	30～37	0.18	115～130	140～155	0.18	YT15	215～230	0.18
			4	24～27	0.40	88～95	105～120	0.50	YT14	145～150	0.40
			8	18～21	0.50	69～76	84～95	0.75	YT5	115～120	0.50
合金钢	低碳	100～200	1	41～46	0.18	135～150	170～185	0.18	YT15	220～235	0.18
			4	32～37	0.40	105～120	135～145	0.50	YT14	175～190	0.40
			8	24～27	0.50	84～95	105～115	0.75	YT5	135～145	0.50
	中碳	175～225	1	34～41	0.18	105～115	130～150	0.18	YT15	175～200	0.18
			4	26～32	0.40	85～90	105～120	0.40～0.50	YT14	135～160	0.40
			8	20～24	0.50	67～73	82～95	0.50～0.75	YT5	105～120	0.50
	高碳	175～275	1	30～37	0.18	105～115	135～145	0.18	YT15	175～190	0.18
			4	24～27	0.40	84～90	105～115	0.50	YT14	135～150	0.40
			8	18～21	0.50	66～72	82～90	0.75	YT5	105～120	0.50
高强度钢		225～350	1	20～26	0.18	90～105	115～135	0.18	YT15	150～185	0.18
			4	15～20	0.40	69～84	90～105	0.50	YT14	120～135	0.40
			8	12～15	0.50	53～66	69～84	0.75	YT5	90～105	0.50

附表 20　常见通用机床的主轴转速和进给量

类型	型号	技术参数			
		主轴转速/(r·min^{-1})		进给量/(mm·r^{-1})	
车床	CA6140	正转	10、12.5、16、20、25、32、40、50、63、80、100、125、160、200、250、320、400、450、500、560、710、900、1 120、1 400	纵向（部分）	0.028、0.032、0.036、0.039、0.043、0.046、0.050、0.054、0.08、0.10、0.12、0.14、0.16、0.18、0.20、0.24、0.28、0.30、0.33、0.36、0.41、0.46、0.48、0.51、0.56、0.61、0.66、0.71、0.81、0.91、0.96、1.02、1.09、1.15、1.22、1.29、1.47、1.59、1.71、1.87、2.05、2.28、2.57、2.93、3.16、3.42 …
		反转	14、22、36、56、90、141、226、362、565、633、1 018、1 580	横向（部分）	0.014、0.016、0.018、0.019、0.021、0.023、0.025、0.027、0.04、0.05、0.06、0.08、0.09、0.10、0.12、0.14、0.15、0.17、0.20、0.23、0.25、0.28、0.30、0.33、0.35、0.40、0.43、0.45、0.50、0.56、0.61、0.73、0.86、0.94、1.08、1.38、1.46、1.58 …
	CM6125	正转	25、63、125、160、320、400、500、630、800、1 000、1 250、2 000、2 500、3 150	纵向	0.02、0.04、0.08、0.10、0.20、0.40
				横向	0.01、0.02、0.04、0.05、0.10、0.20
	C365L	正转	44、58、78、100、136、183、238、322、430、550、745、1 000	回转刀架纵向	0.07、0.09、0.13、0.17、0.21、0.28、0.31、0.38、0.41、0.52、0.56、0.76、0.92、1.24、1.68、2.29
		反转	48、64、86、110、149、200、261、352、471、604、816、1 094	横刀架纵向	0.07、0.09、0.13、0.17、0.21、0.28、0.31、0.38、0.41、0.52、0.56、0.76、0.92、1.24、1.68、2.29
				横刀架横向	0.03、0.04、0.056、0.076、0.09、0.12、0.13、0.17、0.18、0.23、0.24、0.33、0.41、0.54、0.73、1.00
铣床	X51（立式）	65、80、100、125、160、210、255、300、380、490、590、725、945、1 225、1 500、1 800		纵向	35、40、50、85、105、125、165、205、250、300、390、510、620、755
				横向	25、30、40、50、65、80、100、130、150、190、230、320、400、480、585、765
				升降	12、15、20、25、33、40、50、65、80、95、115、160、200、290、380
	X63 X62W（卧式）	30、37.5、47.5、60、75、95		纵向及横向	23.5、30、37.5、47.5、60、75、95、118、150、190、235、300、375、475、600、750、950、1180
镗床	T68（卧式）	20、25、32、40、50、64、80、100、125、160、200、250、315、400、500、630、800、1 000		主轴	0.05、0.07、0.10、0.13、0.19、0.27、0.37、0.52、0.74、1.03、1.43、2.05、2.90、4.00、5.70、8.00、11.1、16.0
				主轴箱	0.025、0.035、0.05、0.07、0.09、0.13、0.19、0.26、0.37、0.52、0.72、1.03、1.42、2.00、2.90、4.00、5.60、8.00
	TA4280（坐标）	40、52、65、80、105、130、160、205、250、320、410、500、625、800、1 000、1 250、1 600、2 000		0.042、0.069、0.100、0.153、0.247、0.356	
钻床	Z35（摇臂）	34、42、53、67、85、105、132、170、265、335、420、530、670、850、1 051、1 320、1 700		0.03、0.04、0.05、0.07、0.09、0.12、0.14、0.15、0.19、0.20、0.25、0.26、0.32、0.40、0.56、0.67、0.90、1.2	
	Z525（立钻）	97、140、195、272、392、545、680、960、1 360		0.10、0.13、0.17、0.22、0.28、0.36、0.48、0.62、0.81	
	Z535（立钻）	68、100、140、195、275、400、530、750、1 100		0.11、0.15、0.20、0.25、0.32、0.43、0.57、0.72、0.96、1.22、1.60	
	Z512（台钻）	460、620、850、1 220、1 610、2 280、3 150、4 250		手动	

附表 21 锪钻加工的切削用量表

加工材料	高速钢锪钻		硬质合金锪钻	
	进给量 $f/(mm \cdot r^{-1})$	切削速度 $v/(m \cdot min^{-1})$	进给量 $f/(mm \cdot r^{-1})$	切削速度 $v/(m \cdot min^{-1})$
铝	0.13～0.38	120～245	0.15～0.30	150～245
黄铜	0.13～0.25	45～90	0.15～0.30	120～210
软铸铁	0.13～0.18	37～43	0.15～0.30	90～107
软钢	0.08～0.13	23～26	0.10～0.20	75～90
合金钢及工具钢	0.08～0.13	12 ～24	0.10～0.20	55～66

附表 22 典型加工情况下 $t_{基}$ 的计算

1．车（镗）削

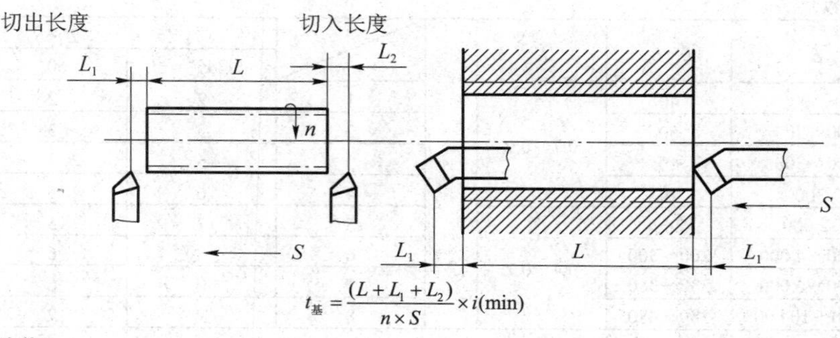

$$t_{基} = \frac{(L + L_1 + L_2)}{n \times S} \times i(\text{min})$$

式中 i——走刀次数；

n——每分钟转速（$r \cdot min^{-1}$）；

S——每转进给量（$min \cdot r^{-1}$）。

（1）普通车（镗）刀。

切深/min \ 主偏角	切入长度 L_1/min					切出长度 L_2/min
	15°	30°	45°	60°	75°	
1	4	2	1	1	1	1
2	8	4	2	2	1	1
3	12	6	3	2	1	2
4	15	7	4	3	2	2
5	19	9	5	3	2	2

（2）端面车刀。

L_1=3～5mm；

L_2=2～3mm

（3）螺纹车刀。

通切螺纹 L_1=(2～3)S mm

不通切螺纹 L_2=(1～2)S mm

（以上两项）L_2=2～3 mm

式中 S——螺距（mm）

续表

2．刨削

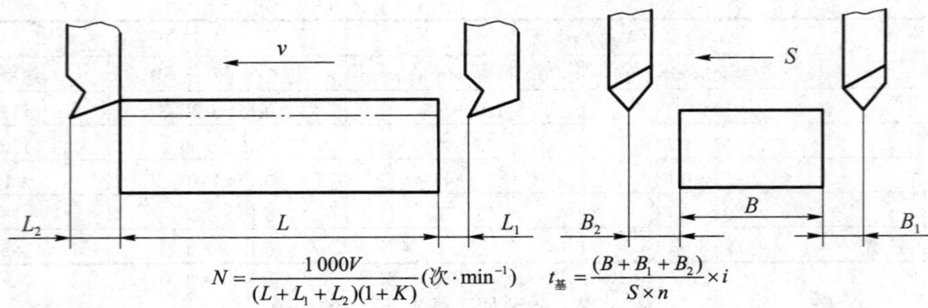

$$N=\frac{1\,000V}{(L+L_1+L_2)(1+K)}(\text{次}\cdot\text{min}^{-1})\qquad t_{基}=\frac{(B+B_1+B_2)}{S\times n}\times i$$

式中　v——切入速度（$m\cdot min^{-1}$）；

n——每分钟往复行程数（$mm\cdot r^{-1}$）；

K——系数

（单位：mm）

机床	L	L_1+L_2	K
牛头刨	≤100	40	0.7～0.9
	100～200	50	
	200～300	60	
	>300	70	
龙门刨	≤2 000	200	0.4～0.7
	2 000～4 000	200～300	
	4 000～6 000	330～380	
	6 000～10 000	380～480	

t \ ϕ	B_1+B_2 45°	60°	75°
1	2	2	2
2	3	3	2
3	5	4	3
4	6	5	4
5	7	5	4
6	8	6	4
7	9	6	6
8	11	7	6

3．钻（扩）削

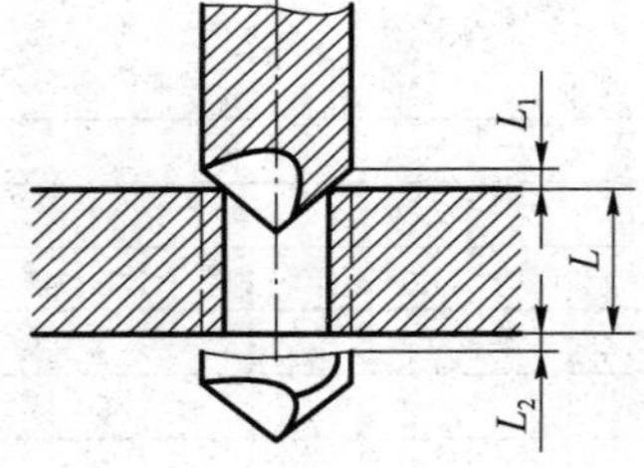

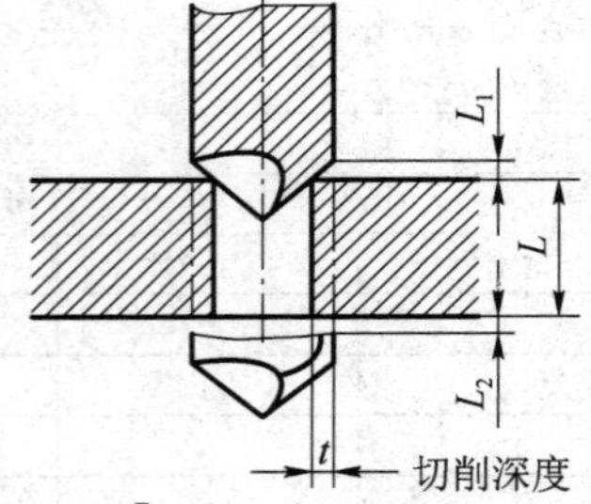

$$t_{基}=\frac{L+L_1+L_2}{n\times S}\left[t=\frac{1}{2}(D-d)\right]$$

式中　S——每转进给量（$mm\cdot r^{-1}$）。

盲孔时：$L_2=0$

（单位：mm）

钻孔直径	L_1	L_2	钻孔切深	L_1	L_2
2	2	1	2	2	1
4	2	1	3	2	1
6	3	2	4	3	1
8	4	2	5	4	2
10	5	2	6	4	2
12	5	2	8	5	2
16	6	3	10	7	2
20	8	3	12	8	2
24	9	3	14	9	3
30	11	3	16	10	3
36	13	4	18	11	3
40	15	4	20	13	3

续表

4．铣削

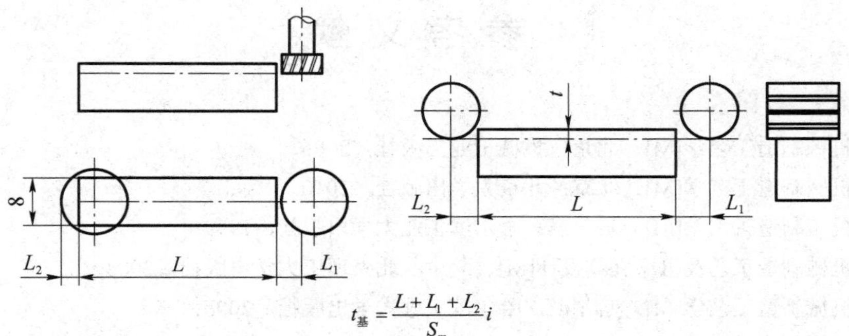

$$t_{基}=\frac{L+L_1+L_2}{S_m}i$$

式中 S_m——工作台或铣头的每分钟进给量（$mm\cdot min^{-1}$）；

i——走刀次数

（单位：mm）

类型	铣削宽度 B	铣刀（盘）直径 60	110	200	300	类型	铣削宽度 B	铣刀（盘）直径 60	110	200	300
类型 I L_1	10	1				类型 II L_2	0.5	5	6	8	10
	20	2	2				1	7	8	11	15
	30	4	3	2			2	9	11	15	20
	40	8	4	2			3	11	13	18	25
	50	14	6	3			4	12	15	21	28
	100		32	14	9		5	13	17	23	32
	140			29	18		6		18	25	35
	180			56	30		7		19	27	37
	200			100	33		8		21	29	40
	250				67		10		23	32	44
	300				150		12		26	35	48
L_2		2	3	4	5	L_2		2	3	3	4

附表 23　高速钢及硬质合金机铰刀的进给量

加工材料	高速钢铰刀				硬质合金铰刀			
	钢		铸铁		钢		铸铁	
	σ_b≤900MPa	σ_b≤900MPa	HBS≤170 铸铁铜及铝合金	HBS>170	未淬硬钢	淬硬钢	HBS≤170	HBS>170
≤5	0.2～0.5	0.15～0.35	0.6～1.2	0.4～0.8	—	—	—	—
5～10	0.4 ～0.9	0.35～0.7	1.0～2.0	0.65～1.3	0.35～0.5	0.25～0.35	0.9～1.4	0.7～1.1
10～20	0.65～1.4	0.55～1.2	1.5～3.0	1.0～2.0	0.4 ～0.6	0.30～0.54	1.0～1.5	0.8～1.2
20～30	0.8～1.8	0.65～1.5	2.0～4.0	1.3～2.6	0.5～0.7	0.35～0.45	1.2～1.8	0.9～1.4
30～40	0.95～2.1	0.8～1.8	2.5～5.0	1.6～3.2	0.6～0.8	0.40～0.50	1.3～2.0	1.0～1.5
40～60	1.3～2.8	1.0～2.3	3.2～6.4	2.1～4.2	0.7～0.9	—	1.6～2.4	1.25～1.8
60～80	1.2～2.5	1.2～2.6	3.75～7.5	2.6～5.0	0.9～1.2	—	2.0～3.0	1.5～2.2

注：（1）进给量用于加工通孔。加工盲孔时进给量应取为 0.2～0.5$mm\cdot r^{-1}$。

（2）最大进给量用于在钻或扩孔之后，精铰孔之前的粗铰孔。

（3）中等进给量用于：①粗铰之后精铰 H7 级精度的孔；②精镗之后精铰 H7 级精度的孔；③对硬质合金铰刀，用于精铰 H8～H9 级精度的孔。

（4）最小进给量用于：①抛光或研磨之前的精铰孔；②用一把铰刀铰 H8～H9 级精度的孔；③对硬质合金铰刀，用于精铰 H7 级精度的孔。

附表 24　外圆磨削砂轮速度

砂轮速度 v_s/($m\cdot s^{-1}$)	陶瓷结合剂砂轮	≤35
	树脂结合剂砂轮	<50

参 考 文 献

[1] 王先逵．机械制造工艺学[M]．北京：机械工业出版社，2006．

[2] 陈红霞．机械制造工艺学[M]．北京：北京大学出版社，2010．

[3] 王启平．机械制造工艺学[M]．哈尔滨：哈尔滨工业大学出版社，1999．

[4] 刘登平．机械制造工艺及机床夹具设计[M]．北京：北京理工大学出版社，2008．

[5] 赵长发．机械制造工艺学[M]．哈尔滨：哈尔滨工程大学出版社，2008．

[6] 周世学．机械制造工艺与夹具[M]．2 版．北京：北京理工大学出版社，2006．

[7] 赵志修．机械制造工艺学[M]．北京：机械工业出版社，1985．

[8] 郑焕文．机械制造工艺学[M]．沈阳：东北工学院出版社，1988．

[9] 黄天铭．机械制造工艺学[M]．重庆：重庆大学出版社，1988．

[10] 荆长生．机械制造工艺学[M]．西安：西北工业大学出版社，1992．

[11] 荆长生，李俊山．机械制造工艺学学习指导与习题[M]．西安：陕西科学技术出版社出版，1992．

[12] 吴桓文．机械加工工艺基础[M]．北京：高等教育出版社，1990．

[13] 郑修本．机械制造工艺学[M]．2 版．北京：机械工业出版社，1999．

[14] 徐嘉元，曾家驹．机械制造工艺学（含机床夹具设计）[M]．北京：机械工业出版社，1998．

[15] 姚福生，郭重庆，吴锡英，等．先进制造技术[M]．北京：清华大学出版社，2000．

[16] 杨叔子．机械加工工艺师手册[M]．2 版．北京：机械工业出版社，2011．

[17] 王先逵．广义制造论[J]．机械工程学报，2003（10）：86-94．

[18] 王先逵．机械加工工艺手册[M]．2 版．北京：机械工业出版社，2007．

[19] 于俊一，邹青．机械制造技术基础[M]．北京：机械工业出版社，2004．

[20] 张世昌．先进制造技术[M]．天津：天津大学出版社，2004．

[21] 于俊一．典型零件制造工艺[M]．北京：机械工艺出版社，1989．

[22] 杨海成，祁国宁．制造业信息化技术的发展趋势[J]．中国机械工程，2004（19）：1693-1696．

[23] 陈旭东．机床夹具设计[M]．北京：清华大学出版社，2010．

[24] 王光斗，王春福．机床夹具设计手册[M]．3 版．上海：上海科学技术出版社，2000．

[25] 艾兴．高速车削加工技术[M]．北京：国防工业出版社，2004．

[26] 徐海枝．机械加工工艺编制[M]．北京：北京理工大学出版社，2009．

[27] 李益民．机械制造工艺学习题集[M]．北京：机械工业出版社，1987．

[28] 朱耀祥．组合夹具[M]．北京：机械工业出版社，1990．

[29] 吉卫喜．机械制造技术[M]．北京：机械工业出版社，2001．

[30] 袁哲俊，王先逵．精密和超精密加工技术[M]．2 版．北京：机械工业出版社，2011．

[31] 熊良山，严晓光，张福润．机械制造技术基础[M]．武汉：华中科技大学出版社，2007．

[32] 刘晋春，赵家齐，赵万生．特种加工[M]．4 版．北京：机械工业出版社 2007．

[33] 融亦鸣，朱耀祥，罗振壁．计算机辅助夹具设计[M]．北京：机械工业出版社，2002．

[34] 宾鸿赞，王润孝．先进制造技术[M]．北京：高等教育出版社，2006．

[35] 李旦．机械制造工艺学试题精选与答题技巧[M]．哈尔滨：哈尔滨工业大学出版社，1999．